AF390420

LA
FAVCONNERIE
DE CHARLES D'ARCVSSIA
DE CAPRE, SEIGNEVR D'ESPARRON,
DE PALLIERES, ET DV REVEST,
en Prouence.

DIVISEE EN DIX PARTIES,
contenuës à la page sixiéme.

Auec les portraicts au naturel de tous les Oyseaux.

AV ROY·

A ROVEN,

Chez

FRANCOIS VAVLTIER,
sous la porte du Palais, pres la Bastille.

ET

IACQVES BESONGNE,
dans la Cour du Palais.

M. D C. XLIIII

A V R O Y.

S IR E,

S'il nous est permis par vos actions presentes de tirer iugement de celles de l'aduenir, vous n'aurez pas moins de contentement à l'exercice de la Chasse que vos deuanciers. C'est pourquoy i'ay estimé que vous offrant ce traicté des Oyseaux, ie ferois chose qui vous seroit agreable, & fournirois vn exemple à toute vostre Noblesse de s'adonner à ce que vous aimez. Ie l'apporte doncques, SIRE, aux pieds de vostre Majesté, auec desir de luy dedier encore ce qui m'en reste d'escrire, si ie reconnois qu'elle y prenne plaisir : n'estant mon ambition que de me signaler,

S I R E,

DE V. M.

Le tres-humble, tres-fidele & tres-
obeissant seruiteur & suiect.

ESPARRON DE PALLIERES.

Ecteur, c'eſt des oyſeaux de proye que ie te veux entretenir, non ſous la foy d'autruy, mais de ma propre experience. Ie me ſuis tellement pleu à la volerie, & l'ay ſi long temps pratiquée, que i'oſeray dire d'auoir veu de fort pres vne bonne partie de ce qu'on en peut ſçauoir. I'ay touſiours creu cét exercice eſtre en particuliere recommandation aux ames releuées: Et que les Princes meſmes, ie dy ceux qui ne l'aiment point, feignent de s'y plaire par bien ſeance. Ie ſuis donc content d'auoir employé & mes ans & mon induſtrie à te faciliter la ſcience d'vne choſe dót l'vſage en eſt ſi agreable. Ceux qui n'aiment point cét exercice, prendront celuy où leur inclination les portera, & ne me blaſmeront iamais d'auoir ſuiuy la mienne. Ceux qui l'aiment, me ſçauront gré de leur auoir donné des preceptes, dont la preuue leur fera cognoiſtre la verité de ce que i'eſtois. De Paris où ie me trouue, ce 15. de Mars 1621.

Les Cenſeurs iuſques au tombeau
Ne ceſſent iamais de meſdire:
Mais tel mouchera ce flambeau,
Qui n'en ſçauroit fournir la cire.

SVR LA FAVCONNERIE DE
MONSIEVR D'ESPARRON.

SONNET.

L'Vn deuient grand Prophete au iargon des oyseaux,
  L'autre au trepignement, & l'autre à la volée:
  Et ce docte Chasseur instruict sa troupe aislée
  A choquer, tourner, fondre, & monter des cerceaux.
Il voit choquer la Cane au rauage des eaux,
  Au coutau la Perdix, la Pie en la vallée,
  Le Heron dans le Ciel. Sa perche est attelée
  De Faucons, de Laniers, de Sacres, & Gerfauts.
Mais à qui ce Chasseur des Chasseurs le plus digne,
  Offrira des Chasseurs l'offrande plus insigne,
  Ses oyseaux, ses chiens noirs, ses chasses, & ses vers?
Donne les, ESPARRON, à ce Prince des Princes,
  Qui reglant sa Iustice à toutes ses Prouinces,
  Portera ses beaux faits au bord de l'Vniuers.

GALLAVP.

IN ARTEM FALCONARIAM
Epigramma.

FVgissent pedibúsque feræ, piscésque natando,
  Et volucres pennis vulnera, tela manus.
Ni pharetra primùm cœpisset casta Diana,
  Et canibus ceruos, arte domare canes.
Retia Nereídes primùm posuere sub vndis:
  Et Thetidis pisces non tenuere manus.
Aëra turbabant volucres, & in æthere pennis,
  Vitabant celeres retia, tela, canes.
Sparro docet volucres, volucri mira arte volantes,
  Posse capi, capta qua capiuntur aue.
Virgo tenet syluas, Nymphæ dominantur in vndis,
  Aëra Sparro regit, vincit & arte Deas.
Sic tua dum volucris vollitabit in aëra celsum,
  Sic tua per cælos fama volabit auis.

Ioan. Raynaudus. I.C. Aquensis.

Table des Matieres contenuës en ce present liure.

LA PREMIERE PARTIE
DE LA FAVCONNERIE DV
SIEVR D'ESPARRON.

Comme les Oyseaux de Fauconnerie sont plus excellens que tous les autres Oyseaux.

CHAPITRE I.

'Est sans raison qu'on trouue estrange que les Chasseurs affectionnent tant leurs oyseaux, & que les Fauconniers comparent tel amour à celuy que les peres portét à leurs enfans, ie l'estime estre plus grand encore, puisqu'il est particulier à l'hóme, dont on ne doit s'esbahir si nostre Roy les aime tant, les ayant sa Majesté comme Anges domestiques : car si les Anges de Dieu chassant les esprits malins, infects & puants, comme l'Ange Raphael qui lia le diable Asmodée, les oyseaux de sa Majesté, lient, chassent & mettent à bas les oyseaux charogniers: Hierogliphes des demons. Les Anges ont tousiours les aisles à demy ouuertes au Throsne de l'Eternel, où ils chantent incessamment ses loüanges auec leur douce melodie: ne voit-on pas dans la Chambre du Roy vn nombre infiny d'oyseaux, les vns qui gazoüillent tousiours, les autres sur le poing des Fauconniers attendans d'estre employez, & tousiours

sur leurs pieds sans se coucher pour estre plus prompts
pour attaquer tel gibier qu'il plaira à leur maistre, il se
voit beaucoup de conformité & de conuenances en cecy,
qui seroient de long recit, à quoy ie ne m'arreste, & i'e-
stime que tout ainsi que la qualité d'Ange est par dessus
celle de l'homme, que de mesme la qualité des Oyseaux
est releuée par dessus tous les autres animaux, aussi Dieu
les a gratifiez & aduantagez, en la veuë, en l'ouye, en
la promptitude, en la legereté, & en leurs mouuemens; encores en leurs remedes lors qu'ils ont du mal, soit par bles-
sûre, ou par autre accident. Leur science nous a esté connuë puis que nous auons appris par leur moyen beaucoup de choses secrettes en la nature, mesme le futur.
Les Romains & leurs voisins encore se sont seruis de
leurs presages, c'est pourquoy ie dy qu'ils excellent tous
les animaux qui marchent sur la terre ; & s'ils auoient
des organes pour la parole, ils seroient capable de plus,
bien qu'on recognoist en eux que de trois sortes de parler qui sont en l'homme, à sçauoir de la bouche, de la
pensée, & de l'action, que l'vsage des deux leur est donné,
& par ce moyen ils se font entendre à qui les approche, &
les frequente, pour en voir les effects. I'ay souuent remarqué en tenát des mes oyseaux sur le poing, que lors que ie
demande quelque chose pour leur dóner, ils m'entendent,
& monstrent par signes de m'auoir ouy, & regardent auec
impatience de ce costé là, si on tarde trop à porter la chose
demandée. Par cét exemple, & plusieurs autres, on peut iuger si les oyseaux n'ont pas l'vsage de s'imaginer en leur
sens des choses qu'on ne sçauroit cóprendre, si les oyseaux
mesme n'en donnoient l'intelligence & l'explication
par leurs

par leurs actions. Qu'on ne s'esbahisse donc si les Chaſſeurs mettent leur amour aux Oyſeaux auec tãt d'ardeur:
Et d'ailleurs s'il eſt veritable que les inclinatiõs des hommes ſe rencontrent ſouuent dans leurs noms, il ne faut
pas s'eſtonner ſi noſtre bon Roy aime tant la Fauconnerie, puis que dans vn Anagramme ſur le nom de LOVYS
TREIZIESME, ROY DE FRANCE ET DE NAVARRE,
ſe trouue: ROY TRES-RARE, ESTIMÉ DIEV DE LA
FAVCONNERIE. Dieu donc par ſa bonté le face longuement & heureuſement viure en cette volonté, eſtant
moy tres-aſſeuré que tel exercice le rendra d'autant plus
gaillard, redoutable, vaillant & vigoureux. Or pour
commencer de traicter de nos Oyſeaux. Ie dy que tout
l'aduantage qu'ont les Roys & les Princes, d'eſtre plus
doux, plus nobles, plus traitables, & plus courageux
que le reſte des hommes ; les Oyſeaux de proye l'ont in-
dubitablement ſur les autres Oyſeaux. Et qu'ainſi ſoit,
que l'on regarde toutes les eſpeces, il ne s'en trouuera
point qui les puiſſe eſgaler, ſoit en fidelité, ſoit en viteſſe, ſoit pour aller haut & s'approcher des Cieux, ſoit
pour regarder droictement le Soleil, ſoit pour le combat,
ſoit pour eſtre debonnaires, quand on les conduit par la
voye de la douceur: De ſorte qu'ayans ces qualitez qui ſuiuent couſtumierement la Royauté, il ſemble qu'auec raiſ-
ſon on les peut appeller Roys des Oyſeaux. Et de fait,
qu'on face l'eſſay d'appriuoiſer vn Corbeau, vn Milan,
vne Orfraye, ou autres Oyſeaux ſauuages, qui ayent eſté
libres vn an, & qu'apres les auoir tenus vn mois, on les
mette aux champs, on verra qu'ils ne garderont pas la foy
à leur maiſtre. Nos Oyſeaux ſont eſloignez d'vn ſi mau-

A

uais naturel : car les ayans entre nos mains, ce n'est pas le besoin de nourriture qui nous les assuiettit ; leurs viures sont tousiours prests en la campagne, comme du temps qu'ils estoient passagers en leur liberté : leurs aisles sont aussi bonnes qu'elles estoient alors, ils ont la mesme gaillardise, & la mesme vistesse pour aller apres leur proye. Et d'ailleurs, nous ne les rudoyons pas de chastimens, cordes, chaisnes, prisons, ny autres semblables rigueurs, dont nous vsons à l'endroit du reste des animaux. Si bien qu'outre la dexterité admirable que Dieu nous a donnée de nous en rendre maistres, il semble que l'obeyssance que si franchement & si volontairement ils nous rendent, ne peut venir que de quelque secrette inclination qu'ils ont naturellement à nous seruir. Ce que ie diray de chacun d'eux par ordre, le fera connoistre assez particulierement. Ie laisseray donc ce discours, pour passer à ce qui est du principal de nostre suiect.

Comme c'est vne chose tres necessaire de connoistre les Oyseaux pour entendre leur naturel.

CHAPITRE II.

Ne des principales adresses que doit auoir vn Fauconnier, c'est la vraye connoissance des Oyseaux, laquelle ne se peut acquerir que par l'assiduë continuation d'en auoir de toutes sortes : s'en trouuant par fois de si semblables, bien qu'ils soient differents en espece, que si on n'y est bien experimenté, il est mal aisé de les discerner. Car les liures ne

vous peuuent pas bien repreſenter ce que l'œil doit iuger,
& telle cognoiſſance s'acquiert pluſtoſt par vſage que par
art, comme la difference des enfans iumeaux n'eſt mieux
conneuë que par ceux de la maiſon. C'eſt doncques vne
vertu tres neceſſaire à qui en fait eſtat, de les bien remarquer, pour apres pouuoir iuger de leur eſpece & de leur
naturel. Parquoy ie dy, que ceux qui deſireront auoir
cette connoiſſance, ils la doiuent acquerir par l'experience, ſans laquelle vous auez beau fueilleter nos liures. Pour
y paruenir, dés mon enfance ie ne me ſuis iamais laſſé
d'auoir des Cyſeaux de toutes ſortes, & de toutes contrées,
comme de Flandres, Allemagne, Suiſſe, Noruegue, &
quelquesfois des Indes, de Barbarie, Tunes, Malte, Sicile,
Candie, Alexandrie, Maillorque, Corſegue, Eſclauonie,
& de tous les lieux où i'ay penſé qu'il s'en pourroit trouuer. Et ſi quelques vns m'en ont apporté (comme il eſt
arriué ſouuent) i'ay touſiours eſté ſoigneux de les bien
payer, pour leur donner occaſion de reuenir. De façon
que depuis quarante huiĉt ans qu'il y a que ie tiens attirail, ie ne me ſuis iamais trôuué deſpourueu, & bien
ſouuent pour en donner à mes amis. Car par ce ſeul
moyen, ceux qui ſe plaiſent à tel exercice, ſe peuuent
rendre Fauconniers. Et tout ainſi qu'on ne ſçauroit lire
ſans la connoiſſance des lettres, de meſme on ne peut
eſtre Fauconnier ſans connoiſtre les Oyſeaux, ce qui eſt
le principe de cet art.

De la difference qui se trouue en nos oyseaux, tant en leur pennage,
qu'en leur taille, ou pour estre apportez de diuers pays.

CHAPITRE III.

EN toutes ces especes d'oyseaux, il s'en trouue de quatre tailles differentes, assauoir de grãds & gros, de petits, de longs, & de courts arrondis. Quant à leur pennage, il y en a de quatre sortes, à sçauoir de rouges, de blonds, de bruns, & de turturins. Cette difference se trouue aucunesfois en vn mesme Aire de Faucons niais, soit de ceux qu'on prent en Prouence, aux mõtagnes voisines du Dauphiné, ou de ceux qu'on prent aux Isles & costes de Marseille: & encore de ceux qu'on nous apporte de Maillorque, Minorque, Corsegue, Sardaigne, & autres lieux. Quant à ce qui est de leur bonté, il m'est passé vne infinité d'oyseaux par les mains, & de toutes les especes conneuës aux Fauconniers François, Italiens, Espagnols; mais i'ay reconneu tousiours beaucoup de difference aux oyseaux qu'on nous apporte d'vn pays plus froid que le nostre, lesquels n'ont guere bien reüssi: mais d'vn païs plus chaud, ie m'en suis fort bié trouué, pourueu que pour estre frilleux, ils ne soiét subiets à se debatre. Quant aux passagers, il en est tout de mesme, fors que ceux qui sont prins en ce pays, sont les meilleurs. Ceux qu'on nous apporte de dessus la mer, sont d'autát plus à priser, qu'ils ont esté prins loin des regions froides : à quoy vous deuez plus donner de foy, qu'aux marques de leur pennage, ny à leur taille. Car de ces deux aduis qui vous sont icy donnez, l'vn est le plus souuent veritable, mais l'autre ne manque iamais.

Faucon du Sieur Desparon
for bon quon nomme Le corse

De l'espece du Faucon, premier de nos Oyseaux.

CHAPITRE IIII.

Omme les cheuaux apportent en la naissance chacun leur naturel particulier, selon le pays où ils ont prins leur premier estre, soient Barbares, Turcs, cheuaux d'Italie, d'Espagne, Frisons, & autres; de mesme en est-il des Faucons. Or combien que vous les trouuiez par fois differens, tant en leurs membres & grosseur, qu'en leur pennage, si sont-ils tous cóprins sous cette espece; ce qu'il ne faut point trouuer estrange: Car ce n'est pas chose qui seulement arriue aux Faucons, mais encore aux hommes; lesquels on voit ordinairement autant dissemblable de proportion, complexion, ou naturel, comme les lieux de leur naissance, ou de leur nourriture sont esloignez. Plusieurs qui ont escrit sur ce suiet, se trouuent fort contraires en leurs opinions. Les vns nous ont representé des Faucons gentils, des Tartares, des Maillorquins, des Cypriens, des Candiots, des Calabrois, des Sardes, des Mótaignars, & plusieurs autres portans chacun leur nom, selon le pays duquel ils nous sont apportez, ou pour mieux dire, selon la fantasie de ceux qui leur ont donné le premier nom. Parquoy il me doit estre permis d'en dire aussi ce que i'en sçay par l'experience que i'en ay faite. Ceux qui ont mis le Sacre, le Lanier, & le Gerfaut au rang des Faucons, & leur en ont dóné le nom se sont trompez: car chacun de ces oyseaux à son naturel particulier, & son espece differente: cóme aussi

l'Autour, lequel ne leur reſſemble non plus que l'aſne au
cheual : c'eſt pourquoy la ſcience de les dreſſer auoit anciennement ſon nom different, & ſe diſoit: *ars Accipitraria.*
Les Italiens ont dóné auſſi vn nom particulier à celuy qui
les traicte, l'appellant *Struzzero* ou *Struzzer.* Herodote en
s'equiuoquant a donné le nom d'*Accipiter* au Sacre, d'autres
l'ont appellé *Buteo*, & ſon Sacret *Subuſter* : autres encore
l'ont appellé τριόρχης, & le Sacret ἱποτριόρχης, croyans qu'il a
trois teſticules, ou bien pour la fierté de cét oyſeau; lequel
nous appellons *Sacer* en Latin, pour auoir eſté ſacré à Iupiter, ainſi que diſent fabuleuſement les anciens Poëtes.
Puis apres nous auons le Lanier, & le Gerfaut, qui eſt le
quatriéme. Pour les Baſtars nous en dirós vn mot en paſſant; comme auſſi d'autres eſpeces d'oyſeaux, qui ſont les
Alethes. Quant à l'Autour, ſur la fin de cét œuure vous en
aurez vn traicté à part, pource qu'il n'a rien de commun
auec ceux-cy.

---

*Aduertiſſement des noms du Faucon, qui ſont differens ſelon
le temps & le ſaiſon qu'il eſt prins.*

C H A P I T R E　V.

Ous donnerez au Faucon cinq noms differens
en la premiere année. Premierement ſi on le
prend dans l'Aire, ou ſur le roc, à la premiere
ſortie qu'il fait du nid, qui eſt au mois de May, vous
le nommerez Niais; s'il eſt prins en Iuin, Iuillet & Aouſt, *Niais.*
vous le nommerez Gentil; ſi en Septembre, Octobre, *Gentil.*
Nouembre & Decembre, vous le nommerez Pellerin, *Pellerin.*

ou Paſſager, ſignifians ces deux noms vne meſme choſe,
s'il eſt prins en Ianuier, Féurier & Mars, il ſera nommé
Antenere, ou Antannaire, pource que lors il repaſſe pour
aller airer la premiere fois, n'ayant point encores fait de
petits: parquoy l'Italien le nomme Antenido, le deriuant
de Antenidar. Il y en a qui le nomment Anteuere, comme
prins auant le Printemps. Toutefois l'Etymologie la plus
vray ſemblable eſt de le deriuer d'Antan, vieil mot François, qui ſignifie l'année paſſée: de ſorte qu'vn oyſeau Antannaire eſt celuy qui tient ſon pennage d'Antan, ou la
plus part d'iceluy. Et apres eſtre mué vne fois, & non auparauant, vous le direz Hagart, mot qui ſignifie eſtranger, bien qu'improprement ce nom luy ait eſté donné:
Toutesfois i'ayme mieux errer auec le commun, qu'eſtre
ſeul en opinion. Mon aduis ſeroit de le dire Mué des
champs ou Madré, ou Ardoiſé, côme nos vieux François
le nommoient. Les Egyptiens luy donnent auſſi le nom
d'Eſtranger, l'appellant en leur langue *Hinayr.* Ce que
vous remarquerez pour entendre bien ce que ie vous diray
de chacun en ſon rang.

Du Faucon Niais, & comme vous le deuez prendre à
l'Aire, & le nourrir.

CHAPITRE VI.

'On ne doit prendre les Faucons Niais dans
l'aire, qu'ils n'ayent la moitié de leur queuë: &
plus ils ſeront auancez, de tant plus les en deuez
vous priſer. Les ayans recouurez de cette grandeur, il les
faut

ils deuiendroient accroupis,& par ainſi reüſſiroient mal.
Pour y remedier,il en faut eſtre curieux;& prendre garde
que leur pennage ne ſe gaſte ,comme il feroit, s'ils n'e-
ſtoient bien traictez, & de bonnes viandes ; dequoy la
croiſſance de leurs queuës & de leurs aiſles vous fera faire
le iugement ; & meſmes qu'ils ſeront le plus ſouuent
criars. Donnez leur la viande nette , & tuée du meſme
iour,& que ce ſoit de pigeóneaux,ou autres petits oiſeaux.
Auiſez auſſi à leur donner de bonne chair,& non de beſte
qui ſoit en chaleur,ou d'vn oyſeau qui couue : car cela les
feroit mourir ſoudainement. Gardez vous auſſi qu'ils ne
s'empelottent,comme il vous ſera dit au chapitre vingt
quatriéme de la ſeconde partie. Les ayant nourris ,il ne
les faut mettre ſur le poing d'vn mois apres qu'ils ſeront
ſecs,afin qu'ils ſe renforcent.Et dans la chambre où ils ſeront,tenez y des perches,afin qu'ils s'accouſtument à percher d'eux meſmes , ſi vous prenez plaiſir qu'ils le facent
lors qu'ils voleront par les champs : mais ſi vous voulez
qu'ils tournent ſur vous, & qu'ils montent de belle hauteur,ou les faire voler pour riuiere,il ne faut pas les accouſtumer à brancher.Les Faucons,& tous oyſeaux de proye
font trois petits,quelque fois quatre,& quelque fois cinq.
Les formez ſont les femelles,& les Tiercelets les maſles.
Et tant plus vn Faucon en nourrit, d'autant eſt-il à croire
qu'il eſt plus gaillard & courageux.

Autre moyen de nourrir les Faucons niais.

CHAPITRE VII.

SI vous desirez de nourrir les Faucons niais, en fa-çon qu'ils soient semblables de pennage aux paſ-ſagers, faites-les mettre du commencement dans vne chambre, en vne maiſon aux champs, & en lieu eſleué; & lors qu'ils commenceront à voler, faites que la feneſtre leur ſoit ouuerte, afin qu'en s'y mettant, ils ayent commo-dité de reconnoiſtre le dehors. Vous leur deuez mettre du cõmencement des ſonnettes & veruelles, pource que par meſgarde on les pourroit tuer eſtans à la campagne, ou les vous retenir. S'ils veulent ſortir, vous les pouuez laiſſer aller, en leur donnant de la viande ſur quelque muraille prochaine, afin qu'ils s'accouſtumét d'y reuenir. Les ayant ainſi traitez tout le mois de Iuin, vous les reprendrez auec vn filé: & l'année ſuiuante, ſi vous le trouuez bon, vous le pouuez faire muer de meſmes. Cette façon de nourrir & de muer rend bien les oyſeaux plus gaillards & plus viſtes: toutesfois ie ne conſeillerois pas d'en vſer, ſinon à ceux que l'on reconnoiſt poltrons; parce qu'vn oyſeau de grãd courage en pourroit deuenir opiniaſtre & vicieux, ou ſe perdre: outre que tels oyſeaux vous quittent ſouuent à la volerie, pour reuenir à la maiſon où ils ſont nourris; & ſi auez des colombiers proches, ils ſe gaſtent, & les vous deſpeuplent.

Comme on doit dreſſer les Faucons Niais.

CHAPITRE VIII.

L faut eſtre aduerty que les Faucons Niais ont
les os ſi tendres, que ſi du commencement que
vous les voulez dreſſer, vous ne les maniez doucement, ils ſe gaſteront d'eux-meſmes à force de
ſe debattre. Parquoy ie ſuis d'aduis de lesciller, & de les
tenir ainſi deux ou trois iours, leur mettant par fois de
l'eau dans le bec pour les rafreſchir. Auecques cela, mettez leur vn bon chaperon, qui ait eſté porté par vn autre
oyſeau, bien large & bié aiſé, de peur qu'il ne les bleſſe au
bec, ou autre part. Si ce ſont Faucons Niais nourris en la
chambre, il les faut prendre ſur le ſoir, & qu'ils n'ayent eſté
puz depuis le matin. Apres il ne les faut laiſſer repoſer,
ains les porter cette premiere nuiɛt, ſans les laiſſer ſur la
perche, nõ pas meſme le lendemain; & s'ils vouloient mãger, paiſſez les couuerts. La ſecõde nuiɛt il faut les deſcil-
ler : & ſi vous connoiſſez qu'ils s'aſſeurent, vous pouuez
commencer à les deſcouurir peu à peu, & n'attendre pas
qu'ils ſe faſchent; ains auparauant les recouurir dextrement. Il y a des Fauconniers qui ſe font à croire que pour
ſouuent couurir & deſcouurir vn oyſeau, ils le dõiuent
rendre bon chaperonnier, mais c'eſt le cõtraire. Car ſi du
commencement vous l'importunez, il ſe deſpitera contre
le chaperon, & contre celuy qui le couure, meſme s'il eſt
gaucher : de façon qu'il n'aura iamais la teſte bien faite.
Vn gaucher a mauuaiſe main à couurir vn oyſeau. Les

Grecs de tout temps les ont portez de la main droite, & les ont couuerts de la gauche, ce qui n'a esté fait des Troyens ny d'autre nation, que des Turcs, qui ont retenu la coustume des Grecs, d'où vient qu'ils y sont aussi mal adroits qu'aux autres exercices. Pour faire vn oyseau bon chaperonnier, il faut le rendre assoupy par le veiller, n'y ayant rié qui l'adoucisse mieux que le sommeil. Et lors vous deuez le descouurir, & tascher de l'accoustumer doucement au chaperon sans le rudoyer. Cette procedure se doit continuer trois iours entiers auant que le descouurir au iour, pour gracieux qu'il soit: si vous le trouuez encor superbe, attendez qu'il ait faim; car par le moyen d'vn tiroir, vous le recouurirez, en luy faisant prendre quelque coup de bec pour l'amuser. Gardez-vous aussi qu'en le couurant vous ne le touchiez du petit doit au derriere de la teste: à quoy plusieurs ne prenans garde, font qu'aussi tost que l'oyseau sent approcher la main, il se renuerse, qui est vne mauuaise coustume. Si vostre Faucó mord les gets pour se desarmer, ou bien la perche, ou le gand, mettez luy vn chaperon à bec, couuert en estuy, & en ayez tousiours pour les oyseaux qui mordét, ou crient. Surquoy ie desirerois bien que les maistres qui font les chaperons, les fissent en sorte que le bec de l'oyseau se mit dedans tout couuert, comme dás vn estuy fait seló sa forme: Auquel estuy de bec il faut laisser deux trous, faits auec vn emportepiece pour la respiration ; & que ces trous soient au droit des nazeaux de l'oyseau. Le moins que vous le pouuez veiller, ce sont trois nuicts, & cependant il le faut traicter en sorte, qu'il s'entretienne en bó estat. Le matin vous essayerez de le faire quelque peu sauter sur le poing, & luy donnerez sa gorge

de chair bien trempée dans de l’eau : car les oyſeaux ſont Chair trẽ-
pée.
touſiours alterez, pour la colere qu’ils ont. Le ſoir vous
luy en donnerez vne autre plus petite, le ſolicitant encores
à ſauter ſur le poing, & luy croiſſant ſa leçõ, ſelon ce qu’il
fera. De cette façon, ie ne doute point, ſi vous y voulez
apporter le ſoin qu’il faut, que dans huiĉt iours il ne vien- Faut en-
tretenir
l’oyſeau
huiĉt iours
à ſauter
ſur le poing
auant que
luy mon-
ſtrer le
leurre.
ne au poing d’vn bout de la ſalle à l’autre : & quand il le fe-
roit pluſtoſt, ne vous haſtez pas pour cela de luy monſtrer
le leurre : car ie ne tiens point pour bons Fauconniers, ceux
qui preſſent ſi fort leurs oyſeaux ; non qu’il ne les faille ſoliciter tant que l’on peut, mais ſans precipitation. Vous
pouuez donc au huiĉtiéme iour faire manger l’oyſeau ſur
le leurre, ſans le ſortir encores de la maiſon, & le tourner, Huiĉtiéme
& neufié-
me iour.
en le laiſſant ſur le meſme leurre mãger à terre. S’il ſe laiſ-
ſe tourner, & ſi vous connoiſſez qu’il ſoit bien aſſeuré, &
qu’il endure tout ce que l’on a de couſtume de leur faire, La façon
de driſſer
l’oyſeau.
comme luy crier, le tourner à droiĉt & à gauche, frapper
du gand au gros de voſtre iambe, la paſſer par deſſus luy,
ſans que pour cela il face ſemblãt d’auoir peur, ou de quitter le manger, vous deuez tout bellemẽt luy tirer le leurre
de la main, & le mettre trois ou quatre pas loin de luy, en
criant à l’accouſtumée. Lors eſtãt l’oyſeau reuenu au leurre, vous le tournerez à droit & à gauche, cõme vous auiez
deſia fait, frappant du gand cõtre voſtre iambe, en criant,
& la luy paſſant par deſſus, & le paiſſant de cette façon.
Le lendemain prenez garde ſi les gets ſont encores bons ; Dixiéme
iour.
car au commencement les oyſeaux font tout ce qu’ils
peuuent pour ſe deſarmer, & coupper leurs gets ou leur
longe. Ayez ſoin auſſi que la filiere ſoit bonne, & qu’elle
ne rompe. Cela fait, vous luy pouuez monſtrer le leurre Le leurre

en campagne; vous souuenant toutesfois du premier mot de Fauconnerie, qui est, *Tiens-le bien*, afin qu'il ne vous eschappe. Vous ferez alors comme le iour precedent , & s'il fait de mesme en la campagne sans se reconnoistre, vous luy accroistrez sa leçó peu à peu, & d'vn iour à l'au-tre: de façon qu'en fin il fera tout ce que vous voudrez.

Quand vous le tournez, s'il taschoit de trainer son leurre, ayez en la main deux ou trois morceaux de chair , & en tournant donnez luy en tousiours en passant quelque be-chée: c'est chose qui le vous asseurera fort, & qui luy fera perdre le vice de charrier.

Comme l'on doit choisir les Faucons Niais.

CHAPITRE IX.

O N se trompe aucunefois à choisir vn Faucon Niais par les marques, soit pour estre noir, & d'vne piece, ou pour estre blód, & esgalé. Cela ne gist bien souuent qu'en la fantasie de celuy qui les achete : car de toutes tailles & de tout pennage il s'en rencontre de bons & de mauuais. Prenez garde sur tout de choisir les plus plains, les plus pesans sur le poing, & les plus entiers. Gardez-vous aussi de prédre des oyseaux criars: car ils sont le plus souuent sans courage, outre que c'est vn vice fort odieux. I'ay tousiours trouué les Faucós bruns de grand cœur : mais les blonds sont coustumiere-ment de meilleure nature. Nous en auons beaucoup d'ai-res en Prouence, principalement en la coste de la mer. On nous en apporte à Marseille tous les ans de fort bons, qui

viennent des Ifles de Maillorque & Minorque, comme
auffi de Barbarie, Corfegue & Sardeigne. Il y a vne forte
de Faucons de rondeur de fouffre, ou de cendres, qui font
couftumierement oyfeaux de peu de force.

---

*Comme on doit commencer à donner les cures à l'oyfeau Niais
& quelles elles doiuent eftre.*

CHAPITRE X.

Lors il faut que vous commenciez à luy donner fes
cures de coton accommodé comme s'enfuit.

Prenez du coton, & le faites boüillir dans vn pot neuf, *Comment il faut cō-mencer pour dōner cure.*
auec du vin blanc, & demie douzaine de cloux de girofle:
puis faites-le feicher au Soleil, & le gardez pour en faire les cures: lefquelles ferōt pour l'hyuer, ou bien en temps
froid feulement: car durant la chaleur elles feroient meil- *Premieres cures.*
leures fans nul artifice: mais dés auffi toft qu'il commen-
cera à les bien prendre, il les luy faut dōner groffes pour *La curē groffe net-toye mieux la mulette.*
nettoyer mieux la mulette; vous prenant garde de les
faire petites du commencement, & de les armer de chair
afin que l'oyfeau s'accouftume à les prendre de foy-mef- *On doit poyurer l'oyfeau au 15 iour*
me. Ainfi d'vn iour à l'autre vous connoiftrez qu'il s'a-
doucira, & lors vous ne tarderez plus à le poyurer. Car *On ne doit purger l'oyfeau Niais qu'en Se-ptembre, & de pur-gēts lege-rēs.*
c'eft l'ordre qu'il faut tenir aux oyfeaux Niais, auant que
les mettre hors de filiere. Et vous diray encores, qu'à bien
faire, les oyfeaux Niais ne doiuent eftre purgez que le
mois d'Aouft ne foit paffé: & faut que ce foit legerement,
fi ce n'eft quelque oyfeau de mauuaife nature, ou que la
neceffité vous y contraignift: & quād cela arriue, il le faut

faire auec la manne & la poudre de corail, comme ie vous
diray par vn autre difcours. Au vingtiéme iour, fi vous
connoiffez que voftre oyfeau foit en eftat d'eftre mis hors
de filiere, vous le pouuez faire, l'ayant auparauant af-
friandé au leurre auec quelque pigeonneau. Soyez cependant aduerty de ne le mettre au matin fur fa foy : car
à telle heure il eft plus en danger de s'efcarter, & de quitter
fon maiftre. Qvand vous l'aurez ainfi leurré quelques
iours, vous aurez par ce moyen reconnu s'il eft leger ou
pefant de fon naturel · s'il eft leger, il fouftiendra, & tour-
nera fur vous, s'il eft pefant, il tombera & bloquera: car ce
font deux effets differents que fouftenir & bloquer: côbien
qu'il s'en trouue qui font l'vn & l'autre, mais cela ne fe voit
gueres, fi ce n'eft en quelques vns qui font defia vieux &
rufez. De faire iugemét de la difpofition par la taille, elle
en dône bien quelque coniecture, mais non pas fi certaine,
qu'on ne s'y trompe fouuent. S'il fe rencontre que le voftre
foit leger, faites ce qui vous fera dit au chapitre fuiuant.

*On peut ofter la fi-
liere aux oyfeaux le
20. iour. Aduis.*

*Oyfeau le-
ger.
Oyfeau
pefant.*

Pour vn Faucon qui naturellement tourne fur vous
bien à propos.

C H A P I T R E   XI.

*Faucon le-
ger.*

SIl vous tombe en main vn Faucon leger qui
tourne à propos dés le commencement, &
qui foit patient en fon vol, non quinteux, ny
fuiet à s'efcarter, vous en tirerez vn grád plaifir : & pour le tenir en cette volonté, ferez ce qui s'enfuit. Toutes les fois que vous le voudrez leurrer, depuis
qu'il

sera asseuré, cherchez vn coutau exposé au vent : & lors *Il faut leurrer au fil du vent.* laissez-le partir du poin, de soy-mesme : & s'il s'escarte, donnez vn coup de leurre, auec le cry, *yò, yò*, ou *vallaus*, *Pour accoustumer l'oyseau à tourner.* *vallaus*, & lors comme il reuiendra, cachez luy le leurre, & l'amusez en cette sorte, ayant vos chiens couplez pres de vous : & si vous connoissez que l'oyseau se fasche, & qu'il se vueille escarter, prenez le auec le bransle du leurre, & le cry de mesmes, luy iettant au dessous de luy vn pigeonneau qui puisse voler, ou bien vn perdreau en vie, ou le leurre acharné. Toutesfois si vous connoissez vostre oyseau de grand cœur, gardez-vous de luy donner des pigeonneaux, parce que ce seroit sa perte. Prenez garde aussi qu'il ne connoisse les poules, & pour cet effect taschez *Poules cõtraires aux Faucons niais.* d'auoir des perdrix viues. Car c'est vne regle qui n'a point d'exceptió en tous oyseaux niais, qu'il ne leur faut iamais faire tuer poulaille : ce qui au contraire est fort propre aux passagers, pource qu'ils ne sont tant subiets de s'en aller paistre par les fermes. Aduisez bien que le vif que vous ietterez sous luy ne soit trop leger, de peur que l'oyseau ne prenne la coustume de charier : & pource attachez-le vif au leurre, ou à vne filiere. Estant vostre oyseau accoustumé aux coutaux, vous le pouuez leurrer à la plaine, & tout de mesme l'accoustumer à tourner sur vous. Le Faucon de telle nature sera propre à voler pour riuiere, pour Corneille, pour Pie, pour les champs aux perdrix, & à tout faire.

C

*Comme il faut monstrer les Perdrix à vn Faucon leger, la
premiere fois que vous le ferez vo.er.*

CHAPITRE XII.

VAnd voftre Faucon fera bien affeuré à fuiure &
à tourner fur vous, & que vous voudrez commencer à luy monftrer les Perdrix, cherchez
des coutaux commodes, comme ie vous ay dict au chapitre precedent, & tafchez de trouuer là des Perdrix;
& les ayant fait partir, laiffez-les aller fans iettter l'oyfeau, puis mettrez-le à mont, le faifant tourner fur vous
à l'accouftumée, en menant vos chiens là où font les perdrix, & lors tafchez de les faire repartir ; & pour ne tomber en deffaut, vous deuez auoir prins garde de bien placer vos remarqueurs, comme chofe tres-neceffaire. Voftre Faucon fouftenant à propos, il ne faudra de defcendre à la premiere Perdrix qui partira ; car le Faucon ne
manque iamais pour ce vol de courage : & fi l'ayant en-
foncée, il s'en reuenoit à vous, gardez-vous de le reprendre, mais picquez là où elle fera remife, en criant, *cluze,
cluze*, qui eft vn terme de chaffe au vol de la perdrix : & fi
voftre oyfeau s'efcarte, faites tât qu'il reuienne, & tafchez
de luy faire plaifir : & s'il eft poffible, faictes repartir la perdrix encores vn coup : finon, faictes tant qu'il l'ait viue,
s'il fe peut : & fi les chiens l'ont tuée, pour cela ne l'en paiffez pas moins pour la premiere fois, luy donnant vne cuiffe, la ceruelle, le col, & encores le dedans, que nous appellons les droicts de l'oyfeau. Gardez-vous bien de mettre

*Remar-
queurs no-
ceffaires.*

Aduis.

*Les droicts
de l'oyfeau*

voſtre Faucon à mont, que vous ne ſçachiez où ſont les perdrix à poinct nommé : autrement vous le pourriez rebuter, & luy faire perdre la volonté qu'il a de bien voler, comme font ſouuent les nouueaux Fauconniers. Donc s'il arriuoit par malheur que vous ne peuſſiez releuer la perdrix, & que l'oyſeau commençaſt à ſe faſcher, reprenez-le auec vne perdrix d'eſchappe, ſi vous l'auez, & luy en faites plaiſir. Et ne vous prenne iamais enuie de ſçauoir combien de perdrix peut prendre voſtre oyſeau, mais contentez-vous de ce qui eſt du deuoir, quelque bon & bien volant qu'il ſoit. Et taſchez ſur tout de la paiſtre bien, ſans le laſſer, ny vous laſſer vous meſme.

Perdrix d'eſchape eſt vne perdrix qu'on aura viue à la gibeciere.

> *Ne ſoulez pas voſtre deſir*
> *Suiuant le deduit de la chaſſe :*
> *Car ſi toſt qu'vn plaiſir nous laſſe,*
> *C'eſt moins plaiſir que deſplaiſir.*

Si vous deſirez que voſtre Faucon ſoit hautain, ne luy faites voler que deux ou trois perdrix : i'entens quand il ſera bien volant, & bien eſchauffé. Et ſur tout, lors qu'il fera quelque belle deſcente, paiſſez-le. Et pour auoir moyen de l'eſpargner aux perdreaux, ayez vn tiercelet de Faucon, ou d'Autour, deſquels vous vous ſeruirez autant qu'il vous plaira, conſeruant le Faucon pour l'Hyuer. Et ſouuenez-vous que tout oyſeau hautain, que nous appellons leger, doit eſtre pu lors qu'il fait quelque belle deſcente, pour l'entretenir en ſa volonté.

Faucon de 8 mues il est montagnart
quon nomme Borrasque est au dit Sr

Pour vn Faucon pesant.

CHAPITRE XIII.

L ne faut pas croire qu'vn oyseau pesant se puisse par artifice rendre leger, ny qu'il tourne à propos sur vous comme le leger. Ie vous accorderay
bien qu'il le pourra faire aux coutaux, ou se pourra bander le bec au vent , mais hors de là il ne sousien-
dra que mal. Parquoy ie vous conseille de l'entretenir en
la volonté qu'il a de son naturel; il ne sera suiet de se perdre, comme il feroit autrement, & encores auec moins de
peine il vous prendra plus de perdrix en beau pays. Quand
donc vous le voudrez leurrer, faites que ce soit de bas en
haut, & que celuy qui le doit lascher se garde de le descouurir, que le Fauconnier n'ait fait deux tours de son leurre,
auant que de commencer de crier. Encores faut-il qu'il le
tienne droict vis à vis de celuy qui le leurre, afin qu'il le
choisisse mieux, & que ce soit ordinairement de cinq cens
pas; i'entens depuis qu'il est dressé. Car pour le regard de
ce qu'il faut faire au commencement , ie vous en ay desia
donné les preceptes. Or il faut que le Faucónier qui leurre,
se prenne garde d'estre en lieu esleué, afin que l'oyseau le
puisse choisir ; & qu'il le leurre le bec au vent : qu'il ne
iette aussi son leurre que lors que l'oyseau a fait deux tiers
de son vol , & non plustost ; & encore qu'il le iette derriere soy au costé gauche. Outre cest aduis il faut pren-

Comme on
doit leur-
rer.

Aduis.

Aduis.

dre garde que l'oyſeau ne puiſſe charger le leurre, & le
charrier, comme il fera en vn pendant ſi le leurre eſt leger: Et auſſi qu'en eſcumant il n'emporte la chair : car par
tel effect i'ay veu perdre ſouuent des oyſeaux. Il faut auoir
Aduis.   ſoin encor de ietter le leurre en part où il n'y ait ni buiſſon
ny muraille, qui puiſſe deſtourner l'oyſeau , ou luy faire
peur en le gardant d'y tomber. Ce qui aduient ſouuent
à ceux qui font les choſes en haſte & ſans conſideration.
Ces aduis vous peuuent ſeruir à dreſſer tous oyſeaux,
ſoient Niais ou Paſſagers.

*Comme il faut tenir le Faucon Niais , pour eſtre bien
en eſtat de voler.*

CHAPITRE XIV.

Aduis.   SI vn Faucon Niais eſt traicté doucement, il
volera auſſi plein que vous ſçauriez deſirer:
mais ſi vous penſez le forcer par la rigueur de
la faim , vous n'en tirerez pas grand ſeruice.
Il ne faut pas luy donner moins de deux fois le iour. Le
matin, apres auoir curé, vous luy donnerez , en façon
qu'il puiſſe auoir paſſé à deux heures apres midy ; & lors
vous luy donnerez gorge auec ſes cures : & ſi le temps eſt
froid, mettez-y dedans de l'aluine, ou vn ou deux cloux de
girofle; ce qui luy aidera beaucoup à la digeſtion, & ſi encore le tiendra affamé. Faites-le baigner toutes les ſemai-
nes: Et pour le faire plus commodément , choiſiſſez vn
Aduis.   beau iour; & lors abechez-le au matin, auant que de le faire iardiner : puis l'ayant tenu au iardin iuſques à dix heu-

res , vous le pouuez faire baigner par quelque homme
diſcret qui le ſçache conduire : & qu'il n'oublie pas d'a-
uoir vn tiroir auec ſoy , pour le reprendre ſagement *Tiroir pour*
quand il ſortira du bain. I'eſtime le Fauconnier bien ad- *reprendre*
uiſé quand il accouſtume ſes oyſeaux à ſe baigner dans *l'oyſeau au*
bain.
vn baſſin à la maiſon , pour pluſieurs raiſons qui ſeroient
de long diſcours. Quant au iour que vous le voudrez faire voler , donnez luy demi-gorge d'vne cuiſſe de poule:
car pour cela deux heures apres il ne ſera par moins preſt.
Gardez vous ſur le tout de le mettre trop bas : car outre
qu'il perdroit le cœur , il ne vous ſçauroit que mal ſeruir,
s'en retournant à tous coups de ſa remiſe, & en fin il mourroit pantois. Ne le tenez pas l'Hyuer en lieu froid ; parce
que ceſt oyſeau le craint fort ; & de ſon naturel il eſt froid
& flegmatique. Le Faucon Niais eſt fort propre pour les
champs en pays deſcouuert, & ſur tout en la plaine. Si
vous en recouurez quelqu'vn qui prenne le bout de l'arbre,
faictes en eſtat comme d'vn Lanier; car vous en ſerez bien
ſeruy : i'entends pour le faire voler aux perdrix,& en pays
couuert. Car pour riuiere, telle vertu ſeroit vice ; pource
qu'en cette volerie le Faucon doit ſouſtenir à propos , &
non bloquer ou ſe brancher. Or ie tiens le Faucon quand
il eſt bien bon, pour le meilleur oyſeau qui ſoit à voler les
perdrix pour la plaine: mais en pays couuert le Lanier eſt
le meilleur de tous les oyſeaux.

Comme on doit visiter les oyseaux passagers, lors qu'ils sont apportez par les cagiers ou par les tendeurs.

CHAPITRE XV.

Ors qu'on vous apporte des oyseaux à vendre, prenez garde à ce que ie m'en vay vous dire. Premierement visitez l'oyseau s'il a les yeux clairs & nets ; puis les oreilles, si elles seroient point achancries ; apres si les nazeaux sont nets, ou empeschez. Puis ouurez luy le bec, & regardez s'il auroit des chancres au palais ou dans le gosier. Aduisez aussi si à l'entour de la langue il auroit des barbillons, ou s'il auroit la gorge blanche, ou pour mieux dire, s'il auroit le dedans du bec alteré. Apres, vous deuez taster auec le doigt du milieu si l'oyseau auroit la mulette enflée, & s'il seroit empelotté ; parce que les cagiers bien souuent donnent de l'esponge aux oyseaux sur le poinct qu'ils les ont vendus, pour mieux se deffaire de ceux qui leur restent: ce qui se connoist quand vous la trouuerez grosse auant qu'il ait pu. Puis venant aux aisles, regardez si l'oyseau les porte en leur place, s'il les croise également, s'il les remuë comme il doit, lors que vous branlez le poing, s'il est entier, & si les cagiers luy auroient point arraché quelque penne ; ce qu'ils font souuent lors qu'elles se rompent, cuidant rendre leurs oyseaux plus vendables. Apres venant à la queuë, vous regarderez si les douze pennes y sont. Vous regarderez aussi aux reins, & reconnoistrez s'il les a foibles, en le tenant sur le poing, soit en le remuant, ou bien

en

en defcendant des degrez ; ce qu'vn oyfeau efrené ne peut
fouffrir fans ouurir l'aifle, ayant toufiours peur de tomber. Vous luy deuez auffi vifiter les mains, & regarder fi
elles font nettes de clout fous la plante, & fi la main eft
enflée, ou chaude extraordinairement ; & s'il y a mal, ou
autre bleffure. Et principalement fi vous auez le loifir,
vous prendrez garde fi l'oyfeau eft grád mangeur, & choi-
firez toufiours ceux qui font fameliques. Tafchez encore
de voir toute la cagée en part où le vent donne ; & les oyfeaux que vous verrez qui fe ferrent fans fe debattre, tenez
les pour eftre les meilleurs. Apres toutes ces confiderations
& plufieurs autres que vous pourrez imaginer de vous
mefme, gardez-vous de vous tromper à prendre vn oyfeau pour autre ; comme il eft arriué à beaucoup, qui ont
acheté des Laniers niais pour des Laniers de paffage. Car
les cagiers font ce qu'ils peuuent pour tromper : ce qui
leur eft bien difficile, quand ils ont à faire à des gens qui
s'y connoiffent. Puis regardez fi les oyfeaux font Sors ou
Muez, & de combien de muës. Il faut aduifer encore s'ils
font prins en ce pays, ou s'ils ont efté apportez de deffus la
mer, par perfonnes qui les ayent mal-traittez. Car il aduient fouuent que tels oyfeaux reüffiffent mal ; & ne pouuez faillir de les vifiter comme i'ay dict : & ne croyez pas
ce que vous en diront ceux qui les vendent, parce qu'ils ne
fe foucient que d'auoir bien toft l'argent de leur marchan-
dife. Or pour vous dire ce que i'en penfe, ie faits beaucoup
plus de cas de ces oyfeaux prins en ce pays, pource qu'ils
ne font pas tant tourmentez, que de ceux qu'on nous apporte des pays efloignez. Il eft vray qu'autrefois i'ay recouuré vn Faucon & vn Lanier prins en la Craux d'Arles

D

au mois d'Aouſt, qui moururent tous deux en deux iours.
Dequoy i'impute la faute aux grandes chaleurs qu'il faiſoit lors, leſquelles leur fondirent la graiſſe. Toutesfois
s'ils tombent de meilleure heure en main de maiſtres, ils
en ſont plus promptement ſecourus. Quand on vous ap-
portera des oyſeaux en temps chaud, comme en Aouſt &
Septembre, taſchez de les raffraiſchir auſſi toſt tant qu'il
ſe pourra, leur mettant de l'eau dans le bec d'vne heure à
l'autre, & leur moüillant les mains d'eau fraiſche, & meſme leur paſt, s'ils veulent manger de la chair trempée.

Comme il faut dreſſer vn oyſeau paſſager.

C H A P I T R E   XVI.

*Le veiller
oſte la me-
moire au
Paſſager.*

LA premiere choſe qu'on doit faire à vn oyſeau de
paſſage, eſt de l'accouſtumer au chaperon. Or auát
que le deſiller, baillez luy en vn qui luy ſoit aſſez
large, & qui ne le bleſſe point. Apres l'auoir garny de bon
gets, ſonnettes, & longe, il le faut veiller : & par ce moyen
vous luy ferez perdre la memoire de tout ce qu'il a fait au
temps qu'il eſtoit en ſa liberté. Durant que vous le veille-
rez, qui pourront eſtre quatre ou cinq iours, & autant de
nuicts, il ne le faut iamais abandonner, ny de iour, ny de
nuict. Et combien qu'il móſtre d'eſtre de meilleure natu-

*On ne doit
haſter l'oy-
ſeau de
paſſage.*

re que l'oyſeau Niais, il ne faut pour cela vous aſſeurer de
ſa foy que bié à propos. Toutesfois i'ay fait voler vn Faucon paſſager dans huit iours : mais i'ay reconneu que tels
oyſeaux, quelque bonne creance qu'ils ayent, ne laiſſent
pourtant d'aller au change, ce que ne font pas ceux qu'on
garde vingt & vingt cinq iours. Les inſtructions que ie

vous ay données pour le Faucon Niais, vous seruirõt aussi
pour le Passager: ce qui me gardera de vous en discourir
plus particulierement. Seulement ie vous diray que vous
asseurerez fort vostre oyseau de luy faire tuer vne poule *Poule bon-*
viue, & qu'estant pû de cette chair que vous luy donne- *ne au leur-*
rez, vous le tiendrez fort bien en estat, encore que la pou- *rer.*
le luy soit baillée froide ; & sur tout aux Laniers & aux
Sacres. Prenez garde que vostre oyseau soit poyuré, & pur- *Poule froi-*
gé, & qu'il ait rendu le double de la mulette, auant que de *de bonne*
le mettre hors de filiere. Il le faut aussi garder huit iours *pour affa-*
comme cela, pour le mieux asseurer : cependant vous luy *mer.*
presenterez le bain, deux fois pour le moins.   Ie ne veux *Il faut que*
pas oublier à vous dire, que tout oyseau de passage doit *l'oyseau*
estre bien asseuré à se laisser reprendre à son maistre tout *soit bien en*
à cheual, principalement si c'est vn Lanier, ou vn Sacre *estat auant*
autrement on ne le peut dire estre bien dressé. C'est chose *que voler.*
où il ne faut que de la diligence, & qui, pour peu de peine que l'on y prenne, ne se trouuera point difficile. Faites
porter à l'oyseau passager de grosses sonnettes du commencement ; parce que s'il s'escarte, vous en aurez plustost des nouuelles par ce moyen: & si il ne pourra si facilement se paistre, ny prendre le cháge. Toutesfois de peur
de le trop charger, il faudra considerer sa force & qualité;
car vn Faucon Passager portera plus pesant qu'vn Sacre,
ny qu'vn Lanier. A quelques iours de là que vous aurez
reconneu ce qu'il fera, vous le pourrez descharger. Les
oyseaux de passage sont bien tost eschauffez, & mis dedans à tout ce que vous voulez, en leur faisant plaisir,
auec d'autres oyseaux dressez ; & pource ie pense qu'il
n'est besoin d'en dire dauantage.

D ij

De la difference du Faucon Niais, du Gentil, &
du Pelerin.

CHAPITRE XVII.

L n'y a point de difference d'efpece entre le Faucon Niais & celuy qu'on appelle Gentil, & le Pelerin, quoy que l'on nous ait voulu faire entendre par le paſſé. Et ſi le pennage des Niais eſt different, & plus brun que celuy des autres, c'eſt l'air des champs, & la roſée, ou l'eſgail du matin qui les fait ſi blonds. En ce qui eſt de la taille & du pennage, i'en ay autresfois fait nourrir au haut d'vne tour, qui auoient eſté prins petits dans leur aire aux coſtes de Marſeille; leſquels ayát laiſſez libres deux mois, & puis fait reprendre au filé, là où ils auoient accouſtumé de venir paiſtre, ils ſe trouuerent ſi blonds & ſi grands, que tous les iugeoient prins au paſſage. Encore que la raiſon veut bien que les oyſeaux ſoient mieux eſleuez & plus beaux, eſtans nourris de leurs perons, que de la main d'vn Fauconnier, qui bien ſouuét n'a pas la patience d'attendre qu'ils ſoient ſecs, pour commencer à les eſſimer : ce qui eſt cauſe qu'ils demeurent petits & foibles, & n'arriuent pas à leur parfaicte groſſeur : car ſans doute l'oyſeau croiſt toute l'année du forage. En Candie, Cypre, & Rhodes il n'y a point d'aires de Faucon, d'où peuſt eſtre venuë l'opinion de ceux qui y mettent de la difference. Tenez donc pour aſſeuré qu'il n'y en a point : cóme vous remarquerez encor mieux, ſi vous prenez garde comme les oyſeaux eſtans ſeulement dix iours entre les mains de l'homme, perdent

auſſi toſt le luſtre que l'air & le ſerain leur donne, quelque diligence que vous apportiez à les tenir nettement. Les Laniers de paſſage, lors qu'ils ſont nouuellement prins, different tout de meſme d'auec les Niais que
les cagiers nous apportent. C'eſt vne vieille erreur d'aucuns Fauconniers; qui a eſté ſuiuie de la pluſpart de ceux
qui ont par cy deuant eſcrit. Non que pourtant vous ne
trouuiez beaucoup de diuerſité en leurs opinions. Car ſi
vous liſez les quatre maiſtres Fauconniers, vous les trouuerez differens d'auec frere Iean de Franchieres; grand
Prieur d'Aquitaine. Moamus, Guillimus, & Gincenas, ſe
démentent les vns les autres. Cette diuiſion n'eſt venuë
que pour eſtre les vns Grecs; les autres Rhodiens, & les
autres Egyptiens. Atanacio fils de Gallacien, qui a eſté
des premiers; dit que le Gentil eſt le plus gros : les autres ont tenu le contraire; mais ce n'a eſté que pour n'a-
uoir eu la connoiſſance des Niais : eſtant bien certain
que s'ils euſſent veu la difference qui par fois ſe trouue
dans vne meſme aire, ils euſſent changé d'aduis, & en euſſent eſcrit d'autre façon. Ce qu'ils en ont dit, n'a eſté
que pour auoir creu le rapport des mariniers, ou de gens
ſans experience, qui n'y connoiſſoient du tout rien. Car
de difference, il n'y en a point d'autre que celle du temps
qui leur fait changer de nom, encores qu'ils ſoient de
meſme eſpece. Marc Paul dément ceux qui ont voulu fi-
gurer vn Faucon Tartarot, diſant que cet oyſeau vient
de Tartarie, & aſſeure que les Faucons qu'on appelle Pelerins, font leur aire du coſté de Septentrion. Autres diſent qu'ils vont faire leurs petits ſur la fin des campagnes
de Baruc. Comme que ce ſoit leur opinion à plus d'ap-

parence que celle de ces conteurs de fables, qui ont voulu
faire airer les Pelerins dans le Ciel, difant que iamais hóme n'a trouué leurs petits. Volaterran nous en dit ce qui
en eft au chapitre du Faucon Pelerin. Nous croyons donc
le contraire, & tenons pour affeuré qu'il n'y a qu'vne efpece de Faucon, comme nous l'auons defia dit en vn autre
chapitre. Si quelqu'vn veut demeurer opiniaftre, ie fuis
d'aduis de le laiffer auec fon erreur: vous difant feulemét
encore ce mot, c'eft que le Faucon eft fort fenfible: ce qui le
fait fouuent changer de pays, pour aller chercher les regions qui luy font cómodes, felon la difpofitió du temps.

Du Faucon Gentil.

CHAPITRE XVIII.

E Faucon Gentil eft celuy qu'on prent aux
mois de Iuillet, Aouft & Septembre, ou bien
depuis le quinziéme de Iuin iufques au quinziéme de Septembre, n'eftant encores hors du pays de
fon aire. Ce faucon eft tres-bon, & n'a pas encores la
malice qu'il auroit, s'il demeuroit dauantage en fa liberté; & fi il n'eft point fuiet d'aller au change, comme le
Pelerin. Auffi il eft de meilleure nature, & pource il
eft aifé de l'entretenir en eftat; & ne faut le purger
que bien legerement, fi ce n'eft qu'il luy furuienne
quelque accident: & alors vous aurez recours aux remedes, qui vous feront donnez cy apres, felon fa maladie. Le bon naturel de cét oyfeau luy a fait donner le
nom de Gentil. Il eft de grand vigueur; & le courage

qu'il a, luy donne encores d'auantage de force & de viteſſe. Nous le tenons le plus viſte pour la plaine, & pour
la deſcente, comme le Gerfaut à la montée. Il entreprend
tout du commencement, & pour ce il eſt bon Heronnier,
& à tout faire : mais depuis que vous luy auez donné la
connoiſſance des Perdrix, il eſt oyſeau fort loyal pour les
champs, & à peine le perdrez-vous, ſi ce n'eſt à faute d'e-
ſtre baigné, parce qu'il aime l'eau de ſon naturel. Vous
le deuez faire voler iuſques au quinzieſme, ou vingtieſme
d'Auril, puis le purger, & noüer la longe pour le muer.
Si vous le voulez bien toſt faire voler, & le dreſſer à la haſte, apres l'auoir bien veillé trois nuits, paſſez-le ſur le leurre; ſans l'amuſer au poing. Car depuis qu'il ſe laiſſera tourner il ſera dreſſé en trois ou quatre iours: mais il ne faut l'a-
bandonner, ny de iour, ny de nuict, mais le ſoliciter trois
fois le iour. Et par ce moyen, deuant qu'vn autre ſaute
ſur le poing de la longueur de deux braſſées, ceſtuy-ci
viendra au leurre de trente pas. Toutesfois ie ne ſuis pas
d'aduis de le mettre ſur ſa foy auant quinze iours. I'entens
lors qu'il eſt nouuellement prins: car au ſortir de la muë,
il faut vn mois pour le moins à l'eſtimer. Quoy qu'il en
ſoit, il ſe faut ſaiſir incontinent de la partie qui peut ſe re-
ſouuenir & imaginer; ſans donner le loiſir aux oyſeaux
de ſe reconnoiſtre, pour leur oſter entierement la memoire de tout ce qu'ils ſouloient faire eſtás libres: & ainſi leur
changer leur naturel, en ſorte qu'ils eſtiment que l'homme les a touſiours nourris & entretenus, acquerant par
cette induſtrie le pouuoir de diſpoſer de leurs volontez.
Car ſi du commencement vous n'eſtes prompt à les veiller
comme eſt dit, & que vous leur dóniez loiſir de ſe rauiſer,

ils feront de mauuaife creance. Le moyen d'y paruenir,
c'eft de les veiller, flatter & droguer. Les deux premiers
feruent à les adoucir, & le dernier à leur ofter entierement ce qui leur refte du fouuenir d'auoir efté fauuages:
leur faifant toufiours quelque monftre des beftes les plus
femblables au gibier auquel vous les voulez employer,
pour leur entretenir le courage. Ces aduis font donnez
pour feruir à tous oyfeaux paffagers.

Du Faucon Pelerin.

CHAPITRE XIX.

E Pelerin eft celuy qu'on prend depuis le quin-
ziefme de Septembre iufques en Ianuier : & au
commencement de l'année il perd fon nom. Cet
oyfeau pris de bonne heure eft fort à prifer, car il eft robufte & gaillard. Parquoy il eft plus propre pour riuiere;
que n'eft le Gentil, ayant defia la connoiffance de cette
forte de gibier, parce qu'il s'en eft pû le plus fouuent : ce
que n'a pas fait le Gentil, à caufe que les oyfeaux de riuiere n'abandonnent la mer, ou les grandes riuieres, que
nous ne foyons en Hyuer. Il eft bon encore pour les
perdrix. Vous le pouuez traicter comme le Gentil; finon
qu'il eft bon de le garder quelques iours dauãtage, auant
que de le mettre fur fa foy, car il a plus de malice. Il eft
auffi plus tardif à muer : parquoy faictes-le voler iufques
en May. Les premiers font le pluftoft muez, & les bruns
fe defpoüillent, & laiffent leurs pennes pluftoft que les
blonds. Comme que ce foit, cet oyfeau merite bien qu'on

attende

attende qu'il ait mué; car il eſt fort à eſtimer, ſur tout pour
le vol de riuiere. Volaterran parlant du Faucon Pelerin,
dément ceux qui diſent que iamais perſonne n'en a trouué l'aire.

Du Faucon Antenere.

CHAPITRE XX.

E Faucon Antenere a plus de malice que les trois
precedens, & pource il faut auoir plus de ſoin à
le bien dreſſer, & le tenir ſuiet pour quelque
temps. Car il y aura danger que du commencement il ne
vous deſrobe les ſonnettes : toutesfois la patience vous
en fera venir à bout, & le vous rendra traictable, quelque opiniaſtreté qu'il ait. Le Faucon Antenere ne muë
la premiere année que fort tard : parquoy ie ſuis d'auis de
le tenir volant tout le mois de May ; puis luy noüer la
longe, & le preparer à la muë par la purgation, comme les
autres oyſeaux, & apres le traicter bien les mois de Iuin &
de Iuillet : & s'il ne commence à laiſſer ſes pennes, & qu'il
ne monſtre de ſe vouloir deſpoüiller à l'entrée d'Aouſt,
mettez-le en eſtat de voler, & le tenez fort bas. Apres, au
mois de Septembre vous le ferez voler, & vous en ſeruí-
rez cette ſaiſon ; & l'année d'apres il ne faudra de bien
muer. Mais s'il commençoit de muer, ne l'en deſtournez ;
car en peu de iours il aura tout acheué. Tous autres oyſeaux Anteneres, quels qu'ils ſoient, peuuent eſtre traictez comme cela. Mais ſi c'eſtoient Laniers, ou Sacres,
pour les faire voler il faut attendre les fraiſcheurs du mois

d'Octobre, pource que le cheual leur eſt plus contraire qu'aux autres oyſeaux. Ce Faucon eſt bon pour riuiere, & à tout faire comme le Pelerin. Le principal eſt de le bien aſſeurer, & rendre de bonne repriſe, car de cœur il en a beaucoup. La raiſon pourquoy les Faucons Anteneres, & encore les muez prins en Ianuier, Féurier & Mars, ne muent qu'en Automne, eſt que Dieu leur a donné de certains remedes pour ſe garder de muer pluſtoſt, afin d'auoir plus de commodité de nourrir leurs petits ; & les prenant durant ces trois mois ils ſe ſont deſia ſeruis de ces remedes, ce qui les fait muer ſi tard comme ils font. L'experience m'en donne opinion, que ie penſe eſtre la plus veritable : ou bien pour la raiſon qui vous ſera dite en la troiſiéme partie, Epiſtre XLI.

La raiſon pourquoy cet oyſeau eſt ſi tardif.

Faucon pris paßager de deux
mues apartenant au mesme S.r
35

Du Faucon mué ou madré, dit improprement par les anciens Agar.

CHAPITRE XXI.

LEs Hebrieux ont premierement donné ce nom d'Agar au Faucon, qui signifie estranger. Les Egyptiens, & Ethiopiens l'ont appellé *Hinayr*, en cette mesme signification. Ils ont creu que ce fust vne autre espece d'oyseau, pour la difference du pennage. Mais depuis, ceux qui en ont mué, ont remarqué le contraire. Vous connoistrez le Mué ou Madré pour estre different du Sor: car il est violet au dessus des espaules, & comme fleury. Il a la teste noire, le deuant bruny mesté de roux, ou de blanc, les taches de trauers, & non comme au sorage, la couronne du bec fort dorée, & la bordure des yeux comme la main. Ceux là se trompent qui pensent qu'vn Faucon Mué ou Madré ne puisse estre bon: i'en ay tenu qui se sont trouuez excellens: il est vray que du commencement il les faut tenir en ceruelle, & leur faire porter de grosses charges, ou de bonnes sonnettes qui s'entendent de loin: & n'oublier iamais la poule, au moins la premiere année, & estre tousiours curieux de les tenir en estat. Vous connoistrez s'ils ont plus d'vne muë, en ce que leur pennage s'accourcit tousiours, & s'estrecit. La raison est, qu'ils muent & nourrissent leurs petits en mesme temps, & ne peuuent bien souuent pouruoir à tant de choses: c'est pourquoy leur pennage n'est pas si beau que de ceux que nous muons. Aussi le Faucon

Le nom d'Agar a esté donné improprement, puis que nous en auons, & s'en voit par tout cõme de Sors.

Mué n'eſt pas ſi viſte que le Sor, tant pour cette occaſion,
que pource que le poidre luy oſte la force & la viteſſe:
mais il a plus de ruſe, & vole auec plus de ſageſſe. Ce Faucon eſt bon pour riuiere, Corneille, Pie, & encores pour
les champs aux perdrix, non toutesfois tant que les autres. Il eſt plus delicat au viure que le Sor, & craint plus
à rendre la mulette: prenez-y garde au purger. Il aime d'e-
ſtre ſouuent baigné, & ſe perdra pluſtoſt à faute de l'eſtre,
que pour autre ſuiet. S'il eſt vieil, vous le connoiſtrez en
ce qu'il ne tient rien du ſorage, & en ce qu'il aura la main
fort liſſe, & les nazeaux fort ſecs; & ſi eſt encores en ces
deux endroicts fort doré, & comme rouge. On doit bien
prendre garde de mettre de bons gets & porte ſonnettes
aux oyſeaux Muez; pource que ſi toſt qu'ils ſont en leur
liberté à la campagne ils ne taſchent qu'à les couper: &
faut auſſi pour le meſme effect leur tenir le bec court, ſoit
de pointes ou de crochets; autrement la volonté qu'ils ont
de ſe paiſtre auant qu'on ſoit à eux, les fait perdre, comme
il eſt ſouuent arriué. On doit dire mué à celuy qui n'a
qu'vne muë, & Madré à qui en a plus.

Lanier qui a servi le Sr
Bessiron durant dix mues

Du Lanier Niais.

CHAPITRE XXII.

L E Lanier Niais eſt vn oyſeau fort bon pour les
perdrix, mais qu'il ait mué: & tant plus il en-
uieillit, tant plus il augmente en bonté. Quant
au ſorage, il donne beaucoup de peine à le mettre dedans,
& peu ſouuent en tirerez-vous plaiſir. Si vous le pouuez
bien eſchauffer, & qu'il connoiſſe les perdrix, apres la
muë vous le trouuerez oyſeau de grand trauail. Il veut
voler aſſez plein: mais il luy faut faire rendre ſon double
de mulette de deux en deux Lunes, & touſiours au premier quartier de la Lune. Il aime d'eſtre porté ſouuent au
bain, comme le Faucon Niais. On le peut mettre au Liéure, & naturellement il y eſt propre. Cela ſe fait auec les
Leuriers, en luy faiſant plaiſir du commencement, auec la
monſtre de quelque Connil priué: mais puis apres il ne ſera pas ſi bon aux perdrix. Il y aura danger que cette vo- *Chiragre,*
lerie ne luy face venir la chiragre: toutesfois vous pou- *maladie*
uez preuenir cét inconuenient en luy donnant le feu, & *des mains.*
luy barrant les veines de bonne heure: car apres ce remede, il n'y ſera iamais ſuiet. Il eſt communément fort pillart, & pourtant il n'eſt pas bon voleur de cópagnie, comme le Paſſager. C'eſt le plus poltron de tous les oyſeaux
de la Fauconnerie, & le plus ruſé quand il ſe veut adonner
à bien faire. Il eſt facile à ſe rebuter, meſmes par vn deſplaiſir, eſtant fort deſpiteux & peureux; & peu de choſe
luy fait perdre le cœur. Cét oyſeau dure longuement: &

ne faut point craindre que la vieilleſſe le ruine, car
auant qu'il y arriue, il prend fin par quelque diſgrace.
On en a veu de dixhuiɛt & de vingt muës ſe perdre par
l'accident d'vn Aigle:qui les tuë le plus ſouuent.La peine
qu'il donne au commencement, eſt cauſe que beaucoup
de Fauconniers ſe refroidiſſent d'en tenir, & les deſdai-
gnent. Eſtant dreſſé,& volant, vous l'entretiendrez comme le Faucon Niais. Son naturel eſt de ſuiure les chiens,
& par ce moyen il apprend à deuenir ruzé. Il ne ſe perd
gueres, pourueu qu'il ne craigne le vent.Communément
il volera mieux en Féurier & en Mars, qu'en autre temps.
Et pource s'il n'eſt bien bon, vous le deuez garder iuſques
à ce temps là : car il arriue ſouuent qu'il ſe rauiſe,& ſe fait
bon en l'arriere ſaiſon. L'abondance des Laniers Niais

L'arriere-
ſaiſon eſt
au mois de
Mars &
d'Auril.

viẽt de Sicile; & font la plus-part leurs aires dans de grãds
rochers,& par fois auſſi au haut de quelque grand arbre.
Il en vient auſſi de la Poïlle,leſquels ſe prennent aux mon-
taignes du pays. Ceſt oyſeau apres le Gerfaut eſt de plus
forte complexion que nul autre oyſeau Niais. En Lombardie les Chaſſeurs veulét mal aux Laniers,à cauſe qu'ils
les deſtournent bien ſouuent au voler de la Caille, & que
par fois ils tuent leurs Eſpreuiers.Cela fait qu'ils ne ſe peuuent perſuader qu'en France nous en tenions conte, & les
eſtiment Buzes, & oyſeaux de peu d'importance.Ceſt oyſeau eſt appellé Lanier, *à laniandis auibus, vel quòd plumas
multas denſáſque, & molles in modum lanæ habeat.* Le Lanier
change ſon nom comme le Faucon, ſelon la ſaiſon en laquelle il eſt pris. Il n'eſt point de meilleur oyſeau à la perdrix, quand il s'adonne à eſtre bon.

Du

Du Lanier de Passage.

CHAPITRE XXIII.

L E Lanier de Passage est de son naturel vilain & vicieux : & combien que du commencement il face le bon valet, si ne deuez vous vous en fier, mais le traicter pour tel qu'il est. Apres donc que vous l'aurez veillé cinq iours & cinq nuicts, il faut commencer à le purger & poiurer, comme il vous a esté dit des autres Passagers; & n'oublier à luy faire rendre le double de sa mulette. Ie vous redis que combien qu'il face l'affeté dans la maison, il ne s'en faut fier que bien à propos. Paissez-le ordinairement de chair de poule que vous aurez fait tremper, ou de chair qui n'ait gueres de substance : & sur tout gardez de luy faire taster du sang, ou de luy donner du vif deux iours tout de suite : car cette gracieuseté seroit mal reconnuë, & feroit qu'il vous donneroit apres du desplaisir. Ne le mettez hors de filiere auāt vingt iours : durant lequel temps, vous le soliciterez, & tiendrez continuellement sur le poin, luy donnant peu de repos en la perche. Cet oyseau n'aime gueres le bain, toutesfois il est bon de le luy presenter ; car il s'en voit qui se baignent. Vous le pouuez faire voler au bout de trente iours s'il est prins au pays : mais s'il est venu de dessus la mer, ou apporté par des cagiers, il le faut purger doublement, & à loisir, comme ie vous diray en son lieu. Estant prest à estre porté aux champs, faites luy tuer vne poule afin qu'il reconnoisse le vif : & prenez garde de le traicter

Le Lanier doit estre fort veillé.

F

comme vous connoiſtrez ſon merite ; & vous ſouuenez
touſiours de ſon naturel, qui eſt d'eſtre double, & vilain.
S'il eſt de mauuaiſe nature au forage, il en deuiendra pire
eſtant mué, & ſi ne ſera plus ſi courageux, ny ſi viſte qu'auparauant. Tout Lanier paſſager ſe plaiſt fort à voler en
compagnie ; mais s'il perd ſon compagnon, il perd auſſi
le courage, ſi vous ne luy en donnez vn autre. Si vous le
muez, il faut eſtre deux mois à l'eſſimer : car il ſe charge
tant de graiſſe, que vous ne le pouuez mettre en eſtat en
moins de temps, & encore faut-il que la ſaiſon ſoit froide.
Ie vous puis aſſeurer, lors qu'il veut bien faire, qu'il n'y a
point de pareil oyſeau : & qui en rencontre vn bon, il le
doit garder curieuſement. Il s'en prend de bós en la Craux
d'Arles : mais il faut que tous cedent à ceux de la Craux de
Veronne en Lombardie. Les Laniers de paſſage doiuent
eſtre accouſtumez à eſtre leurrez à cheual, pour les reprendre au poing ſans mettre pied à terre : ce qu'ils feront
fort bien s'ils y ſont dreſſez. Tous Laniers paſſagers ſont
en danger de mourir de trop de graiſſe en la muë ; & il eſt
bon de leur donner vne ſeule gorge par iour, ſur les dix
heures du matin. Que ſi vous leur donnez du vif, faites
que ce ne ſoit qu'vne fois la ſepmaine, ou deux fois au
plus.

Alphanet ...
pour les perdris au Sieu Desparron

PREMIERE PARTIE
pour les perdris au Sieu Desparron

42

44

Du Lanier appellé Alphanet.

CHAPITRE XXIV.

'Alphanet eſt le plus beau & gracieux de tous les oyſeaux ſeruans à la Fauconnerie. Il s'en tire du plaiſir aux perdrix & aux liévres, principalemēt s'il eſt prins Paſſager. En ſon pays on luy fait voler la Gazelle; qui eſt vn animal de la groſſeur d'vn cheureau, ou enuiron, qui a deux petites cornes aſſez longuettes, dont la pointe eſt fort aiguë, & renuerſée en arriere, côtre leſquelles bié ſouuent il ſe tuë en deſcendant. Apres la muë il eſt fort blond, & côme blanc. Ces oyſeaux ſont venus premierement à nous de Barbarie. Les plus blonds viennent de Candie. On les appelle Tuniſſiens, du nom de Tunis, qui eſt la principale ville du pays. I'ay parlé à des perſonnes qui ont eſté ſur le lieu, & qui m'ôt dit auoir veu leurs aires dans les Cauains que le rauage des pluyes fait dans la terre. I'en ay veu prendre ſouuent de Paſſagers en la Craux d'Arles, qui ſe trouuent fort bons. Vous connoiſtrez l'Alphanet à la molleſſe du pennage, & à ce qu'il eſt plus blond que le Lanier commun. Cét oyſeau prins Niais, n'eſt pas pour voler tout le long d'vn iour, n'eſtant pas ſi dur à la peine comme ſont les autres oyſeaux : toutesfois il s'en voit qui dementent leur eſpece, & ſurpaſſent leur naturel. Il y a du plaiſir à luy faire voler vn Pigeõ cillé, car il le va querir bien haut : vray eſt que du commencement il faut le mettre à môt, & ietter le Pigeon au deſſous de luy. Son naturel eſt de voler accompagné. Il vole

bien la perdrix, principalement s'il eſt paſſager, car il a
l'œil extrémement bon, & fait bon guet. Quand il eſt
bien dedans, & qu'il ſçait ce qu'il doit faire, il eſt fort
bon oyſeau, & de longue vie. Il eſt ſuiect à monter auec
vn beau iour, & ſi haut qu'il ſe met hors de veuë. Le nom
d'Alphanet luy a eſté donné des Grecs, pour eſtre reputé
en leur pays le premier oyſeau de proye, deriuant ce nom
de la premiere lettre de leur Alphabet. Il s'en voit de
pluſieurs tailles : & bien que communément ils ſoient
plus petits que les autres Laniers, i'en ay veu de grands
comme des Sacres, qui eſtoient excellens, & à tout faire.
Tels oyſeaux viennent du coſté de l'Egypte, & non de
la Barbarie Occidentale, comme les autres. Ils ſont auſſi plus à priſer, pour eſtre oyſeaux qui durent longuement, & ſe rendent touſiours meilleurs. Ces oyſeaux
s'accouplent fort ſouuent auec les Sacres : ce qui me fait
auoir opinion que les gros dont ie vous parle, ſont baſtards du Sacre. Ceux qui en ont, en doiuent faire beaucoup d'eſtat.

Sacre mûe apelé Le Glorieux

Du Sacre.

CHAPITRE XXV.

L A nature du Sacre est d'estre opiniastre , & de deux cœurs pour quelque temps ; mais auec la patience il se rend gracieux, & encor ialoux de son maistre, bien qu'il le mesconnoist s'il change d'habit. Cét oyseau est de grand trauail & de bon guet: pource il est fort propre pour les perdrix , principalement le Sacret, soit pour prendre bien l'arbre, ou pour soustenir au long des coutaux, comme ie vous ay dit du Faucon leger: & lors auec le vent il se pend de telle façon, qu'il demeurera en vn mesme lieu comme s'il estoit attaché, sans se bouger, ny donner vn coup d'aisle, ainsi que fait par fois vne Crecerelle. Aucuns craignent au sorage quelque peu le vent, s'ils volent en la plaine; ce qu'ils ne font pas apres auoir esté muez. Ils font bons à toute volerie, principalement du Milan , du Heron, des Buzes, & des autres oyseaux de montée; Ils vont aussi au gros gibier, pource qu'ils font fort bons compagnons. Or il y a du plaisir auec deux Sacres, ou bien auec le Sacre & le Sacret pour les champs: car vne perdrix ne s'en peut garentir & en pouuez ietter vn qui vous suiue, & porter l'autre & le ietter du poin. Le Sacre est en danger de mourir en la muë , pource qu'il se charge trop de graisse. Il m'en est mort plusieurs auant que ie sceusse comme ie les deuois traicter. Les Sacres font si aspres qu'ils ne durent gueres. En l'arriere saison, que nous disons en Mars & Auril, que

Sacret fort bon pour les perdrix

Sacre dangereux en muë.

le

le temps eſt doux , paiſſez-les de cheureau, d’aigneau, ou
d’autres chairs de lait : deſquelles vous pourrez encore
dóner à tous oyſeaux volans,qui prennent l’eſſor,&mon-
tent en vn beau iour. Le Sacre prins Mué eſt le meilleur,
combien qu’il ſoit difficile à dreſſer. Aucuns s’adonnent
aux charógnes, & ſuiuent couſtumierement les Orfrayes
pour aller paiſtre aux voiries auec elles. Depuis qu’ils ſçauent leur meſtier, ils ne vont pas au change comme font
les Faucons: car ils perdent fort le cœur.Les Sacres ne valent rien ſi le froid ne les touche. Et pourtant au ſortir de
la muë,il faut attendre le mois de Nouembre pour les faire voler: il eſt vray qu’ils vous ſeruent bien tout le mois
d’Auril,&iuſques au quinziéme deMay.La cóplexion du
Sacre eſt humide & chaude : ce qui le rend ſuiet à la chiragre , participant plus de l’eau que des autres elemens:
Prenez-y donc garde ſur tout au Printemps. L’on n’a iamais veu d’aires de Sacres; c’eſt pourquoy on ne peut leur
donner le nom de Niais, comme aux deux precedents.
Aucuns ſe ſont trompez en prenant des LaniersNiais fort
grands pour des Sacres, & ont voulu affirmer d’auoir veu
des Sacres Niais: mais c’eſt vne erreur.Ce que facilement
on iugera, eſtant le Sacre de beaucoup plus gros: puis ils
ont les mains plus bleuës, & plus courtes , & pleines de
chair. Cét oyſeau eſt dit Sacre, pour ne deuoir eſtre touché de toute ſorte de gens.

*Sacre mué
eſt fort bon
pour la per-
drix.*

*Aucuns
Sacres
vont à la
charógne.*

*Le Sacre
ne doit vo-
ler apres la
muë, qu’ē
Nouembre
au pluſtoſt
& conti-
nuer iuſ-
ques au
vingtiéme
May.*

*Sacre ſuiet
à la chira-
gre.*

G

Gerfaut
Gerfau

Du Gerfaut.

CHAPITRE XXVI.

E Gerfaut est le plus gros oyseau de tous ceux qui peuuent seruir à la Fauconnerie: quoy qu'il y en ait qui ont escrit que l'Aigle aussi y est propre, côme OlausMagnus en son liure *Des nations Septentrionales*:où il fait encore grand cas d'vn oyseau nómé *Haliæetus*,& d'vn autre appellé *Nisus*. Ie m'en remets à ce qui est de la verité.Pour le naturel du Gerfaut, ie vous diray que c'est le plus gaillard oyseau qui se puisse voir,& principalement à la montée,côme il se remarque au vol duMilan, & du Heró.I'en ay dressé aux perdrix,qui ont si bien reüssi, qu'apres les auoir veus, on estoit degousté de tous les autres oyseaux. Et lors qu'vne perdrix pensoit remonter vn coutau, elle n'auoit pas fait la moitié du vol qu'elle estoit prise.Cét oyseau est suiet à charrier;& pource vous luy pouuez brider vne serre de chasque main auec du cuir,en leur faisant vn doitier, dans lequel vous luy mettrez la serre en double,& le lierez si bié qu'il ne s'en puisse seruir.C'est vne chose fort aisée,& qui se peut pratiquer à l'endroit de tous oyseaux qui ont ce deffaut.Les meilleurs Gerfauts viennent de Noruegue, estans prins passagers. Il en vient de Niais de la contrée de Creman, qui sont fort bons, & ne sont pas trop gros. En Armenie il y en a quantité, mais il ne sont pas si excellens.Cét oyseau vole l'Ostarde,la Gruë,& tout autre gros gibier. Il craint fort le chaud, pource que son naturel est d'habiter en pays

Qui voudra sçauoir quels oyseaux sont ce Haliæetus & Nisus, voyez cét autheur

Le Gerfaut meilleur pour les coutaux que pour les plaines.

Remede facile contre les oyseaux charriars.

Gerfaut de Noruegue. Gerfaut de Creman.

froid:ce qui le fait tempefter. Il n'eft oyfeau que d'vne
haleine; pource qu'il vole auec tant de vehemence qu'il
perd toute fa force en vne ou deux fois que vous le faciez
voler par iour. Il eft encore bon pour voler le Heron & le
Milan, & tout oyfeau de montée. Pour la perdrix, il fe met
fur le buiffon comme vn Autour : mais il le faut paiftre
fans le faire voler plus de trois perdrix. Auffi eft-il fi rare
en beauté & hardieffe, qu'il merite bien qu'on le refpecte,
& qu'on ne l'importune point. Au forage, il s'en trouue de
mouchetez de blanc; & d'autres qui font d'vne piece comme Faucons ; & autres qui font blancs comme pigeons.
Quand il eft mué, il deuient comme vn Lanier Tuniffien.
Pour vous en feruir aux perdrix, à caufe du debatre qu'il
fait, il faut l'accouftumer de fuiure, ce qu'il fera bien d'arbre en arbre. Prenez garde en le dreffant, de luy faire bien
la tefte; car fon naturel eft de craindre le chaperon eftant
mis d'vne main pefante. Traictez-le doucement, & luy
faites bonne chere ; car il mange autant de chair que
trois Sacres , & fon Tiercelet autant que deux pour le
moins:&ne luy faut pas faire endurer la faim,comme aux
autres oyfeaux. Quand vous le portez aux champs, n'oubliez de faire porter en la gibeciere dequoy le paiftre. Car
fi d'auanture vous ne trouuez à fon heure dequoy voler,
il luy faut donner à manger;autrement il fe tueroit à force de fe debatre. Cét oyfeau de fa nature eft fec & froid;
ce qui le rend fuiet à la Croye: prenez donc garde à luy
aux trois mois de l'Hyuer. Ie vous pourrois difcourir du
naturel des Faucons Tagarots:mais pource que bien rarement on en recouure,ce ne feroit que gafter du papier: &
d'ailleurs ie ne leur ay iamais veu faire chofe qui merite

d'eſtre recitée, pource qu'ils ont le corps fort petit à la proportion de leurs aiſles: ce qui fait qu'ils craignent fort le vent. Toutesfois il ſe peut faire qu'aux pays où il n'en fait pas tant; ils peuuent mieux faire qu'ils ne font au noſtre. Aucuns ont pris des Falquets pour des Tagarots, & ſe ſont trópez. Cét oyſeau eſt aiſé à diſcerner d'auecques les autres, pour auoir le vol extrémement long, la main grande, comme eſt dit, & verte ou bleuë comme celle d'vn Lanier, & la teſte groſſe. Quant à ſa nature, touchant les purgations, il eſt comme le Tiercelet de Faucon, ſinon qu'il eſt encore moins robuſte, combien qu'il ſoit quelque peu plus grand. Au demeurant, c'eſt choſe tres-aſſeurée que les oyſeaux s'accouplent les vns auec les autres hors de leurs eſpeces; comme le Sacret auec le Lanier, le Tiercelet de Faucon auec le Lanier, le Tuniſſien auec le Sacret, cóme fait ſouuent le Laneret auec le Faucon. Et par ce moyen il ſe voit des oyſeaux baſtards, auſquels nous ne pouuons donner de nom propre, combien qu'aucunesfois il s'en trouue de tres-bons. Lors que vous en aurez, traictez les ſelon l'eſpece dont vous iugerez qu'ils approchent le plus. Dieu a mis ſi bon ordre entre les oyſeaux, que les baſtards ne s'accouplent iamais, & demeurét ſteriles: ce qui a touſiours conſerué les eſpeces des oyſeaux. Il y en a qui ont *Laniers de* creu les baſtards du Sacre & du Lanier Tuniſſien, eſtre *Ruſſie* vne autre eſpece d'oyſeau, & les ont nommez Laniers de *ſont baſtards du* Ruſſie, & autres Laniers d'Egypte, pource que vers ces *Sacre, & du Tuniſ-* quartiers là il s'en trouue ſouuent. Ie n'allonge point ce *ſien.* diſcours de la difference qu'il y a enrre les oyſeaux en chaque eſpece; cóme des Faucons pris Niais aux montagnes, & de ceux qu'on nous apporte des Iſles voiſines, ou

du long des coftes de la mer : vous les mettrez au rang
du Faucon Niais, duquel ie vous ay defia difcouru. Pour
eftre Gentil, ou Pelerin, ie n'en fais difference, non plus
que pour nous eftre apportez de Cypre, Malthe, Barbarie,
ou des autres pays ; pource que ce font tous Faucons.
Tout de mefme des Sacres, Gerfauts, & Laniers, vous
les traicterez felon les preceptes que ie vous ay baillez
de chacun en fon lieu.

Gerfauts mué

Des Alethes, oyseaux de nouueau connus.

CHAPITRE XXVII.

Ombien que i'aye discouru ailleurs de l'antiquité de la Fauconnerie, & comme les anciens se sont seruis des oyseaux de proye, si veux-ie vous dire quels oyseaux ont esté premierement connus. Il faut que vous sçachiez que les Faucons sont les premiers desquels on s'est serui, pour auoir esté trouuez plus communs, & faciles à s'assuiettir à l'homme. En apres les François estans en Sicile, trouuerent le moyen d'employer les Laniers à cét effect. Quelque temps apres, nos Rois en firent de mesme des Gerfauts, lesquels ils manderent chercher iusques aux regions plus froides. Ayans pris goust à ce vol nouueau, ils se rendirent curieux d'enuoyer du costé de l'Egypte, d'où furet apportez les Sacres, desquels on ne pouuoit se seruir du commencement ; mais ayant trouué l'artifice de les rendre fideles à l'homme, on les meit en reputation comme ils sont pour le iourd'huy. Ces quatre especes conneuës, on en trouua vne cinquiéme, qui furent les Tagarots, dont i'ay par cy deuant parlé. Depuis quelques années on en a reconneu encore vn autre espece, qui sont les Alethes, lesquels on tient maintenant en grande reputation, tant pour leur rareté, que pour leur gaillardise. Le premier que ie veis fut à Ferrare, il y a trente huit ans ; qui estoit à son Altesse : & au mesme temps passant par Turin, i'en veis deux autres qui estoiét au Duc de Sauoye dernier decedé. La Reyne du iourd'huy passant par Marseille, en

faisoit

faifoit porter vn, que plufieurs peuuent auoir veu, qui voloit
fort bien la perdrix. Les oyfeaux dont i'ay difcouru par cy
deuant, font conneus dés long temps ; mais de cette efpece
ce n'eft que depuis 40.ans qu'ils ont efté apportez par deçà.
Pour leur taille, elle eft prefque comme celle d'vn Tiercelet
de Faucon, & le pennage par le deffus tout de mefme. Leur
deuant eft de couleur orangé pafle, tirant au Perroquet, auec
vn Croiffant en forme d'vn fer de cheual en bas vers les cuiffes, qui eft de couleur brune. Ce font oyfeaux de courage
pour le gibier qu'ils volent, qui eft proprement la perdrix.
On les iette du poing, leur inclination eft de voler bas &
roide, faifant leur effect de viftelfe. Ils prennent la branche,
& ne fouftiennent de leur naturel. Ils ne volent pas en compagnie, & ne s'en voit point de Niais.   Or il ne faut qu'on
s'efmerueille d'ouyr parler d'vn oyfeau nouueau. Car il faut
croire que comme il y a encores beaucoup de pays incon-
neus aux Chreftiens, il y a aulfi des oyfeaux dont nous n'a-
uons iamais eu connoiffance. Ie vous diray dauantage, que
ces oyfeaux dont ie vous parle, viennent des Ifles Occiden-
tales nouuellement trouuées, & font apportez en Efpagne,
où ils font védus aucunesfois trois cens efcus la piece à l'arriuée des vaiffeaux, tant ils font prifez des Efpagnols. On
les nomme Alethes, mot Grec, qui eft autant à dire que veritables, ou courageux: aulfi font-ils les plus affeurez oyfeaux
qui volent la perdrix, arreftans au buiffon comme vn Autour; fi bien qu'on n'en perd iamais par leur faute. Quant à
ce que Olaus Magnus difcourt d'vn oyfeau qu'il nomme de
mefme nom, il me femble que ce ne peut eftre le mefme oyfeau, veu qu'il efcrit des pays du Septentrion, là où cét oyfeau ne fe trouue point; nõ que ie ne vueille croire qu'il n'en
puiffe auoir veu ailleurs.   H

Esmerillon

De l'Efmerillon.

CHAPITRE XXVIII.

IE ne veux pas oublier à parler de l'Efmerillon. C'eft vn oyfeau qui donne autant de plaifir à l'homme, que les autres, & qui pour cette
occafion merite bien qu'on en face cas. I'en ay remarqué de trois fortes, fans toutesfois que ie puiffe affirmer
s'ils font d'efpeces differentes. Car (comme chacun fçait)
les Efmerillons Niais ne nous font pas communs : bien
que i'ay fait prendre des oyfeaux en Aouft, dans vn roc,
où les Faucons auoient niché ; que i'ofe affirmer que c'e-
ftoient des Efmerillons, tant ils eftoient courageux &
reffemblans. Toutesfois ie vous puis bien affeurer que
i'ay fait preuue que leur pennage eft different. Premierement il eft du pennage du Sacre brun : fecondement
d'autres vn peu moindres de taille & de pennage du Lanier mué : tiercement il s'en voit qui tiennent du Faucon, qui ne font pas moindres en groffeur que les autres
que i'ay dit reffembler au Lanier. Celuy qui reffemble
au Sacre eft le meilleur pour la perdrix, & pour l'aloüette. Celuy qui tient du Faucon, eft le plus gaillart, mais il
veut voler auec vn compagnon ; autrement il charrie la
proye pour fe paiftre à fon plaifir. I'ay tenu des Efmerillons qui voloient la perdrix de compagnie auec des Laniers de paffage ; dont i'eftois auffi ialoux & curieux que
des Laniers mefme. Les Turcs eftiment beaucoup cét
oyfeau, & le dreffent à prendre la gruë. Ils en feront voler

H ij

trente ou quarante en compagnie : chofe qui fe pratique
en la Fauconnerie du grand Seigneur. Cét oyfeau craint
le froid ; & pource il le faut tenir en part où il ne le puiffe
fentir, & luy garnir la perche en Hyuer de peau deLiéure.
Leur purgation doit eftre legere , & faite rarement, fi ce
n'eft que la neceffité vous y contraigne.Si vous en gardez
pour les perdreaux, ils vous donneront du plaifir: vray eft
que par apres ils ne ferót pas fi bons pour l'aloüette. Prenez garde en les leur faifant voler, de ne les ietter aux legeres, car enfin ils fe perdroient. Choififfez les huppées,
que l'Italien appelle *allodole* , ou *capellute*. Les Tiercelets
d'Efmerillon font fi petits , qu'ils ne peuuent feruir qu'à
l'aloüette; & encores ne font-ils que bien peu d'effect.En
nos Ifles d'or en Prouence,il fe trouue en Aouft des oyfeaux qui y airent, que plufieurs prennent pour des Efme-
rillons:mais ils fe trompent ; car ces oyfeaux là font inutiles , & n'ont point de courage , & ne fe paiffent que de
fauterelles , ou de moucherons en Efté : puis s'en vont en
Hyuer comme les Hobereaux, & ie les croy vne efpece
de Falquet.

Aloüettes legeres, trop gaillardes.

Fin de la premiere Partie.

LA
SECONDE PARTIE
DE LA FAVCONNERIE DV
SIEVR D'ESPARRON.

Des maladies de nos oyseaux en general.

CHAPITRE I.

N'Estant mon intention autre que d'instruire
ceux qui se voudront rendre affectionnez à
nostre Fauconnerie : il m'a semblé necessaire
de faire ce petit discours, qui ne sera pas inutile à celuy qui en voudra tirer du fruict. Puis que l'oyseau est composé des quatre elements, qui sont le feu,
l'air, l'eau & la terre ; il s'ensuit qu'il tient aussi des quatre
qualitez d'iceux, qui sont la chaleur, l'humidité, la froideur & la secheresse: ausquelles correspondent les quatre
humeurs, la colere, le sang, le flegme, & la melancholie.
Et tout ainsi que la santé depend du temperament de ces
quatre humeurs, de mesmes l'indisposition & mauuais
estat suruient lors qu'vne d'icelles surmonte & domine
les autres par excez. Chacune de ces quatre humeurs à son
temps & saison en l'année. La colere domine aux trois

mois de l’Efté, qui font de mefme temperature qu’elle, à
fçauoir, chauds & fecs : le fang aux trois mois du Printemps, qui font humides & chauds comme luy: le flegme
aux trois mois de l’Automne, qui font froids & humides
comme il eft : & la melancolie aux trois mois de l’Hyuer,
qui font fecs & froids comme elle. Or de l’excez de chacune de ces quatre humeurs eft auffi caufée vne des quatre maladies de nos oyfeaux : qui font le rheume, la chiragre, le mal fubtil, & la croye. A ces quatre maladies nos
oyfeaux font tous fuiets : mais particulierement à vne,
chacun fuiuant le naturel de fon efpece : C’eft à fçauoir,
le Lanier au rheume, & le Sacre à la chiragre, le Faucon
au mal fubtil, & le Gerfaut à la croye : comme ces quatre
efpeces de nos oyfeaux correfpondent aux quatre fufdi-
tes qualitez elementaires. Ce qui doit eftre entendu de ces
oyfeaux refpectiuement, & par comparaifon entr’eux
mefmes feulement, fuiuant leurs differentes efpeces. Car
tous oyfeaux confiderez fimplement, abfolument, & felon leur genre d’oyfeau, font tous humides & chauds,
comme eft l’element de leur habitation. Or ces quatre
maladies faififfent ces quatre oyfeaux en quatre diuerfes
parties de leur corps: à fçauoir, le rheume en la tefte, le chiragre aux mains, le mal fubtil en la mulette, & la croye
aux boyaux. Par ces quatre maladies nos oyfeaux prennent fin le plus fouuent. C’eft pourquoy nous les difons
eftre les quatre maladies principales, defquelles toutes les
autres prennent leur fource: i’en traiteray par le menu en
leur lieu, enfemble des accidens qui peuuent furuenir aux
oyfeaux, & des remedes qui y font propres, felon que la
neceffité le requerra. Et pour vous donner mieux à en-

tendre ce que ie vous ay deſia dit, i'ay aduiſé de vous repreſenter en ce lieu, par vne figure les quatre elements,
leurs quatre qualitez, les quatre humeurs qui leur correſ-
pondent, & les quatre ſaiſons auſquelles ces humeurs do-
minent. Vous y verrez auſſi les maladies qu'elles cauſent
à ces quatre oyſeaux, en quatre diuerſes parties de leur
corps.

Table du contenu au premier chapitre du ſecond liure de cette Fauconnerie.			
Les 4. Elemens.	LE FEV.	L'AIR.	L'EAV.	LATERRE
Les 4. qualitez d'iceux.	La Chaleur. *parfaite, auec la ſechereſſe imparfaite.*	L'Humidité. *Parfaite, auec la chaleur imparfaite.*	La Froideur. *Parfaite auec l'humidité imparfaite.*	La Sechereſſe *Parfaite, auec la froidure imparfaite.*
Les 4. humeurs correſpondantes à icelles.	La Colere. *Chaude & ſeche.*	Le Sang. *Humide & chaud.*	Le Flegme. *Froid & humide.*	La Melācolie *Seche & froide.*
Les 4. Saiſons.	L'Eſté. *Chaud & ſec.*	Le Printéps. *Humide & chaud.*	L'Automne. *Froid & humide.*	L'Hyuer. *Sec & froid.*
Les 4. maladies principales.	Le Rheume.	La Chiragre.	Le mal ſubtil.	La Croye.
Les 4. Oyſeaux.	Le Lanier.	Le Sacre.	Le Faucon.	Le Gerfaut.
Les 4. parties dangereuſes.	La Teſte.	Les Mains.	La Mulette.	Les Boyaux.

De la premiere maladie de nos oyseaux, qui est le Rheume:
& de sa guarison.

CHAPITRE II.

E Rheume se forme dans la teste de l'oyseau,
d'vne humeur chaude & colerique : laquelle
monte du foye & du cœur, parties chaudes, au
cerueau plus froid. Il prouient aucunesfois par la diuerse temperature des iours, qui sont bien souuent l'vn froid
& l'autre chaud, & par telle contrarieté le sang venant à
s'esmouuoir, le Rheume se forme. Comme il peut aussi
estre excité par trois autres occasions. La premiere est
pour auoir senty le froid de la nuict, s'estant perdu en
campagne, & mesme s'il a esté touché des rayons de la
Lune, ou des rosées du matin. La seconde est pour auoir
esté moüillé, & mal seché, soit pour s'estre baigné de soy-
mesme volontairement, ou pour auoir esté moüillé de la
pluye. La troisiéme est pour auoir esté touché d'vn Soleil
trop ardant, soit au iardinet du matin, ou bien au droit de
quelque fenestre, principalement si elle est vitrée; dequoy
il se faut prendre garde. Cette maladie est tres-mauuaise,
principalement aux trois mois de l'Esté, & mesmes elle
engendre plusieurs autres maladies.

Or de quelque cause qu'elle prouienne, le remede est
de purger l'oyseau, & pour cét effect vous luy donnerez
vne pillule de máne: puis le paistrez de demie gorge trois
heures apres. Et le lendemain au soir, si vous connoissez
qu'il soit assez robuste & plein pour supporter la charge,

donnez

donnez luy vne pillule de Tribus dans sa cure seche: mais
si l'oyseau se trouue bas & maigre, donnez luy à manger
de quelque bonne viande, auec sa cure: dans laquelle vous
mettrez de la sauge, ou de l'absinthe. Ayant ainsi fait, il
faut faire tirer l'oyseau, & apres le mettre pres du feu, ou
au Soleil, pourueu que la chaleur soit moderée, de peur
que l'oyseau assez alteré de soy-mesme, ne s'altere encore
d'auantage. Apres que l'oyseau aura tiré, il n'y a point
de mal de le tenir en lieu chaud, où il n'y ait point de vent
coulis; & pource on le peut mettre dans vn pauillon. La
Betoine dans la cure, est bonne à purger le cerueau aux
oyseaux.

Du Haut mal.

CHAPITRE III.

N des inconueniens que cause le Rheume, est
le Haut mal: si vostre oyseau a telle maladie,
vous le connoistrez par vn parfum que vous
luy ferez de la coulure de bitume, appellé Na- *C'est ce qui*
phte: car aussi tost que l'oyseau en sentira l'odeur, s'il est *en cuite,*
suiet au Haut mal, il en tombera. *ou distille.*

Pour remede, donnez-luy le feu iusques à l'os, au sommet du cerueau: puis continuez luy à son past l'eau de figues seches, le laict de cheure, la chair & sang de belette,
la ceruelle de renard, la chair de tortuë terrestre: & apres
qu'il aura passé sa gorge, vous luy mettrez le fiel de la tor- *C'est auoir*
tuë dans les nazeaux. Donnez luy aussi des pillules d'Aga- *fait sa di-*
ric, auec la moitié moins d'Oxymel, adioustant le tiers *gestion.*

I

de Lapis ſpecularia, & meſme quantité de grains de ruë.
Ces pillules ſe doiuent donner le ſoir dans la cure ſeche.
L'eſtuue du Galbanum y eſt fort propre pour le ſoir, apres
que l'oyſeau aura digeré ſon paſt ; le parfum auſſi de Vn-
guis odoratus, & Blata Byzantia. La decoction de quinte
fueille donnée à l'oyſeau auec ſon paſt par interualle, le
guarit de cette maladie, les grains de corail donnez à la
cure y ſont fort propres auſſi. Ces remedes ont bien pouuoir d'alleger l'oyſeau : mais pour le guarir, le feu donné
au ſommet de la teſte, comme ie vous ay dit, eſt le meilleur, car par ce moyen on fait reſoudre les humeurs froides & gluantes, qui cauſent cette maladie. Vn Medecin,
auquel i'auois communiqué ce ſecret, m'a dit, comme
auec le couuercle d'vne marmite rougy au feu, il auoit
guary vn pauure homme du Haut-mal, en luy ayant bru-
lé le ſommet de la teſte, & qu'il en a depuis guary pluſieurs
autres. Vous trouuerez en l'eſtuy des outils de Fauconnerie que i'ay fait, le fer qui eſt propre à guarir cette maladie, bien que la figure de ce fer eſt trop large d'vn tiers:
ce qui ſera pour aduis. Quand ie penſe les oyſeaux pour
tel mal, ie mets ſur la teſte de l'oyſeau vne piece de marroquin, ou d'autre cuir, & puis i'applique ledit fer, non du
tout rouge par deſſus, le tenant tant que l'oyſeau peut
ſouffrir ſans mourir, & ſans que ſon pennage ſe gaſte : le
fer eſt appellé chapelet, marqué par la lettre V. Le tirer
moderément, eſt auſſi fort vtile à ce mal, comme le trop
tirer eſt contraire,

Remede contre les tayes ou taches aux yeux
de l'oyseau.

CHAPITRE IV.

'Il aduient que le Rheume trouble l'œil à vostre oyseau, & que l'œil en soit humecté, prenez vn blanc d'œuf, de l'eau de rose, de l'eau
de prunelles, & le tout battu ensemble, vous
le luy appliquerez auec du cotton sur le bec, entre les deux
yeux : puis là dessus vous luy mettrez vn chaperon large,
le tenant en cet estat couuert toute la nuict. Que s'il s'y
monstre quelque taye, ou tache, sans que l'œil soit humide, prenez de l'eau de fenoüil, & la luy iettez dans l'œil.
Puis cela fait, auec vn tuyau vous luy soufflerez soir &
matin d'vne poudre faite de succre candy, corail, fiente
de lezard, & autant de Tutie preparée : & alors il le faut
tenir en part où il ne sente le feu, la fumée, la poussiere,
ny le vent. Il y a à ce mal vne autre recepte fort bonne
& esprouuee : c'est l'eau de laquelle vous sera faite mention au discours des remedes contre les blessures des
yeux, auec laquelle vostre oyseau guarira, en la luy appliquant.

Remede contre la mal nommé l'Ongle à l'œil
de l'oyfeau.

CHAPITRE V.

SI voftre oyfeau a le mal qu'on appelle l'Ongle, prenez vne plume d'vn pigeon vieil, coupée comme fi vous vouliez efcrire, & luy faites encore le bec plus long. Et puis faifant tenir l'oyfeau, & le tenant vous mefme par la tefte de la main gauche, vous tafcherez auec le bout de cette plume ainfi coupée de prendre cette toille; & la tenant auec des pincettes, vous la couperez auec des cifeaux, puis appliquant fur l'œil du coton trempé dans de l'eau rofe & du blanc d'œuf, & là deffus luy remettant le chaperon, vous le ferrerez en forte, que de trois heures il ne fe defcouure. Cette incifion fe doit faire fur les dix heures du foir: & à la bien faire fans danger de l'œil, il y faut eftre quatre perfonnes, vn qui tienne l'oyfeau fur le poing, l'autre qui l'abatte, le tiers qui prenne la toifon de l'œil auec le bout de la plume, & le quart, qui d'vne main la prenne auec des pincettes, & la couppe de l'autre auec les cizeaux.

Du mal aux oreilles de l'oyseau, & de ses remedes.

CHAPITRE VI.

LES humeurs du cerueau prennent quelquefois leur descente par les oreilles de l'oyseau, & mesmes auant que l'on s'en donne garde : de là vient qu'il se forme vne glande chancreuse dans l'oreille : dont les remedes vous en seront donnez comme s'ensuit.

Lors que vous trouuerez les oreilles de vostre oyseau pleines de crasse, vous les deuez nettoyer le mieux qu'il vous sera possible, & sur tout sans les escorcher, ou esgratigner, ce que vous pourrez faire auec de l'huile tiede : & si ce mal s'augmente, purgez le auec des pillules de Hiera pigra, & d'Agaric : puis donnez luy vn bouton de feu au sommet de la teste iusqu'à l'os, & si le mal ne diminuë, faites rougir la pointe d'vn cousteau, & luy en fendez l'oreille iusques au bas : car par cette ouuerture, vous penserez l'oyseau plus aisément. Que si vous descouurez que dedans l'oreille il y ait quelque glande, ou chancre, taschez de le nettoyer auec vn curoreille, car les chancres en tel endroict sont dangereux. Ayant ouuert l'oreille, vous guarirez l'oyseau plus facilement, en tenant la playe nette, & le faut penser soir & matin.

Du mal qui vient à l'oyseau dans le palais
& du remede.

CHAPITRE VII.

L'Oyseau est aucunesfois si plein de Rheume, qu'il luy ferme les conduits par lesquels il doit descharger le cerueau : & lors le palais luy enfle, & s'y fait vne glande chancreuse.

Pour remedier à l'apostume qui s'y forme, prenez des cizeaux bien trenchans par la pointe, & coupez l'endroict le plus enflé & charnu dudit palais, vers le bout du bec, en luy ostant la piece : & ainsi laissez-le bien saigner, car cela l'allegera fort : puis à l'heure du paistre, donnez luy sa chair par morceaux trempez dans de l'eau. Et si vous connoissez qu'à cette enfleure du palais il y ait de la matiere, ouurez la aussi tost auec vn caniuet, & en ostez la piece auec des cizeaux, & faites l'ouuerture si profondé, que l'apostume en sorte : & par ce moyen l'oyseau sera tost guary. Paissez le apres auec de la chair trempée en huile battuë, s'il en veut manger. Il ne faut pas le faire tirer de quelques iours, de peur que la playe ne s'achancrisse. Ie saigne ordinairement mes oyseaux de cette façon, à l'entrée de la muë, non seulement au palais ; mais encores par la pointe du bec.

Du chancre qui se forme dans le bec de l'oyseau, &
de ses remedes.

CHAPITRE VIII.

Out chancre en quelque partie qu'il s'engendre, soit au gosier, ou au canal du poulmon, qui se tient à la langue, ou bien dans le bec, ne procede que de trop d'alteration, ou de la mulette, ou pour la chaleur du rheume, qui luy descend du cerueau.

Vous y remedierez auec les aduis qui vous seront donnez. La premiere chose qu'on doit faire à tels chancres, c'est de purger le corps de l'oyseau auec des pillules blanches, que vous luy donnerez par trois matins, & plus s'il en est besoin. Car en reiterant cette purgation, l'oyseau en est d'autant allegé, pourueu qu'il la puisse supporter, sans l'abaisser par trop. C'est pourquoy quand on le purge, on doit prendre garde en quel estat il est, & le conseruer en chair sans l'amaigrir, & tascher d'attirer la matiere peccante le plus doucement qu'il se pourra. Que si elle procede de la mulette, il faut la luy faire rendre, comme il vous est dit au chapitre quarante septiéme, & apres le bien traicter, luy donnant ses deux gorges par iour.

Que s'il ne guarit pour cela, prenez du succre candy, & du soulfre, autant de l'vn que de l'autre : & broyez le tout en poudre, laquelle vous mettrez sur le chancre. Le ius de mures rouges donné auec sa chair, est vn remede singulier. Quand les chancres ne sont en lieu dangereux, l'eau

de sublimé appliquée vne fois seulement, est vn remede
esprouué : comme aussi l'huile de vitriol pour vne fois, &
puis continuer de l'eau de brout de chesne, ou de gland,
en moüillant souuent les chancres.

Du mal des nazeaux bouchez par le rheume, &
de ses remedes.

CHAPITRE IX.

SI vous pensez ouurir les nazeaux d'vn oyseau
auec vn fer chaud, vous tombez en deux inconueniens. Le premier est, que vous le rendez
difforme & laid : l'autre est qu'en les pensant ouurir, le
plus souuent vous les bouchez d'auantage. Car l'escarre
que fait le feu vient à fermer les conduits pour quelque
temps, pendant lequel, l'humeur qui distille du cerueau,
s'y retient, & cela rend l'oyseau plus malade, & bien souuent luy cause la mort. Donc le meilleur est de luy oster
le rheume, comme il vous sera enseigné. Ayez vn valet
qui le succe auec la bouche, lors qu'il aura tiré sur le tiroir, chose tres vtile, & necessaire à tel mal. Apres donnez luy le reste de sa gorge par morceaux trempez dans
de l'eau. Et par ce moyen l'oyseau se laue & rafraischit
les nazeaux. Les pillules de Hiera pigra sont tres bonnes
contre le rheume, les incorporant tant que faire se pourra auec de l'Agaric : il les luy faut donner le soir dans la
cure seche. Ceux qui conseillent de distiller du vinaigre
dans les nazeaux auec de la moustarde, ou du jus de con-
combres sauuages, graine de roquette, Stafis agria, &
autres

autres choses fortes, pour prouoquer l'oyseau à se descharger, sont de mauuais medecins, car l'oyseau se descharge assez de soy-mesme, & plus qu'il ne seroit de besoin, pourquoy l'y doit-on encores prouoquer d'auantage ; Par ce moyen plusieurs ont tué leurs oyseaux auec de
certaines receptes mal-entenduës, ne reconnoissans pas la
maladie, ou l'effect des remedes, qui sont les vns pour preuenir le mal auant qu'il vienne, les autres pour le guarir
quand il est aduenu. Lors que vos oyseaux auront cette
maladie, il ne faut pas les faire trop tirer ; car tant d'exercice leur est contraire ; c'est assez de quelques coups de
bec : apres il les faut paistre par morceaux trempez dans
de l'eau rose tiede, ou dans de l'eau de sauge, qui est fort
propre aux oyseaux chargez de rheume : & si l'oyseau de
soy-mesme ne veut aualler la chair ainsi trempée, vous
deuez vous mesmes la luy faire aualler, en luy ouurant doucement le bec sans l'abattre. Ie me suis bien
trouué, ayant de mes oyseaux malades du rheume, de
leur faire vne estuue d'eau de mer, à faute de laquelle,
l'eau salée peut seruir.

I'ay encores fait le remede suiuant. Ie prenois la glaire
d'vn œuf, battuë auec des roses, & fleurs de sauge: puis ie
prenois du coton, que ie faisois bien tremper, & le tout
ensemble i'appliquois entre les deux yeux de l'oyseau, par
le moyen d'vn grand chaperon, duquel ie le tenois ainsi
couuert trois bonnes heures apres. Ce remede est fort propre, & se peut reiterer. La saignée du palais est fort vtile   *Saignée.*
à ce mal au commencement qu'il saisit l'oyseau.

Mais s'il faut venir par le cautere ; prenez vn fer rond,
qui soit par le bout de la grosseur d'vn poix, ou d'vn pe-

K

tit bouton : auec lequel, l'ayant rougy , vous luy en donnerez le feu au sommet de la teste. Puis ayez en vn autre qui soit trenchant par le bout, duquel vous luy donnerez aussi le feu entre le bec & l'œil , en tirant en bas : ce cautere peut profiter grandement, mais il faut auoir preparé l'oyseau par trois iours, auec des pillules de Hiera pigra.

Exemple d'vne preu ve. I'ay autresfois guary vn Sacre, que son maistre auoit abandonné, par le moyen que ie vous diray. Lors qu'vn oyseau ne peut respirer des nazeaux, il est contraint d'ouurir le bec pour auoir son haleine : parquoy prenez vne aiguille auec du fil , & luy en percez la peau qui est entre l'œil & le bec , sur le lieu qui s'enfle par la respiration à demy retenuë : apres tirez auec ce fil la peau ensemble, tant qu'elle face vn peu de bourse en cet endroict là : & lors percez cette peau auec vn poinçon chaud, & aussi tost le vent sortira ; & l'oyseau respirera de là par ce moyen plus à son aise : mais prenez vous garde de n'enfoncer pas trop le fer , c'est assez que la peau en soit percée. I'ay gardé vn Sacre par ce moyen durant trois muës : toutesfois n'vsez de ce remede qu'à l'extremité, pource qu'apres l'oyseau n'entrera plus si bien au vent. Le meilleur est d'empescher que les nazeaux ne s'estoupent du tout ; car apres, vous aurez beaucoup de peine à les destouper. Parquoy paissez vos oyseaux dans l'eau apres les auoir fait tirer, principalement les Sacres, & les Laniers ; ou bien faites y couler dans les nazeaux quelques goutes de vin blanc vne fois la semaine.

Des Barbillons , & de leurs remedes.

CHAPITRE X.

LES barbillons prouiennent d'vn rheume chaud, qui defcend du cerueau fur la langue de l'oy-feau, autour de laquelle s'engendrent de petites glandes comme lentilles, & fe forment entre deux peaux, de forte que l'oyfeau mange auec peine. Les remedes vous en feront donnez comme s'enfuit.

Prenez vn caniuet bien trenchant & bien pointu, auec lequel vous les luy tirerez. Apres paiffez-le par morceaux trempez dans l'eau de plantain , ou dans l'eau de l'herbe que les Italiens appellent *vincibofque* , ou *matriffilua* , à faute de laquelle, l'huile battuë vous feruira , comme fera auffi le beurre frais donné auec fa chair. Soyez aduerty que toutes les fois que la langue de voftre oyfeau fera al-terée, ou enflambée, foit par la pepie, barbillons, ou par le chancre, il fera bon de luy tirer du fang de la veine qui pa-roift au deffous de la langue, & en telle quantité que l'oy-feau le pourra fupporter, ayant efgard à fa qualité, & à l'eftat auquel il fe trouuera pour lors. Il eft bon de preffer auffi la langue auec les doigts, mais moderément, faifant fortir de la matiere blanche qui fe trouue dedans, puis luy donner fon paft auec du ius de mures rouges, ayant mis la chair par morceaux auparauant.

Autre-ment cer-fueil.

Beurre frais don-né.

K ij

De la Pepie, & de ses remedes.

CHAPITRE XI.

L A pepie vient à l'oyseau pour deux occasions: c'est, ou pour l'alteration que luy cause le rheume qui luy tombe du cerueau sur la langue, ou bien pour auoir trop enduré la soif. Comme que ce soit ce mal est aisé à connoistre, car la langue s'endurcit, se seiche par le bout, & au dessous se monstre comme blanche. Ce mal sans doute mangeroit toute la langue à l'oyseau, si les remedes n'y estoient faits comme il s'ensuit.

Pour la guarir, ayez vne aiguille bien pointuë, & en vous faisant tenir l'oyseau abattu, prenez luy la langue, comme on fait aux poulailles, puis auec l'aiguille ostez luy la pepie qui se tient au dessous de la langue, laquelle vous oindrez apres d'huile rosat. Deux heures apres, paissez vostre oyseau par morceaux trempez dans de l'eau tiede, comme ie vous ay dit cy deuant, y mettant du ius de mures rouges.

Du mal nommé le Fourmy, qui vient au bec de l'oyseau,
& du remede.

CHAPITRE XII.

L E rheume cause souuent que l'oyseau change son bec, & quelquesfois cet inconuenient luy arriue par quelque coup qu'il a receu en volant, quel-

quesfois aussi par la negligence du Fauconnier. Comme
que ce soit, le remede y sera tel.

Il faut couper auec de bonnes pincettes les crochets &
bouts du bec, lors que vous connoistrez qu'il en aura trop,
& principalement à l'entrée & sortie de la muë : & faites
que ce soit en nouuelle Lune, s'il est possible. Ceux qui
aiment les oyseaux, ne sont iamais paresseux à les bien
accommoder , & par ce moyen leurs oyseaux seront
exempts de tel mal.

Du Baaillement de l'oyseau, & du remede.

CHAPITRE XIII.

Es anciens Fauconniers nous ont laissé par escrit, que le baailler que l'oyseau fait, procede
des filandres : en quoy ils se font fort abusez.
Car aucunesfois cela vient de ce que l'oyseau tire les humeurs fluantes du cerueau , & le rheume qui distille par
le conduit du palais sur la langue.

Quand cela luy aduient, faites le tirer quelques matins, & luy donnez des pillules de Hiera pigra dans sa
cure : ou des cloux de girofle auec sa gorge : ou des
brouts de sauge, qui font le mesme effect. Les pillules de
de Hiera pigra ne sont que pour l'Hyuer , & les autres
remedes pour les autres saisons.

Du rheume qui deſcend aux eſpallettes , & entre les aiſles
de l'oyſeau , & de ſon remede.

CHAPITRE XIV.

Ous connoiſtrez que voſtre oyſeau à cette maladie, quand vous luy verrez tenir la teſte entre les mahutes, & le bec en haut, ſans ſe pouuoir remuer que bien peu : & qui plus eſt, il en
perdra le voler. Cette maladie vient lors que l'oyſeau
s'eſt perdu , & qu'il a dormy vne nuict au ſerein , ou a
eſté touché des rayons de la Lune : choſe qui eſt à craindre autant & plus que la pluye. Cette maladie a encore
vn autre ſigne, car le tenant ſur le poing , comme vous
vous remuerez , vous luy verrez ouurir les aiſles , & vous
ſerrer le poing,comme ayant peur de tomber, principalement ſi vous le portez ſur le poing , en deſcendant les degrez d'vne montée vn peu viſte. Faites luy ces remedes.

Fomentez voſtre oyſeau auec du vin le plus violent & le
plus fort que vous pourrez trouuer: puis portez-le au Soleil , ou le tenez aupres du feu , en luy moüillant les eſpallettes , ou eſpine du dos auec ce vin , ou bien auec de l'eau
de vie: mais gardez bien que le trop de chaleur ne luy gaſte le pennage. Il ſuffira que la chaleur puiſſe ſeulement
penetrer à la partie malade. Vous le fomenterez deux
heures au matin : & cela fait, mettez-le en part où il ne
puiſſe ſentir aucunement le froid. L'eau de vie y eſt fort
propre. Ces remedes ſont pour l'Hyuer , auquel temps
cette maladie arriue aux oyſeaux.

*De la seconde maladie principale de nos oyseaux, qui est la
Podagre ou chiragre: & des autres qui en dependent,
& des remedes à icelle.*

CHAPITRE XV.

LA Podagre , ou chiragre vient à l'oyseau par
l'abondance du sang , & superfluité d'iceluy:
laquelle n'estant euacuée par purgation necessaire , & lors qu'il en seroit besoin , descend aux lieux
les plus bas, qui sont les mains ; au dessous desquelles de
cette humeur superfluë, s'engendrent de petites vessies,
des glandes , & des cloux ; ce qui cause beaucoup de mal
à l'oyseau. Cette humeur peut estre esmeuë par plusieurs
accidens, lesquels vous seront deduits plus au long en
leur lieu. Cette maladie est dangereuse aux trois mois
du Printemps plus qu'en autre saison. Il vous faudra donc
vser des remedes suiuans.

Si vostre oyseau à la chiragre,& que les mains se soient
ouuertes par dessus,tenez-le sur vn sachet rempli de plantain battu dàs vn mortier auec du sel trempé au vinaigre.
Et lors qu'il paroistra quelque enfleure , donnez-y le feu
si auant que vous trouuiez la matiere : mais gardez vous
de faire ouuerture à la main d'vn oyseau par le dessous:
car la playe en seroit dangereuse,& de longue guerison:
parquoy ouurez-la-luy plustost par dessus, ou à costé , si
vous desirez qu'il soit tost guary. Le feu est le souuerain
remede à ce mal. Mais il faut bien garder de toucher les
nerfs de l'oyseau, principalement sous la main, comme

dit eſt, auquel endroit ils ſont fort proches de la peau.
Cette maladie eſt dite chiragre aux oyſeaux de Fauconnerie, & podagre aux Autours. Il faut eſtre aduerty qu'aux
oyſeaux qui ont la main maigre, il ne faut iamais appliquer le cautere.

Du ſerrement, barrement, & couppement des veines de nos
oyſeaux pour la conſeruation de leurs mains.

CHAPITRE XVI.

A Vſſi toſt que les mains enflent à voſtre oyſeau,
ſi c'eſt peu de choſe, vn emplaſtre fait de Boli
armeni, ſang de Dragon, & glaire d'œuf, luy
fera reſoudre cette humeur; ou bien il s'y formera vne glande, que vous oſterez en peu de iours apres,
auec vn bouton de feu, ou ſans cautere. Que ſi l'enfleure
dure longuement, il eſt neceſſaire de luy barrer la veine:
ce que vous ferez comme il s'enſuit.

Faites-vous tenir l'oyſeau à la renuerſe, & luy plumez
la cuiſſe en dedans, ſur le genoüil au plat d'icelle, auquel
endroict vous trouuerez la veine qui deſcend en bas, &
l'ayant bien reconnuë, liez la cuiſſe par le milieu auec vne
eſguillette, la ſerrant vn peu pour enfler la veine. Puis ayez
vn petit couteau ou caniuet bien trenchant, & fendez à
coſté la peau, ſans toucher la veine : laquelle auec vn ongle d'oyſeau, ou auec vn fer expreſſément fait de la forme d'vn ongle d'oyſeau, vous accrocherez par le deſſous,
& la ſeparerez d'auec la chair. Apres ayez vne aiguille enfilée de ſoye qui ſoit frottée auec de la poix, lors paſſez
l'ai-

l'aiguille par deſſous la veine, au lieu de l'ongle qui la tiét
accrochée : puis liez la bien ſerré auec trois nœuds : car ſi
la veine s'ouuroit pour le manquement de la ſoye, ou du
nœud, l'oyſeau mourroit toſt apres, comme il feroit auſſi
ſi vous la coupiez au deſſus de la ligature vers le corps.

Vous auez vn autre moyen de couper la veine à l'oyſeau, qui eſt beaucoup meilleur, C'eſt qu'ayant accroché
la veine, & l'ayant liée du coſté de l'ongle dont vous tenez la veine accrochée, il faut la lier encore de meſme façon en vn autre endroit, diſtant toutesfois du premier
deſia lié d'vn trauers de couteau ſeulement, qui ſera de
l'autre coſté de l'ongle, de maniere qu'entre ces deux ligatures il ne demeure que l'eſpace de l'ongle. Puis prenez
la meſme veine au bas de la main de l'oyſeau, à l'endroit
du porte ſonnette, & l'accrochez auec vn autre ongle,
ſans oſter la premiere d'entre les deux ligatures, toutefois
ſans la lier : lors vous couperez cette veine en ce lieu plus
bas au porte ſonnette. Apres vous couperez la veine entre
ces deux ligatures qui ſont ſur le genoüil: & de la ligature
plus baſſe pres le genoüil, vous tirerez cette veine le long
de la iambe, de façon qu'il ne demeure rien d'icelle depuis
le genoüil iuſques au porte ſonnette. Puis vuidez le ſang
qui reſte encore dans cette main: ce que vous ferez ainſi.

Apres auoir coupé le bout des ongles d'icelle, & auoir
mis l'oyſeau debout dans vn plat d'eau tiede, en ſorte que
ſes mains y trempent iuſques au porte ſonnette ſeulement, & non plus haut, & enchaperonné, de peur qu'il
ſe debatte, frottez luy cette main auec le bout de vos
doigts dans l'eau, & ainſi le ſang en ſortira: vous luy appliquerez en apres l'emplaſtre ſuſdit de Boli armeni &

L

glaire d'œuf fur cette main, fans qu'il monte plus haut que le porte fonnette.

Du mal de la Goutte, & de fes remedes.

CHAPITRE XVII.

Ors que les oyfeaux ont les mains plus chaudes que de couftume, ou qu'ils s'en deulent fur l'entrée du Printemps, c'eft figne de goutte : mefme fi la main eft rouge, chaude ; & alterée, fans qu'il y paroiffe aucun bouton, enfleure, ou puftule. Mais s'il y paroiffoit quelqu'vne de ces chofes là , principalement apres vn grand froid, ce feroit marque de teigne, ou de chiragre. La goutte eft vne maladie qui ne guarit que par vn long repos: & en fouffre l'oyfeau vne telle douleur, qu'il ne fe peut appuyer fur fes mains. Quand vous aurez quelque oyfeau goutteux, patientez fans y employer aucun remede: finon que vous le vueillez purger auec de la manne fans autre compofition , la luy donnant auec la chair par morceaux ; & ce de huiĉt en huiĉt iours, le tenant fans gets ny longe, en liberté fur vn quarreau de marbre, de forte qu'il fe puiffe coucher s'il luy en prend enuie. Vous pouuez mettre auffi fur fon gazon quantité de branches de fenoüil, & de fueilles de vigne, & de plantain, ou de fueilles de chou. Si l'oyfeau fe tempefte, il le faut tenir couuert, ou en lieu obfcur. I'en ay veu de fi affoupis de ce mal, qu'ils ne bougent de couchez tout le iour. Si en cet eftat l'oyfeau auoit bon appetit, il faut luy retrencher vn tiers de fes viures. Car l'abftinence y eft

bonne, si l'oyseau ne muë, autremét non. Vous luy moüil- *Aduis.*
lerez les mains trois ou quatre fois le iour auec eau de
plantain , & vinaigre bien fort, non pour le guarir, mais
pour luy donner allegement. Ie vous donnerois beaucoup de remedes qui le pourroient soulager, mais il n'y
auroit pas moyen de les luy appliquer, sans luy gaster le
pennage. Or si bien les mains luy demeurent engourdies,
la douleur estant passée à l'oyseau, il n'en volera pas moins *La goute*
pour cela. Les Sacres, Alphanets, & Laniers, sont les plus *prend fin en*
suiects à ce mal, qui prend fin au mois de Septembre, com- *Septembre*
me l'experience le vous fera voir en effect.

Du mal de la Teigne, & de ses remedes.

CHAPITRE XVIII.

'Ay pensé vous faire connoistre le suiect du
mal de Teigne, pour en preseruer vos oyseaux,
& les guarir quand ils en seront touchez. Ie
vous diray donc que la teigne vient par diuers accidens.
Aucunesfois pour vn trop grand froid que l'oyseau a souf- *Ce qui cau-*
fert, ou sur la perche, où à la campagne, ce qui est com- *se la teigne*
mun aux oyseaux tenus bas & maigres. Car estans en tel
estat , ils ne croissent pas comme il faut, mais laissent pendre leurs aisles, pour couurir leurs mains, où ils sentent
plus de froid ; & les pensant guarantir, les aisles se gelent,
& les mains encores, comme parties esloignées du cœur,
où le sang se va lors retirer. Autresfois elle vient à
l'oyseau pour s'estre debattu : mesmes s'il est du naturel de se tempester au vent ; car alors le sang par leur

debattement, va aux extrémitez, qui sont les aisles & les mains ; de façon que ce sang meurtry ou esmeu, n'estant euacué aussi tost par saignée, vient à se corrompre, & cause les boutós de teigne aux mains, & de petites vessies aux aisles : de sorte que venant l'oyseau à se les creuer auec le bec, le bout de l'aisle paroist comme vn fer roüillé. Il faut que vous croyez que rarement ceste maladie saisira vn oyseau plein. Comme que ce soit, elle ne procede que d'vn sang esmeu par excez de trauail, qui se corrompt en ces parties. Ce mal est d'autant plus à craindre, que l'oyseau se trouue descharné en Hyuer. Et pource c'est grande faute à ceux qui entretiennent Fauconnerie, de n'auoir leurs oyseaux en bon poinct ; veu qu'ils ont bien vingt escus pour en achepter vn nouueau, & à faute d'vne poule, ils laissent perdre vn bon oyseau. Prenez y garde, & ne soyez auare d'vn escu, qui vous peut conseruer ce que vous prisez beaucoup plus que de l'argent.

Remede à la teigne.   Or pour preseruer vos oyseaux des teignes, tenez les en bon poinct. Et si tant estoit qu'ils s'en trouuassent atteints, la premiere chose que vous ferez, c'est de remonter l'oyseau, car tant qu'il sera bas, vous ne le sçauriez guarir. Pource traictez le bien, & de bonnes viandes chaudes, comme pigeonneaux, moineaux, & autres petits oyseaux que vous luy baillerez en vie s'il est possible ; tenant tousiours l'oyseau malade en lieu où le froid n'entre point. Si vous faites tant qu'il se remonte, il guarira facilement, en faisant comme s'ensuit. Faictes luy vn onguent de Boli armeni, vinaigre, sang de dragon, & sapelstre ; & luy en mettez par tout où vous verrez qu'il aura cette roüilleure, ou des vessies, ou des cloux, comme ie vous ay dict. Et le

lendemain faites vn bain de vin blanc, & de rosmarin;
& luy ostez toutes les peaux mortes: & demie heure apres,
baignez l'endroict là où vous verrez qu'il sera escorché,
auec du cotton trempé dans de l'eau, en laquelle vous aurez mis de la poudre d'aloës & d'alun, autant de l'vn que de
l'autre, le laissant comme cela. Et si du premier coup l'oyseau ne guarit dans dix iours, vous luy pourrez reiterer ce
remede. Si par tout le mois de Mars il ne se trouue mieux,
n'en esperez autre chose. La teigne des mains se conuertit
souuent en chiragre. Or si le froid seul causoit les teignes,
les oyseaux de passage qui sont aux champs seroient tous
teigneux, ce qui ne s'est iamais veu en ceux que les tédeurs
prennent: qui est tout ce que ie vous en puis dire.

De la troisiesme maladie principale de nos oyseaux, qui est
le Mal subtil: & des autres qui en dependent,
& des remedes.

CHAPITRE XIX.

LA Phtize, qu'aucuns ont appellée Mal subtil,
prend son principe de l'element de l'eau, par la
qualité d'icelle, qui est d'estre froide; & mesmes
par des humeurs catharreuses qui tombent dans la mulette, laquelle vient à perdre peu à peu sa chaleur naturelle
par telles humeurs froides & gluantes, qui s'amassans en
cette partie, empeschent l'oyseau de faire sa digestion
comme il doit, combien qu'il soit tousiours affamé. Ainsi
venant l'oyseau peu à peu à s'abaisser, meurt en fin, n'a-
yant que la peau sur les os. Il faut estre aduerty, que cette

maladie eſt beaucoup plus dangereuſe & plus à craindre
en la ſaiſon de l'Automne , qu'en aucune autre, comme il
vous a eſté dit. Pource il y faut de bonne heure pouruoir
par des remedes conuenables , & n'attendre qu'elle ſoit
formée. Car ce n'eſt pas moins de ſçauoir preuenir les maladies, que de les guarir quand elles ſont arriuées.

Pour ce faire, il faut eſtre curieux de les garder de tout
morfondement; & ne les tenir en part où le froid, ny l'humidité les touche en Hyuer ; mais bien en lieu chaud &
ſec. Encore prendrez-vous garde, que s'il aduenoit qu'à
la volerie ils ſe moüillaſſent par la pluye, neige, ou autrement, de les faire bien ſecher au feu, ſi le Soleil ne le peut:
& au ſoir , de leur donner dans leur cure trois ou quatre
cloux de girofle , ſoit auec leur viande, ou autrement. Et
ſi vous connoiſſez qu'aucuns de vos oyſeaux ayent fait
grand effort, dont ils ſe puiſſent eſtre morfondus, ne fail-
lez de les purger par trois iours auec les pillules douces; &
au quatriéme iour , donnez leur vne pillule de Tribus au
ſoir dans leur cure ſeche, vous prenant bien garde que lors
leur mulette ſoit vuide de viande. Quand cette maladie
eſt inueterée, il faut reiterer pluſieurs fois la purgation.

Les remedes ſuiuans, leſquels i'ay pluſieurs fois experimentez, vous y pourront auſſi beaucoup ſeruir.

Donnez leur de petits oyſeaux à leur paſt, & de ieunes
moineaux, s'il ſe peut. Les petites ſouris leur ſont fort bonnes, les leur donnant toutes viues, & les pigeonneaux continuez en leur paſt. Le laict d'aſneſſe donné auec de la
chair, leur eſt auſſi fort bon. Puis quand ils ſeront pleins,
& en bon eſtat, il ne faut pas faillir de leur reiterer la purgation , comme ie vous ay deſia dit. La manne donnée

auec la chair trempée, & par morceaux, eſt fort bonne à
ce mal. Auſſi prenez vne poignée de l'herbe dite Cheure-
fueil, & l'herbe dite langue de bœuf, & de la caballine;
de ces trois herbes faites vne decoction, de laquelle donnerez auec la chair à voſtre oyſeau, en continuant. Il en
faut faire de fraiſche de trois en trois iours, & garder
qu'elle ne ſoit trop cuite, car elle luy feroit rédre ſa gorge.

De l'Aſthme dont l'oyſeau deuient pantois de la mulette,
& de ſes remedes.

CHAPITRE XX.

Yant à vous diſcourir de maladies auſquelles
nos oyſeaux ſont ſuiets, puis que nous auons
parlé du mal ſubtil, il ne faut pas que ce ſoit
ſans faire mention de pluſienrs accidens qui le ſuiuent
ordinairement, & ſur tout d'vne autre maladie qui en approche fort, qui eſt l'Aſthme. Laquelle vous reconnoi-
ſtrez aiſément au battement que l'oyſeau fera de la mulette, & à la difficulté qu'il aura de reſpirer : les oyſeaux
qui en ſont atteints, ſont appellez pantois. Cette maladie
eſt cauſee par vne meſme humeur, & defluxion que le mal
ſubtil. Toutesfois comme elle cauſe d'autres accidens,
les remedes en feront auſſi differents.

En cette maladie, le ſouuerain remede eſt de purger auſſi
toſt l'oyſeau, par le moyen qui s'enſuit. Donnez-luy trois
matins de ſuite, deux pillules blanches chaſque matin,
leſquelles vous pouuez former ſelon la qualité de l'oyſeau.
Et s'il ſembloit que le mal fuſt tel qu'il falluſt reiterer la

purgation, au quatriéme matin vous pouuez luy donner vne pillule de Tribus, & c'eſt pour luy faire ietter les humeurs viſqueuſes & gluantes. Apres donnez luy durant trois autres matins de ſuite des meſmes pillules blanches, ſi vous connoiſſez qu'il les puiſſe ſupporter, comme pourra bié faire vn oyſeau qui ſera en chair:l'aiſled'vn pigeonneau trempée en bon vin, eſt vn remede ſingulier. Tout cela fait, ſi vous trouuez bon de luy faire rendre la mulette, vous le pouuez faire par le moyen qui eſt traicté au chapitre quarante ſeptieſme : & ſi l'oyſeau eſt en eſtat de ſouffrir la purgation, & qu'il ſoit aſſez plein, il vous faut commencer à le purger auec la manne. Apres vous luy donnerez auec ſon paſt de la decoction faite de regliſſe: donnez-luy auſſi deux goutes d'huile de Talq; puis ne le paiſſez de trois heures apres, & il en demeurera fort allegé. Paiſſez-le le plus ſouuent qu'il vous ſera poſſible de poulmons de Renard: ou bien faites en cuire au four ſur vne thuille, puis en faites de la poudre, de laquelle vous ſaupoudrerez la chair que vous luy donnerez. Vous pouuez vſer apres de la decoction ſuiuante. Prenez des choux rouges, capilli Veneris, iuiubes, enula, hyſope, ſcabieuſe, raiſins de damas, figues ſeches, anis, fenoüil, marrube, poulmon de renard, ache, & le tout faites boüillir, & donnez de cette decoction à l'oyſeau, en luy trempant ſon paſt. Donnez-luy de l'huile d'amédes douces auec la chair: donnez-luy auſſi du beurre frais, le tout auec la chair par morceaux.

Cette autre decoction eſt fort bonne auſſi pour donner aux oyſeaux aſthmatiques: Prenez douze figues de Marſeille, & autant de grains de raiſins de Damas, quatre dattes,

tes, vn morceau de canelle de la longueur & groſſeur du doigt, le double d'anis, vne poignée de regliſſe, vne once de poulmon de renard, vne once de ſucre fin, & en faites vne decoction, que vous continuerez à voſtre oyſeau auec la chair que vous luy voulez donner. Les oyſeaux Aſthmatiques doiuent eſtre puz en Hyuer de pigeonneaux, & en Eſté de poulets. Pour les decoctions ſuſdites elles ne ſe peuuent conſeruer que trois iours en Hyuer, & vn iour en Eſté; parquoy il en faut faire ſouuent, & en continuer au paſt de l'oyſeau: tant plus elle ſera chaude quand vous la luy donnerez, plus elle luy profitera. Vous tiendrez l'oyſeau en part où il ne ſente le froid, ny qu'il y ait de la pouſſiere; & prenez garde qu'il ne voye choſe qui le puiſſe faire debatre: & ne le portez au bain qu'il ne ſoit guary, & mis fort plein, s'il ſe peut.

Des nazeaux eſtoupez par l'Aſthme.

CHAPITRE XXI.

IL arriue par fois que cette maladie d'Aſthme en cauſe vne autre, parce qu'en l'effort que fait l'oyſeau pour la peine que luy dóne l'empeſchement de la reſpiration, le vent luy deſſeiche tellement les nazeaux, qu'ils viennent à ſe boucher; & de cette façon les humeurs qui coulent du cerueau y eſtans retenuës, l'oyſeau eſt contraint d'ouurir le bec pour auoir ſon haleine; qui eſt vn des ſignes qui font connoiſtre cette maladie: & l'autre ſera que l'oyſeau en reſpirant enflera l'entredeux de l'œil & du bec. Pour remedier à cela, vous vous feruirez des receptes que i'ay mifes cy deffus, au chapitre IX. de cette feconde partie.

DE LA QVATRIESME ET DERNIERE
MALADIE DE NOS OYSEAVX, QVI EST LA
Croye, & des autres qui en dependent.

De la Croye, que d'autres appellent Grauelle.

CHAPITRE XXII.

LA Croye prouient d'vne humeur feiche, laquelle cuit & endurcit les efmuts de l'oyfeau dedans les boyaux. Si bien que là fe forment des pierres de la groffeur d'vn pois, & de matiere femblable à de la chaux. Ce qui luy fait par fois fortir le boyau hors du fondement. Ou bien il fe fait tel amas de cette Croye en ce lieu là, qu'elle ferme du tout le boyau; de façon qu'en peu de iours l'oyfeau meurt, fi on n'y remedie. Cette maladie eft dangereufe aux trois mois de l'Hyuer, principalement aux oyfeaux muez, fi on ne les purge bien à loifir quand on les en tire. Or pour couper chemin à toutes les maladies qui fuiuent la Croye, le tout ne confifte qu'à prendre garde que les efmuts de l'oyfeau foient tels qu'il faut, c'eft à fçauoir blancs comme laict, affez liquides & grands, & qu'ils ayent quelque petite tache de noir. Par ces fignes exterieurs, il vous faut faire iugement des neceffitez interieures de l'oyfeau. Et cóbien qu'il n'en foit point de befoin, vous ne deuez faillir de quinze en

La Croye dangereufe en Hyuer.

quinze iours de luy donner quelque chofe, pour luy tenir
le boyau lafche, principalement au Gerfaut: & fi c'eft
durant les trois mois d'Hyuer, vous luy en donnerez
vne fois toutes les femaines : & ce fuiuant les receptes
qui vous feront mifes par ordre cy apres en leur lieu; vous
feruant par fois des vnes, & par fois des autres. Prenez
la glaire d'vn œuf, & la battez fort auec du fuccre candy
puluerifé: puis ayant accommodé la chair par morceaux,
pour la donner à l'oyfeau, mettez là dans cette glaire
ainfi battuë, & l'en paiffez ; & continuant à le paiftre
de cette façon, affeurément voftre oyfeau guarira. En
telle maladie le laict & le fuccre opere grandement: comme fait auffi l'huile battuë auec le fuccre, & ainfi donnée
à l'oyfeau auec la viande par morceaux. Sur tout, quand
le boyau luy fort du fondement, le beurre frais auec le
fuccre candy eft bon à ce mal. Iamais oyfeau gardé par
vn qui s'y connoiffe, ne mourra de cette maladie, laquelle ne procede que de la negligence du Fauconnier. L'huile de fuccre eft bonne à ce mal ; mais fur tout, deux pillules de manne données vne heure deuant le paft, de la
groffeur d'vn pois.

Des Filandres.

CHAPITRE XXIII.

IEV a fi bien remedié aux neceffitez de fes
creatures, qu'il a pourueu à tous les inconueniens qui leur peuuent arriuer. C'eft pourquoy
il a fait que nos oyfeaux ont dans les boyaux,

& contre les reins de petits vers longs,que nous appellons filandres ; pour manger les ordures & superfluitez qui se trouuent en ces parties là. Or comme telle vermine est necessaire à l'oyseau quand il est sain,& en bon estat; elle est au contraire dangereuse lors qu'il est maigre & descharné. Pource que cóme elle ne trouue dequoy se nourrir,elle se prend à la bonne chair, & au bon sang des oyseaux, & c'est alors qu'il les en faut deffendre auec des remedes propres.Il se faut donc garder de les laisser par trop amaigrir, & principalement les Faucons, pour estre plus sujets à telle maladie que les autres. Toutesfois i'ay pensé de traicter de cette maladie apres les precedentes, pource qu'elle les suit en effect le plus souuent. Les remedes des filandres,sont toutes drogues fortes & ameres,comme pillules de musc, pillules de Hiera pigra, pillules de Tribus, aloës,& poyure. Quant aux herbes, l'absynthe y est fort propre,comme aussi vne herbe appellée herniaria. Ces herbes doiuent estre données auec la chair, & en paissant l'oyseau,& luy donnant cure. Les eaux de ces deux herbes profitent encore à tuer telle vermine, cóme aussi font les aulx ; & les poudres d'escorce d'orange, de menthe & de rhubarbe. Et si l'oyseau en iette de grosses, conseruez les, & en faites de la poudre, en les passant sur vne pesle chaude. Les lupins, & la chicorée ,mis dans la cure, ou bien auec la chair , si l'oyseau s'en veut paistre , sont aussi fort bons; comme est aussi la graine de genieure.

De la mulette empelottée, & de l'oyseau qui s'efforce, ne pouuant curer.

CHAPITRE XXIV.

SI voſtre oyſeau a mangé, ou aualé quelque choſe qu'il ne puiſſe ny digerer, ny rendre, faites comme vous verrez en l'exemple qui s'enſuit. Il me fut donné vn Lanier Niais par vn qui le tenoit mort, & ce pour auoir mangé la toile de ſa perche, ayant fait vn amas d'icelle dans ſa mulette, de façon qu'il l'auoit touſiours pleine & groſſe comme vn œuf de poule. Il auoit prins ce mal entre les mains des cagiers & eſtoit demeuré en cét eſtat depuis le mois de Iuillet qu'il fut achepté, iuſques en Mars enſuiuant. L'eſperance qu'il me donnoit de ſa bonté, quand il ſeroit guary, me fit reſoudre d'y prendre de la peine. Or la matiere qui eſtoit dans la mulette de cét oyſeau eſtoit ſi groſſe & ſi endurcie, que de ſoy-meſme il ne la pouuoit ietter: parquoy tous les matins à l'heure de curer il ſouffroit vne extréme peine. Vous pouuez bien penſer qu'auant que de le hazarder cóme ie fis, i'auois eſſayé les pillules de muſc, de Hiera, les communes d'aloës, de vitriol, alun, poyure, antimoine, eſclaire, conſerue, poil de cheual, & en fin toutes ſortes de remedes, dont ie m'eſtois peu aduiſer: mais tout ce que i'y faiſois y nuiſoit plus qu'il ne ſeruoit, parce qu'au lieu de rendre, l'oyſeau en retenoit touſiours quelque choſe de nouueau. Quant aux cures d'eſtoupes, ou de coton, il les retenoit toutes, & meſme les cailloux que ie

luy donnois. En fin m'eſtant reſolu de tirer cét oyſeau
hors de ce mal, ou par la mort, ou par le remede, ie prins
du fil d'archal dont on fait les groſſes eſpingles, la longueur d'vne demie aulne ; & l'ayant retors en double, i'y
fis vn crochet au bout, de la forme & groſſeur d'vne agraf-
fe de robe de femme. Puis ie me fis tenir l'oyſeau par trois
perſonnes: l'vn luy tenoit le corps à la renuerſe ; l'autre les
deux iambes ouuertes ; & le troiſiéme le bec ouuert, & le
col eſtendu. Ainſi ie luy mis mon crochet par le bec dans
le goſier, paſſant par la fourchette le plus dextrement que
ie peus, allant iuſques à la mulette, contre laquelle ie tenois le doigt de la main gauche, taſchant d'accrocher cette pelotte qui le rendoit malade, ce qu'en fin ie fis. Or ne
pouuant tirer cette matiere à la premiere fois, à cauſe de
la groſſeur, il me la fallut tirer en trois. Ce qu'ayant acheué, ie prins ſoudain vn pigeon vif, auquel arrachant la
teſte, ie mis auſſi toſt le col ſanglant dans le goſier du Lanier, de façon que le ſang tout chaud luy couloit dans la
mulette: & de deux en deux heures ie faiſois le meſme,
pource que l'oyſeau eſtoit demeuré ſi debile, qu'il ne pouuoit aualer la chair. En fin il guarit, & depuis fut vn oyſeau bon par excellence, durant quatre muës qu'il veſquit
apres. I'ay tiré des cures par ce moyen, & bien ſouuent
pour plaiſir en de meſchans oyſeaux, comme ie feray voir
encore quand on voudra : la neceſſité me fit lors inuenter
ce remede. Par cét exemple nous pouuons apprendre à
ne laiſſer empelotter les oyſeaux par pareille faute, ou autre qui pourroit arriuer. Parquoy lors que vous auez des
oyſeaux Niais, vous ne deuez leur donner aucune chair
auec poil ou plume, qu'ils ne ſoient ſecs, & en leur groſ-

Le ſang de Pigeon eſt bon pour reſtaurer l'oyſeau.

feur, afin qu’ils la puiſſent curer. Ie vous diray vn autre remede que i’ay eſprouué à la mulette, & à la gorge des oyſeaux, qui eſt tel qu’il s’enſuit. Il faut abbatre l’oyſeau à la renuerſe, & luy ſeparer dextrement les deux cuiſſes, puis luy tondre le menu plumage, & le duuet au droict de la mulette, & d’vn couteau pointu & bien trenchant, il faut le fendre en long, & non comme on fait les Coqs quand on les chaponne. Cette ouuerture doit eſtre tout au droit de la mulette, laquelle il faut prendre auec des pincettes à bec. Ainſi il faut l’ouurir, & luy faire vne fente, en ſorte que d’vn petit fer crochu on puiſſe tirer tout ce qui eſt dedans ladite mulette. Ce qu’ayant fait, il faut promptement coudre la mulette auec de la ſoye cramoiſie, puis coudre auſſi la premiere fente, menât ſagement l’aiguille: & par ce moyen l’oyſeau ſera guary. Apres oignez la couſture auec de l’huile d’oliue, ſans faire autre choſe. Puis vous le paiſtrez de cœur de mouton, ne luy en donnant que tiers de gorge, luy mettant auec cela quelque peu de terre ſigillée: prenant garde de le paiſtre legerement, pour quinze ou vingt iours, ſans luy donner cure. De cette meſme façon, quand le beſoin le requiert, on fend la gorge aux oyſeaux, & leur oſte-on ce qui eſt dedans, puis on la leur recouſt. Mais qui ſe ſçait ſeruir du fer, il eſt meilleur de vuider par le bec, que de fendre ny la gorge ny la mulette, ſi ce n’eſt qu’il ne ſe peuſt faire autrement: parce que de ce dernier remede il en demeure touſiours quelque reſſentiment à l’oyſeau, combien que i’en ay guery qui ont longuement veſcu apres: mais toutes ſortes de gens n’ont pas les mains pour le bien faire. Tout cecy ſont choſes que i’ay ſouuent eſprouuées. Or du depuis, comme l'experience eſt noſtre maiſtreſſe, elle nous apprend touſiours quelque choſe de mieux : ce qui m'eſt arriué en ce ſuiet, ayant trouué vn nouueau moyen fort facile, ſans couper ny vſer de crochet mentionné cy deſſus en ce diſcours : car auec vn fer que i'ay mis en mon nouuel eſtuy, dit Deſempeloteur, marqué par la lettre O, on guarira les oyſeaux. On peut auſſi tirer la chair de la gorge de l'oyſeau auec le fer ſemblable à ceſtuy-ci, marqué de meſmes par O.

Pour l'oyſeau qui ne peut remuer les aiſles pour
s'eſtre morfondu.

CHAPITRE XXV.

S I l'oyſeau s'eſt tellement morfondu qu'il en perde le voler, pour ne pouuoir remuer les aiſles; ce qui arriue communément en temps froid & humide, vous y remedierez auec l'eſtuue mentionnée au Chapitre XIV. Et apres continuez à luy donner de bons paſts chauds, comme pigeonneaux, ou petits oyſeaux. Vous luy donnerez auſſi dans ſa cure des cloux de girofle, de l'anis, de l'abſynthe, ſi c'eſt auec ſa chair : mais ſi vous luy donnez ſa cure ſeche, donnez luy, ſi c'eſt en Hyuer, des pillules de Hiera pigra, auec l'Agaric : & par ce moyen l'oyſeau recouurera ſa ſanté petit à petit. Et gardez-vous de l'abaiſſer, mais entretenez-le en bon eſtat.

Fort, ou
abſynthe,
qu'aucuns
nomment
aluine.

De

De l'oyseau qui a perdu l'appetit.

CHAPITRE XXVI.

Ors que l'oyseau perd l'appetit, c'est signe de quelque accident qui le trauaille, & qu'il a besoin de secours. Parquoy lors prenez garde à son esmeut, à ses cures, & à sa façon, pour en faire iugement: & ne deuez faillir de luy presenter le bain. La guarison de cette maladie ne consiste qu'à la sçauoir connoistre, & l'ayant conneuë, de recourir aux remedes propres à le secourir. Ce degoust n'arriue iamais sans quelque suite de grande maladie ; & partant il est expedient d'vser de prompts remedes, sans les negliger. Ie vous diray que pour tenir l'oyseau sain, ie luy donne en Hyuer la chair trempée dans des eaux cuites ; comme est l'eau de granime, autrement dent de chien, l'eau de racine de persil, l'eau de chicorée, scabieuse & autres semblables.

De l'oyseau qui a des sansuës.

CHAPITRE XXVII.

Es oyseaux prennent quelquesfois des sansuës, en se baignant au ruisseau, ou en quelque eau qui croupit. Elles ne leur peuuent nuire dans le corps, mais bien dans les nazeaux, où elles entrent aucunesfois: & pource vous deuez tousiours auoir l'œil sur vos oyseaux, pour vous donner garde de cet accident, &

de tous autres. Or le remede eſt, de piquer les ſanſuës auec vn caniuet, & auſſi toſt elles mourront. Lors qu'ils en ont dans le goſier, toutes ſortes de drogues fortes les tuent: mais ſi elles ſont dans le bec, ou en lieu où vous les puiſſiez voir, c'eſt le pluſtoſt fait de les piquer.

De l'oyſeau perdu, qui a eſté mal traiſté par ceux qui l'ont trouué.

CHAPITRE XXVIII.

Toutes les fois que vous recouurerez de vos oyſeaux qui auront eſté perdus, prenez bien garde à eux, & faites que vous ſçachiez quel traitement ils ont receu. Autresfois on m'en a rendu qui auoient eſté reprins auec vne harquebuſade; dont apres, eſtans morts, ie les trouuois bleſſez: d'autres érenez, ou eſtropiez des aiſles, ou des iambes. C'eſt pourquoy vous deuez eſtre ſoigneux à bien remarquer quel traiſtement l'oyſeau peut auoir receu, & le viſiter. Comme que ce ſoit, donnez luy auſſi toſt de la mommie en le paiſſant: & apres, purgez-le auec de la manne. Puis le lendemain au ſoir vous luy donnerez dans ſa cure vne pillule de Tribus; & par ce moyen vous euiterez ces inconueniens. Vous vous y conduirez ſelon que vous verrez que l'oyſeau ſe trouuera.

De l'oyseau qui s'est blessé à l'œil.

CHAPITRE XXIX.

EXEMPLE.

L aduint vn iour que pour tenir compagnie à quelques-vns de mes amis qui m'estoient venu voir, n'ayant eu moyen d'aller à la chasse, i'y enuoyay vn Fauconnier qui lors me seruoit, appellé Mercier, & luy fis porter vn Autour mué. Cest oyseau à la seconde perdrix qu'il print, se ficha au milieu de l'œil vne espine de la grosseur & longueur d'vn fer d'esguillette. A quoy le Fauconnier n'ayant osé mettre la main, pour la nouueauté de cét inconuenient, il s'en reuint hastiuement auec l'oyseau qui auoit l'œil broché comme ie vous ay dit : de façon que l'espine, comme nous iugeasmes par sa longueur, apres l'auoir tirée, luy perçoit la prunelle. A cét accident il en suruint vn autre plus estrange. C'est que du lieu où l'oyseau s'estoit blessé, iusques au Chasteau où i'estois, il y auoit pour vne bonne heure de chemin : de façon qu'en cette longueur de temps, l'espine s'estant ramollie dans l'humeur de la playe, comme on vint à la tirer, elle sortit toute nuë, & laissa son escorce dans le trou qu'elle auoit fait, comme elle y a long temps apparu. C'est vn inconuenient auquel il s'en trouuera peu de semblables, & peut estre du tout point : toutesfois la cure que i'en fis, eut si bon succez, que l'oyseau en fut bien guary, voyant aussi bien de cét œil, comme ſi iamais n'y euſt eu de mal. Vous verrez le remede que ie fis pour le guarir, duquel vous vous ſeruirez comme de choſe prouuée.

Prenez de la Tuthie preparée vne once, demy quarteron d'eau roſe, autant de vin blanc, auec vne poignée de rhuë : & mettez le tout dedans vne fiole, & l'y faites boüillir iuſques à ce que le tout ſoit reduit à la moitié : & & de cette decoction diſtillez-en dedans l'œil bleſſé. Cette recepte eſt ſinguliere à toutes bleſſures des yeux, & encore aux taches. La poudre du blanc de l'eſmeut de l'oyſeau malade eſt capable de le guarir, luy en ſoufflant auec vn tuyau dans l'œil.

De l'enfleure & bleſſure des mains de l'oyſeau, par les gets,
& porte-ſonnettes.

CHAPITRE XXX.

LOrs que les mains enflent à l'oyſeau, ou pour auoir battu ſa proye, ou bien par ſes gets, ou pour s'eſtre tempeſté ſoy-meſme ; faites le remede qui vous a eſté dit du ſachet de plantain au chapitre XV. de cette ſeconde partie. Et ſi les gets l'ont preſſé, ou eſcorché, pour eſtre trop ſerrez, frottez-les de beurre, ou de graiſſe de poule. Cét oignement eſt auſſi fort propre quand l'oyſeau a perdu vn de ſes ongles : & ſi l'oyſeau en ſaigne, il faut arreſter le ſang auec vn cautere. Il ne le faut oindre que bien peu, pour ne gaſter le pennage de l'oyſeau.

De l'oyſeau qui s'eſt rompu l'aiſle.

CHAPITRE XXXI.

SI l'oyſeau ſe rompt l'aiſle à l'endroit de l'vne des ioinctes, ce ſeroit perdre temps que de le penſer : mais ſi cela luy aduient entre deux, il guarira ſi bien qu'il n'en vaudra pas moins apres la muë. Il eſt vray que de cette année là vous n'en tirerez pas grand ſeruice. Pour le penſer, tondez premierement tout autour de la bleſſure, & coupez toutes les plumes plus proches : puis redreſſant bien l'aiſle en ſon lieu, prenez deux pieces d'eſcorce de pin, des plus ieunes branches, & de celles qui ſont de la groſſeur du petit doigt, & accommodez ces deux pieces d'eſcorce, en liant l'aiſle au milieu d'icelles le mieux qu'il ſe pourra. Apres appliquez luy vn emplaſtre de Boli armeni, de ſang de dragon, & de glaire d'œuf, comme il vous ſera dit cy apres pour la iambe rompuë. Eſtant guary du tout, vous luy ferez vne eſtuue, pour ramollir ſes nerfs, comme il s'enſuit.

Rempliſſez vn pot de terre tout neuf, du meilleur vin que vous pourrez trouuer : puis mettez auec ce vin, vne poignée de roſes ſeiches, & autant de ſon de froment, & vne quatriéme partie de poudre de myrthe : apres couurez le pot auec de groſſe toile, laquelle vous enduirez de paſte ou d'argille, en façon que cette toile ne ſe bruſle point. Puis faites ainſi boüillir le tout dans ce pot durant vne bonne heure ; apres laquelle vous l'oſterez du feu, & y ferez vn trou par deſſus, au milieu de la toile : & abattant voſtre oyſeau, tenez-le en ſorte qu'il en reçoiue la fumée à l'endroit de la bleſſure. Cette eſtuue reiterée ainſi trois fois, luy profitera beaucoup. Cependant ſoyez ſoigneux de le tenir en lieu chaud, attendant que le temps de muer ſoit venu : car apres la muë il volera comme auparauant. Ie donnay vn Lanier à feu Monſieur le grãd Prieur, noſtre gouuerneur, que i'auois guary d'vne aiſle rompuë par ce moyen, lequel dura quatre muës apres la rompure, outre trois qu'il en auoit auparauant. Autrement, faites boüillir le vin, & tout ce qui eſt deſia dit, dans vn poiſlon: apres ayez vn entonnoir, & en couurez le poiſlon, de façon que la fumée n'en ſorte que par le trou d'enhaut de l'entonnoir ; & ainſi vous eſtuuerez l'aiſle de voſtre oyſeau fort aiſément, & mieux que par l'autre moyen que i'ay dit.

De la rompure de la cuiſſe, de la iambe, ou des doigts de l'oyſeau.

C H A P I T R E   X X X I I.

I voſtre oyſeau ſe rompt la iambe, prenez vire ieune branche de pin, de la groſſeur du petit doigt, & de l'eſcorce, la fendrez en deux eſcliſſes, pour tenir la iambe de l'oyſeau bien droite. Puis faites luy vn emplaſtre de Boli armeni, de ſang de dragon, & glaire d'œuf ; & le tenez ainſi bandé durant trente iours : au bout deſquels vous pouuez peu à peu relaſcher leſdites écliſſes, ſans les oſter du tout, que dix iours apres, & apres ces quarante iours expirez, il ſera guary. Il faut bien cependant prendre garde que l'oyſeau ne ſe

debatte : pour à quoy remedier, tenez-le en lieu obſcur,
mais qui ne ſoit ny froid ny humide. Et ſi la rompure eſt
au deſſus du genoüil, & ſi haut qu'elle ne ſe puiſſe que
mal aiſément lier, ny eſcliſſer, pour cela ne vous eſtonnez
point, car l'oyſeau ſe guarira de luy meſme. Pour le bas
de la iambe, vous le pouuez penſer comme nous auons
deſia dit.

Des bleſſures, & des playes des oyſeaux, &
des remedes.

CHAPITRE XXXIII.

Es bleſſures des oyſeaux ſont faciles à guarir,
pourueu qu'elles ſoient deſcouuertes, & qu'elles
ne touchent les parties nobles. Parquoy il faut
ſçauoir que c'eſt, & ſi les bleſſures ont eſté faites par
quelque Aigle, par le bec d'vn Heron, par quelque heurt
en volant, ou par autre accident. Pour le reconnoiſtre,
ayez du vin tiede, blanc, ou autre ; lauez-en voſtre oyſeau, & le viſitez diligemment : puis ayant trouué la
bleſſure, vous le penſerez auec eau diſtillée de brouts,
ou extrémitez de branches de cheſne : de laquelle eau
on ne doit iamais laiſſer paſſer le mois de May ſans en
faire vne bonne fiole ; car alors ils ſont tendres, & bons
à diſtiller. Cette eau eſt fort propre pour lauer toutes
playes d'oyſeaux, & a grande vertu de chaſſer le venin. Au
defaut de laquelle, la decoction du gland vous peut ſeruir, & ſon eſcorce, meſmes ſi on l'applique en poudre ſur
la playe. Et ſi vous ne pouuez auoir de cheſne, vous vous

Le Freſne
ſemble
meilleur.

seruirez du heſtre ou fouſteau, qui a meſme proprieté. Or
pour les playes des oyſeaux, tous oignements & graiſſe-
mens ſont preiudiciables au pennage, lequel on doit fort
curieuſement conſeruer: parquoy on ſe ſeruira de poudres
comme i'ay dit; entre leſquelles vous prendrez la poudre
d'ache ſechée au four, auec poudre de myrthe, poudre de
Nicotiane, d'aloës, poudre d'encens, & appliquerez le tout
ſur la playe. Et ſçachez que la ſerre d'vn aigle, & le bec
d'vn heron portent touſiours du venin; c'eſt pourquoy
ſi toſt qu'vn oyſeau en eſt bleſſé, il faut lauer la playe auec
l'eau ſuſdite, & en tenir touſiours de faite; & non ſeulement de celle là, mais de toutes celles qui s'enſuiuent, qui
ſont les principales; à ſçauoir eau de perſil, de fenoüil,
bugloſe, rhuë, chicorée, ſcabieuſe, betoine, plantain, ca-
momille, chardon, lauande, aſpic, ſauge, mente, roſmarin, agrimoine, mauue de deux eſpeces, pimpernelle,
doucemille, ſarriette, marjolaine, pourpier, roſes de toutes ſortes, ache, fleurs de febue, petite griotte, thym, pi-
uoine, valeriane, & origan. Ie ne vous dis pas comme ces
eaux là ſe doiuent faire, parce que pluſieurs en ont eſcrit
le moyen, & les diſtillations en ſont aſſez communes pour
le iourd'huy. Que ſi l'oyſeau a receu quelque coup dont
il rende du ſang de la gorge ou du bec, faites ce qui s'enſuit: Prenez des glands de cheſne vne vingtaine, & vne
poignée de plantain, ou de centinode; & faites boüillir
le tout auec vne pinte d'eau; puis mettez dans cette decoction reduite au tiers, deux onces de manne, & la moitié
de terre ſigillée; & dónez-en à voſtre oyſeau auec ſa viande. Ou bien prenez deux dragmes de corail rouge, deux
d'ambre, & deux de corne de cerf, & autant de terre ſigillée,

gillée, auec deux dragmes de mommie, & mettez de cette
poudre fur la chair, de laquelle vous voulez paiftre voftre
oyfeau.

De la Penne Sore, & de la muë des oyfeaux.

CHAPITRE XXXIV.

EUX qui ont voulu dire que la Penne Sore fur-
paffe en bonté le muage, ont grandement failli.
Car les oyfeaux muez en main d'homme font
beaucoup plus excellens, & à prifer que les Sors, pourueu
qu'ils foient gouuernez par des gens qui s'y entendent. Il
fe rencótre par fois des Laniers de paffage, qui fe rendent
fi malicieux en la muë, que lors que vous les voulez effimer, & mettre en eftat, il y a beaucoup de peine, & fe font
opiniaftres, en forte que les Fauconniers y perdent leur
induftrie, & leur patience tout enfemble.   Ce qui arriue
lors qu'ils font traictez en la muë deux fois le iour de trop
bonnes viandes, foit de pigeonneaux, ou d'autre vif: mais
fi vous leur donnez quelquefois de la chair trempée dans
l'eau par morceaux, & vne gorge pour iour feulement, cela ne vous aduiédra iamais. I'entens aux Sacres, Sacrets &
Laniers paffagers: car aux Faucós il les faut bien traicter.
Pour les Gerfauts, vous ne les traicterez pas auffi comme
les Sacres, mais vous leur dónerez de bons pafts. Et pource qu'ils fe debattent fort, vous les muerez au billot couuerts de iour, ou bien à l'obfcurité, & en lieu qui foit frais;
car cét oyfeau craint le chaud extrémement de fon naturel. Quant aux Faucons & Laniers Niais , traictez-les le

O

mieux que vous pourrez, & leur donnez tant que pourrez
du vif : car ils en feront meilleurs. I'ay gardé de ces oyfeaux longuement, qui en ont efté toufiours plus fages &
plus viftes. Que ce vous foit vn aduis pour tous oyfeaux,
de ne les tirer de la muë, ou mettre fur le poing, que vous
ne les ayez abbaiffez & defcharnez. Pour ce faire, vous
leur retrácherez leur viáde ordinaire des deux tiers, vingt
iours auparauant, leur donnant auffi leur cure en la muë
durant dix iours. Tous les oyfeaux fe muent communément en quatre façons: premierement en leur liberté dans
la chambre, en laquelle il faut qu'il y ait vne feneftre à cage vers le Soleil leuant. Secondement, fur le billot, ou fur
la perche, en les tenant couuerts durant le iour, & la nuict
encores, s'il en eft befoin. Tiercement, dans vne chambre,
auec vne toile deuant la feneftre, pour empefcher que les
oyfeaux ne voyent la campagnc, la veuë de laquelle pourroit les occafionner à fe debattre. Quartement, en les laif-
fant aller aux champs, reuenans toufiours páiftre en la
maifon où vous les aurez accouftumez, felon la commodité du lieu. La premiere façon eft pour les oyfeaux Niais
de quelque efpece qu'ils foient : la feconde eft pour les oyfeaux paffagers, plus fiers & orgueilleux: la troifiefme eft
pour les oyfeaux qui ont vne mediocre patience, & qui
ne font pas trop tempeftatifs: & la quatriefme pour les oyfeaux fans courage. En la premiere, on doit tenir toufiours
de l'eau fraifche dans vn baffin à la chambre, & tout aupres releuer vne maffe de gazons de quatre pieds en tous
fens, & changer l'eau tous les iours, en arroufant ce gazon
d'eau quand on la changera : & encores y mettre dedans
quelque douzaine de cailloux bien choifis, & partie de

ceux qu'on trouue parmy le sel. Quant aux oyseaux muez
sur le billot, ou sur la perche couuerts, on leur doit mettre
sur les trois heures, au plus chaud du iour, vn linge moüillé sur les mains, & les asperger de huict en huict iours, ce
qui se doit faire à l'obscur, afin que l'oyseau pense receuoir l'eau comme de la pluye. Ie ne veux obmettre de vous *Remar-*
dire, que c'est vne regle sans exception, que les oyseaux *que.*
qui sont nourris dés leur naissance en pays froid, & aux
grandes montagnes, muent de meilleure heure que ne
font ceux qui sont prins aux costes de la mer, vers le Midy,
ou Leuant: & que plus leur aire sera en region froide, &
qu'apres ils seront entretenus en pays chaud, d'autant
plustost ils se hasteront de muer. Aussi voyons nous que
les montagnards estans portez aux pays chauds, commencent à muer en Mars, ou Auril. La raison est, pour- *Raison*
ce qu'en tels mois ils sont touchez d'autant de chaleur *pour-*
qu'ils en sçauroient sentir en leurs pays en Iuillet & *quoy les*
Aoust ; & c'est ce qui les fait muer de si bonne heure, *oyseaux*
muent plus
comme vous verrez par experience. Et par cette rai- *tost, ou*
son les Gerfauts muent bien tost ; & mieux que les *plus tard.*
Sacres.

Des trois moyens d'accommoder les pennes de nos oyseaux,
quand elles ne sont du tout rompuës.

CHAPITRE XXXV.

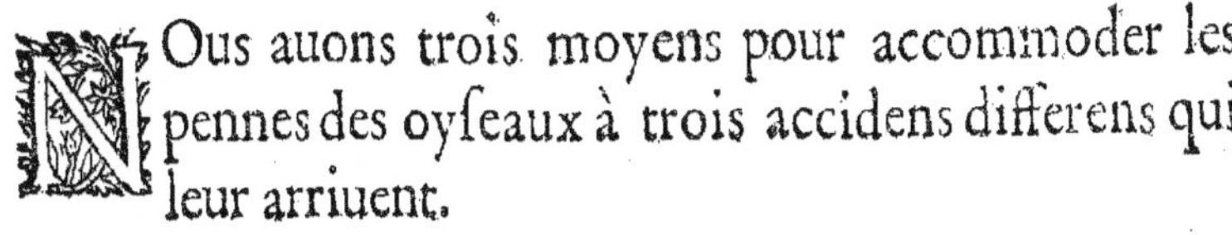

Ous auons trois moyens pour accommoder les
pennes des oyseaux à trois accidens differens qui
leur arriuent.

Premierement lors qu'elles ſe tordent, nous les dreſ-ſons en les moüillant d'eau chaude; laquelle ne doit auoir trop de chaleur, mais c'eſt aſſez qu'elle ſoit quelque peu plus que tiede.

Secondement, lors qu'elles ſont quelque peu pliées & torſes, nous les accommodons auec des coſtes ou troncs de chou, que nous faiſons chauffer entre deux braiſes; puis les fendons de long auec vn couteau, & nous eſtendons la penne dedans; & ainſi la chaleur remet auſſi toſt la penne en ſon premier eſtat.

Tiercement, ſi la penne eſt à demy rompuë, & qu'elle tienne encore par le nerf de deſſus, il faut prendre vne ai-guille fine, garnie de ſoye fort deliée, ou d'autre fil : puis faire entrer cette aiguille dans le long de l'vne des deux pieces de ladite penne, de ſorte qu'elle ſe fourre toute de-dans; non du coſté de la pointe, mais du bout de derrie-re, en l'y pouſſant auec vn dé : puis eſtant entrée du tout, il faut dreſſer ces deux pieces de la penne rompuë: apres tirant le fil, il faut reculer la moitié de l'aiguille par la pointe, laquelle ſort par ce moyen de la premiere piece dans laquelle on l'auoit toute fourrée, & par ce moyen elle ſe trouuera cheuiller la penne autant d'vne part que d'autre. Ce qu'ayant fait, il faut coupper ce fil, qui ne ſeruoit que de faire reculer l'aiguille, & la mettre en ſon lieu. Il vous ſera enſeigné pour enter, vn autre moyen en l'eſtuy de Fauconnerie, qui ſera mis à la fin de cét œuure.

Pour enter les pennes du tout rompuës.

CHAPITRE XXXVI.

Ous auons vn autre moyen pour enter : c'eſt que coupant la penne en tuyau, nous prenons vne ſemblable penne ; & mettant vn tuyau dans l'autre, nous faiſons tenir cette ente auec de bonne colle ; choſe fort aiſée, & commune pour le iourd'huy entre les Fauconniers ; ce qui me garde de vous en diſcourir plus au long. Ie vous diray ſeulement que pour bien enter vn oyſeau, ſi c'eſt vn Faucon, il faut auoir des aiſles d'vn autre Faucon: ſi c'eſt vn Sacre, il faut auoir de celles d'vn Sacre, & ainſi des autres. C'eſt pourquoy vous deuez garder les aiſles de vos oyſeaux quand ils mueront, pour les enter en meſme eſpece : & ne deuez prendre ſoin de cela ſeulement, mais auſſi d'enter vn cerceau d'vn cerceau, vne longue penne d'vne longue penne: & ainſi garder cét ordre de rang en rang, afin que l'oyſeau ſoit proprement enté, ſoit à l'aiguille, ou au tuyau: combien qu'aucuneſfois il faille enter d'vne eſpece en autre, pour appeſantir ou alleger les oyſeaux, ce que ie diray en ſon lieu.

Autre moyen pour enter.

CHAPITRE XXXVII.

SI les pennes de nos oyseaux se rompent du tout, nous auons des aiguilles expressément faites en triangle, fort subtiles & pointuës par les deux bouts, longues du trauers de deux doigts. Puis apres nous coupons la penne que nous voulons enter, en sorte qu'elle se puisse bien ioindre à l'autre que nous auons preparée, faisant le tout dextrement, & gardant la proportion. Cela fait, nous fourrons cette aiguille, tant qu'elle se trouue moitié d'vn costé, & moitié de l'autre. Lors que nous faisons ces entes, nous faisons tremper vne heure auparauant ces aiguilles dans du vinaigre & du sel, ou du ius de limons, ou dans des aulx, ou bien dans vn oignon.

Comme vous pouuez mettre vne queuë de Lanier à vn Faucon, ou à vn autre oyseau.

CHAPITRE XXXVIII.

IL faut auoir vne carte de tarot qui soit assez gráde, & la fendre, apres vous passerez toute la queuë de l'oyseau dedans, i'entends les douze grandes pennes : puis vous prendrez de semblables pennes par rang, & coupant celles de vostre oyseau, vous enterez les autres par ordre, commençant par les costez ius-

qͤes aux deux couuertes. Il faut prendre garde en coupant
les pennes à voſtre oyſeau, que vous les coupiez de biais
comme le bout d'vne fluſte, ou comme vne oreille de cheual, & que la pointe des cinq pennes ſoit en dehors, chacune de ſon coſté. Quant aux deux couuertes, vous les
couperez toutes rondes par le bout, & par ce moyen la
queuë ſera touſiours plus ſerree, & mieux en ſon lieu. Aduiſez auſſi que les tuyaux ne ſe fendent en entrant l'vn
dans l'autre. Ce qu'ayant fait, vous commencerez vne à
vne à les bien coler auec de la cole de poiſſon, mettant les
entes chacune en ſa place, & par rang. Lors que les pennes
des aiſles ſe rompront, vous pouuez comprendre par ces
aduis comme vous les enterez: mais pour le bien faire, il
faut que vous ayez du pennage d'vn oyſeau de meſme eſpece: car les entes ne ſont iamais bien aſſorties d'vne eſpece à l'autre, principalement pour les aiſles, ny moins
d'vne penne miſe hors de ſon rang, ſi on ne les change
toutes volontairement. I'ay autresfois enté à vn oyſeau
neuf pennes de chaſque aiſle, lequel en vola depuis auſſi
bien que des ſiennes propres. Pour le menu plumage de
l'oyſeau, il ſe peut enter, pour le marquer de plumes de
diuerſes couleurs, telles qu'on voudra.

Ce qu'il faut conſiderer auant que purger les oyſeaux.

CHAPITRE XXXIX.

Ors que vous voudrez purger vn oyſeau, prenez
garde à ſa qualité: c'eſt à dire, s'il eſt Formé, ou
Tiercelet, Niais, ou Paſſager, Sor, ou mué, Faucon, Lanier, Gerfaut, Sacre, ou Baſtard; s'il eſt prins nou-

uellement paſſager, ou s'il a mué, & ſi vous l'auez tiré de nouueau de la chambre, ou recouuré dequelqu'vn qui l'ait bien ou mal traité. Vous pouuez conſiderer auſſi ſi vous le voulez purger pour le guarir d'vne maladie, ou pour la preuenir. Car ſi la neceſſité vous y conuie, & que l'oyſeau ſoit abondant en mauuaiſes humeurs, il le faut purger & repurger ainſi que la prudence du ſage Fauconnier le iugera, trois ou quatre iours ; & encores au bout de huit ou dix iours, reiterer les purgations. Mais ſi l'oyſeau eſt ſain, faites luy rendre ſeulement le double de la mulette, ſans autre recharge. Puis encor prenez garde ſi l'oyſeau eſt trop plein, ou trop bas & deſcharné, ou s'il eſt en eſtat mediocre. Toutes ces conſiderations vous doiuent eſtre recommandées, & ſelon icelles vous le traicterez & purgerez diuerſement : eſtans les vns de leur complexion plus delicats, les autres moins, comme il en eſt auſſi de plus vigoureux & plus robuſtes les vns que les autres. Et pource il faut donner le charge ſelon la force & qualité de l'oyſeau. Vous deuez auſſi prendre garde en quelle ſaiſon de l'année vous eſtes, & ſi le temps eſt chaud ou froid, & bien temperé. Car ce qui eſt propre en vne ſaiſon, eſt le plus ſouuent contraire en l'autre, comme il vous ſera dit en ſon lieu. Auſſi faut-il auoir diſcretió de iuger la force de l'oyſeau, de peur que la quantité ne vous trompe, & que vous ne luy en donniez ou trop ou trop peu. C'eſt auſſi choſe tres-neceſſaire de connoiſtre la force des ſimples, & la vertu des compoſitions minerales, des drogues, racines, herbes, & du lieu auquel elles ſont prinſes ; ayans le plus ſouuent leur vertu forte ou foible, ſeló le lieu où elles ſe trouuent; ce qui trompe bien ſouuent ceux qui en vſent.

La ſeconde eſt l'eſtat auquel il eſt.

La troiſiéme, eſt la ſaiſon en laquelle vous ſerez lors que vous le purgerez.

De la force & qualité des oyseaux, pour leurs purgations.

CHAPITRE XL.

Fin que ceux qui se delectent à la Fauconnerie sçachent comme ils doiuent purger leurs oyseaux lors qu'il en sera besoin, i'ay pensé estre à propos de dire encore ce mot, pour leur monstrer combien ils sont differents les vns des autres. Et commençant au Gerfaut Niais, ie vous puis asseurer qu'il est le plus robuste de tous ceux dont ie vous ay parlé : estant chose tres veritable que tous oyseaux Niais, de quelque espece qu'ils soient, sont tousiours de plus forte complexion, & plus robuste à supporter les purgations d'vne quatriéme partie, que les Passagers ; & les Passagers prins Sors, plus que les Muez des champs : & tant plus vn oyseau est enuieilly en sa liberté, d'autant en est-il plus delicat. Apres le Gerfaut Niais, son Tiercelet est encore le plus robuste, lequel vous poüuez mettre à l'esgal du Gerfaut passager Sor : estant prins Passager, il est quelque peu moins robuste. Apres ces deux, le Sacre tient le troisiéme lieu, lequel vous pouuez traicter comme le Tiercelet de Gerfaut Mué. Ie mets le Lanier Niais au rang du Sacre. Quant au Sacret, il se doit traicter comme le Lanier de passage : & traictez le Laneret à la proportion des autres, en diminuant la charge selon que le requiert la proportion de l'ordre que dessus. Le plus delicat des oyseaux susdits, est le Faucon Niais, lequel vous pouuez mettre au

Le Gerfaut Niais est le plus robuste de tous.

Oyseaux Niais plus robustes que les passagers.

Tiercelet de Gerfaut Niais.

Tiercelet de Gerfaut passager.

Tiercelet de Gerfaut mué.

Le Sacre.

Lanier Niais.

Lanier de Passage.

Sacret.

Laneret de passage.

Faucon Niais.

Faucon passager.

P

rang du Lanier paſſager, & du Sacret. Le Faucon paſſager prins Sor eſt moins robuſte, & moins encore lors qu'il eſt Mué ; comme auſſi ſon Tiercelet : eſtant vne maxime generale que les oyſeaux Niais ſont plus robuſtes que les paſſagers : & que tant plus qu'ils ont demeuré libres en leur naturel, d'autant ſont-ils moins vigoureux à reſiſter aux purgations, & à ſupporter la vehemence des compoſitions que nous leur donnons quand ils ſont entre nos mains. Il y a des oyſeaux en toutes eſpeces qui ſont auſſi plus ou moins robuſtes de leur naturel.

Tiercelet de Faucon.

Pour faire rendre l'oyſeau lors qu'il a peu outre voſtre gré.

CHAPITRE XLI.

S I vous voulez faire rendre voſtre oyſeau, lors qu'il aura pu outre voſtre gré ; prenez quinze grains de poyure entier, & les rompez chacun en deux pieces, leſquelles vous enuelopperez dans vne peau de poule, ou autre peau ; puis faictes-les luy aualler, & par ce moyen voſtre oyſeau rendra ſans danger : s'il eſt delicat, ce ſera aſſez de douze grains, vous y conduiſant touſiours ſelon la force de l'oyſeau. Cette recepte eſt auſſi fort bonne pour affamer vn Faucon Niais. Toutes autres receptes qui ſe baillent pour faire rendre les oyſeaux, ſoit aloës, alun, chelidoine, antimoine, vitriol, triacle, ou pillules, les degouſteront, fors cette-cy. Vous ferez encore rendre l'oyſeau, en le bridant auec vn poil de cheual, que vous luy paſſerez dans le bec, & le lierez der-

riere la teſte. Il eſt arriué autresfois que des oyſeaux perdus ſont tombez en main de Payſans, qui par ignorance,
ou pour n'auoir dequoy les paiſtre, leur donnoient de la
chair ſalée, qui leur cauſoit la mort. A tel accident il faut
ſe ſeruir du fer mentionné en l'eſtuy de la Fauconnerie,
marqué par la lettre O, & auec iceluy vous tirerez promptement par le bec cette mauuaiſe viande, qui ſans doute tueroit l'oyſeau en peu d'heure.

Comme ſe font les Pillules de Hiera.

CHAPITRE XLII.

Renez de l'Hiera pigra en paſte, & incorpo-
rez-y de l'Agaric mis en poudre tant que faire
ſe pourra ; de tout cela faites vne maſſe, dont
vous ferez des pillules pour donner à vos oyſeaux quand ils en auront beſoin en Hyuer, mais n'en
donnez que lors qu'il fera froid, aux Sacres & Laniers
ſeulement.

Des Pillules communes.

CHAPITRE XLIII.

Es Pillules communes, ou de Tribus, ſe font de
myrrhe, ſaffran, & aloës, le tout incorporé enſemble, auec du ſyrop d'aluine, ou de l'eau de plantain. Tous Apotiquaires les ſçauent faire, car on les fait
pour les hommes, & ſont appellées pillules de Tribus:

elles font bonnes en tout temps, fors qu'en Efté, n'en donnez qu'aux Laniers & Sacres.

Des Pillules de Mufc.

CHAPITRE XLIV.

Es Pillules de Mufc fe font d'vne dragme d'Agaric, deux dragmes de Hiera pigra, vne dragme de cubcbes, demie dragme de faffran, vne dragme de fuccre candy, demie dragme d'anis, quatre grains de mufc, vne dragme d'aloës ficotrin, le tout incorporé auec l'effence de canelle ; puis faites-en vne maffe. Ces pillules font bonnes lors que le froid eft grand, & au fort de l'Hyuer, & en faut peu donner. Ie ne m'en fers gueres qu'aux extrémes froideurs, aux Sacres & Laniers feulement. Peu de gens fçauent fe feruir des Sacres, Sacrets & Laniers, ny des efpeces qui leur conuiennent, & aucuns les mefprifent pour ce fuiet, auffi trouuent-ils eftrange quand on dit de voler iufques au 15. du mois de May, ie leur refpons à cela que c'eft chofe aifée de faire voler en May, mais il n'eft pas à tous de le fçauoir faire. Les bons Mariniers ne fe cognoiffent en la bonnace, mais au temps contraire. Il fe voit en ce temps là qui a de l'induftrie ; puis vn oyfeau en muë mieux. Quand au refpect qu'on doit aux fruicts, nous auons des lieux en Prouence qui ne font defrichez, où il n'y a ny vignes ny femences, & c'eft là où nous allons voler en telle faifon.

Ce Chapitre parlant de la Chelidoine a esté rayé,
pour estre reprouuée de l'Autheur.

De la Mommie.

CHAPITRE XLVI.

LA Mommie se donne aux oyseaux en deux façons : C'est, ou dans la cure, ou bien auec leur
past, en poudrant d'icelle la chair qu'on leur
donne, couppée par morceaux, cette Mommie est faite
des corps des oyseaux, leur ayant couppé les aisles lors
qu'ils meurent d'accident & sans languir, estant l'oyseau à sa mort en bon estat, mettant cét oyseau mort
dans du sable de riuiere bien sec & menu, dans vn coffre
de bois. On ne doit s'en seruir qu'vn an apres & non plustost : cette Mommie plus est gardée d'autant meilleure
elle est aux coups receus freschement.

Pour faire rendre le double de la Mulette.

CHAPITRE XLVII.

PRenez de la conserue de rose en roche, & la rendez molle en la maniant : si elle ne se peut ramollir autrement, mettez-y vne goutte d'eau : &
estant deuenuë maniable comme cire, applatissez là de
la grandeur d'vn teston, & y mettez, si c'est pour vn

Lanier, dix grains de poyure rompus, ſi c’eſt pour quelqu’autre oyſeau, ſelon ce qu’il ſera & comme il vous a eſté
dit cy deſſus de la qualité des oyſeaux. Adiouſtez à cela la
moitié moins de ſel en grain, & non en poudre, puis enue-
loppez le tout, & en formez la conſerue en façon d’vne cure, que voſtre oyſeau puiſſe aualler. Cette pillule ainſi faite, il vous la faudra garder iuſques au lendemain pour la
laiſſer ſecher, afin qu’elle ne ſe rompe en la donnant à l’oyſeau. Et la luy faut faire aualler, en le vous faiſant tenir
abbatu, & la conduire auec le doigt dans le goſier le plus
auant qu’il vous ſera poſſible: mais ſur tout gardez qu’elle
ne ſe rompe, car elle ne feroit nul effect. Ie donne touſiours
à mes oyſeaux vne gorgée d’eau pour faire mieux aualler
cette pillule. La luy ayant dónée, vne heure apres, ou deux
au plus, voſtre oyſeau doit rendre ſa mulette, & par ce
moyen il ſera fort allegé. Il ne faut oublier à luy preſenter de l’eau dans vn verre, & luy en faire boire vne heure
apres qu’il aura vuidé ſa mulette: cela fait, ne le paiſſez
de trois heures, & qu’il n’ait premierement beu comme
i’ay dit; car autrement il mourroit. Et encor ne luy donnez que trois ou quatre morceaux de viande bien trempée en l’eau. Puis le ſoir enſuiuant paiſſez-le ſobrement
ſans luy dóner cure: & le lendemain preſentez luy le bain
ſans faillir: que ſi le temps eſt couuert, preſentez-luy de
l’eau dans vn verre. Ainſi voſtre oyſeau ayant rendu ſon
double de mulette, ſera plus ſain, & mieux volant, &
de meilleure nature. Il ne luy faut donner la conſerue,
ſi ce n’eſt de grand matin, afin d’auoir plus de commodité d’obſeruer ce que i’ay dit, & faut que ce ſoit en temps
frais, s’il eſt poſſible: ſi ce n’eſt qu’il en fuſt extréme be-

foin, car alors il faut tout hazarder, quelque temps qu'il
face. Le Fauconnier sera aduerty qu'il y a des Apotiquaires qui mettent du ius de limon pour rendre leur conserue
plus belle & vendable : telle conserue est fort preiudiciable aux oyseaux, à quoy on doit prendre garde , & y aller
considerément. Ce sont de mes premieres inuentions, qui
sont par fois hazardeuses : c'est pourquoy il vaut mieux
donner de la manne, comme il vous sera dit en son lieu.
C'est chose bien asseurée , que les oyseaux estans en leur
liberté, d'eux mesmes se font rendre le double de la mulette en prenant de la terre ou eau salee, où de petites pierres
au bord de la mer, ou du salpestre dans la chambre où ils
muent.

Des pillules blanches , & des douces , propres pour les oyseaux
de robuste complexion.

CHAPITRE XLVIII.

Our faire les pillules blanches , faites tremper
quelques iours du lard dans de l'eau fraische,
puis en prenez la fleur, & le plus net, auec autant de moüelle de bœuf ; & faites fondre le tout peu
à peu, puis le passez dans vn linge blanc , en sorte qu'il
n'y reste aucune crasse, ny rien d'espais. Cela fait, prenez autant pesant de succre candy en poudre : & en battát,
& meslant le tout ensemble, en façon que le succre ne demeure au fonds, faites en vos pillules, & les mettez dans
des boëtes , où elles se garderont deux & trois ans , sans
changer de couleur, ny se gaster aucunement, mais qu'el-

les foient en lieu où l'air ne les touche point, & qu'on y mette le fuccre quand il faut. Les pillules douces fe font en incorporant en ces pillules blanches, vn tiers de conferue de rofe en roche, faite au fuccre ; dont apres vous formerez ces pillules, defquelles vous vferez en Efté pour eftre plus fermes à donner. Souuenez-vous auffi d'en donner vn tiers moins que des blanches ; car elles font plus d'effect, bien qu'elles ayent mefme proprieté. De ces pillules vous pouuez en Hyuer faire rendre la mulette aux oyfeaux, en l'accommodant ainfi que.i'ay dit : & en Efté feruez vous de la manne, laquelle ne s'amollit pour la chaleur : c'eft pourquoy elle eft plus propre. Toutes les receptes que i'ay mifes par efcrit pour les oyfeaux, font diuifées en trois parties, qui font correfpondantes aux trois habitudes de leurs corps : la premiere eft la falubre, qui eft pour entretenir les oyfeaux lors qu'ils font en bon eftat : la feconde eft dite preuoyante, & deffenfiue ou preferuatiue; qui eft celle qui les garde de tomber en maladies, ou aux accidens que nous coniecturons & doutons leur deuoir arriuer : la troifiéme eft la guariffante, qui chaffe les maux arriuez, & remet les oyfeaux en fanté. La manne eft employée à ces trois effects,& à ces trois proprietez,& pource ie m'en fers plus que d'autre chofe dont i'aye parlé.

Des

Des pillules de campagne, qui ne sont que pour Sacres
& Laniers passagers.

CHAPITRE XLIX.

Renez deux dragmes de syrop fait auec le sucre & le vinaigre ; puis prenez de la poudre de clou de girofle le poids de denny escu, & du sucre candy autant qu'il s'y en poura incorporer, & en faites vne masse. En ces pillules il faut les deux tiers de sucre, & d'auátage s'il se peut. Elles sont bonnes en Hyuer, & les faut donner à l'oyseau demie heure auant que le faire voler, de la grosseur d'vn grain de froment, & non plus gros. Tout Fauconnier doit estre aduerty de tenir vn mortier de marbre, car i'ay experimenté que ceux de cuiure & de bronze sont extrémement contraires aux oyseaux, mesme la roüille ou moisisseure qui s'y engendre.

Des saignées au palais, au bec, & aux ongles.

CHAPITRE L.

A saignée est fort necessaire aux oyseaux, & n'ay trouué chose qui leur soit plus vtile, & qui les tiéne plus longuement en santé. Vous en deuez vser deux fois l'année aux oyseaux de muë ; à sçauoir au mois de Septembre, lors que vous les en tirez, & quád vous les y voulez remettre. Pour les saigner, il faut les preparer auec

Q

vn peu de purgation legere, comme auec de la chair trempée dans la glaire d'œuf, auec du fuccre candy durant
trois iours, ou bien auec de la manne & de l'eau rofe battuës enfemble: Et pour venir à la faignée, piquez le palais
de l'oyfeau auec vn caniuet bien aigu & trenchant, en façon qu'il faigne, felon que vous connoiftrez que le corps
de l'oyfeau, & l'eftat auquel il eft, le requiert. Apres prenez
garde que la bleffeure ne s'achácriffe: & le paiffez de morceaux de chair trempez dans de l'eau fraifche, ou dans de
l'eau de plantain. Vous le pouuez encor faigner, en luy
coupant le bout du bec, & le bout des ongles. On faigne
auffi les oyfeaux de la veine qui eft au deffous de la lágue,
ainfi qu'il vous a efté dit au dixiéme chapitre.

Fin de la feconde Partie.

QVATRAIN.

Tous ne font pas pour fe plaire
  A voler auecques nous:
Auffi n'eft-ce pas à tous
Le fçauoir, & pouuoir faire.

LA TROISIESME PARTIE
DE LA FAVCONNERIE, DV SIEVR D'ESPARRON.

Contenant en XLVII. Epiſtres, pluſieurs belles & neceſſaires Inſtructions, Aduis &Receptes, pour oyſeaux
de la Fauconnerie, & maladies d'iceux.

Qu'auant que de dreſſer attirail de la Fauconnerie,
il y faut bien aduiſer.

EPISTRE I.

'Ay ſceu d'vn de nos amis, qu'il vous a pris enuie de tenir des oyſeaux, & que cet exercice
vous eſt plus agreable que nul autre; dequoy ie
me reſiouys grandement. Nous auons tous cette
inclination naturelle, de vouloir attirer autruy à ce qui
eſt de noſtre humeur. C'eſt pourquoy i'approuueray
touſiours cette eſlection que vous auez faite. Mais auant
que vous entrepreniez de dreſſer attirail de Fauconnerie,
aduiſez bien à ce qui depend de vous; & ſi vous eſtes pour
continuer ou non. Car cette ſcience eſt tant particuliere,

Q ij

que pour la bien apprendre, il ſe faut demeſler de toutes
autres affaires. Ne penſez pas auſſi que pour auoir des oyſeaux, vous mangiez le gibier à meilleur marché, car vous
ne verrez canne, ny perdrix ſur voſtre table par leur moyé
qui ne vous couſte bien chér. Quant à l'occupation, elle
n'eſt pas ſeulement belle, mais honorable. Le tout eſt de
bien aduiſer, auant que de commencer, pource qu'il y a
quelque manquement en celuy qui ſe ſaoule toſt d'vne
choſe. C'eſt pourquoy nous deuons eſlire auec iugement
la vacation que nous voulons prendre, & apres, nous y arreſter auec perſeuerance, ſans faire chaque iour vn nouueau deſſein. C'eſt le ſigne d'vne ame malade, que de courir d'vne inuention à l'autre, & faire à tous propos nouuelles entrepriſes : comme au contraire, c'eſt vn teſmoignage d'auoir la teſte bien faite, de ſe tenir à vne delibera-
tion meurement priſe. Pource auant que de vous affriander à la Fauconnerie, conſultez-le en vous meſmes: & regardez ſi vous eſtes fourny de tout ce qui fait beſoin à cet
exercice. Ie vous diray que i'ay reconnu trois choſes en
vous qui ſont requiſes à vn Fauconnier. La premiere, ce
ſont les moyens que vous auez de fournir aux frais, eſtant
des plus aiſez de la Prouince. La ſeconde, c'eſt la commodité du pays où vous habitez ; qui eſt fort peuplé de perdrix. La troiſiéme, & plus importante, c'eſt que la maiſtreſſe de chez vous ne penſe qu'à vous complaire, ce qui
fera qu'elle conſentira de bon cœur à la deſpenſe qu'il
vous y faudra faire. Auſſi les femmes de ſa qualité ne ſont
iamais chiches de ce que leurs maris employent à tel exercice, & preferent touſiours le plaiſir de celuy qu'elles aiment, à ce qu'elles pourroient eſpargner en faiſant autre-

*Il y a man-
quement à
celuy qui
chãge ſou-
uent de deſ-
ſein.*

*Ce qui eſt
requis à
celuy qui
veut tenir
des oy-
ſeaux.*

ment. Il ne tiendra donc qu'à vous: pour ce qui dependra de moy, ie m'efforceray, selon le peu d'experience que i'auray, de vous donner les aduis qui vous seront necessaires.

Des Faucons qui sont desnichez trop tost, & comme il les faut conduire.

Cette lettre est escrite du 1. iour de May.

EPISTRE. II.

I'Ay appris par vostre lettre que vous auez recouuré des Faucons qui sont si petits, qu'ils n'ont encor que le blanc. Puis que vous desirez de sçauoir ce qui m'en semble, & le moyen qu'il faut tenir pour les traicter, ie vous aduise que vous ne les esleuerez qu'auec beaucoup de peine, pource qu'on s'est trop hasté de les denicher. Toutesfois il faut que vous soyez curieux de les faire bien nourrir, car à ce que i'entends, ils sont de bonne aire. Il faudra donc les tenir chacun dans vne corbeille separément, & si loin l'vn de l'autre, qu'ils ne se puissent aucunement entr'ouyr, pour euiter qu'ils ne soient criards, & mettre sous eux vn drap de laine, & vn autre sur la corbeille pour les tenir plus chaudement. Cela les nourrit autant estans petits comme ils sont, que la viande qu'ils mangent. Prenez garde qu'en la chambre où vous les mettez ils ne puissent sentir ny le froid, ny l'humidité. Ie les fais ainsi tenir, iusqu'à ce que d'eux mesmes ils en puissent sortir. Quant à leur nourri-

ture, vous les paiſtrez de pigeonneaux, ieune moineaux,
ou autres petits oyſeaux; car la chair plus groſſe leur ſeroit
de mauuaiſe & difficile digeſtion. Recommandez auſſi à
voſtre Fauconnier de prendre garde qu'il n'auallent de la
plume qu'ils ne ſoient à la moitié de leur pennage, ou
qu'ils ne commencent de curer : ce qui pourra eſtre lors
qu'ils ſeront noirs, & auront perdu le blanc. Quand vous
preparez la viande pour les paiſtre, coupez-là par petits
morceaux, & prenez garde qu'il n'y ait ny os ny plume:
& faites que ce qu'on leur donnera ſoit touſiours chaud,
& ſanglant, leur donnant trois gorges par iour, ſi vous
connoiſſez qu'ils les puiſſent digerer. Mais que ce ſoit ſans

Il ſe faut garder de ſurgorge. les charger de ſurgorge, car de là procede l'indigeſtion, &
bien ſouuent la mort. Comme ils ſeront ſortis hors de la
corbeille, & qu'ils marcheront par la chambre, donnez

Il faut tenir les oyſeaux ſur des ais, ou ſur la paille. ordre qu'ils couchent ſur de la paille, ou ſur des ais, & non
ſur terre. Pource que la froideur leur nuiſt grandement.
Et ſi vous leur donnez le paſt par morceaux, faites que ce
ſoit en ſorte qu'ils n'auallent ni paille, ni autre ordure. Et
pource prenez garde qu'on leur mette la viande en lieu
qui ſoit net, & que touſiours on retire leurs reſtes, afin
qu'ils ne traiſnent la chair par terre apres s'eſtre pus. Il arriue aucunesfois aux petits Faucons qu'ils deuiennent accroupis, & ne ſe peuuent ſouſtenir ſans l'aide de leurs
aiſles; ſi cela arriue aux voſtres, & que dans vn mois cette
foibleſſe ne ſe paſſe, il s'en faut deffaire, car ils ne guariſ-
ſent que bien raremét. Si vous les voulez nourrir en liberté, le moyen vous a eſté dit en mon premier liure, combien que par tout il ſe trouue des difficultez. Meſmes que
les oyſeaux nourris en liberté, s'ils volent pres du lieu où

ils ont eſté eſleuez, à tous coups ils vous quittent à la volerie, pour retourner au lieu où ils ont accouſtumé d'eſtre
pus. D'ailleurs, tels oyſeaux ſont touſiours quinteux & bi-
zarres. I'ay tout eſprouué, mais le meilleur eſt de les eſleuer dans vne chambre. Par fois il ſe voit des Faucons Niais
qui tardent à pouuoir voler de peſanteur: c'eſt choſe dont
il ne ſe faut mettre en peine, car le chaud eſtant paſſé, il y
en a qui ſe remettent fort gaillards. Or puis que vous eſtes
reſolu de tenir des oyſeaux, vous aurez ſouuent de mes
lettres, qui vous pourront ſeruir en les gardant, ſur les ſujets qu'elles vous ſeront addreſſées, prenant garde aux
temps & ſaiſons qu'elles ſeront eſcrites: & celle-cy ſera
des premieres, pour eſtre ce mois le commencement de
l'année, ſelon l'ordre de la Fauconerie, & auquel on commence de recouurer les oyſeaux Niais.

Du traiᴄtement des Faucons Niais.

Du quinziéme de May.

Epistre III.

Epuis ma derniere, i'ay entendu comme les
Faucós Niais que vous recouuraſtes ces iours
paſſez ont mal reüſſi, & que de cinq qui s'e-
ſtoient trouuez en cette nichée; il en eſt mort
trois, & que des deux qui vous reſtent, vous en auez peu
d'eſperance, pource qu'ils ſont criards. C'eſt à la verité
vn vice fort faſcheux, & vn teſmoignage que les oyſeaux
qui l'ont, n'ont gueres de ſanté. Auſſi c'eſtoit trop de

bonne fortune, que d'auoir rencontré cinq oyfeaux en vne aire; ce qui n'arriue que rarement: & encores plus qu'il s'en fuft trouué quatre formez, & vn feul. Tiercelet. Par ma precedente ie vous auois bien dit que vous ne les efleueriez pas fans difficulté. Or ie fuis d'auis que vous les fepariez en diuerfes chambres, puis que vous ne l'auez encore fait, & que voftre Fauconnier leur tienne vn baffin d'eau pour s'y baigner. Auffi puis qu'ils font defia noirs, & qu'ils cómencent à fe percher, il eft temps de leur donner du vif: car il eft bon que les oyfeaux Niais ayent du courage auant que les effimer; ce que vous ferez attachant du vif au leurre, quand vous leur en voudrez donner; ce qui aduance fort les oyfeaux au dreffer. Et quand il fera temps de les ofter de là, ie vous en donneray aduis. Mais il ne faut pas que ce foit que nous ne foyons au premier iour apres la S. Iean d'Efté, pour leur dóner loifirde fe fortifier. Cependant ne vous fiez pas entierement à voftre Fauconnier; veillez fur luy, & voyez comme il s'acquitte de fa charge; afin que vos oyfeaux n'ayent faute de ce qui leur peut eftre neceffaire. Il y a des Faucons de fi robufte nature, que dans deux ou trois heures ils ont fait leur digeftion, & paffé leur gorge. A tels Niais, ie fuis d'auis de leur donner de groffes chairs, pour arrefter leur eftomach qui eft par trop chaud. Telles chairs les entretiendront robuftes, & de forte complexion. Le bœuf eft la meilleure viande qu'on leur puiffe donner, cóme au contraire, quand ils font delicats & floüets, telle viande ne leur peut faire que du mal. A quoy il vous faut bien aduifer.

Qu'il est bon au maistre d'apprendre à traicter ses oyseaux,
pour n'estre suiet à vn Fauconnier indiscret.

Du quinziéme du mois de May.

Epistre IIII.

Vous m'escriuez comme vostre Fauconnier vous fait tous les iours quelque traict de bizarrerie, & se rend de plus en plus insupportable: qu'il outrage les seruiteurs, & fait plusieurs autres insolences : Ie vous responds à cela, que ie ne l'ay iamais tenu pour plus aduisé, combien que de long temps ie vous aye veu trauailler à le reduire. Mais il est trop vieil pour luy faire prendre vn nouueau ply. Et ce qui l'acheue de gaster, c'est qu'il croit que vous ne vous sçauriez passer de luy; ce que vous ferez pourtant, si vous croyez mon conseil. Vn plaisir est trop cher pour lequel il faut nourrir, payer, & supporter vn indiscret. Apprenez donc de vous mesmes à traicter vos oyseaux, pour vous desgager de cette suie-ction. Et souuenez-vous que Marc Aurele disoit qu'il n'estoit iamais mieux seruy que lors qu'il se seruoit luy-mesme. Ayez de grands laquais pour porter vos oyseaux apres vous. Si vous en auez vn qui aime la chasse, il vous fera plus de seruice que cét arrogant ; & en ayant le soin vous mesme, vostre plaisir en sera plus parfait. Ce vous sera chose aisée, pourueu que vous n'ayez point d'affai-res, & que d'autres sonnettes que celles de vos oyseaux ne vous esueillent au matin. Car si vous estes homme de

C'est achepter trop cher vn plaisir, que supporter vn serui-teur indis-cret.

R

Ville, de Cour, ou de Palais; il se faut resoudre ou de quitter la Fauconnerie, ou de supporter les humeurs de vostre Fauconnier.

Du moyen d'entretenir la santé des oyseaux.

Du vingtiéme de May.

EPISTRE. V.

S I vous voulez entretenir vos oyseaux en santé, prenez pour guides ceux qui en ont fait experience, & vous conduisez par les aduis qu'ils vous en donneront : car comme les oyseaux sont differends de qualité, d'espece, & de nature, aussi les faut-il traicter differemment. Or quels qu'ils soient, si vous leur donnez de la chair plus qu'il ne faut (ce que nous appellons en termes du mestier, Trop grosse gorge) cela leur causera des maladies. C'est pourquoy, pour les tenir en bon estat, quelle que soit la viande, il ne leur en faut iamais donner demesurément. Et encores pour les auoir bien sains, il ne leur faut donner indifferemment de toutes sortes de chairs, mais aduiser quelles leur seront bonnes & conuenables, & quelles nuisibles ; ayant tousiours esgard à la saison où l'on se trouue, & quels oyseaux on veut traicter. A ceux qui seront sains, vous pourrez ou continuer les mesmes chairs, ou les paistre comme vous en aurez la commodité, pource que le changement ne leur peut preiudicier, mais bien aucunesfois leur apporte du profit. Et si vous en auez de malades, il faut aduiser de ne leur

donner chofe qui leur foit contraire. Comme fi la maladie vient d'abondance de fang, qui eft humide & chaud, il
faut leur donner des chairs feiches & fraifches ; comme
font poulets, cheureaux, lapereaux, cœurs de petits veaux,
& autres chairs de peu de fang ; apres que vous les aurez
fait tremper vn quart d'heure dans des eaux cuites , telles
que vous aduiferez eftre propres à la guarifon de l'oyfeau
les fechant auec vn linge bien net , auant que de les luy
donner. Si l'oyfeau eft malade par trop d'humeur colerique, qui eft chaude & feiche , il le faut paiftre de viandes
fraifches & humides, qui peuuët eftre les mefmes que i'ay
dites : toute la difference fera que vous les ferez tremper
dans d'autres eaux que vous iugerez plus conuenables à la
qualité du mal; & les luy donnerez toutes moüillées fans
les fecher, humectant l'oyfeau tant que vous pourrez vous
gardant de luy donner des chairs qui abondent en fang,
comme font pigeonneaux, ramereaux, & autres de mefme
nature. Or fi tant eftoit que voftre oyfeau malade, comme *Aduis.*
il a efté dit, euft perdu l'appetit, & qu'il luy falluft des pigeonneaux, ou des chairs que ie vous deffends ; en tuant
les pigeonneaux, faites-les fort faigner. Au refte en pur-
geant l'oyfeau malade , il ne le faut fortir de la chambre
où eft la perche. Et obferuez encore cela, que le iour que
vous purgerez vos oyfeaux , vous ne les laifferez porter à
voftre Fauconnier hors de la maifon, mefme lors que vous *Aduis bië*
les purgerez au fortir de la muë , car par cette faute on *important.*
m'en a fait mourir plufieurs.

R ij

Comme il faut manier doucement vn oyseau, en l'abbattant, &
voulant le garnir de gets & sonnettes.

Du vingt quatriéme de May.

EPISTRE VI.

E vous escriuis n'agueres, & i'oubliay de vous dire par ma lettre ce qui estoit arriué à nostre voi-
sin, afin qu'à son exemple vous vous gardiez de
semblables incóueniens. Ce Gentilhomme voulant mettre des gets & des sonnettes à vn Faucon Niais,
celuy qui le luy tenoit abbatu, le serra si fort qu'il le luy
estouffa. Ie desire que vous soyez plus aduisé. Et souuenez-vous, comme i'ay dit ailleurs, que les oyseaux niais
ont les os tendres, & pource il faut les manier doucement.
Ie vous en ay donné par cy deuant quelques addresses,
ausquelles i'adiousteray qu'ayant pris vos oyseaux pour
les essimer, apres les auoir garnis, il leur faut mettre encores vne entraue de mesme cuir que celuy des gets ; &
qu'elle prenne d'vn porte sonnette à l'autre, & soit de la
longueur de trois ou quatre doigts. C'est pour les garder
de s'oster le chapperon en se grattant, estans à la perche ou
sur le poing, ce qui arriue souuent aux oyseaux qu'on cómence d'essimer, d'où il aduient que plusienrs se tuent, ou
estropient. Il vous faut encore mettre vn tournet à chacun
pour quelques iours, pour les garder de s'empelotter. Et
sur tout, faites que vostre Fauconnier se tienne pres de vos
oyseaux, pource que du commencement ils sont impatiés,
& y a danger qu'ils ne se pendent à la perche, laquelle doit

eftre tenuë en lieu obfcur afin que les oyfeaux n'ayent fuiet de fe debattre.

Contre les importuns qui effrontément demandent des chiens
& des oyfeaux.

Du dernier de May.

EPISTRE VII.

PRenez vous garde, ie vous prie, d'vne forte de
gens qui n'accoftent les perfonnes comme vous,
que pour leur demander des chiens, ou des oyfeaux:
& toutesfois font de cefte nature qu'ils n'en donnent iamais. Au contraire, c'eft leur couftume de fe veftir des
plumes d'autruy, & n'entretiennent leur attirail de chaffe que par emprunt : ou pour incommoder ceux qui bien
fouuent rougiffent de les voir fi effrontez. A telles perfonnes il ne faut auoir honte de refufer ce qu'ils vous
demandent. Ie fçay bien qu'il n'y a rien de plus doux
que de s'entredonner, ny qui plus acquiere d'amis, & les
entretienne, i'en ay fouuent fait la preuue. Mais il faut regarder à qui, fur tout quand il eft queftion de chofes qu'on
ne peut recouurer pour de l'argent: comme on fait les fonnettes & les chaperons, qui fe peuuent recouurer à Paris,
ou fe faire à la maifon. N'y procedez donc pas legeremét,
& vous fouuienne qu'il arriue vne fois de l'annee beaucoup d'accidens pour vous rendre mal attelé d'oyfeaux
ou de chiens : & fi vous me voulez croire, ne donnez que
rarement ce dont vous pouuez auoir faute, mefme à ceux
que vous connoiftrez mal capables de s'en reuencher.

Ceux qui donnent fans confiderer à qui, monftrent d'eftre courroucez contre ce qui'ils poffedent, & bien fouuent s'en repentent apres. Ie voudrois bien que la couftume fuft de vendre, & acheter les oyfeaux, comme nous faifons les cheuaux : car par ce moyen on auroit honte de les demander en don, qnand on s'en pourroit paffer l'enuie auec de l'argent. Et ie m'affeure que ce moyen feroit fuffifant pour arrefter beaucoup de perfonnes, qui font les efchauffez pour defguifer leur naturel : & ne tiennent des oyfeaux que pour entretenir Nobleffe, comme on dit communément. Par ainfi ceux qui plus les aiment à bon efcient, fe connoiftroient d'auecques ceux qui en leurs difcours feignent de fe plaire à la volerie, & cependant ils feroient bien marris d'employer vingt efcus en vn oyfeau qu'vn tendeur euft prins nouuellement.

Des Tiercelets de Faucon, & comme il s'en faut feruir.

Du quatriéme de Iuin.

E P I S T R E   VIII.

Ous m'efcriuez que vous auiez recouuré deux Tiercelets de Faucon Niais fort iolis, & que vous voulez vous en feruir aux perdreaux. Surquoy ie vous dis que tels oyfeaux font meilleurs à cette chaffe pour le mois d'Aouft, Septembre, & Octobre, & croyez que durant ces trois mois vous en ferez bien feruy. Si vous les accouftumez à voler enfemble, l'vn bloquera, & l'autre fouftiendra. Le plus fouuent ils vous feruiront en Hyuer feuls, ou comme il vous plaira, s'accompagnans communément auec tous oyfeaux, bien qu'ils ne foient de mefme efpece. Les deux volent la becaffe, ou la cercelle, en les mettant à mont. Et du poing ils prendront le courly, la creflerelle, le cocu, le piuert, la choüette, le gay & la pie. Au vol de riuiere auec des Faucons paffagers, ils y feront rage. Il s'en voit d'excellents pour les champs aux perdrix, comme i'ay dit : & fi ce font oyfeaux d'affez de durée, fe demeflans mieux des Aigles que les formez: & ne craignent pas tant le chaud, mais ils font plus frilleux en Hyuer : d'où il aduient aucunesfois qu'à l'entrée du froid, ils fe rebuttent, non pas pour trouuer les perdrix plus fortes, comme on a fouuent opinion, mais pour le froid qu'ils craignent, ainfi que nous auons dit. C'eft pourquoy en ce temps là il les *Faut faire iardiner les Tiercelets.* faut tenir fort pleins, les faifant efgayer au Soleil tous les matins, ou bien aupres du feu, fi le Soleil n'eft affez chaud. Vous ne leur ferez rendre la mulette, ny ne les droguerez d'aucune compofition forte, que deux ou *C'eft affez faire rendre les Tiercelets en Autü-ne, en Hyuer, & au Printemps* trois fois l'an ; mais les tiendrez nettement, & en bon eftat. Vous leur donnerez aux grands froids quelque bon paft en les leurrant, pour les affriander toufiours mieux au leurre, & les tenir plus pleins. Il ne faut les trop preffer en Decembre, Ianuier & Féurier, en Mars ils feront fort bien. Au quinziéme d'Auril vous les mettrez en la muë, & en leur liberté. Apres la muë ils feront plus fages, & plus hautains qu'au forage: gardez-les donc, & en foyez curieux. Si c'euffent efté Tiercelets de paffage, ie ferois d'auis que vous en fiffiez beaucoup plus d'eftat. Car ie

vous puis asseurer que i'en ay veu qui prenoient le Courly à long bec, & la Canne-petiere, & si c'estoit au mois de
Mars. I'en ay veu trois qui prenoient fort bien le Heron,
tant ils auoient de courage. C'est vne regle qui ne faut
que bien rarement, que tous les Tiercelets de quelque
espece d'oyseau qu'ils soient, ont tousiours plus de cœur
que les formez.

Aduis pour conseruer le pennage des Faucons Niais.

Du vingt vniéme de Iuin.

EPISTRE IX.

Cette heure que vous auez mis vos deux Faucons
sur le poing, pour les essimer, ie vous veux donner
quelque aduis, outre ceux que vous auez peu apprendre en mon premier liure. Vous serez donc aduerty
que les Faucons sont par fois si chauds au paistre, qu'il
n'y a moyen de leur donner à manger sur vn tiroir ; soit
pour se trop herisser & couurir, en sorte qu'ils se plument deuant, ou bien ils se pendent à tous coups du poing
en bas, voulant charrier pour s'aller paistre en terre à leur
plaisir. Quand les vostres feront de mesme, ne les paissez
pas du commencement sur le tiroir, ny au leurre, ny d'vne
piece de chair entiere: mais que ce que vous leur voudrez
donner soit mis par petits morceaux , & dans vn demy
plat d'eau tiede ; & si vous estes à la campagne, que
tels morceaux soient mis dans vn linge bien net. Et par
ce moyen vous leur ferez perdre ce vice, & les couurirez

rez mieux du chaperon. Car faisant autrement, il y en
a qui par fois se rendent difficiles à se laisser chaperon-
ner. Si vous iugez que vostre oyseau ait besoin de tirer, *Autre ad-*
vous pourrez accommoder vostre leurre garny de tiroir *uis.*
bien attaché, & le mettre sur vn lict, où il tirera à plaisir, *Aduis*
sans se gaster le pennage. Comme il aura tiré, vous pou- *pour con-*
uez acheuer de le paistre, comme i'ay dit, par morceaux *seruer le*
mis dans de l'eau tiede. Par ce moyen vous luy ferez pren- *pennage*
dre bonne coustume. Ie vous dis encor qu'auec les oy- *aux oy-*
seaux Niais on ne doit porter le leurre descouuert à la *seaux.*
ceinture, comme font aucuns lourdauts, si on ne veut
tomber en l'incóuenient de voir à tous coups les oyseaux
s'y aller accrocher & embarasser : le meilleur est de porter le leurre dans la gibeciere. I'ay veu des gens qui en
paissant leurs oyseaux à la chasse, lors qu'ils maschent le
pied de la perdrix pour donner la cure, ils le font tout le *Autre ad-*
dernier, apres auoir donné les droits de la perdrix : ce *uis.*
qu'il ne faut iamais attendre, mais le rompre auparauant,
pour le donner apres à l'oyseau, sans le faire tempester:
parce que de cette façon il se peut rompre le pennage.
Quand nous reprenons ceux qui portent nos oyseaux,
de ce qu'ils les laissent rompre, ils disent pour excuse,
qu'ils se sont rompus aux buissons en volant, chose qui
n'arriue gueres souuent : & si cela estoit, les oyseaux
passagers se le romproient aussi ce qui ne se voit point.

De la mort d'vn Sacre & d'vn Sacret, pour auoir esté trans-
portez d'vn lieu en autre pendant leur muë.

Du vingt cinquiéme de Iuin.

EPISTRE X.

LA perte que i'ay faite de mon Sacre & de mon
Sacret, me fait vous escrire, pour alleger aucunement ma fascherie, & non pour excuser ma
faute. Ie vous diray que si i'eusse enuoyé mes oyseaux
chez moy de meilleure heure, & ne m'en fusse remis à
mon Fauconnier, ils ne seroient pas morts. Mais estant
detenu en cette ville d'Aix pour des affaires qui m'importent, & pensant de iour à autre m'en aller, ie ne m'en suis
voulu fier à personne ; & cependant ils ont commencé de
muer, bien qu'ils n'eussent à moitié de leur ordinaire ; ce
qui leur a causé la mort. Ie connois bien que la saison vouloit qu'ils fussent en muë. Ce n'a pas esté que ie ne les aye
fait porter par des gens du mestier, & personnes de discretion, qui ont marché de nuict, les rafraischissant à tous
coups auec de l'eau, mais ce trauail a esté vain. Remarquez cette leçon, & en faites vostre profit, vous souuenant de ne transporter iamais oyseau qui aura commencé
de muer si vous desirez de le conseruer.

De poyurer les oyseaux, & comme il se faut conduire pour chasser les poux, soit du pennage, ou des nazeaux.

Du dernier de Iuin.

EPISTRE XI.

'Ay veu voſtre Fauconnier, qui m'a dit que vous vouliez poyurer vos oyſeaux au premier beau iour, pource que vous auez reconneu qu'ils ſont trauaillez de poux, & à cette occaſion ne font que ſe tempeſter : ſurquoy ie vous aduiſe que vous ferez bien, & par là vous verrez qu'ils ceſſeront de ſe debattre, & s'aſſeureront de ſorte que vous les trouuerez fort chan-gez. Pour le bien faire, prenez garde à ce que ie vous diray. Il faut que les oyſeaux que l'on veut poyurer ne ſoient ny trop pleins ny deſcharnez, mais en eſtat me-diocre, & ſi il faut les auoir quelque peu purgez; bien que ce ſoient Faucons. Si c'eſtoient Laniers ou Sacres, il les faudroit bien purger auparauant : pource que le bain tie-de eſmeut les humeurs. Il faut auſſi que l'oyſeau qu'on veut poyurer ſoit vuide de ſa mulette, ne tenant du haut ni du bas : que l'eau preparee ſoit tiede, miſe dans vn baſſin d'vn pied de haut, & de deux de large. Pour faire ce bain, il faut vne once de poyure, deux dragmes de Staſis agria, & autant de cendre de roſmarin : on y peut auſſi mettre de-my pot de vin blanc. Apres auoir trempé, retrempé, & manié l'oyſeau, & mis en ſa teſte du poyure ſec, ainſi qu'on a de couſtume, côſeruant les yeux & les nazeaux, on l'oſte-ra du baſſin, & le mettra-on ſur la perche au Soleil, ou pres du feu pour le ſecher, le gardant de trop de chaleur ou de froid. En apres on poyurera les gands & la perche de la meſme eau, pour ſe deffaire entieremēt des poux. La nuit d'apres on mettra vne peau de connil ou de liéure ſous les mains de l'oyſeau, & du cotton à la cornette de ſon chaperon pour attirer les poux. Eſtant l'oyſeau bien ſec, vous luy oſterez les poux auec de la cire gommée, miſe au bout d'vn poinçon, en les voyant courir ſur le pennage. Vn oy-

Mal con-
tagieux.

ſeau qui aura des poux, en donnera aux autres. C'eſt pourquoy nous mettons cette maladie, ſi maladie ſe doit appeller, au rang des contagieuſes. Les plus grands qui ont des aiſles, ſont dits des Fauconniers Grecs, nitres. Les autres ſont moindres & longs ; & d'autres petits qui ſont

Il y a de
trois ſortes
de cette ra-
ce de ver-
mine.
Aduis
biē impor-
tant apres
auoir poy-
uré l'oy-
ſeau.

blācs, qui tous meurent par meſme remede de les poyurer. Il faut que vous ſçachiez qui n'y a des oyſeaux qui ne ſe baignent point depuis qu'ils ſont entre les mains de l'hóme, ſoit ou pour la peur qu'ils ont n'eſtans bien aſſeurez, ou pour ne ſe ſentir en leur propre naturel, ou bien pour auoir pris en horreur l'eau au baſſin en les poyurant. Quoy qu'il en ſoit, quād vous en aurez de tels, les ayant poyurez, comme il a eſté dit, faites que le lendemain voſtre Fauconnier ne māque de les porter au ruiſſeau; & s'ils ne veulent d'eux meſmes prendre le bain, il doit s'en retourner au logis, & les baigner en les faiſant abattre comme au poyurer, & au meſme baſſin. Cette eau doit eſtre tiede, &

Aduis.

ſans poyure, ny autre choſe. Ce n'eſt que pour oſter le poyure qui tient à la peau des oyſeaux; qui leur dóne plus de peine & de trauail que ne faiſoient auparauāt les poux: de ſorte que ſi on n'y remedioit, les oyſeaux à la premiere commodité monteroient pour laiſſer leur maiſtre, &

chercher le frais dans les nuës. Il aduient aucunesfois que les poux gagnent les nazeaux de l'oyſeau; & lors il les faut chaſſer auec de l'orpiment, comme i'ay dit ailleurs; ce qui n'arriue que par la negligence du Fauconnier. Il eſt bon auſſi d'y mettre de l'huile d'aſpic; choſe qui eſt fort experimentée. Et c'eſt aſſez d'vne petite goutte qu'on fera couler doucement dans chaſque nazeau. Il y a des oyſeaux ſi delicats & de ſi peu de vigueur, qu'ils craignent la force du poyure & de la cendre : pour tels oyſeaux il faut la diſcretion du Fauconnier. Mais la faute eſtant faite, ſi l'oyſeau ne ſe pouuoit tenir ſur pieds, & qu'il ne peuſt eſtre que couché, il faudroit promptement le tremper dans d'autre eau, laquelle fuſt tiede, pour abattre la force du premier bain; car ſi on le laiſſoit ſans ſecours, il mourroit.

Comme il y a moins d'artifice à faire voler les Faucons, què les Sacres, & les Laniers.

Du quinziéme de Iuillet.

EPISTRE XII.

Ous vous eſtonnez de ce que ie me plais maintenant à tenir des Faucons Niais, veu que par le paſſé ie n'auois que des Laniers & des Sacres. Surquoy ie vous dis que le changement que i'ay fait de ma demeure à peu aucunement changer cette opinion que i'auois alors me tenant pour cette heure en cette ville d'Aix, là où le pays eſt plus propre pour les Faucons, pource qu'en ces campagnes deſcouuertes ie trouue qu'ils attrapent fort vne perdrix, & la chargent plus roide qu'vn

Lanier. Et d'ailleurs estant occupé à mes procez, ie n'ay pas le plus souuent loisir de prendre le soin de ma Fauconnerie ; de sorte que ne pouuant y vacquer, ie fie plustost les Faucons à mes gens, si c'estoient des Laniers ou des Sacres. Ainsi ie m'accoustume peu à peu de changer ma façon de chasser pour ietter sur le poing, puis que nous sommes en des lieux où il n'y a point d'arbres qui puissent seruir à faire suiure les oyseaux. Ie vous diray d'auantage, que bien que ie remette le traictement de mes oyseaux à la discretion d'vn Fauconnier, pource que i'ay la pluspart du temps l'esprit trauaillé de mes autres affaires: si est-ce que pour peu de relasche que i'aye, quand ce ne seroit que de la tierce partie du iour, ce peu d'espace est employé à m'aller esgayer, & voir prendre demie douzaine de perdreaux. Et de cette façon ie satisfais à mon plaisir auec moins de peine. Et ce qui me contente le plus, c'est que ie ne vay iamais aux champs qu'auec bon nombre de mes amis, qui viennent prendre leur part du plaisir. Ie'estime plus vne perdrix prinse en telle compagnie, que si i'en prenois trente à Esparron auec mes domestiques. Or respondant à la vostre, ie vous accorde que les Faucons craignent le froid, & ne volent pas auec vn grand vent comme les Laniers. Mais aussi auec vn beau iour ils ne s'escartent pas, ny ne montent à l'essor, & par consequent ne sont pas si perdables. Quand le temps est rude, ie trouue plus de plaisir d'estre au logis, qu'à la campagne. Ne vous esmerueillez donc du changement que vous reconnoissez en moy pour cet heure ; car le temps & le lieu où i'habite m'ont fait prendre cette resolution, à laquelle il faut que ie me tienne, iusques à ce que ie sois en lieu où

i'aye le loifir & la commodité de prendre moy mefme le
foin de mes oyfeaux : ce fera quand i'auray mis fin à mes
procez, par accord, ou par arreft. Et cependant nous re-
couurerons des Laniers & des Sacres, qui font les oyfeaux
plus commodes à mon humeur, comme vous dites, &
aufquels ie me plais le plus en Hyuer : car aux beaux iours
les Faucons & les Tiercelets font meilleurs, comme i'ay
dit. Parquoy il eft bon d'en auoir toufiours, quand ce ne
feroit que pour la diuerfité de leurs efpeces. Non que ie
vueille dire que les Faucons ne volent bien auec le vent en
pays de coutaux , & qu'ils ne facent d'auffi belles defcentes qu'autres oyfeaux: mais ils ne le peuuent faire aux plaines, comme l'experience le nous fait voir , lors que le vent
eft fort impetueux. Les Faucons font bons en Efté , & en
Automne: & en telle faifon ie dis eftre les meilleurs. Mais
en Hyuer les Sacres & les Laniers leur gagnent le deuant,
comme ils font encore au Printemps.

De ne paiftre les oyfeaux qu'ils n'ayent curé, & des
fignes de la cure.

Du premier Aouft.

E P I S T R E   XIII.

Ous pourriez vous trop hafter de paiftre vos
oyfeaux au matin, n'ayant patience d'attendre
qu'ils ayent vuidé la mulette: & pource m'eftát
propofé de vous faire Fauconnier , ie ne veux
(s'il m'eft poffible) rien obmettre qui vous y puiffe aider.
Sçachez donc que les oyfeaux curent tous les matins ce

Apres auoir curé l'oyseau, faut qu'il recure, sans le destourner.

qui leur reste dans la mulette, & qu'ils ne peuuent digerer. Apres auoir curé, ils recurent encores deux & trois fois; ce qu'improprement nos Fauconniers appellent Precurer : ne pouuant lesdits oyseaux supporter rien de sale dãs leur corps. Et si on les paist auant qu'ils ayent recuré; ils sont aucunesfois contraints de rendre ce qu'on leur a donné, ou bien cela leur cause telle indigestion, que bien souuent il les amene au mal subtil; & de là à la mort. Attendez donc que vos oyseaux soient prests, & en estat d'estre pus, & que l'impatience ne vous face oublier ce dont vous deuez auoir soin. Gardez-vous donc d'approcher de vos

Autre aduis.

oyseaux au matin pendant qu'ils curent, car l'enuie qu'ils ont de manger, leur fait tousiours retenir ; ce que vous deuez obseruer, & que l'art vous commande, principalement quand vous auez mis quelque chose dans le coton, qui puisse estre amer, ou picquant, car alos il faut patien-

Aduis.

ter demie heure apres plus qu'autrement. Le signe le plus asseuré de l'interieur de l'oyseau, est la cure : & que cela soit, si vn Fauconnier trouue que la cure soit verte, c'est signe d'alteration prouenant d'excez, ou de colere, si l'oyseau la rende iaunastre & pasteuse, c'est signe qu'il a besoin d'estre purgé & nettoyé de la mulette : s'il la rend noire, c'est signe de mort, si blanche, c'est de santé. Aucunesfois la cure prend la couleur de la viande qu'on donne à l'oyseau : & pource il ne se faut arrester à tels signes quand

Aduis.

on paist auec la cure : mais bien quand on donne le coton seul, ou l'estoupe seule.

D'aller

D'aller considerément aux essays des receptes & purgations
des oyseaux, & comme il faut remarquer le temps
où l'on se trouue.

Du quinziéme Aoust.

EPISTRE XIV.

Ous auez voulu esprouuer vne de mes receptes sur vostre Lanier, & à ce qu'on m'a rapporté, il s'en est mal trouué : vous auez voulu vous seruir des pillules de campagne. Si vous eussiez remarqué ce que i'en dy, vous n'en auriez vsé en cette saison, pource que vous auriez appris comme elles ne sont que pour donner quand il fait grand froid, & non aux chaleurs comme nous sommes encores. Prenez y bien garde vne autrefois. Il faut apprendre s'il est possible, sans rien gaster, & ne mettre les choses en pratique qu'auec grande consideration. Lors que vous voudrez faire quelque preuue, hazardez tousiours vn oyseau de peu de valeur. Et s'il aduient qu'il vous en faille droguer quelqu'vn que vous estimiez beaucoup, & luy donner quelque composition forte, aduisez s'il est robuste pour la supporter. Prenez aussi garde à la saison où vous estes, & à la quantité que vous donnez, & faites qu'il y ait tousiours pluftost du moins que du trop. Et vous represétez, que si bien vne recepte vous a reüssi à vn oyseau, il ne s'ensuit pas qu'elle vous reüssisse à tous indifferemment, pource que les oyseaux ne sont pas tousiours en mesme estat, & les simples n'ont tousiours mesme vertu. Ne pensez pas

T

auſſi que celuy qui aura ſceu faire voler quelques oyſeaux, doiue pour cela eſtre reputé Fauconnier : car il s'en
trouue, meſmes des Faucons, qui naturellement ſont faits
pour complaire à l'homme, & adonnez à le ſeruir. Auſſi
il ſuruient tous les iours des accidents nouueaux, auſquels
ſans vne longue pratique, il eſt impoſſible de pouuoir remedier. Les ſciences ſont bien ouuertes à tous ceux qui en
cherchent les voyes: mais on n'inuentera iamais rien ſi on
n'eſt curieux de voir des nouueautez. Nos deuanciers
n'ont pas tant inuenté, ni nous encores n'irons pas ſi auant
qu'il n'en demeure d'auantage pour la part de ceux qui
viendront apres nous. Vn arrogant gaſte meſtier pourroit
dire qu'il n'a que faire de tant ſçauoir; que pour faire voler vn oyſeau, tous ces diſcours ſont ſuperflus ; qu'il y a
des oyſeaux qui volent ſans artifice, qui ne ſont iamais
malades: cela peut bien eſtre; mais on luy reſpondra qu'a-
uec la longueur du temps il ne ſe peut faire que les oyſeaux ne ſe trouuent aucunesfois indiſpoſez, eſtans ſuiets à
toutes ſortes d'inconueniens, ſoit par excez, ſoit des coups
qu'ils prennent en volant, par rencontres, bleſſures, &
beaucoup d'autres inconueniens. Vous pouuez iuger que
ce ſeroit l'ignorance qui pouſſeroit celuy qui tiendroit de
ſemblables diſcours, pource que telles gens ſont honteux
de priſer ce qu'ils ne ſont capables d'apprendre. Laiſſez
les donc auec leur opinion ; & croyez que les remedes
viennent à propos, & qu'il eſt bon de les ſçauoir.

Du mal appellé Susbec, duquel il est parlé au second liure,
chapitre second.

Du vingtiéme Aouſt.

Epistre XV.

Oſtre Fauconnier m'a apporté vn de vos oyſeaux mué, & rendu voſtre lettre. Apres l'a-
uoir remarqué, i'ay connu qu'il a le mal que
nous appellons Susbec, qui eſt vn rheume
chaud & ſubtil, qui diſtille du cerueau, deſcendant par la
fente du palais, paſſant ſur la langue, de là il s'eſcoule dans
la cane du poulmon, vlcerant tout ce qui en eſt touché.
Cette maladie tuë plus d'oyſeaux au ſortir de la muë, que
nulle autre: & principalement en ce mois elle eſt ſi dangereuſe, qu'elle offenſe par tout où elle paſſe. Premierement
elle fait enfler le palais; apres elle altere la langue; y formant des chancres; puis deſcendát plus bas à la fourchette qui tient le poulmon, elle forme encores des chancres, ſi
bien qu'elle empeſche la reſpiration. Ie n'en auois iamais
tant veu de malades que cette année, ny en mourir plus.
I'en dóne la faute à l'extréme ſechereſſe, & grande chaleur
qu'il a fait le mois paſſé. Or tel mal ne peut qu'empirer lors
qu'on tranſporte vn oyſeau d'vn lieu à l'autre, quand il en
eſt atteint. C'eſt pourquoy i'euſſe deſiré que vous ne me
l'euſſiez point enuoyé, pource qu'il a pris plus de mal en
chemin, que ie ne luy puis donner de ſecours. Vous me demandez ce qu'il falloit faire pour preuenir cette maladie:
à quoy ie vous reſponds, que par cóiecture on le pouuoit

garantir ; car chafque faifon a ordinairement fes mala-
dies.Mais en cela il faut que l'experiéce foit noftre guide.
Et quand il nous arriue quelque chofe de finiftre,il la faut
bien remarquer pour y remedier vne autrefois;apprenant
par ce moyen à nos defpens. Voftre oyfeau a prins fon
mal pour auoir efté traicté de trop groffes viandes , & de
chairs qui font pluftoft corrompuës,que digérées.Voftre
Fauconnier a fait faute auffi de ne l'abaiffer , commençant de luy ferrer la main apres le cerceau tombé;pour le
defcharner auant que le tirer de la muë ; vne autre fois il
fera plus aduifé. Les beftes ont auffi bié des maux que les
hommes, & mefmes celles des champs : combien qu'il
femble qu'eftans en leur liberté,elles puiffent pouruoir à
leurs neceffitez;fi eft-ce que quand quelque mal leur arriue,elles font auffi bien fuiettes à mourir que nous. D'ailleurs, Dieu eft aucunesfois offencé de nous voir rendre
affectionnez à nos vanitez , & nous priue iuftement de ce
que nous aimós trop. Non que ie die qu'il ne faille aimer
les oyfeaux: mais ce doit eftre pour les tenir de fa main, &
comme de celuy que vous aimez fur toutes chofes.En cecy ie vous veux donner vn aduis,dont vous vous preuau-
drez à l'aduenir. Tant que vous pourrez, tafchez d'auoir
des oyfeaux nouueaux toutes les années, & n'en muez
point, finon que ce fuffent oyfeaux fort exquis. Vous
auez le moyen d'en recouurer de Niais des Ifles voifines
& de paffagers encores. Entretenez vn tendeur de Duc.
Ce que vous defpendrez à muer des oyfeaux incertains,
vous fera renouueler voftre Fauconnerie,& en ferez toufiours des amis au noüer de la longe.

Aduis.

Pour apprendre de retenir les oyseaux qui se laissent
aller au vent.

Du dernier Aoust.

EPISTRE XVI.

VOstre Faucon s'est perdu, ainsi que i'ay entendu par vostre lettre, & ce a esté par la faute de vostre Fauconnier ; lequel sçachant desia sa coustume, l'a voulu faire trop suiure sans le reprendre : pource il faut que vous sçachiez que les oyseaux sont tous suiets à se laisser aller au vent en Esté, & iusqu'à la moitié de l'Automne; & si tel vice reste à aucuns durant l'année. Vn Fauconnier qui reconnoist qu'il a vn oyseau de telle condition, le doit reprendre si tost qu'il a volé, sans le faire suiure iusques à ce que le chaud soit passé : car estant l'air refroidy, il perdra ce vice. Et tout ainsi qu'vn homme qui nage en Esté, se plaist dans l'eau qui est temperée, se laissant aller où elle va; ainsi vn oyseau se laisse emporter au vent qui luy est doux & agreable : & depuis qu'il a tourné la queuë, qui est le timon ; auant qu'il se rauise, il se trouue bien escarté de son maistre. Par ainsi ie vous dy que les vents en Esté, ou en Automne, nous font perdre plus d'oyseaux qu'en Hyuer. Aussi les oyseaux ne sont en appetit auec vn vent doux, comme s'il estoit froid ; & la faim leur fait forcer le vent, pour reuenir à celuy qui leur donne à manger. Par là vous iugerez que ie dis verité, & le suiet de la perte de vostre Faucon. Pour faire accoustumer vos oyseaux au vent, il faut les leurrer d'ordinaire aux coutaux au fil du vent, qui est là où le vent donne le plus , & enuoyer vn homme à cheual sous vent, afin qu'il les suiue, si tant est qu'ils se laissent emporter ; & si cela arriue, qu'il donne hardiment des esperons. Par ce moyen on pourra peu à peu accoustumer les oyseaux de voler auec le vent, & à suiure. I'en ay donné d'autres preceptes en premier liure, parlant du Faucó leger, où vous vous pourrez instruire. Si vous recouurez vostre Faucon, prenez garde de le mieux tenir , & redoutez tousiours les vents de l'Esté, & d'Automne, combien qu'ils ne soient violents ; pour estre plus contraires que ne font les plus rudes en Hyuer.

Pour conseruer les oyseaux en Automne, & comme il faut chasser en telle saison.

Du premier Septembre.

Epistre XVII.

'Ay sceu comme vostre attirail va tousiours de bien en mieux ; & que vous auez deux Faucons Niais , deux Tiercelets , & quatre oyseaux de muë, qui sont Sacres & Laniers. De façon que vous auez occasion d'estre content de ce costé là. Quant à vos oyseaux Niais , ie vous diray que vous deuez prendre vostre plaisir des Tiercelets , & respecter les formez pour encor. Bien leur pouuez-vous faire prendre tousiours quelque perdreau, en attendant les fraischeurs d'Octobre. Et pource qu'il ne se peut faire qu'en portant quatre oyseaux à la volerie, que tous ayent du plaisir comme il faut, portez-en seulement deux à chaque fois , car autrement

vous vous en retournerez souuent sans les paistre. Si vous
me croyez, faites deux meutes de vos chiens : par ce moyé
vous pourrez voler tous les iours. Et tiendrez vos Espagneuls en iâbe, & mieux chassans. Ce sera le matin, si vous
voulez euiter la chaleur, au moins tout le mois de Septembre: combien que les oyseaux volent tousiours mieux sur
le soir; & si en sont moins perdables, ne s'escartant pas si
tost, en cas qu'ils charrient quelque perdreau, estans arre-
stez par la nuict. Or quoy qu'il en soit, le matin en Esté est
plus agreable à voler que le soir, mesmes en ce pays. Pour
vos oyseaux de muë, ce n'est pas chose qui soit entierement asseurée, pource qu'il en mourra quelqu'vn. Vous
estes en cela comme celuy qui a fait vne belle semence, &
au mois de May les bleds se monstrent beaux; toutesfois il
ne faut qu'vne matinée de broüillart pour auoir petite re-
colte. Ainsi il vous est aduis que vous voyez vos oyseaux
muez ; mais c'est maintenant le mois où ils courent plus
de fortune de mourir. Parquoy conseruez bien vos oyseaux Niais, de peur que vous n'en ayez faute auant que la
saison soit de noüer la longe. Vous y pouuez penser, & ne
vous deffaire de ce que vous tenez, que vous ne soyez
pourueu d'ailleurs.

Des oyseaux de muë, de la difference du pennage, & du plumage
d'iceux, & des maux qui leur arriuent pour les oster
de la muë auant le temps.

EPISTRE. XVIII.

L'Impatience d'aucuns Fauconniers est si grande, que
ne voulans attendre que leurs oyseaux ayent du

tout mué, si tost que le mois d'Aoust est passé, ils les
ostent de la muë, combien qu'ils ayent le cerueau, la
longue penne, & d'auantage, ce qui est la ruine des oyseaux. Car le sang qui est dedans les veines pour nourrir les pennes nouuelles, n'estant euacué comme la nature
l'auoit preparé, mais bien retenu dans icelles, vient à se
corrompre ou à secher : & alors il cause vn engourdisse-
ment aux aisles des oyseaux, qui leur fait perdre la vistesse; tellement que quelques vns les voyans de cette façon,
se font croire qu'ils sont perdus & gastez. Ie vous dy bien
qu'autresfois il m'est tombé en main des oyseaux qui
estoient tardifs à muer, lesquels apres auoir reconnu estre
de fort bonne nature, ie les faisois voler à l'entrée du mois
d'Octobre, bien qu'ils n'eussent acheué de muer : & si
pourtant ils ne laissoient de continuer leur muë en volant,
& de manger tousiours leur saoul : aussi, comme on dict,
il n'est regle sans exception. Quoy que c'en soit, ie vous
conseille de noster les vostres de muë, qu'ils n'ayent fait
tout leur pennage ; si ce n'est que d'eux mesmes ils cessas-
sent de muer par deux Lunes entieres. Autrement vous
encourrez, non seulement tels hazards, mais encores de
pires. Parce que si vous destournez l'oyseau en sa muë, le
sang qui est desia dispersé par toutes les parties du corps,
pour nourrir le menu plumage, par necessité se conuertit
en pourriture. Il est vray qu'aucunefois les oyseaux se
trouuent malades en muant : de maniere qu'on est contrainct de les mettre sur le poing pour les visiter, & auoir
connoissance du mal. En telles necessitez il faut changer
de dessein. Or combien que le purger soit mal à propos
en ceste saison, si faut-il aucunesfois tout hazarder, mais
aupa-

auparauant il faut essayer plusieurs petites receptes, lesquelles bien souuent font grand effect, & remedient au
mal. Pource alors que vous verrez que vos oyseaux de Signes de maladie.
muë auront les yeux enflez plus que de coustume, qu'ils
battront de la mulette, qu'ils perdront le manger, que le
palais, & le dedans du bec leur deuiendra blanc, ou qu'ils
remueront le bec plus que de coustume, le faisant claque-
ter, ou iront fouïller leur fondemét auec le bec, alors vous
pouuez croire qu'il y a de l'indisposition, & deuez recourir aux remedes tels qu'ils vous sont donnez selon la maladie. La premiere chose, comme i'ay dit, c'est la connois- La connoissance du
mal est ne-
cessaire.
sance du mal : pour à quoy paruenir, il vous faut visiter
les oyseaux selon la coniecture que vous en aurez par les
signes susdits; & si vous trouuez que le mal soit aux parties de la teste, les saigner aussi tost au palais, ou à la pointe du bec, ou sous la langue; en façó qu'il en sorte du sang
en quantité raisonnable, selon la qualité de l'oyseau. Si le
mal est au corps, ou par morfondement, ou par alteration,
ou par trop de repletion, saignez-le du gros doigt de chaque main, en coupant la pointe de chaque serre : mais soyez
cósideré, car si l'oyseau à des pennes en sang, & qu'il muë
bien, si on luy tiroit du sang, ce seroit oster la nourriture à
ses pennes, & bien souuent l'affoiblir, en sorte que la mort
s'en ensuiuroit. Vn Fauconnier experimenté ne tombe iamais en tels accidens. Apres, vous pouuez vser de rafrais-
chissemens, cóme de cresme, ou de laict, que vous luy donnerez auec la chair par petits morceaux, ou bien de l'eau
de l'herbe appellée Dorade, & de capilli veneris, & d'autres Herbe dite
Dorade.
eaux, cuites ou distillées. Ie me suis autresfois bien trouué
de changer de muë aux oyseaux malades, en les mettant

V

en lieu où l'air foit frais & bon: non que cela foit fuffifant aux grands maux, aufquels il faut des remedes de
plus d'efficace: bien qu'aucunesfois on peut rencontrer
des oyfeaux de fi robufte complexion, que pour peu de
fecours qu'on leur donne, ils fortent de maux qu'on iu-
geoit incurables. Ie n'approuue ce dernier effay quand
l'oyfeau eft en liberté; mais feulement aux oyfeaux qu'on
muë couuerts de leur chaperon. Ie vous veux bien aduertir que pour continuer trop les rafraifchiffemens que i'ay
dit, on pourroit caufer telle indigeftion aux oyfeaux,
qu'ils en feroiët plus mal qu'auparauant. C'eft pourquoy
on fe doit toufiours conduire prudemment. Il fe faut garder auffi aux grandes chaleurs de faire exceffiuement tirer les oyfeaux de muë; & de leur donner chofe qui les
puiffe exciter à trop d'exercice, s'ils font fort pleins; ce
qui peut leur efmouuoir le rheume, ou les morfondre.
Auffi ne faut-il pas les tenir en trop bon poinct en ce mois
de Septembre, principalement les Laniers, & les Sacres;
car ces deux efpeces d'oyfeaux font fuiets à mourir de
trop de graiffe. Le moyen de les en garantir, c'eft de les
paiftre fobrement, & leur donner des chairs de peu de
fubftance. Quant aux Faucons, il les faut bien traicter,
& de bons pafts, n'eftans fuiets de mourir pour tel mal.
Pource il fuffit de les auoir purgez à l'entrée de la muë, &
puis leur donner du vif tant qu'il fe pourra: & les fecourir
d'vn baffin d'eau, la changeant tous les iours, auffi leur
gazon, le fable, & les cailloux, & les afperger, ou arrofer,
quand il fait chaud, comme i'ay dit ailleurs: & puis en fon
temps les ofter à loifir, fans vous precipiter.

D'vn Faucon à qui le corps estoit deuenu tout enflé.

Du premier d'Octobre.

EPISTRE XIX.

E perdy le dixneufiéme du mois passé vn Faucon de l'aire de Pallu, qui demeura cinq iours à la campagne en sa liberté. Au sixiéme il fut repris par vn payfan, qui le porta aussi tost à vn mien parent, lequel voyant mes veruelles, me le renuoya. Vous pouuez penser comme cét oyfeau fe debatit l'espace de deux lieuës de chemin que ce payfan l'auoit porté, & peut estre par les pieds, s'il luy en prit opinion. Le lendemain que ie l'eu recouuré, il deuint tout enflé, & plein de vent entre deux peaux. A mon iugement ce qui luy causa l'enflure, c'est que lors qu'il se perdit, il faifoit vn chaud extréme, & que pouffé de l'ardeur de fe fentir libre, il s'est à demy morfondu : Mais ie penfe y auoir remedié à temps : car ie luy ay fait vn bain de vin blanc, meflé à moitié auec l'eau de brouts de chefne, après l'auoir picqué auec des cizeaux, aux endroits où i'ay veu qu'il en auoit befoin ; faifant fortir le vent enclos entre deux peaux, comme d'vne veffie enflée : puis ie l'ay purgé auec des pillules laxatiues deux iours, & au troifiéme ie l'ay porté au bain en vn ruiffeau, qu'il a fort bien pris ; ce qui me donne efpoir que ce ne fera rien. Vn de mes amis ayant perdu vn Faucon l'année paffée, pour ne l'auoir purgé apres l'auoir recouuré, cét oyfeau traina tout l'Hyuer, les humeurs du morfondement luy

eſtans tombées ſur les mains, dont il deuint chiragre. Ces
aduis vous doiuent apprendre de remedier de bonne heure aux accidens. Ie ſçay que de purger les oyſeaux aux
chaleurs, c'eſt hazarder tout : mais les grands excez cauſent les grands maux, & les grands maux ne ſe peuuent
guarir ſans hazard.

Du naturel des oyſeaux & comme il les faut cognoiſtre.

Du cinquiéme Octobre.

EPISTRE XX.

Vr toutes choſes, il faut que vous taſchiez d'apprendre à cognoiſtre le naturel des oyſeaux pour
eſtre Fauconnier. Car les vns volent fort pleins,
les autres en eſtat mediocre, les autres aſſez bas ; & les
autres encores veulent voler fort bas, & par la rigueur.
Ils ont auſſi chacun leurs heures, auſquelles ils volent plus
volontiers, & ce pour eſtre en meilleure diſpoſition ; les

*On ne doit
voler de-
puis le So-
leil couché*

vns au matin, les autres ſur le ſoir : combien qu'on ne doit
voler depuis que le Soleil ſe couche. Prenant garde à toutes ces choſes que i'ay dites, vous vous dreſſerez de vous
meſmes à connoiſtre les diuerſitez des naturels : & mettất
chaſque oyſeau à ſon poinct, & à ſon heure ; vous y trou-

*Mettre en
eſté les oy-
ſeaux à la
feneſtre.*

uerez tout autant de difference qu'il y a d'vn bon cheual
à vne roſſe. Or entre autres choſes ie veux que vous mettiez vos oyſeaux le ſoir & de grand matin à la feneſtre,
apres que vous les aurez abechez. Et ſoyez aduerty de
leur ſerrer bien le chaperon, en ſorte qu'ils ne ſe deſcou-
urent. Vous pouuez choiſir touſiours de matin la feneſtre

qui regarde au Leuant, & si ce sont des Faucons, vous les *Faucons.*
y pouuez laisser iusques à ce que vous veillez aller leurrer, ou à la chasse. Si ce sont Laniers, ou Sacres, vous les y *Laniers.*
pouuez laisser l'espace de demie heure, ou les mettre sur *Sacres.*
quelque pierre froide à l'ombre, en les ostant de là. En cela pour ne vous tromper, il faut que vous consideriez l'e- *Faut con-*
stat de vos oyseaux, & le temps qu'il fait. Ainsi se pren- *siderer le*
nent en Hyuer les teignes, le mal subtil, le rheume, & *temps pour*
euiter les
autres maladies. Pource considerez bien en toutes choses *maux.*
ce qu'il faut à la conseruation de leur santé, fuyant le
froid en Hyuer, comme le chaud en Esté. Grand aduanta- *Difference*
ge ont ceux qui habitent en pays froid, de faire voler leurs *du pays*
froid au
oyseaux pleins. Sans aucune science, vous pouuez iuger *pays*
si cela est; puis qu'aux regions du Leuant, & Midy, ils ont *chaud.*
peine de se seruir des Laniers & Sacres, bien qu'ils en
ayent en abondance, ne faisant cas que des Faucons, pour
estre de meilleure nature, & ne craindre le chaud comme
les autres font.

Des oyseaux qui digerent la plume auant que de curer,
& ce qu'il faut faire.

Du dixiéme Octobre.

Epistre XXI.

JE ne veux obmettre à vous donner aduis sur vn
fait important à nostre exercice. C'est qu'il y a des
oyseaux qui y prennent tant de plaisir d'estre pus
du vif, & d'vn past qui leur agrée, qu'alors qu'ils en
mangent, soit d'vne perdrix, ou d'autre gibier, ils ne

Alpha-
nets appel-
lez d'au-
cuns Tu-
nißiens.
On ne doit
donner cu-
re à tels
oyseaux en
paissant
du vif.

veulent curer le matin ; & s'ils curent, c'est bien tard, apres auoir digeré la plume, ne rendant que les os qu'ils ont aualez en se paissant. Cela arriue communément aux Sacres ou Bastars, & aux Laniers, principalement aux Tunissiens, ou bien aux oyseaux bas & affamez. Pour y remedier, on ne doit iamais dóner du vif qu'on ne se souuienne de ne laisser prendre cure à tels oyseaux. I'en ay veu qui donnoient des estoupes, croyant que cela les occasionnast de curer plustost ; mais c'est vne erreur. Car il ne faut leur donner ny os ny plume le iour qu'on les fait voler : & le lendemain si en les touchant du doigt on trouue qu'ils ayent vuidé la mulette, on les peut paistre sans attendre dauantage. Puis le soir suiuant vous ne manquerez à leur donner leur cure de coton, comme vous auez accoustumé. Et souuenez-vous que tels oyseaux ne doiuent estre portez aux champs pour voler, que de deux iours l'vn, & non deux iours de suite, si vous volez qu'ils soient en bon estat, & en volonté de bien faire.

D'vn oyseau qui muant auoit retombé sa longue penne estant encores en sang.

Du vingt cinquiéme d'Octobre.

CHAPITRE XXII.

'Ay veu l'oyseau que vous m'auez enuoyé, & entendu par la vostre comme vous croyez qu'il ait des teignes, à cause que la longue penne luy est retombée d'vne aisle, & de l'autre il est sur le poinct d'en faire autant. Mais ie vous asseure que cet accident

luy eſt arriué pour autre ſuiect , parce que les teignes
ne viennent aux oyſeaux qu’en Hyuer , & non au mois
de Septembre. Sçachez doncques que la recheute de ſes
pennes prouient de ce que vous n’auez pas attendu qu’elles fuſſent ſeches, & à leur bout : & que vous l’auez oſté
de la muë auant qu’il en fuſt temps. Le tourment qu’il
s’eſt donné en ſe debattant, & le retranchement de viande en meſmes iours, a cauſé ce manquement de nourriture
à cette penne qui eſtoit encore en ſang ; ce qui l’a fait re-
tomber, & ainſi tout eſt venu de voſtre impatience. Puis
que la faute eſt faite , il faut taſcher d’y remedier : ce qui
ne peut eſtre que les cerceaux ne ſoiét ſecs,& à leur bout.
Et lors vous pouuez me renuoyer voſtre Faucon, que i’en-
teray de ſorte qu’il n’en volera pas moins. Vne autrefois
ne vous haſtez pas tant d’oſter tels oyſeaux de la muë; mais
preparez-les à loiſir , & ſelon ce que ie vous ay dit par cy
deuant. Il peut arriuer auſſi que les oyſeaux retomberont
leur pennage pour trois autres occaſions. La premiere,
c’eſt de l’abondance des poux , qui leur couppent les plumes au tuyau, lors qu’elles ſont encores en ſang: ſeconde-
ment,cela peut arriuer par l’indiſpoſitió des oyſeaux, qui
cauſe manquement de nourriture ; & pour la troiſiéme,
c’eſt de continuer à les trop bien nourrir apres auoir tout
mué, & de ne leur retrancher les viures auſſi toſt que le
cerceau eſt tombé , à quoy il faut prendre garde. Les
Fauconniers Grecs diſoient cette maladie Cleragra , à
cauſe de Cleros , qui eſt le nom des cerceaux en leur langue.

De la perte d'vn oyseau, & du iugement qu'on doit faire
estant escarté, auec plusieurs aduis.

Du vingtiéme Octobre.

Epistre XXIII.

'Ay sceu la perte de vostre Lanier, & entendu comme vous en auez beaucoup d'ennuy; ce sont choses qui arriuent à ceux de nostre mestier. Pource sans vous fascher d'auantage, faites ce que vous pourrez pour le recouurer. Le beau iour de Ieudy dernier luy a donné occasion de s'efforer; & encores il presentoit la mutation du temps qu'il a fait depuis. Et sans doute les oyseaux ont quelque prognostique; ce qui leur fait aucunesfois changer de pays, pour fuir l'orage futur. Mais cóme ils l'ont euité: ils en perdent aussi tost le souuenir. Par là nous pouuons iuger que la preuoyance leur est vtile, & non dommageable, comme aux hommes. Car comme ils sont hors de danger, ils viuent en toute seureté; & non cóme nous, qui sommes en peine la plusplart de nos iours, pource que nostre memoire nous rameine deuãt les yeux les pertes passées, & les hazards. Ce qui fait que nous n'auons seulement apprehension du mal present, ou qui nous est proche, mais encores nous nous affligeons par la souuenance de ce qui est desia passé. C'est pour vous que ie le dy: car ie connois bien que la perte de cét oyseau vous a mis en alarme, de sorte qu'il vous semble que vous voyez desia toutes vos perches vuides. Or il s'en faut resoudre, cóme si vous ne le deuiez iamais voir. Et si tant est qu'il se

La preuoy-
ance est
vtile aux
oyseaux.

retrouue,

retrouue , ce vous fera vn double plaifir. Penfez qu'vn
Aigle le vous pouuoit emporter, ou qu'alors que vous l'a-
uez perdu; vous pouuiez faire quelque perte de plus d'importance, que vous vous pouuiez rompre vn bras, ou vne
iambe, ou le col en piquant apres. Penfez que Dieu vous
a donné ce petit coup de foüet pour vous efueiller, afin
qu'entre tant de plaifirs defquels de fa grace il vous a fait
ioüir, vous n'oubliez à le reconnoiftre. Refiouyffez-vous
auec ce qui vous en refte, vous auez affez d'oyfeaux pour
vous occuper, il fuffit que vous diminuiez vos enuies. Vn
qui a fait naufrage, doit penfer à ce qu'il a encores, & non
à ce qu'il a perdu. C'eft la refolution que vous deuez prendre, fi vous croyez mon confeil. Mais ie connois bien
qu'il vous femble toufiours que tous ceux qui viennent
frapper à voftre porte, vous en doiuent donner quelque
nouuelle, en forte qu'à tous coups vous en auez les fonnettes aux oreilles. S'il eftoit encores en campagne, vous
en auriez defia fceu quelque chofe, depuis quatre iours
qu'il eft perdu, qui eft bien affez pour le mettre en appetit. Ie vous diray que fi toft que les oyfeaux font efcartez
de leur maiftre, la nature les pouffe de pouruoir à leurs ne- *Aftuce des*
ceffitez. Il fe trouue des Laniers Niais, & des Faucons *oyfeaux perdus*
encores, qui fe paiffent de fauterelles, de limaces, d'efcar- *pour fe*
gots, & autre femblable vermine: les autres en deftrouf- *paiftre.*
fant les Efperuiers, & autres oyfeaux fauuages, de ce qu'ils
leur voyent prendre, & pource ils ne fe laiffent mourir de
neceffité. Or ie vous veux donner aduis fur ce que vous de- *Aduis*
uez faire pour recouurer les oyfeaux que vous perdrez à *pour ceux*
l'aduenir. Le premier, c'eft qu'il faut les faire chercher *qui ont*
promptement, vous iugerez s'ils font pour aller à vau le *perdu leurs oyfeaux.*

X

vent, ou contre vent, ou aisle au vent, par leur naturel; & encores parce qu'ils auoient de couſtume de faire quãd autresfois ils s'eſcartoient: vous conſidererez auſſi quel temps il faiſoit le iour que vous les aurez perdus. Et ſur tout, en cherchant vn oyſeau, il faut s'enquerir par les meſtairies, fermes, hameaux, villages & villes, pour en auoir quelque nouuelle. L'autre aduis, & le plus important, c'eſt qu'il faut donner largement le vin à ceux qui vous les rapporteront, ou vous en donneront des indices. Et comme vne fois le bruit de voſtre liberalité aura couru, tous les bergers & payſans circonuoiſins ſe mettront en queſte pour vous, eſperant d'en eſtre recompenſez. Là où ſi vous auez le bruit d'eſtre auare, ils tueront autant de vos oyſeaux qu'il leur en tombera entre les mains. Les veruelles ſont bonnes à ceux qui ſe font aimer à leurs voiſins, & preiudiciables à ceux qui font le contraire. Toutesfois il en arriue touſiours plus de bien que de mal. Et aucunesfois rendant vn oyſeau à vn qui ne vous aime pas, vous l'obligez. Quoy qu'il en ſoit, penſez auoir fait vne grande faute, lors qu'il vous prendra opinió de retenir vn oyſeau à qui que ce ſoit; & croyez qu'il vous en prendra touſiours mal. C'eſt choſe dangereuſe, & touſiours ſuiuie d'vn affront, meſmes quand on le vous vient oſter de viue force. Or il faut tenir des veruelles aux oyſeaux, là où ſera eſcrit voſtre nom, & le lieu où vous faites reſidence, afin que l'on ſçache où les porter, les ayant trouuez.

D'vn Faucon qui reuient de sa remise retrouuer
le Fauconnier.

Du vingtcinquiéme d'Octobre.

EPISTRE. XXIIII.

'Ay sceu comme vostre Faucon reuient à vous
qu'il a volé, quittant sa remise. C'est pour auoir
trop de faim, ou pour ne l'auoir promptement
secouru lors qu'il a volé sa perdrix. Vous deuez bien tascher d'y remedier, & faire qu'il ne continuë ; car c'est
vn grand vice, pource qu'au mesme temps que l'oyseau
s'en reuient à vous, la perdrix repart d'elle-mesme ; &
par ainsi vostre oyseau n'aura gueres souuent de plaisir.
Il vous faut noter qu'il se rencontre des oyseaux qui volent bien estans pleins, & non trop affamez ; ce que ie
croy du vostre. Parquoy il faut que vous l'abechiez bien
au matin auant que le porter. Ie vous conseille encores
de luy bailler de grosses sonnettes, & les luy faire porter *Pour faire*
tant que les perdrix seront foibles : & par ce moyen les *bloquer*
charges les feront bloquer. Ie sçay bien qu'on vous dira *l'oyseau.*
que les grosses sonnettes font monter les oyseaux ; ce qui
est veritable des oyseaux passagers ; mais non pas des
Niais, qui du commencement n'ont cette ruse. Ne faites
gueres voler vostre Faucon, & faites luy bien plaisir, le
iettant à propos ; & alors qu'il aura bien fait, paissez-le
à la premiere pour quelque temps ; vous verrez par ce
moyen qu'il se remettra à vostre contentement. Par
vostre lettre vous me demandez de quels oyseaux ie me

trouue mieux ; vous me mettez bien en peine à vous reſpondre. Car alors que i'ay des Faucons, ie priſe plus les
Laniers, & ayant des Laniers, i'eſtime mieux les Sacres
quand i'ay des Sacres, ie demande des Gerfauts, ou autres
que ie n'ay pas: de ſorte que ie n'eſtime ce que ie poſſede,
au regard de ce qui me deffaut, mais c'eſt en oyſeaux ſeulement, & non en autres choſes. Quoy que ce ſoit, ce ſont
des maladies d'eſprit, qui rendent l'homme plein d'inquietude : parquoy il ſe faut contenter des oyſeaux que l'on a,
qui ſont le plus ſouuent meilleurs que ceux qu'on deſire.

Des oyſeaux paſſagers, outre ce qui a eſté dit au XVI.
chapitre du premier liure.

Du dernier d'Octobre.

E P I S T R E   X X V.

Ce que i'ay entendu par la voſtre, vous auez
pris reſolution d'entretenir vn tendeur pour
auoir des oyſeaux de paſſage, ce que ie vous
conſeille, parce qu'en voſtre pays vous tirerez plus de
plaiſir d'vn Paſſager que d'vn Niais, & auant que les
vns ſoient mis bien dedans, les autres auront volé, outre
que leur vol eſt bien different, y ayant auſſi moins de trauail, ſoit au dreſſer, ſoit à leur faire connoiſtre le vif. Il
ne reſte donc ſinon que voſtre tendeur ſoit diligent pour
en prendre de bonne heure. Cependant i'ay aduiſé de vous
donner quelques marques & addreſſes, par leſquelles vous
pourrez iuger des oyſeaux qui vous tomberont en main.
Et premierement, ſi vous trouuez vn oyſeau bien plein,

auſſi toſt qu'il eſt pris, c'eſt ſigne qu'il eſt ſain, gaillard, & *Le iuge-*
courageux, & qu'il ſe traiɔtoit bien, & de bon gibier : ce *ment qu'on*
qui ſe peut encores connoiſtre, ſi on trouue à tel oyſeau le *peut faire*
dedans du bec rouge, & comme violet. Si on luy trouue *d'vn oy-*
la langue paſle & alterée, n'en ayez pas bonne opinion. Si *ſeau Paſ-*
à ſa prinſe vous trouuez qu'il ſe ſoit pu, & qu'il tienne de ſa *ſager.*
gorge, ou de ſa mulette, gardez-vous de luy dóner à manger, que premierement il n'ait curé, & par là vous iugerez
quelle a eſté ſa proye. Si apres cela l'oyſeau ſe trouue affamé, c'eſt bon ſigne : mais s'il eſt bas & maigre, bien qu'il
ſoit affamé, croyez qu'il a faute de courage & de vigueur.
S'il ſe rencontre qu'il ne ſoit pu, ny qu'il tienne de la mu- *Faut faire*
lette, & que luy preſentant de la viande tout cillé, il ne *manger*
vueille manger, c'eſt vn ſigne de mauuais naturel: comme *l'oyſeau*
s'il ſe monſtre quelque peu aſſeuré, c'eſt vn teſmoignage *cillé.*
du contraire. Tout oyſeau qui a ſon vol roide, & pointu,
c'eſt marque d'eſtre viſte. Ie vous ay dit ailleurs toutes ces
petites conſiderations. Et pource ſans vſer de redite, ie
vous aduertiray ſeulement, qu'il eſt expedient de tirer du
ſãg de l'oyſeau le lendemain qu'il eſt pris, car en ce poinɔt *Aduis.*
il s'effraye & altere en ſorte, que bien ſouuent la mort
s'en enſuit en peu de iours.

D'vn oyſeau qui ſe rebuta en Hyuer, & la cauſe pourquoy.

Du quatriéme Nouembre.

EPISTRE XXVI.

ON m'à fait entendre comme voſtre Faucon s'eſt rebuté, qu'il a fait treſues auec les perdrix, & qu'il ne

vole plus comme il souloit. Chose qui (à mon aduis)
vous a esté fascheusé, pource que c’estoit celuy des vostres
dont vous auiez meilleure opinion. Par ce discours que
l’on m’en a fait, i’ay connu que vous l’auez trop carressé,
ce qui se voit bien, puis que le duuet cómence à luy tomber. Vous auez fait comme celuy qui auec beaucoup de
soin caresse vn cheual, qui se trouue apres sans vigueur &
sans haleine, ainsi vous auez fait trop bóne chére à vostre
oyseau, & le voyant si affecté, vous cuidiez que ce fust de
faim. Encores c’a esté lors que vous deuiez estre soigneux
de le tenir par le bec, qui estoit durant les pluyes qu’il a fait
ce mois passé. C’est l’ordinaire des oyseaux qui demeurent
sans voler, de se rendre poltrons. Il y a aussi des Faucons
Niais, lesquels lors que le grand froid les touche, perdent
la volonté de bien faire, & se rebutent, pource quand cela
arriue, il ne les faut porter aux champs que le temps ne soit
beau , & encores ne les faire gueres voler que le mois de
Féurier ne soit passé. Puis en Mars , ils se remettront en
leur premier estat, comme ie croy que fera le vostre.

Comparai-
son de l’oy-
seau au
cheual.

Apres la
pluye vn
oyseau
n’est en bon
estat.

Des Aigles, & des moyens d’en preseruer les oyseaux.

Du dixiéme de Nouembre.

EPISTRE XXVII.

Es Aigles tuent aucunesfois les oyseaux à la
volerie. En ce pays de Prouence nous y sommes fort suiets, les Autours en sont plus commu-
némert attaquez que les autres, & n’ont meilleure ruse,
que de gaigner vn arbre. On ne voit point d’Aigles de-

puis Lyon iufques en Flandres, & plufieurs qui ne fçauent que c’eft, ne croyent pas qu’eftans de la groffeur que
nous les difons, ils puiffent atteindre vn Faucon de vifteffe. Mais ils fe peuuent affeürer, que bien que l’Aigle foit
gros, il ne laiffe pas d’eftre le plus vifte, le plus fort, le
plus gaillard, & le plus courageux de tous les oyfeaux : ce
qui a donné occafion aux anciens de le dire leur Roy,
comme celuy qui a le pouuoir de leur donner la mort & *L’Aigle eft Roy des oyfeaux.*
la vie quand bon luy femble. Mais c’eft tant qu’il s’entre-
tient en fa hauteur : car s’il fe rauale en bas, il eft contraint
bien fouuent de ceder aux oyfeaux qui luy font inferieurs,
quand ils luy ont gaigné le deffus. Sans les Aigles, nous
garderions plus longuement nos oyfeaux. Pour moy, ie
leur en fais deux de rente tous les ans:mais ce n’eft pas tout
à la fois, comme il arriua à vn mien voifin, qui faifant
voler deux Laniers compagnons, pendant qu’ils plu-
moient vne perdrix qu’ils auoient prife, voila l’Aigle qui
defcend & emporte les deux Laniers & la perdrix tout enfemble : ie vous laiffe à penfer quelle fafcherie il en deut
auoir. Ie fais ce que ie puis pour en exterminer la race, &
telles beftes ne font que du mal à toute forte de gibier. Il *Moyens*
y a plufieurs moyens de les prendre, qui feroient de long *pour pren-*
recit : aucuns le font auec vne poule, ou auec vn chien *dre les Aigles.*
mort : on les peut auffi tuer à l’aire quand ils font petits, &
en beaucoup d’autres façons. Il s’en voit de fept efpeces; *Aigles*
dont il y en a deux de mauuaifes, qui font la noire, qu’on *noires & l’Ellion,*
dit la Royale, & la rouffe qui eft plus petite, qu’on appelle *qui eft la*
Ellion. Celle à qui Horace dit que Iupiter a donné pou- *rouffe.*
uoir fur tous autres oyfeaux, & que plufieurs nations ont
creu donner certain prefage de la grandeur Imperiale, eft

la noire. Ie trouue fort à propos de tenir les gets de nos oyseaux fort courts. Car aucunesfois les aigles les voyant
pendiller, ils pensent que ce soit quelque reste de proye, ce
qui leur fait entreprédre d'aller apres pour les destrousser.
Et vous voyez quand cela arriue, qu'ils attaquent premie-
remént les oyseaux aux gets. Et si on trouue qu'ils soient
incommodes d'estre trop courts, il faut les retenir auec le
second & le troisiéme doigt. N'espargnez point le vin à
ceux qui prendront les aigles, & vous les apporteront : de
moy i'en donne demy escu de chaque teste , & voudrois
en auoir despeuplé le pays à ce prix là, pour les maux que
nos oyseaux en reçoiuent, & n'aurois pas esgard à tant de
belles vertus que les anciés leur ont attribuées par le passé,
ny à l'honneur que tant d'Empereurs leur ont fait viuans
& mourans , dont le recit nous est fait par plusieurs autheurs, & mesme en l'histoire de Mahomet, qui print
Constantinople, lequel estant vn iour à la volerie, deux
de ses oyseaux entreprindrent sur vn aigle : & de fait,
apres l'auoir long temps buffeté & auillonné, ils le descen-
dirent à force de coups iusques en terre. Dequoy les Fauconniers glorieux, representans à leur Roy la hardiesse &
le courage de ces oyseaux, qui estoient Sacres ; pensant luy
faire plaisir, Mahomet commanda qu'on les tuast , & de
fait il leur fait arracher la teste, pour donner leçon par
cet exemple aux assistans.

Des Faucons Muez, ou Madrez, & du moyen de les arrester
aux perdrix : comme ils sont delicats au purger, moins
vistes que les Sors, & propres pour le vol de ri-
uiere & de Corneille.

Du dixseptiéme de Nouembre.

EPISTRE XXVIII.

Ostre tendeur a pris vn Faucon mué des champs, à ce que i'ay veu par vostre lettre ; duquel vous ne faites estime, pour le doute que vous auez de le perdre, & le peu d'esperance de le pouuoir arrester à la volerie des perdrix. Ie vous dy bien que ce seroit mieux son faict de voler pour riuiere, ou pour Corneille ; mais pour cela vous ne lairrez d'en auoir du plaisir, vous conduisant par mon aduis. Vostre pays est commode pour l'arrester ; il y a des arbres assez, & non trop, où il ne peut poursuiure longuement vn change ; & y a des perdrix en abondance pour le bien eschauffer. Or ce n'est pas tout ; il ne *Le plaisir* faut luy oster la filiere qu'il ne soit bien asseuré, & ne le *arreste les* faire voler aux perdrix de vingt iours apres estre dressé : *Faucons* car il le faut fort asseurer, & luy faire tuer vne douzaine *Muez des* de poules rousses, & non de noires ; si ce n'est que vous *champs.* voulussiez le mettre pour Corneille. Faites luy porter de *Poules* bonnes sonnettes qui le chargent. La nuict faites luy te- *rousses* nir de la lumiere pres de sa perche, & ne permettez qu'il *aux oyse-* dorme que sur le poing ; & que celuy qui le tiendra tourne *aux que* souuent lepoing, pour l'esueiller tout bellement, en le flat- *vous vou-* tant tousiours ; vous le ferez le mieux qu'il vous sera possi- *lez pour* *la perdrix.*

Y

ble, comme vous en auez desia l'adresse. Pour la purgation, elle doit estre legere, veu que l'oyseau est Mué, &
qu'il n'a esté apporté de guere loin. Si vous trouuez qu'il
ne soit viste, comme tels oyseaux ne le sont pas communément, n'en faites pas moins d'estime pour la perdrix.
Les oyseaux qu'on choisit pour la Corneille ou pour le
Heron, sont comme nos leuriers, & les plus vistes sont
les prisez: mais pour la perdrix, ceux qui vont lentement,
pourueu qu'ils se hauslent, sont aucunesfois les meilleurs,
& moins suiets à se perdre; ayant la perdrix le vol limité,
& ne pouuant se sauuer à tire d'aisle comme la Corneille.
Ie vous cõseille de vous en seruir iusques au mois de Mars
lors vous le mettrez plein, & le cõgedierez: si ce n'est qu'il
fust si bon que vous fissiez estat de le muer, combien que
difficilement il en eschapera; pource qu'ayant parié l'année precedente, la nature le poussera à l'amour qu'il a desia gousté; & n'en pouuant iouyr, il deuiendra si maigre,
qu'il n'aura que la peau. Il m'en est mort plusieurs de cette
façon, lesquels ayant fait ouurir, ie leur ay trouué le cro-
pion tout pourry. Si son inclination est d'aller aux Corneilles, suiuez-le à sa volonté. Et volez tousiours les emmantelées, plustost que les autres, car il s'en trouue qui
meinent loin vn oyseau. Il n'y a chose qui plus arreste vn
oyseau de Passage, que de le faire voler auecques d'autres;
ce que vous pouuez pratiquer. S'il vous vient en main vn
Faucõ trop courageux & gaillard, pour le garder du change, il faut luy couper la longue penne, le cerceau, & la tierce; l'entretenant comme cela vn ou deux mois: & lors que
vous connoistrez qu'il aura perdu l'enuie du chãge, vous
pourrez luy remettre les pennes que vous luy auiez coup-

pées, lesquelles il faut pour cét effect garder soigneusement, & pourueu que vous les entiez cóme il faut, il ne s'en
seruira moins qu'auparauant, & si ne sera plus si entrepre-
nant. Le Faucon Madré est celuy qui a plus d'vne muë.

De la diuersité de couleur des mains des oyseaux.

Du premier de Decembre.

EPISTRE XXIX.

IE n'ay voulu laisser partir vostre laquais, que
ie n'aye respondu à vostre lettre; combien que
vous me promettiez par icelle que ie vous ver-
ray dans deux iours, ce que ie desire fort. Vous me mandez que vous auez receu de Barbarie deux Faucons Sors,
qui sont presque pareils de taille, mais bien differens de
mains. Car l'vn, à ce que vous dites, les a iaunes, l'autre
vertes, ou comme de couleur celeste. Vous me demandez d'où vient cette difference. Ie vous responds que par
la varieté l'excellence de l'ouurier est conneuë ; & par
ainsi les faits de Dieu sont admirables. Si vous voulez
que ie vous en die plus particulierement mon aduis, ie
vous fais sçauoir que les Faucons qui airent en des Isles,
sont cótraints de nourrir leurs petits de Cormorans, Fouques, Canars, & autres oyseaux de mer. Or il se trouue
tousiours de ces Faucons, qui estans hors du nid, seiour-
nent apres en cét air sans se depayser, se nourrissans du
gibier, qu'ils ont accoustumé ; ce qui leur peut faire les
mains bleuës ; cómme aussi ceux qui plustost se depay-
sent perdent cette couleur ; & les mains leur deuiennent

Le gibier de mer fait la main de l'oyseau bleuë.

Gibier de terre fait la main iaune aux oyseaux.

vertes, qui eſt l'entre-deux du bleu & du iaune. Et en fin la continuation du gibier de terre, comme de ramiers, perdrix, & autres oyſeaux, leur fait deuenir les mains dorées, plus ou moins, ſelon le temps qu'ils ont demeuré loin de la mer, & veſcu de telles viandes; & ſur tout le petit gibier, qui ſont griues, & autres. Et que cela ſoit, vous voyez ordinairement les Laniers & les Sacres, qui frequentent l'air de la mer plus que les autres, auoir les mains fort bleuës au ſorage; & deſlors qu'ils ſont pris, elles ſe changent peu à peu, perdant leur couleur: s'ils ſont muez, ils auront les mains d'autant plus iaunes que plus ils auront enuieilly. Quoy qu'il en ſoit, tous oyſeaux de paſſage changent de couleur au bec & aux mains dés qu'ils ſont pris. L'air & le gibier de mer rend les mains des oyſeaux bleuës, ou perſes comme l'air & le gibier de terre les leur fait iaunes & dorées.

L'air marin rend l'oyſeau blond, & luy vſe le pennage.

Les oyſeaux qui ont ſouuent trauerſé la mer, auront encores le pennage vſé & plus roux; à quoy vous pourrez prendre garde à l'aduenir. Et voila tout ce que ie vous en veux dire pour ce coup, puis que nous ſommes à la veille de nous voir.

Comme les oyſeaux craignent le changement de maiſtre.

Du huictiéme de Decembre.

E p i s t r e.　XXX.

N m'a dit qu'vn gentilhomme vous auoit dóné vn Faucon de deux muës, qui eſtoit bon, mais depuis qu'il a eſté entre vos mains, il eſt deuenu tout autre, ayant perdu l'appetit, combien qu'il paruft fort fain eftant à fon premier maiftre: ce qui me fait croire qu'il a craint le changement de main. Cela vous doit apprendre que lors que vous recouurerez quelque oyfeau qui ait efté tenu par autre qui fçaura moins que vous, puis qu'il a efté traicté long temps à fa mode, vous deuez obferuer la couftume qu'il luy aura donnée, pour quelques mois, bien qu'elle foit contre le deuoir; & la reformerez peu à peu, & non tout à coup. Et fi pendant ce changement l'oyfeau deuenoit malade, re-mettez-le à fa premiere couftume; car fi fon naturel ne peut fupporter vne foudaine mutation eftant fain, il ne faut pas efperer qu'il le face eftât malade. N'ayez pas opi-nion qu'vn oyfeau mal tenu fe trouue mieux aufli toft qu'il tombe en la main d'vn meilleur Fauconnier, & n'eft pas impoffible qu'vn apprentif ne puiffe par hazard auoir de bons oyfeaux, s'en trouuant de fi bonne nature, qu'ils fuppleent au manquement du Fauconnier. Ie vous laiffe à penfer fi vn oyfeau craint le changement d'eftre mieux traicté, ce qu'il doit faire, quand d'vn bon Fauconnier il tombe en la main d'vn qui ne fçait feulement le couurir, ou luy donner cure comme il faut.

L'oyfeau
craint de
changer
de main.

Comme la Fauconnerie eft plus eftimable que la Venerie.

Du vingtiéme de Decembre.

EPISTRE XXXI.

A Vcuns m'ont voulu dire que vous entraftes en dif-cours ces iours paffez auec vn gentilhomme, qui difoit que la Venerie eftoit plus delectable, & de plus d'eſtime que la Fauconnerie. Ie croy que celuy là en parloit ſelon ſa fantaiſie, & cóme s'exerçant plus en l'vne qu'en l'autre: ſi vous le reuoyez, & que ce propos ſe remet-te ſur le bureau, dites luy que s'il auoit fait égale pratique de ces deux chaſſes, & que le lieu de ſon habitation luy en donnaſt meſme commodité, il ſeroit d'autre opinion. Ie vous ay dit autresfois que les hommes ſont contráints de s'accommoder aux exercices cóuenables aux lieux où ils demeurent. En ce qui eſt de cette diſpute, vous pouuez luy ſouſtenir le contraire, & que les oyſeaux ont touſiours eſté plus eſtimez & priuilegiez que les beſtes terreſtres, pour eſtre plus capables de raiſon. Et que cela ſoit; Plutarque au commencement de la ceſſation des oracles, raconte comme deux Aigles ont enſeigné le milieu du monde; parce qu'eſtás partis de Delphes à meſme poinct, & ayant tiré l'vn vers le Leuant, & l'autre vers le Ponant, ils ſe vin-drent en meſme temps rencótrer au meſme lieu, qui pour cette occaſió a eſté appellé des Grecs le nóbril du monde. Et pour meſme raiſon dans le temple d'Apollon il y auoit deux Aigles d'or bec à bec, en teſmoignage de leur ren-contre. Les anciens ont iugé qu'ils eſtimoient beaucoup le ſens des oyſeaux, ayát par eux recherché la connoiſſan-ce des choſes futures. Les Chaldeens, & les Grecs dónoient foy à ces preſages. Les Hetruriens, Latins, & Romains en furent obſeruateurs en l'adminiſtration de leurs affaires publiques. Si on veut tout regarder, on verra pluſieurs merueilles en eux, n'eſtans ſeulement capables de la pa-role, mais de predire l'aduenir. Pyrrhus a voulu porter le

nom de l'Aigle. Antiochus ayant executé tant de hautes entrepriſes, ſe faiſoit appeller Faucon. Or le Faucon par

fignification hieroglifique reprefente la victoire , non
feulement pour fa viftefse , mais pour auoir toufiours le
defsus au combat. On peut voir enHomere cóme Theo-
clymene donnant courage à Telemache , & l’affeurant
que fa race feroit victorieufe,& grande apres luy,il le luy
fait entendre par le hieroglyphique du Faucon.Les aifles
du Faucon que Cyrus veit attachées à Darius fur fes ef-
paules,luy furent vn prefage de la victoire.EtDarius qui
fe promettoit l’Empire de l’Vniuers,fouloit porter trois
Faucons bec à bec en fa cafaque,pour fignifier qu’il eftoit
tres-victorieux. Sept Faucons pourchaffans vn Vautour,
furent prefage de feptCapitaines qui en Smerde deliure-
rent le pays d’vn Roy illegitime. Les Preftres d’Egypte
portoient des aifles à leur tefte en l’honneur du Faucon,
lequel ils difoient auoir anciennement apporté vn liure
aux Preftres de Thebes,où eftoiét efcrites les ceremonies
& façons de facrifier aux Dieux. Les anciens cóparóient
le Faucon au Soleil.Ce confentement fe voit aux metaux;
car les os des cuifses du Faucon , comme dit Pierius, attirent l’or, comme l’aimant attire le fer : ce qui fe doit entendre hors de la bourfe de celuy qui les tient. Or eft-il
que les Chymiques attribuent le metail de l’or au Soleil.
Par le paffé les hommes auoient cette erreur de croire que
la poudre fur laquelle vn Faucon s’eftoit couché, portée
au col , guariffoit des fiéures ; combien que ce foit fu-
perftition,fi eft-ce que par là vous pouuez iuger en quelle
reputation eftoit le Faucon. La faincte Efcriturecópare
le Faucon à l’homme adonné à la contemplation & qui
ne fe mefle des affaires terriennes , ou s’il luy eft aucunes
fois befoin de s’y abaiffer , il reuole incontinent au Ciel.

Le Faucon
eſt le hiero-
glyphique
de victoire

En Smerde
Preſtres
d’Egypte.

Euchere monſtre que le ſainct perſonnage eſt entendu par le Faucon, ainſi que i'ay dit: Ou pour les raiſons ſuſdites, pource que comme cét oyſeau ſe renouuelle en changeant ſa plume, ainſi l'homme voüé à Dieu, ayant laiſſé ſes premieres affections, enſuit vne meilleure vie. Les anciens ſignifioiét par le Faucon l'eſprit de l'homme. Que ſi les oyſeaux ont eu de Dieu tant de belles prerogatiues, meſmes du voler & du marcher ſur deux pieds, qui eſt vne action eſleuée par deſſus les autres beſtes, & ſi les plus grands perſonnages les ont tant eſtimez: pourquoy ne doiuent-ils eſtre auiourd'huy priſez par deſſus le reſte des animaux? Et ſi cela eſt, noſtre Fauconnerie doit eſtre par conſequent plus eſtimée que la Veneri, d'autant plus que le vol eſt preferable à la courſe. Et pour clorre mon diſcours, demeurez ferme en l'opinion que vous auez, puis que voſtre pays eſt commode à voler, & n'entreprenez autre deſſein: laiſſant vener ceux qui s'y plaiſent, cueillant chacun les fruicts qui ſont à ſon gouſt.

Lettre addreſſée à vn, de quelques termes impropres à la Fauconnerie.

Du vingtcinquiéme Decembre.

EPISTRE XXXII.

'A y prins garde aux termes dont vous vſez, qui ſont pluſtoſt mots d'vn Autourſier que d'vn Fauconnier. Vous dites que vous laſchaſtes voſtre Lanier, où vous deuiez dire que vous le iettaſtes. Pource qu'aux oiſeaux de Fauconnerie, il ſe faut ſeruir des

termes propres à l'art, & non des mots prins en la cuiſine
des Autourſiers, qui ne font qu'ouurir la main au depart
que fait l'oyſeau de ſa propre volonté; & par ainſi ils peuuent bien dire laſcher : mais nous qui portons les noſtres
auec leur chaperon, & les iettons ſeulement quand bon
nous ſemble, les faiſant voler, ou du poing, ou les mettant
à mont à nous ſuiure, faiſant partir le gibier ſous eux; nous
nous deuons ſeruir de ce mot de Ietter, qui eſt plus propre.
D'ailleurs, vous m'eſcriuez que voſtre Lanier arreſte, au
lieu que vous deuez dire qu'il bloque: pource que tout oyſeau de Fauconnerie, qui ayant volé la perdrix, prend ſon
aduantage, ſoit ſur le bout de l'arbre, ſur le buiſſon, ou autrement, pourueu qu'il ſe repoſe au guet de ſa perdrix, il
faut dire qu'il bloque, ou qu'il a bloqué. Vous faites en- *La diffe-*
core vne autre faute, c'eſt que parlant de leurrer vos oy- *rence qu'il*
ſeaux, vous dites les reclamer: pource ie vous aduerty que *y a de*
toutes les fois qu'on reprend l'oyſeau auec le branſle du *leurrer ou*
leurre, ou du gand, cela ſe dit leurrer: & que l'on dit recla- *reclamer*
mer, quand on le reprend au poing auec le tiroir , & la
voix, ſans autre choſe, ainſi qu'ó fait les Autours. Parquoy
ce mot de reclamer ne ſe peut receuoir, en termes de Fauconnier; non plus qu'empieter pour lier. Car aux Faucons *Empieter*
nous diſons la main , & aux Autours le pied ; & pource *pour lier.*
on doit dire lier à ceux là, & empieter à ceux-cy. Ne vous
ſeruez donc plus de termes mal conuenables à la Fauconnerie. Or pour reſpondre à ce que vous me dites que voſtre Lanier s'eſt rompu quelques plumes, ſans me dire
quelles ; ie connois par là, que vous n'auez pas ſceu les *L'oyſeau à*
nommer. Vous ſçaurez donc comme les oyſeaux ont de *de quatre*
quatre ſortes de pennage; le duuet, la plume menuë, les *ſortes de*
plumes.

Z

Le duuet.
La plume.

Les van-
naux.

Les pennes.

vannaux, & les pennes : Pour la premiere qu’on dit le duuet, c’est la chemise de l’oyseau, comme plus proche de la chair. La plume, c’est celle qui est sur le duuet, couurant le corps. Les vannaux, ce sont les plumes plus grandes des aisles, commençans à la premiere iointure, proche du corps, iusques à la seconde iointure de l’aisle. Les pennes sont depuis cette iointure plus esloignée du corps, iusques au bout que l’on dit le cerceau, qui est celle du bout de l’aisle. Encores ces pennes ont chacune son nom propre: comme la longue penne, proche du cerceau puis la tierce qu’on dit l’auant longue. On peut dire en apres, quatriéme, cinquiéme, sixiéme, iusques à la dixiéme; qui est ce qui se trouue de pennes aux aisles de tous oyseaux. Pour les Autours, il en est de mesme, fors qu’ils ont trois cerceaux à chacune aisle. Ce mot de penne se peut approprier aussi aux douze de la queuë de toutes sortes d’oyseaux de proye. Ie vous promets au premier iour vn recueil des mots dont on se doit seruir en nostre Fauconnerie. Ce qui me gardera de vous en dire dauantage pour cette heure: si ce n’est que vous vous gardiez de plus mesler les oyseaux du poing, auec ceux du leurre : autrement vous prendrez à tous coups vn terme pour l’autre ; ce qui m’est arriué à moy-mesmes, lors que i’ay voulu ioindre l’Autourserie auec la Fauconnerie; chose qui est incompatible & pour laquelle il vous faut tousiours auoir des perches à part, pour euiter beaucoup d’accidents; ayans les Autours la main vn peu dangereuse.

Pour vn oyseau qui charrie, & les remedes.

Du dernier de Decembre.

EPISTRE XXXIII.

'Ay fceu d'vn des voftres comme voftre Lanier vous fit courir ces iours paffez , & qu'il fe puft de luy mefme , charriant vne perdrix grife ; & que tout ce iour là & la nuict fuiuante il fut en fa liberté : chofe qui eft dangereufe, pour eftre l'oyfeau à la mercy du froid, de la neige , ou de la pluye , & en danger d'eftre mangé du Duc , qui eft Roy des oyfeaux la nuict, comme l'Aigle le iour. Tels accidents peuuent arriuer à nos oyfeaux , puis qu'ils font aduenus à d'au-tres.   Or ie ne m'eftonne pas s'il vous a fait ce traict, pource qu'vne perdrix grife eft plus legere qu'vne rouge. A l'aduenir, il fe faut garder, s'il fe peut , qu'il n'y re-tourne plus. Vous pouuez attacher à voftre gand vne efguillette, qui feruira pour attacher la perdrix ; met-tant vne motte de terre, ou vne pierre dans ledit gand, pour l'appefantir dauantage : ce qui eft plus commode que de porter toufiours vn plomb à la gibeciere, com-me font quelques vns.   Or quand vne autre fois voftre Lanier chariera, fi c'eft chofe fi legere que vous connoif-fiez qu'il n'y ait moyen de l'auoir à force, laiffez le pai-ftre, & faites-le garder la nuict, de peur qu'il ne s'efcar-te; & au matin auec du vif vous le reprendrez. Mais fi vous iugez de le pouuoir deftrouffer à force , picquez apres, le plus roide que vous pourrez; & quand il fe repo-

Le Duc eft Roy des oyfeaux nocturnes.

En iettant la perdrix à l'oyfeau, il la faut attacher par le pied comme il eft dit.

se,approchez-le du costé du vent si c'est en plaine, & en costau par le dessous; l'accrochant ainsi tousiours du costé du pendant, sans luy donner le loisir de prendre halaine, & le suiuant autant de fois qu'il repartira. S'il se paissoit comme cela, il s'y accoustumeroit, & au contraire si vous le prenez il en perdra le vice. Il y a plusieurs moyens pour y remedier : aucuns conseillent de couper le doigt à l'oyseau : ce que ie ne voudrois auoir pensé pour rien du monde, pour la serre de derriere, ie le ferois en vne extremité. Nous auós d'autres remedes plus commodes, comme de luy brusler le nerf du doigt de derriere, en sorte qu'il demeure tendu. Or ie n'estime que ce soit vice aux oyseaux qui volent de compagnie. Et l'oyseau qui chariera sera tousiours de grand courage : mais à qui n'en a qu'vn, c'est chose fascheuse, mesme si c'est vn Sacre, ou vn Gerfaut.

On peut brider la serre de l'oyseau qui charrie.

D'vn oyseau bas & descharné aux plus grands froids.

Du premier Ianuier.

E P I S T R E XXXIIII.

Ous m'escriuez que vous auez vn Faucon, qui depuis quelque temps se trouue bas, ores que vous faciez tout ce qui vous est possible pour le remonter. C'est chose qui arriue souuent aux oyseaux qu'on a fait voler aux perdreaux, & qui ont esté pressez auec la chaleur, ou bien qui n'ont esté purgez quand ils en ont eu besoin : Ie vous diray donc par cette-cy comme vous le deuez traiter. En premier lieu, gardez vous de luy don-

ner aucune purgation; car en l'eftat qu'il eft, il ne la pourroit fupporter : mais en attendant le Printemps, donnez
luy trois petites gorges par iour. Si vous dites qu'il ne
pourra les digerer, il faut les luy donner fi petites, qu'il le
puiffe faire. Et de quatre en quatre heures donnez luy,
comme dit eft, fans cure ny plume. Pour les chairs qui
font pour les remóter, & remettre en vigueur, les pigeonneaux de demie plume, font les meilleurs, ou bien vn
cœur de pourceau tout chaud. Les chairs de groffe digeftion luy font contraires ; pource donnez-luy-en de tendres & delicates. Apres que voftre oyfeau fera remonté,
vous luy pourrez donner cure, le mettant en eftat de voler
fans l'abaiffer, s'il fe peut; & luy romprez au commencement qu'il volera, vne perdrix pour le remettre en courage. Et fouuenez vous que l'homme eft beaucoup different du naturel de l'oyfeau ; pource que tant plus vous
nourrirez vn corps qui eft cacochyme, & plein d'humeurs
vicieufes, tant plus luy ferez-vous courir de fortune, & nui-
rez à fa fanté: mais l'oyfeau auffi toft que vous l'aurez remonté en vigueur, en le nourriffant bien, vous donnez
force à fa nature de furmóter le mal. Il eft vray que le tout
doit eftre fait auec difcretion, & bonne confideration,
fans rien de fuperflu. Ie vous aduife auffi que les Faucons
en Hyuer ne doiuent eftre puz dans l'eau ; mais il faut
leur fecher la viande apres l'auoir bien lauée ; & ce tant
que le froid durera, qui eft au moins tout le mois de Ianuier & Féurier.

Des oyseaux durs à rendre, & ce qu'il faut faire.

Du dixiéme de Ianuier.

EPISTRE. XXXV.

IL y a des oyseaux qui craignent tant de rendre le double de la mulette, qu'alors qu'on leur a donné pour cét effect, ils gardent la pillule plus qu'on ne voudroit, si bien que si on ne les secourt promptement, la mort s'en ensuit en peu de temps. La premiere occasion pourquoy cela arriue, c'est pource qu'ils sont trop pleins, *(Trois suiets qui destournent l'oyseau de rendre.)* & non en l'estat qu'il faut : la seconde, pour auoir trop differé de les faire rendre, ce qui fait que le double de la mulette est si gros & si espais, que difficilement se peut-il separer pour sortir, estouffant aucunesfois l'oyseau en passant par le gosier : la troisiéme occasion, c'est que nous ne gardions pas la mesure, soit au sel, ou au poyure, & autres ingrediens. Ie vous ay donné les aduis par cy deuant, il faut y aller consideré. Pourquoy ie veux vous donner encores les remedes dont vous vserez alors que tels accidents vous arriueront, & que vous aurez failly à la quantité des drogues, ou à la qualité des oyseaux. Or quand vous aurez donné la pillule, si elle est faite comme le deuoir porte par *(Crollé, c'est à dire es-meuty.)* mesure & proportion, & l'oyseau bien en estat, il doit rendre apres auoir crollé deux fois, qui peut estre en demie heure. Et s'il aduient que l'oyseau tarde plus d'vne heure, il faut promptement aller au secours, comme estant le feu dans la maison. Lors vous prendrez huit ou dix grains de poyure, rompus en deux ou trois pieces chacun ; lesquels

vous plierez dans du papier fin, & les ferez aualler par force à l'oyſeau, en luy donnant vne gorgée d'eau de fontaine; & vous verrez que cette recharge le guarentira. Apres
qu'il aura rendu par efforts, ſecourez-le encores auec de
l'eau comme auparauant. En cét eſtat il ne faut l'abandonner; car aucunesfois il leur arriue des vertiges : tellement que s'il n'eſtoit ſecouru, vous le trouueriez perdu à
la perche. Et ſi le vertige le garde de ſe pouuoir tenir ſur
pieds, tenez-le ſur vn lict pour quelque heure , & cela luy
paſſera. L'eau en ce poinct eſt ſa reſtauration. Il ne faut le
paiſtre de trois heures apres , & luy faut donner peu pour
ce iour, & il s'en trouuera allegé. I'ay eſcrit en la premiere partie comme il falloit ſe ſeruir de la conſerue, qui eſt
vn ordre different de nos deuanciers ; mais depuis par experience i'ay reconnu qu'il eſt beaucoup meilleur de ſe
ſeruir de la manne, ainſi qu'il vous ſera dit cy apres: & ſouuenez vous de n'vſer iamais du lardon, ny de la conſerue,
mais bien de la manne. Que ſi bien i'ay eſté l'inuenteur de
former la pillule de conſerue, ainſi qu'il vous a eſté dit en
la premiere partie , le temps m'a fait cognoiſtre depuis
quarante cinq ans, que la manne ne force nullement vn
oyſeau, mais luy fait rendre le double de la mulette ſans
difficulté. Au defaut de laquelle i'approuue pluſtoſt la
conſerue que le lardon.

*Pour vn oyſeau delicat, & trop prompt à rendre, & de
la proprieté de la manne.*

Du quinziéme Ianuier.

EPISTRE XXXVI.

Ar cette-cy ie vous veux communiquer vn fait qui m'est arriué ce mois de Decembre passé, d'où vous pourrez tirer quelque profit. I'ay vn Faucon Niais, qui aussi tost qu'il sent la moindre piqueure dans le gosier, il reiette ce qu'on luy donne sans mettre à bas, de façon que luy voulant faire rendre le double de sa mulette, il m'est impossible. Or ayant conneu que c'estoit de delicatesse, ie me suis resolu de faire vn nouuel essay, qui a esté tel. I'ay prins de la manne, & l'ayant ramollie, & mise en masse auec la chaleur de la main, i'en ay fait vne pillule de la grosseur d'vne balle d'arquebuze de qualibre, & ay mis dedans six cloux de girofle rompus en trois pieces chacun, puis trois grains de sel de la grosseur d'vn grain de bled chacun, mettant le tout dans cette pillule, & en la donnant ie luy fais auparauant aualler vne gorgée d'eau claire, & autant apres, pour faire aualler plus facilement cette pillule: si bien que l'ayant donnée à l'oyseau, elle se trouue fonduë auant qu'il en ait senty l'odeur, ou la piqueure. Or i'ay reconneu qu'elle a merueilleusement operé; car le double de la mulette en est venu tout entier, comme vne petite bourse, & l'oyseau s'est trouué en meilleur estat qu'il n'estoit, comme i'ay veu le second iour apres. Car comme vous sçauez, i'obserue tousiours de ne faire voler vn Faucon, qu'il n'ait eu vn past chaud apres auoir rendu, & qu'on ne luy ait presenté le bain; ce qu'on ne doit iamais oublier. Par ce discours vous pourrez iuger la difference qui se trouue par fois en nos oyseaux, & côme il y a tousiours à considerer, soit en les traitant, soit en la perche, & à tous les mouuemens qu'ils font. Parquoy on apprend plus en vn mois des dernieres années, qu'on

ne fait

ne fait en dix ans de la ieuneſſe. Car ne penſez pas que ie
n'euſſe fait tout mon effort pour faire que cét oyſeau ren-
diſt, que ie n'euſſe tenté de l'amuſer auec vn tiroir d'vne
poule d'Inde, ou d'vne aiſle d'oye, pour luy faire mettre
à bas, ce qui vous ſera vne leçon ou exemple à l'aduenir
en meſme occaſion. La manne eſt vn medicament fort
propre pour nos oyſeaux: car elle purge la colere, rafraiſ-
chit, deſopile, mollifie, & laſche les boyaux ſans leur nuire. En fin elle tient le premier rang entre les drogues ſo-
lutiues, & laxatiues. Vous pouuez vſer de la manne, au
lieu de la conſerue; y mettant dedans le poyure, le ſel, &
la ſuye, ainſi qu'il vous eſt dit en la ſeconde partie. Or
vous remarquerez qu'à l'oyſeau qui rend le double de la
mulette fort pourry & corrompu, on doit luy redonner à
rendre huit iours apres, pour le bien purger & nettoyer.

---

*Contre l'opinion de ceux qui diſent que les Chaſſeurs font mal
aux bleds, & comme il faut les conſeruer.*

Epistre XXXVII.

'Ay ſceu que quelques vns vous ont voulu dire
que la chaſſe eſt preiudiciable aux bleds, & par
meſme moyen au public, & afferment que ſi vn
homme à cheual paſſe dans vne terre ſemée, ce qui ſe trouue foulé ne ſe releue iamais. C'eſt choſe à laquelle i'ay fait
autrefois ſcrupule: mais depuis ayant par experience conneu ce qui en eſt, i'ay changé d'opinion. Et vous puis dire
qu'aſſez de fois durant les guerres, i'ay veu paſſer cinq
cens & mille cheuaux dans des champs ſemez, de ſorte
qu'on les euſt iugez auoir eſté labourez de nouueau: tou-

A a

tesfois repaſſant par là deux mois apres, le bled y eſtoit auſſi beau qu'aux autres cháps où l'on n'auoit point touché. Or pour ne vous laiſſer en cét erreur, ie vous prie remarquer que nos Rois y ont par le paſſé fort bien pourueu par leurs ordónances, ne prohibant la chaſſe que lors que le bled monte en tuyau pour faire l'eſpy, qui eſt enuiron le quinziéme de May. Au cótraire, ie dis que les chaſſeurs

Chaſſeurs ſont vtiles aux bleds & aux vignes.

ſont vtiles au labourage, parce que tel liéure qu'vn chaſſeur prendra, feroit plus de dommage que ne ſçauroient faire tout ce qu'il y a de chaſſeurs en vne contrée. Et que cela ſoit, autresfois ceux de Carpathe, Iſle d'Aſie, ſe trouuerent en extréme neceſſité, pource que les liéures leur mangeoient tous leurs bleds; & recoururent au conſeil de

Iulius Pollux lib. 5. Ariſtot.

leurs oracles, qui fut de nourrir des chiens, & par la chaſſe ils ſe garantirent de ce mal. On lit qu'Helice demeurant en friche pour le nombre des beſtes ſauuages, fut remiſe en culture par le moyen du Chaſſeur Orion, qui en print la pluſpart, & fit abandonner le pays aux autres. Aux Iſles de Maillorque & Minorque, les lapins contraignirent autresfois les habitans de quitter le pays, & pour cét effect ils deputerent au Pape des Ambaſſades pour demander nouuelle terre. Les perdrix ne portent pas moins de dommage à nos fruicts, car ſi vous voulez prendre garde comme elles mangent les bleds, ſoit en grain, herbe, ou eſpy, comme elles grattent pour deſcouurir les ſemences, comme elles mágent auſſi les raiſins aux vignes: vous iugerez que les chaſſeurs ſont fort vtiles, & principalement les

La Faucon nerie priuilegiéeſur toutes chaſſes.

Fauconniers: ſans que ie vous vueille alléguer le priuilege que nos Rois ont touſiours donné à cette chaſſe, comme exercice reſerué aux plus nobles. Continuant mon diſcours, ie dy que fi on ceffoit de chaffer aux perdrix, mefme en ce pays de Prouence, pour la quantité qu'il y en a, elles rendroient dans dix ans le pays deshabité. Si vous lifez dans les anciens, vous verrez comme autresfois vn couple de perdrix en vne ville de Crete appellée Anaphe, multiplia fi bien, qu'elles la firent quitter aux habitans. C'est pourquoy ie vous dy qu'il eft neceffaire de chaffer, mefmes à ces beftes nuifibles, & employer non feulement les forces corporelles, mais encores celles de l'efprit, pour chercher les moyés de nous en deffaire: ce qu'on ne peut mieux que par la Fauconnerie. Donnez donc congé à tous ces fcrupules, & croyez que ceux qui vous les forgent, le font à mefme deffein qu'vn autheur Ferrarois, qui dit en fon difcours beaucoup de mal des Fauconniers, en quoy il eft excufable, pource que fon Prince ne permet pas à toutes perfonnes, & fortes de gens de tenir des oyfeaux; & en ce poinct il veut imiter le renard, qui mefprifoit les raifins, & difoit qu'ils eftoient aigres, parce qu'il n'en pouuoit auoir. La chaffe eft vtile & honnefte aux perfonnes de voftre condition, & non à ceux qui font occupez aux charges publiques d'vn Palais, ou qui ont quitté le monde pour feruir Dieu dans vne Religion. Ceux là ont de la befongne affez s'ils s'en veulent acquitter. Or en toutes chofes nous pouuons offenfer Dieu, fi nous voulons outrepaffer les limites du deuoir. Les occupations honneftes qui ne preiudicient au prochain, peuuent eftre exercées en bonne confcience de vous & de moy auec modeftie.

Des choses qui font aimer ou hayr le Fauconnier aux oyseaux.

Du quinziéme de Féurier.

EPISTRE XXXVIII.

Rois choses font que le Fauconnier peut estre aimé ou hay de ses oyseaux : La premiere, par la qualité des chairs qu'il leur donne, si elles sont de bon ou mauuais goust ; comme aussi s'il leur donne quelque drogue de mauuaise saueur : la seconde, par la peur que l'oyseau a du cómencement d'entendre vne voix rude : la troisiéme, par la senteur qu'il trouue au Fauconnier, qui le traite & manie. Pour la premiere, il se faut garder de forcer le naturel des oyseaux, & ne leur donner des chairs qu'ils ayent à contre cœur; mais bien de celles que vous iugerez leur estre plus à goust; sur tout quand vous les reprenez à la campagne. I'entends des oyseaux de bonne nature, comme Faucons, desquels il s'en trouue qui ne mangeroient d'vne poule froide, ou de chair trop trempée en eau, que par extréme faim. Pour la seconde, vn homme sera hay de ses oyseaux, ayant la voix rude; veu mesmes que celuy qui a ce defaut en la parole, ne doit pas estre beaucoup gracieux en ses autres actions. Les oyseaux veulent estre traictez doucement, mesmes de la voix, sur tout quand on commence de les dresser: faute que plusieurs font, pource qu'en dressant vn oyseau il faut parler tout bas, & hausser le cry peu à peu, d'vn iour à l'autre; car les oyseaux sont assez peureux du

Par le goust.
Par l'asseurance, ou son contraire.
Par la senteur de celuy qui le traicte.

Aduis.

commencement, fans les effrayer ou effaroucher dauantage par le bruit d'vne voix efclatante: remarquez ce mot,
& en faites voftre profit. Pour la troifiéme, les oyfeaux
fuyent la puanteur: comme au contraire, ils aiment les
bonnes odeurs. Ie l'ay bien experimenté en vn Fauconnier que i'auois, qui auoit toufiours dans fes pochettes des
aulx ou des oignons, pour trouuer plus de gouft au vin.
Et pour cette occafion les oyfeaux l'auoient tellement en
defdain qu'ils fe debattoient lors qu'ils le fentoient approcher de la perche; & auec gráde difficulté fe laiffoient
prendre à luy à la campagne. Ce qui monftre clairement
que les oyfeaux ont odorat, & difcernent les bonnes, &
les fafcheufes fenteurs; combien que plufieurs qui ont efcrit foient d'autre opinion.   C'eft donc pour trois fuiets
que le Fauconnier peut eftre hay de fes oyfeaux, comme
ie vous ay dit ; qui font, le gouft des viandes qu'il leur
baille, la rudeffe de la voix, les mauuaifes odeurs qu'il porte auecques luy. Or ie conclus qu'on doit fe deleéter à fe
rendre agreable aux oyfeaux par toute forte d'artifice. Ie
parle à ceux qui les aiment naturellement, & s'y exercent
pour leur plaifir propre ; car pour les valets & gens mercenaires, s'il n'y a en eux quelque ante de nobleffe, on a
beau les inftruire, ils ne peuuent eftre qu'ignorans en noftre fcience ; laquelle n'entre dans la tefte d'vn vilain, &
d'vn homme de baffe extraction, pour la force qu'à l'in-
ftinét naturel de guider les perfonnes aux aétions here-
ditaires, qui paffent de pere à fils.   Vous prendrez donc
garde à ces aduis; & ie vous repete que les gands qu'on
tient pour paiftre ou porter l'oyfeau, doiuent auoir vne
bonne odeur; chofe qui eft experimentée.

De ceux qui font scrupule de chasser le Vendredy.

Du vingt sixiéme de Féurier.

EPISTRE XXXIX.

E ne veux pas que vous soyez de ceux qui ne veulent aller le Vendredy à la chasse, & qui font grand scrupule de paistre leurs oyseaux à la cinquiéme, septiéme, neufiéme, & vnziéme perdrix, nombre impair, & de remarque, selon l'ancienne superstition; car ce sont opinions folles. Et combien que Virgile, Pline, Hesiode, Columelle, & Constantin ayent esté curieux d'escrire ce qu'ils auoient de coustume d'obseruer à certains nombres, & iours, qu'ils disoient estre heureux ou malheureux ; si ne faut-il suiure leur erreur, mais la tenir pour folie. Aussi l'homme qui a sa totale fiance en Dieu, & le cerueau solide, se garde bien de s'attacher à telles obseruations; & ne sçaurois penser que de si grands personnages ayent voulu croire ce qu'ils en ont escrit. Et de fait il semble que Pline se vueille mocquer quand il recite que l'Empereur Auguste, le iour de la reuolte qui se fit contre luy, s'estoit prins garde que ce matin là on l'auoit chaussé du pied gauche premier que du droict, & l'auoit pris pour mauuais augure. Constantin a escrit aussi plusieurs choses qui monstrent clairement que son dessein n'estoit que de se donner du plaisir. Ou si cela n'est, ils se seruoient de tels artifices feints & dissimulez, pour tenir bridez les peuples & les conduire à leur volonté. Ie ne veux approuuer l'opinion de Plutarque, que la superstition est pire que l'A-

theifme, veu qu'il eftoit Payen. Mais ie dy bien que les fuperftitieux ont toufiours quelque tache à leur robbe bien
qu'ils ayent l'œil fort prompt à voir le feftu dans la paupiere du voifin. Fuyez donc telles gens, qui ne voudroient
s'affeoir à vne table, où fe trouueroit le nombre de treize;
& qui prennent pour mauuais augure fi la faliere eft ren-
uerfée, ou fi par mefgarde ils ont veftu leur manteau à l'enuers. Sçauez-vous que ie veux que vous obferuiez? c'eft de
n'aller voler que vous n'ayez fait au matin vos oraifons ac-
couftumées à Dieu, & principalement les iours commandez pour fon feruice, qui font folemnels. Quant aux autres, que les fuperftitieux remarquent pour eftre fortunez
ou infortunez, comme celuy de la creation d'Adam, de la
naiffance de Dauid, Iacob, & autres, s'ils font heureux aux
vns, ils peuuent eftre malheureux aux autres. Et que cela
foit; faites vous doute qu'il ne fe puiffe rencótrer que le iour
de la naiffance d'vn Roy, il ne puiffe auffi naiftre à mefme
poinct vn miferable faquin? Et au mefme temps qu'vn
grand hóme de bien fort du vétre de fa mere, qu'il ne puiffe naiftre auffi quelque mefchant? Bref ce font chofes de-
pendantes de la voló té de Dieu, & non des influences. Ie ne
veux pas dire pourtant que ce foit mal fait à vn Faucónier
de prendre garde à la Lune, quand il voudra purger fes oyfeaux, mais quát à ce qui arriuera par accident, il peut faire
ce que la neceffité luy permettra. Bien vous diray-ie qu'vn
oyfeau bleffé au premier & dernier quartier de la Lune,
fera de plus difficile guarifon, ayát cette planete beaucoup
de pouuoir fur les animaux, pour eftre la plus proche de
nous. Auffi vous voyez comme nos oyfeaux obferuent de
muer leurs pennes à chafque Lune depuis qu'ils ont com-

mencé de les tomber, & du iour qu'vne penne tombe, elle demeure deux Lunes d'estre à son bout. Les bestes qu'on tuë pour nostre nourriture, ont les os plus pleins de moüelle à la pleine Lune. On peut iuger du pouuoir de cette planete au flus & reflus de la mer, aux poissons à coquille, ou escaille, aux arbres, & à toutes plantes. Or il est certain que Dieu a donné aux planetes la commission de regir & guider ce qui est en ce monde; & n'y en a aucune qui n'ait sa charge expresse de luy, & sa particuliere proprieté: dequoy l'hóme n'a eu l'entiere connoissance; parce qu'ayant Dieu apperceu sa trop grande curiosité, il ne luy a pas voulu communiquer chose dont il peust abuser, mais seulement ce qui luy est le plus necessaire en ses affaires domestiques. Et pource ne pouuant auoir ce que par grace vn seul Salomon a obtenu de son téps, il se faut contenir dans les bornes de nostre foible intelligence, & se guider le plus sagement qu'il se pourra, & non au hazard. Vous deuez abhorrer tous ces esprits superstitieux, qui sont tousiours en inquietude, & ne les suiure en leurs folles opinions, paissant vos oyseaux à telle perdrix que bon vous semblera : Veu mesmes qu'en ayant pris treize, & ne voulant paistre à ce nombre, il pourroit bien souuent arriuer que vous vous en retourneriez au logis sans les paistre, chose qui leur nuit grandement. Aussi lors que le temps sera beau, bien que ce soit vn iour de Vendredy, ne perdez point la commodité d'aller aux champs; car vous n'estes pas asseuré d'y pouuoir aller le lendemain. Pour le Dimanche, pourueu que ce soit apres l'office, on pourra chasser en vne necessité, mesmes pour euiter vn plus grand mal qu'on pourroit faire au logis.

Pour

Pour les oyseaux qui montent à l'essor, & les remedes.

Du cinquiéme Mars.

EPISTRE LX.

LA pluspart des oyseaux vont à l'essor, lors que le Soleil les touche viuement, & qu'il fait vn beau iour, mais principalement apres qu'il a neigé ou pleu, ou bien qu'ils preuoient semblable temps. Encores il s'en trouue qui sont si coustumiers de monter, que difficilement les en peut-on garder, dés que nous sommes en Mars. Ce sont les Laniers & les Sacres & tous oyseaux qui approchent de ces deux especes, mais par dessus tous les Tunissiens, & Alphanets. Pour y remedier, il est bon de tenir tels oyseaux par le bec, principalemét en ce mois, auquel les rafreschissemens leur doiuent estre donnez d'ordinaire. Leur nourriture doit estre de poule trempée, ou de chair de cheureau donnée de mesmes. Vn des principaux remedes, c'est de les faire voler en vn beau iour, que l'heure suspecte ne soit passée, qui est depuis vne heure auant midy, iusques à trois heures apres: Et se faut pouruoir de quelque autre oyseau qui ne soit suiet à monter pendant ce temps, en attendant le frais. Aux oyseaux qui s'essorent on leur peut tondre le brayer, tant que contient la mulette, & le dessous de la queuë iusques à la pointe de l'os du deuant, qui est tout l'entre-iambes: coupant la plume & le duuet le plus bas qu'il se pourra. Puis il faut chercher le couderon, & le presser par le bout; faisant sortir le gras du dedans; & apres moüiller ledit couderon de vinaigre. Ce

remede eſt infaillible. Il n'eſt que bon de leur preſenter le
bain, deux fois la ſemaine.　Et pour les Autours, outre ces
remedes, il eſt bon de leur couper la queuë à moitié, les tenant ſuiets & affamez. Vous pourrez faire cóme l'occaſion
le requerra. On peut encore coudre les plumes de la queuë
de l'oyſeau, en ſorte qu'il ne la puiſſe eſlargir eſtant monté
ce qui eſt experimenté, & veritable. I'en ay dóné d'autres
remedes par cy deuát, ce qui me garde d'en dire dauátage.

Des oyſeaux qui retardent ou s'aduancent de muer.

Du vingtiéme Mars.

Epistre LXI.

LEs oyſeaux nichent en diuerſes contrées, & ſelon
que leur volonté les guide ; les vns en pays chaud,
les autres en lieu froid, & autres en lieu temperé.
Or comme il ſe voit que lors que nous plantons en nos iardins les cedres, orangers, palmiers, & autres arbres croiſ-
ſans aux regions du Leuant plus chaudes que celles-cy, ils
tardent à pouſſer & porter leurs fleurs, & leurs fruicts ; de
meſme les oyſeaux venans de pays plus chaud en ceſtuy-
ci, ne ſont pas ſi prompts à muer. C'eſt pourquoy les Sacres, & tous oyſeaux venans du Leuát ou du Midy, muent
touſiours entre nos mains en Automne, & commencent
de muer au mois d'Aouſt, auquel temps les noſtres ont
bien ſouuent mué. Il y peut auſſi auoir quelque autre cauſe pourquoy les oyſeaux tardent de muer ; c'eſt que ſans
doute eſtans pris ſauuages, ils changent de naturel apres
auoir eſté dreſſez ; & par tel changemét ils ſont interrom-

rompus à tomber leur pennage : & tant plus ils sont dressez de bóne heure, tant pluſtoſt les voit-on auancer à muer:
Et qu'ainſi ſoit , on voit les oyſeaux Niais muer pluſtoſt
que les paſſagers, & les derniers pris en leur ſorage ſont les
plus tardifs à muer: cette difference ſe trouue aux oyſeaux
gentils, pelerins, & Antenaires, ainſi qu'on verra par experience. I'ay remarqué encores qu'il ſe prend par fois des
Faucons niais en ce pays, qui ſont plus tardifs les vns que
les autres de quinze iours, dont les plus derniers ſi on les
muë, tardent d'auoir tout tóbé deux mois apres les autres.
Ce qui me fait auoir opinion , que tels oyſeaux ſont eſleuez par des pairons qui ont party de regions plus chaudes,
pour venir airer en celles-cy. Pour remedier à cela , il les
faut tenir en des muës chaudes, principalement du cómencement, afin que la chaleur leur face pluſtoſt tomber leur
pennage: & lors que les chaleurs de l'Eſté ſont venuës, ont
les peut changer en autre muë plus temperée & fraiſche.

---

*Comme on ſe doit conduire à ſeparer les oyſeaux qui ſe pillent
volans en compagnie.*

Du dernier de Mars.

Epistre. LXII.

Luſieurs accidents arriuent à ceux qui ont des oyſeaux pillarts: autrefois i'en ay eu qui ſe ſont tuez.
I'ay tenu des Sacres, leſquels apres auoir volé long temps
enſemble, ſe pillerent à la prinſe d'vn Chat huan , de façon que l'vn creua l'œil à l'autre. Or tous oyſeaux qui pillent de leur inclinatió, enfin (& lors qu'ó y penſe le moins)

il leur eschape quelque traict de leur humeur, cõbien que par artifice on les ait rangez à souffrir vn compagnon. Les oyseaux de passage sont les plus patiens & gracieux en la curée, pource que bien souuët ils se paissent auec d'autres oyseaux estans en cãpagne en leur liberté. Ce qui me fait auoir opinion qu'vn oyseau pillart perdra aucunesfois sa colere, si on luy donne vn compagnon plus fort & plus pillart, leur laissant passer la fantaisie, & volóté de se batre. Mais ce doit estre apres leur auoir coupé la pointe du bec & des serres, en sorte qu'ils ne se puissent blesser. Qui veut auoir vn vol pour les champs, il doit assembler deux oyseaux, desquels l'vn cede à l'autre ; autrement comme les perdrix partiront, chacun ira à la sienne; ce qui est fort incommode. Et par ainsi on doit mettre vn Laneret auec vn Lanier, vn Sacret auec Sacre, ou deux Laniers, pourueu que l'vn suiue l'autre, & qu'ils ne soiét pas esgaux en courage. Tout oyseau qui est bon compagnon reuiendra à la volerie, si tant est qu'il se soit escarté. Mais au contraire l'oyseau qui craindra de se voir pillé, fuira lors qu'il en verra voler vn autre. Les oyseaux apres la muë, sont communément plus pillarts. Tout ce que ie trouue de bon en vn oyseau pillart, c'est qu'il gaigne tousiours le dessus à l'Aigle, & ne se laisse si facilement prendre. I'estime pourtant beaucoup plus celuy qui est bon en cõpagnie, quand i'ay quantité d'oyseaux. Ceux qui ont accoustumé de voler auec deux oyseaux, n'ont gueres de plaisir de voler auec vn seul; mais quand on ne peut mieux, il se faut accommoder à ce que l'on a, & alors vn oyseau pillart est plus à priser, pour estre plus courageux. Continuant mon premier discours, quand il vous arriuera de voir piller vos

Cet aduis est peu hazardeux parquoy n'en faut vser aux oyseaux qu'on aime bien.
Comme il faut choisir les oyseaux qu'on veut faire voler en compagnie.

oyſeaux, gardez de faire comme vn Fauconnier que ie
connois; lequel voulant ſeparer deux Laniers, le fit ſi rudement qu'il ouurit la cuiſſe à l'vn. Pource en tel accident
il faut eſtre conſideré & y employer les deux mains, à ſçauoir vne à la teſte de chaſque oyſeau ; & pour peu que
vous le ſecouyez, chacun laſchera priſe, & de cette façon
vous les ſeparerez ſans leur faire aucun mal.   Il ne faudroit pas y aller auec colere, car on les pourroit tuer ſans
y penſer. Or il faut mettre tantoſt nos oyſeaux en muë, &
noüer la longe; le temps en approche, & dés que nous ſerons à la fin d'Auril les perdrix ponnent: & pource ce n'eſt
plus chaſſer alors, mais bien depeupler le pays de perdrix.
Ie vous enuoyeray au premier iour quelques aduis que
vous garderez en ſouuenance de moy.

EPISTRE XLIII.

Diuiſée en Aduis.

Quel doit eſtre l'attirail de celuy qui veut entretenir la Fau-
connerie à voler pour les champs.

ADVIS PREMIER.

Eluy qui veut tenir attirail à voler pour les
champs, doit rechercher ſur tout d'auoir vn
Fauconnier qui ſe connoiſſe aux oyſeaux, qui
les aime, & qui ſoit homme patient. Il ne luy
faut point donner d'autre occupation, afin que touſiours
il les ait ſur le poing, au moins tant qu'il luy ſera poſſible.
Que s'il eſt plus chargé que de deux oyſeaux, il faut qu'il
ſoit releué & ſecondé d'vn valet, ou de quelque autre; car
eſtant ſeul, il ne pourroit donner ordre à dauantage.   Et

combien qne le Fauconnier ſoit capable de ſa charge, le maiſtre ne doit pour cela s’en remettre du tout à luy, mais bien en auoir quelque ſoin, & prendre garde comme ils ſont traiⱨez. Nous auons eu en France beaucoup de Prin-ces & de grands Seigneurs, qui ne ſe ſont dédaignez de le faire ainſi, & comme pluſieurs ſçauent pour l’auoir veu, ils ont ſouuent enduré l’importunité, & le bruit des ſon-nettes, iuſques aupres du cheuet de leur liⱨ: & encore pre-noient-ils garde eux meſmes ſi leurs oyſeaux auoient cu-ré le matin. Que ſi par fortune l’occupation des affaires les gardoit par fois de s’aller eſbattre aux cháps à les faire voler, au moins au retour que leur maiſtre Fauconnier en faiſoit, ils ne manquoient de luy faire faire le rapport de tout ce qui s’eſtoit paſſé ce iour là à la chaſſe; tant pour par-ticiper au plaiſir par imagination, que pour pouruoir aux deffauts, ſi aucuns y en auoit. Apres l’election faite du Fauconnier, auec les qualitez que ie vous ay dites, donnez ordre qu’il ſoit bien monté, car ſouuent à faute de bien piquer, vn oyſeau ſe peut facilement eſcarter, & ſe perdre, choſe qui eſt fort faſcheuſe. Du nombre des oyſeaux que l’on doit tenir, ie le remets à la diſcretion de ceux qui en font la deſpenſe: vous diſant ſeulement que pour en auoir trop, on ſe trouue embarraſſé, & ne ſe peut faire que tous ſoient bons, & auſſi qui n’en a qu’vn ſeul, ſe peut dire ſans oyſeau. Quant à l’attirail des chiens, il ne faut en mener à la chaſſe que ſix couples, bien qu’on en euſt d’auantage au logis: ce qu’on en mene de ſurplus eſt ſuperflu, & ſi ils ſe deſtournent les vns les autres, mais il faut que ce ſoient de bons chiens. Ils ne doiuent eſtre auſſi ny trop grands ny trop petits: car s’ils ſont grands ils ſeront peſants, & ne du-

reront pas longuement en leur chasse, d'auantage , en vn
pays rude ils craindrót les pieds, & en Esté la chaleur : s'ils
sont trop petits, ils craindront le froid, la boüe, & le passage des ruisseaux. Parquoy il les faut choisir de moyenne
taille, ou en auoir la moitié de grands, & l'autre de petits,
& qu'ils soient epagneux : pource qu'estans mieux vestus
que les bracques, ils ne craindront ny le froid, ny les espi-
nes d'vne forte remise. Aux chaleurs de l'Esté vous leur
pouuez faire couper le poil, pour les garder des puces : contre lesquelles vous auez le sauon, qui est vne recepte fort
esprouuée. Mais il les faut faire tondre en Auril : car si vous
attendez plus long temps, en pensant euiter les puces, vous
les rendrez galeux, à l'occasió des mouches qui les pique-
ront. Si vous desirez auoir de bons chiens , nourrissez-les
d'vne seule & bonne race, & s'il se peut, ayez-les tous de
semblable poil : parce qu'outre que cette ressemblance a
bonne grace, elle sert encores aux oyseaux pour beaucoup
de raisons. Vous ne serez iamais bien attellé de chiens ra-
massez : & d'ailleurs on se rend miserable d'estre en peine
d'en mendier, lors que la saison des perdreaux s'approche.
Pour à quoy obuier, taschez d'en auoir de bons pour vne
fois, & les ayant, gardez-en tousiours de la race, pour en
nourrir tous les ans. Prenez garde aussi que vos chiens ne
deuiennent galeux : ce qui leur aduiédra, s'ils ne sont tenus
gras, & s'ils ne sont nourris de bon pain : car la gale aux
chiens ne part que pour estre maigres, ou tenus renfermez
ou de saleté, & de piqueure de mouches , comme i'ay dit
que s'ils sont bien traictez, ils vous feront de l'honneur &
du seruice. Vn attirail de Fauconnerie doit auoir encores
vne laisse de bons léuriers. Ie ne parle que pour ceux qui

ne veulent faire qu'vne moyenne deſpenſe: car pour les Princes & grands Seigneurs qui en peuuent & veulent auoir dauantage, ie ne veux policer leur train, ou limiter leurs affections. Bien diray-ie que ſi on veut tenir vn attirail ſerré, qui eſt d'auoir vn Fauconnier, deux ou trois oyſeaux, ſix couples d'epagneux, & vne laiſſe de léuriers, les frais n'en ſeront ſi grands que l'on ſe pourroit imaginer, & meſmes au pays où ſe trouuera quantité de gibier: car la commodité qu'on en receura pour la cuiſine, ne ſera guere moindre que la deſpenſe: outre le contentement de ne ſe voir oiſif, & l'honneur qu'il y a de s'adonner à vn exercice qui ne peut eſtre deuancé par autre, que par l'art militaire. Pour ceux qui ne ſont en pays peuplé de gibier, ie leur conſeille de prendre autre occupation; car d'auoir attirail ſans l'employer, ce ſeroit vn ſupplice, ou comme on dit, chaſſer au mont-Gibel.

Ce qui doit eſtre obſerué par celuy qui veut tenir attirail
de Fauconnerie.

Advis II.

Eluy qui voudra s'exercer à la Fauconnerie, doit auoir trois choſes principalement en recómandation, & les garder de tout ſon pouuoir. La premiere, c'eſt de ne ſe mettre iamais en colere eſtant à la chaſſe, pour faute qu'aucun y puiſſe faire: comme font quelques vns qui ſe laiſſent dominer au trop d'affection, & pour peu d'occaſion ſortent des limites de raiſon, ſi bien qu'ils ne ſe contentent pas ſeulement de dire des iniures à leurs domeſtiques, mais encores offenſent tous ceux qui ſe

trouuent

trouuent à la chasse aupres d'eux. Et ce qui est le pire, il s'en trouue par fois qui se laschent à des iuremens, & blasphemes contre Dieu, comme frenetiques. Ie desirerois que telles personnes moderassent leur fureur ; & qu'ils creussent qu'estans de telle humeur, ils receuront plus de desplaisir en vne heure aux disgraces qui leur arriueront ordinairement à la chasse, qu'ils ne sçauroient auoir de contentement en dix ans. Et dauantage l'offence enuers Dieu est si grande, que ie ne la vous sçaurois representer: car plusieurs Docteurs ont soustenu le peché du blaspheme estre plus grand que l'homicide: pour autant que par l'homicide on contreuient au commandement de Dieu; là où par le blaspheme on s'adresse directement à sa personne. Regardez donc en quel inconuenient ils tombent, pour occasion si legere. La seconde, c'est de ne partir iamais pour aller aux champs, sans premierement auoir ouy la Messe, & prié Dieu, luy rendant graces des benefices qu'on en reçoit iournellement; nous donnant les moyens de viure si à nostre aise, & sans auoir besoin de trauailler qu'à nos propres passe temps : le suppliant encore, de ne permettre que nous nous oublions parmy ces delices du monde; & de nous faire tousiours ressouuenir, que ces oyseaux que nous aimons tant, ont esté creez de luy pour nostre vsage & plaisir: afin que par iceux nous le reconnoissions, & luy en rendions loüanges. La troisiéme, c'est de conseruer les fruicts du prochain tant qu'il sera possible; & penser à la peine que le pauure laboureur a prinse tout du long de l'année, pour l'esperáce qu'il a de se nourrir par son trauail, luy & sa famille; & que par vostre seul plaisir vous ne deuez gaster son blé, où ses vignes, mais

Contre les blasphemateurs.

Cc

les conferuer en temps & faifon. Outre les trois obfer-
uations defia dites, il y en a trois autres, qu'on doit encore
mettre en memoire. La premiere, c'eft de n'aller à la chaffe aux iours du repos commandez de Dieu & de l'Eglife,
fi vne occafion tres importante ne vous y conuie, & encores que ce ne foit qu'apres l'office. Car outre l'offenfe,
il arriue fouuent des inconueniens à ceux qui le font, comme de fe rompre vn bras, ou vne iambe, & quelquefois
le col. De perdre les oyfeaux à tels iours, c'eft l'ordinaire,
& pource il s'en faut garder : combien que des Docteurs
qui ont efcrit des cas de confcience, ne le nous defendent
point. La feconde, combien que vous ayez preparé vos
oyfeaux, fi ne faut-il pas les deflonger que vous n'ayez
fait vn mot de priere à Dieu, admirant comme il a affu-
ietti à l'homme, non feulement les animaux terreftres,
mais encores les oyfeaux plus farouches, & qu'il a creé
toutes ces efpeces pour fa commodité : reconnoiffant le
Createur par fes creatures. La derniere, c'eft que fi par dif-
grace ou autrement, vous perdiez quelque oyfeau, comme il aduient fouuent, vous n'en foyez fafché extraordinairement, mais loüez Dieu, & penfez que celuy qui le
vous auoit mis en main, vous en donnera d'autres, & que
la mere des oyfeaux n'eft pas morte. Le fouuerain remede
Remede
pour ne fe
fafcher à
la perte des
oyfeaux.
que ie trouue à cecy, outre le precedent, c'eft d'auoir toufiours des oyfeaux de tefte, & plus qu'il ne vous en faut : car
ceux qui vous demeureront, vous feront oublier les autres
defia perdus. Et puis il fe faut fouuenir que

Celuy qui fuit la Chaffe, ou la Cour, ou l'Amour,
Fait preuue du malheur, & de l'heur à fon tour,

Aussi qui suit la Cour, ou l'Amour, ou la Chasse,
Ne iouyt pas tousiours de tout ce qu'il pourchasse.

Ie ne veux oublier à vous dire, que celuy qui tient atti-   *Aduis*
rail de chasse, doit auoir encore en singuliere recom-   *aux Chaf-*
mandation les necessiteux : car s'il donne de son pain à   *seurs d'a-*
des chiens auec tant de soin, il n'est pas raisonnable qu'il   *uoir les*
en refuse aux pauures: autrement ce seroit offenser Dieu,   *pauures en*
& se monstrer ingrat des biens qu'il en reçoit.   *recomman-*
     dation.

Autret aduis pour vn Fauconnier.

ADVIS III.

L ne faut iamais oublier ce qui vous peut seruir   *On doit*
pour reprendre les oyseaux aux champs: comme   *porter la*
est le leurre, ou la poule viue, si vos oyseaux sont   *poule ayāt*
passagers, & de mauuaise reprinse. Vous ne de-   *des oiseaux*
uez encore aller à la chasse voler les perdrix, sans auoir   *passagers.*
des remarqueurs, quelques oyseaux que vous ayez , &   *Les remar-*
ne pouuez en auoir trop mesme en pays de coutaux. Vous   *queurs sōt*
aurez pour aduis de n'aller voler auec vn temps couuert,   *tres necef-*
& qu'il ne face Soleil : car vous n'y auriez que du des-   *saires.*
plaisir, pour trois incommoditez. La premiere, c'est qu'a-   *De voler*
uec tel temps les perdrix s'en vont d'ouye, comme elles   *en temps*
vous sentent approcher ; ce qui est cause que vous ne   *obscur on*
pouuez ietter à propos. Secondement , vous perdrez à   *encourt*
tous coups vostre oyseau de veuë, & ne le pouuez remar-   *incommo-*
quer, ny les perdrix encore. La troisiéme, c'est que les oy-   *ditez.*
seaux à tel iour ne sont iamais en estat ; & pour peu qu'ils

fentent l'humidité, ils gagnent vn arbre, ou vn roc, pour
s'efplucher. Attendez doncques vn beau iour, pour euiter
telles incómoditez: le vent clair ne vous fera ny fafcheux
ny fi contraire, pourueu qu'il ne foit exceffif, & que vos
oyfeaux foient bons ventoliers. A tels iours de vent, il en
faut chercher le fil aux coutaux, comme ie vous ay ià dit
parlant du Faucon leger: & auec vn oyfeau de poing il
faut chercher l'abry du vent.

Comme vous deuez remarquer voſtre oyfeau quand il vole,
& aborder la remiſe menant vos chiens.

Advis IIII.

Ors que voſtre oyfeau volera, vous deuez tafcher de le voir tomber, ou faire fa pointe, auant
que picquer: puis mener vos chiens au galop aifé
fans les efchauffer par trop; principalement s'ils font frais
& non laffez. Vous deuez auffi prendre garde de les mener en façon qu'ils abordent la remife le nez au vent,
pource qu'ils en releueront pluftoft la perdrix. A quoy
vous deuez encor aduifer en faifant voftre quefte, comme
il vous fera mieux dit en ce lieu.

Comme on peut accouſtumer les chiens nou-
ueaux à la remiſe.

ADVIS V.

Ous accouſtumerez vos chiens en portant du pain dans la gibeciere coupé par morceaux, & leur en donnant à chaſque remiſe auec les bouts des aiſles, les teſtes, trippes, & le dedans des perdrix que lors vous aurez priſes ; car par ce moyen vous les affrianderez à y venir. Vous ne leur deuez eſtre trop rude s'ils tuent la perdrix, pourueu qu'ils ne la mangent, ou ne deſtrouſſent l'oyſeau, pource qu'ils en perdroient le courage. Il eſt auſſi neceſſaire, qu'ils ayent quelque plaiſir pour recompenſer leur peine. Ne les tenez donc pas trop en crainte: car autrement ils vous laiſſeroient la perdrix à la remiſe, apres qu'ils l'auroient tuée; & par ce moyen vous la perdriez : ce qui m'eſt aduenu bien ſouuent. Que s'ils ſont opiniaſtres, & ſans crainte, vous les rangerez en les tenant couplez la pluſpart du iour, combien que vous n'ailliez à la chaſſe, & ſi ils en ſeront plus gaillards. Il s'en trouue de ſi chauds & ſi goulus, qu'ils couuent apres l'oyſeau, & le deſtrouſſent, & mangent la perdrix : s'ils font cette faute, faites-les battre ſaus remiſſion. Il eſt fort commode à cét effect de porter vne chaſſoire, qui eſt vn foüet à tenir à la main en picquant, laquelle eſt beaucoup plus aiſée que la baguette de nos vieux Fauconniers. Car depuis que les chiens en ont eſté frappez, ils en craignent ſeulement l'eſclat, & ſi on les attaint de plus loin pour les

La chaſſoi-
re eſt plus
commode
que la ba-
guette de
nos vieux
Faucon-
niers.

Inconue-
nient ad-
uenu au-
tresfois.

battre à cheual, là où fi on vfe de la baguette, il ne fe peut
faire qu'on ne la iette fouuent: chofe qui eft fort dangereufe; car par ce moyen i'ay autresfois veu tuer des chiens
& des oyfeaux encore, qui combattoient leur perdrix à
la remife parmy les chiens.

Comme vous ferez defcendre vn oyfeau qui eft monté à l'effor.

ADVIS VI.

Aduis.

I vn oyfeau prend l'effor, & s'il eft monté hors
de voftre veuë, vous deuez auffi toft ietter vn
autre oyfeau, & lors vous le verrez defcendre;
principalement s'il a volé autrefois de compagnie. De faire vne fauffe remife, & tirer l'oreille à vn
chien en le faifant crier, cela le fait defcendre par fois,
mais non pas comme de ietter vn autre oyfeau. Le dernier
aduis eft fort bon pour les Autours, comme le premier
pour les oyfeaux de leurre.

Aduertiffement pour vn qui n'a qu'vn oyfeau.

ADVIS VII.

Eluy qui n'a qu'vn oyfeau, il faut qu'il face
comme il pourra, & qu'il attende l'heure & le
iour que fon oyfeau fera preft & en eftat: mais
qui en a plufieurs, il en peut apprefter les vns
pour le matin, & les autres pour le foir, felon l'heure qu'il
luy plaift de voler. En l'arriere faifon qui eft en Mars &

Auril, que les iours sont beaux, & qu'il commence à faire
chaud, ou en Automne aussi que les iours nous trompent
par leur varieté, vous en pouuez tenir vn qui soit plein;
pource qu'en ce temps là, il fait par fois de grands vents,
& les oyseaux bas n'y peuuent pas fournir pour estre trop
foibles. Si vous en auez quelqu'vn de cette qualité, vous *Pour ra-*
le garderez pour le faire voler le dernier & sur le soir, & *fraischir*
les autres le matin. En cette saison on rafreschit les oy- *les oyseaux auec des*
seaux auec des cailloux que l'on fait tremper la nuict au *cailloux.*
vinaigre, en les donnant apres à l'oyseau vne heure deuant le iour, lesquels il gardera deux ou trois heures auant
que curer. L'eau de griotte est propre aussi, la donnant
auec le past à l'oyseau.

Comme il faut ietter l'oyseau.

Advis VIII.

C'Est vne chose tres importante de sçauoir ietter
vn oyseau à propos, & en façon qu'il choisisse bien au partir du poing. Pour ce faire trois
choses sont requises; l'œil bon, le iugement attentif, &
la main habile, pour sçauoir prendre le temps & son aduantage. En faisant cet exercice, l'vsage vous en appren-
dra plus que ie ne sçaurois vous en representer. La cornette au chaperon est bonne pour vn petit oyseau qui
ne peut soustenir la main pesante d'vn lourd Fauconnier,
mais c'est chose ridicule entre gens du mestier. Peu de *Aduis.*
gens sçauent ietter habilement, combien que tous se
croyent de le bien faire. Il faut que celuy qui veut ietter

bien à propos, se tienne à la main gauche de la queste ; &
ceux qui meinent les chiens , à la main droite. Pour la
commodité des oyseaux, le meilleur est de sçauoir bien
tourner le corps de tous costez.

Contre ceux qui se desdaignent d'estre dits Fauconniers : &
quel est le vray Fauconnier.

Advis IX.

Lusieurs qui seruent auiourd'huy , se desdaignent, & pensent estre offensez quand on les
appelle Fauconniers ; ne sçachans pas l'honneur qu'ils reçoiuent quand on les appelle de
cette façon. Nos deuanciers les ont appellez compagnons
de chasse. Aussi est-ce leur vray nom , pourueu qu'ils en
aiment l'exercice plus pour le plaisir particulier qu'ils y
prennent , que pour les gages & moyens que nous leur
donnós. Car s'ils n'y ont de l'affectió,on ne les doit appeller que porteurs d'oyseaux. Le vray Fauconnier est celuy
qui entretient la Fauconnerie, & qui en fait la despence.
Parquoy ie dy que ceux qui ont charge des oyseaux, se
doiuent tenir honorez de ce nom, qui les rend compagnons des Princes & des Rois;lors que Dieu nous les donne tels,que se monstrans ennemis de la molesse & de l'oisiueté,ils prennent plaisir à cét exercice.

Comme

Comme vous deuez mener la queste estant à la volerie.

Advis X.

NE permettez qu'on parle aux chiens à la queste que le moins qu'il se pourra, & encore que ce sois vn seul qui le face, & qui soit connu des chiens; autrement vostre meutte se trouuera confuse, d'entendre crier de toutes parts sans ordre. Car il faut faire difference de la queste, & de la remise : autrement si vous es-chauffez trop les chiens au quester, quand vous serez à la remise, ils vous laisseront crier, sans faire conte de vous, pour n'entendre ny ce qu'il leur faut faire, ny ce que vous demandez d'eux. La queste se doit faire tout bas, tant pour cette raison que pource que le bruit fait fuyr les perdrix. Ce que ie n'entends deuoir estre obser-ué, que lors que vous voulez ietter du poing. Car si vous voulez faire suiure vos oyseaux, & les mettre à mont, ou qu'ils soient en campagne, ie trouue tres à propos que celuy qui meine la queste redouble sa voix parlant à ses chiens; tant pour les faire chasser de plus grand courage, que pour amuser les oyseaux afin qu'ils ne s'escartent. Non que i'approuue de faire par trop suiure les oyseaux : mais bien ie dy qu'il ne les faut ietter, que l'on ne sçache où sont les perdrix à poinct nommé, pour les faire partir à la commodité de l'oyseau. Depuis que les perdrix sont *Perdrix adouées,* adouées, la femelle part tousiours la premiere, pource *c'est à dire* à telle saison on doit ietter du poing pour choisir le mas-*pariées.* le qui part le dernier, pour ne depeupler, y ayant assez

Dd

d'vn garron pour trois femelles. Il est vray qu'il y a des
années & des saisons, que les perdrix femelles partent les
dernieres, pour estre plus ialouses & en chaleur que les
masles, à quoy vn Fauconnier doit prendre garde. Cela
va selon les saisons, comme i'ay dit.

A D V I S X I.

Hacun de soy-mesme peut faire iugement
des oyseaux qui luy serót plus propres, voyant
par mon discours comme les vns sont bons
pour la plaine, & pays descouuert ; les autres
parmy les arbres aux coustaux, & pays bossu ; & les autres
aux grands valons à la descente. L'oyseau qui prend la
motte, sera bon pour la plaine ; pour le pays de bois, l'oyseau qui prend la branche de l'arbre ; l'oyseau qui se prend
au fil du vent, pour les coustaux descouuerts. Et pour les
valons, l'Autour est bon sur tous les autres oyseaux, mesmes à ceux à qui l'espargne est recommandée. Ainsi la
difference est grande : car tel oyseau sera bon pour vn
endroit, qui ne sçauroit bien voler en vn autre. Et tout
de mesme que la fantaisie des hommes est logée sur la varieté, aussi la façon de voler de tels oyseaux est differente,
les vns se pendans à perte de veuë sur les chiens, les autres
arrestans au buisson. Aussi y a-il des hommes qui aiment
à ietter du poing, les autres à voir suiure leurs oyseaux
d'arbre en arbre, ou tourner à propos sur leur teste. Ce-

luy qui voudra choisir quels oyseaux luy sont plus pro- *Choisissez les oyseaux selon la cō-modité de vostre pays*
pres, regardera non seulement le pays où il habite, mais
aussi les moyens qu'il a d'y despendre : i'en ay dit par
cy-deuant mon aduis. Or le Fauconnier qui portoit
pour deuise, vn oyseau peint, auec ce mot au dessous,
Tiens-le bien ; encores qu'il ne se soit expliqué, si vou- *Ces mots Tiens-le bien expli-quez.*
loit-il dire que ce n'est pas assez de les auoir attachez
auec de bonnes longes, & des gets, & de les tenir ferme, mais qu'il falloit aussi les tenir en estat. Et pource si vous mesprisez les choses, que pour l'experience que i'en ay, ie vous ay enseignées, ie vous diray que
c'est iustement oublier le precepte de *Tiens-le bien*, qui
est le fondement & le principe où consiste nostre Fauconnerie.

Des oyseaux perdus.

ADVIS XII.

Ous les oyseaux sont suiets à s'escarter &
se perdre ; arriuant bien souuent qu'vn oyseau qui pense venir retrouuer son maistre,
s'en esloigne dauantage. Car l'oyseau reconnoissant qu'il a perdu celuy qui luy donne à manger, va d'vn costé & d'autre pensant le retrouuer. Il
y en a plusieurs qui sçauent reuenir au lieu où ils sont
leurrez d'ordinaire, ou bien à leur volerie. Parquoy
lors que vostre oyseau s'escartera, ie suis d'aduis, quelque chemin qu'il prenne, que vous laissiez vn homme
là où vous l'aurez perdu ; car bien souuent, comme

i'ay dit, l'oyseau reuient à sa volerie, & au pays où il a accoustumé d'estre pû. Ie perdis vne fois vn Faucon, qui tomba entre les mains d'vn Gentil-homme du Languedoc, à vingt lieuës de chez moy, lequel s'en reuint au bout de six mois, à ma maison d'Esparron, où il auoit accoustumé de voler.

Comme il faut aller retenu aux discours de la chasse, pour n'estre reputé menteur.

Advis XIII.

'Affection de la chasse pousse par fois ceux qui s'y exercent, à dire des choses qui ne sont pas. La plus grande erreur que ie trouue en ceux là, est qu'apres auoir tenu deux fois vn propos, ils croyent eux mesmes que ce soit chose vraye. Auiourd'huy la pluspart des chasseurs sont atteints de ce vice, & ne sçauroient parler sans augmenter la verité ; Vice qui est des plus reprochables à vn Gentilhomme faisant estat de l'honneur. Parquoy ie conseille à tous les chasseurs de s'esloigner si bien du mensonge, que de ne reciter pas seulement les choses fausses, mais aussi de se retenir aux discours de la chasse qui peuuent estre suspects, quoy qu'ils soient veritables, ou pour le moins de les reseruer à dire à des personnes qui adioustent foy à leur dire ; autrement on met les auditeurs en doute, & l'honneur au hazard.

Briefue guide & instruction pour vn Fauconnier.

ADVIS XIV.

Qui en contient vingt cinq particuliers.

Our conseruer vos oyseaux, & garder qu'ils ne se perdent, ie ne sçaurois mieux vous guider, qu'en vous donnant aduis des occasions qui les font ordinairement escarter.

1. Premierement, c'est pour n'estre les oyseaux bien dressez & asseurez du commencement auec soin, patience, & curiosité.

2. Secondement, pour ne les auoir purgez à propos, en temps & saison, selon les oyseaux que ce sont, & selon leurs qualitez, comme aussi quelquesfois on les despite pour leur donner quelque drogue qu'ils ont en desdain, ce qui leur fait fuir le Fauconnier.

3. Apres, à faute d'estre poyurez, puis baignez, selon l'ordre que i'ay dit en son lieu.

4. Encores si le vent estoit trop grand pour leurrer, ou aller à la volerie.

5. Aussi pour estre le iour pluuieux ; ou bien encores le lendemain, si le Soleil estoit trop chaud.

6. Si le Fauconnier n'est connu de l'oyseau, pour auoir esté dressé par vn autre.

7. Aussi pour auoir oublié de porter à la volerie dequoy le reprendre, comme est la poule viue aux oyseaux dressez nouuellement.

8. Pour ne prendre garde que l'oyſeau ne ſe paiſſe de ſoy meſmes, ſoit pour repartir ſa perdrix auant qu'on arriue à la remiſe, ou bien pour en ſuiure de fraiſches à la deſrobée.

9. Auſſi pour ſe paiſtre l'oyſeau trop haſtiuemét de ſa perdrix, lors qu'il l'a priſe: à quoy vous en trouuerez le remede à l'article 17. des ſuiuans, parlant de deux ſonnettes qu'on attache ſur la queuë des oyſeaux : & encores au traité des Autours.

10. Pour eſtre l'oyſeau charriart, deſrobant ſa perdrix: vous en auez le remede au diſcours qui parle du Gerfaut.

11. Prenez bien garde auſſi de ne faire voler voſtre oyſeau trop matin, principalement en vn beau iour: & depuis que vous ſerez en Féurier & Mars, ne le faites voler qu'il ne ſoit vne heure apres midy, & encore faut-il que l'oyſeau *C'eſt à dire en faim.* ſoit bas, & tenu par le bec.

12. Item l'oyſeau ſe perd quelquefois pour la crainte des Corbeaux, ou autres oyſeaux, comme Milans, ou Buzars, pource que l'oyſeau a peur ayant autresfois eſté pillé, volant de compagnie, ou autrement.

13. Pour aller au change du commencement qu'ils ſont dreſſez : ce qui arriue aux Faucons.

14. A faute de ſe ſouuenir comme les oyſeaux ſe doiuent iardiner, les vns ſur la pierre froide, au grand matin, les autres au Soleil ſur les huiճt, neuf, & dix heures du matin, ſoit auant leurrer, ou auant que d'aller à la volerie.

15. On peut auſſi faillir en ne prenant garde à ce qui eſt des oyſeaux, & à regarder quels ils ſont, & en quel téps on eſt: car ce qui eſt bon en vne ſaiſon, eſt le plus ſouuét contraire en l'autre. C'eſt pourquoy il faut pouruoir à vos oyſeaux, ſelon que le temps le requiert, ſoit chaud, ou froid, ou tem-

peré:& regarder fur tout à leur naturel, les vns fe plaifans
au chaud, & les autres au froid:car comme les faifons font
diuerfes , les remedes & traitemens des oyfeaux doiuent
auffi eftre differents.

16. Vn oyfeau ne fera iamais bien en eftat de voler, fi vous
continuez à le porter aux champs, & à le paiftre de perdrix
deux iours de fuite. C'eft pourquoy on le doit preparer le
iour auparauant que le faire voler.

17. Les oyfeaux craignent la neige, de façon qu'ils s'en ref-
fentent le iour auparauant qu'elle tombe, cóme verrez en
effect, & par la preuue. Quand elle eft tóbée, fi vous me
croyez, ne portez point vos oyfeaux aux cháps, mais gardez-les fur la perche quelques iours, fans vouloir feulemét
les leurrer en cápagne, pource que la bláeheur de la neige
les efblouyroit, en façon que vous les perdriez: ou bien elle les efchaufferoit, s'ils la touchoiét de leurs mains, en forte qu'ils s'en iroient chercher vn ruiffeau pour fe baigner,
fi le Soleil apres les touchoit tant foit peu. Outre qu'ils
font fuiets à beaucoup d'autres accidents, foit pour fe perdre, & dormir la nuiét en cápagne au froid , ou pour fe repofer fur la neige, de laquelle leurs fonnettes fe rempliffent, en forte qu'elles ne font aucun bruiét. Combien *Aduis qui*
qu'à tel inconuenient vous pouuez remedier & preuenir, *eft bien à*
coufant ou attachant deux petites fonnettes fur les deux *noter.*
couuertes de la queuë de l'oyfeau, auec vn cordon de foye.
Quoy que ce foit , fi vous me croyez , attendez que la
neige foit fonduë : car i'ay appris de n'aller voler en tel
temps, par les pertes que i'ay autresfois faites de mes
oyfeaux. Puis encores au premier iour que vous voudrez leurrer , ou aller voler apres la neige fonduë , faites que vos oyfeaux foient bien en eftat ; car à peine

feront-ils rien qui vaille. Parquoy il seroit bien à propos de leur dóner quelque chose, selon la qualité des oyseaux, pour les purger, ou nettoyer leur mulette, & leur presenter le bain auant que les porter aux champs.

18. Toutes les fois que vostre oyseau se trouuera malade, soit de rheume, d'indigestion, ou de croye, vous ne faudrez à la premiere connoissance que vous en aurez, de luy presenter l'eau. Et si vous connoissez qu'il la recherche, tenez-la tousiours deuant luy, mesmes parmy les autres remedes que la maladie requerra: car les oyseaux qui ne sont saisis de maladie mortelle, ont en eux cette inclination d'auoir des appetits qui les poussent à chercher ce qui est necessaire à leur guarison. Vous le changerez encore d'vne chambre en autre, & non seulement de chambre, mais de perche encores, ce qui luy profitera beaucoup.

19. Gardez-vous de mener iamais vn chien à la volerie, qui ne cognoisse bien les oyseaux, pour ne tomber en l'inconuenient qui autrefois m'est arriué, c'est que des chiens nouueaux m'ont tué de mes oyseaux tenans la perdrix.

20. On doit estre aduerty de ne piquer apres les oyseaux auec trop d'ardeur, & de ne presser les cheuaux mal à propos: car ils n'en seront pas mieux secourus, ains pour vne fois qu'il pourra rencontrer, que par ce moyen vous serez plustost à la remise, il en arriuera cent, que par le trop de promptitude, & à faute d'auoir bien remarqué où les oyseaux auront remis leurs perdrix ; vous ne les trouuerez qu'auec beaucoup de peine, & pourra vous arriuer quelque disgrâce de tomber, & vous rompre le col, les bras, ou les iambes. Vous vous ramenteurez en pareilles occasions l'Epigramme de Martial.

Parcius,

Parcius vtaris, moneo, rapiente Veredo,
Prisce, nec in lepores tam violentus eas,
Sæpè satisfecit prædæ venator, & acri
Decidit excussus, nec reditus, equo.

Ie ne conseille pas au maistre de monter vn cheual neuf, mais de le faire monter pour quelques mois à vn autre, pour l'asseurer à galloper.

21. Le Fauçónier doit estre soigneux de tenir ses oyseaux nettement, & que leur pennage ne soit sale ny gras. Car on se rit de ceux qui s'estiment estre grands Fauconniers, quand leurs oyseaux tesmoignent le contraire. Et comme le bon gendarme tient tousiours ses armes lestes & nettes; ainsi ceux qui tiennent leurs oyseaux sales, on les repute indignes d'en auoir.

22. Vous serez aussi aduerty que la pluspart des maladies des oyseaux sont contagieuses, & se prennent d'vn oyseau à l'autre, quand ils sont puz sur vn mesme gand, ou tenus en mesme perche : c'est pourquoy vous deuez separer les sains d'auec les malades ; ce qui vous seruira d'aduis.

23. Tous les Fauconniers seront aduertis de ne voler aussi tost apres la pluye ; car les perdrix fraischement lauées n'ont aucune senteur ; ce qui donne aucunesfois mauuaise opinion au maistre de ses chiens. L'esgail du matin en fait de mesmes.

24. On ne doit aussi chasser durant la gelée blanche, & que l'ardeur du Soleil n'ait seché la terre ; car en chassant à l'heure que la terre en est couuerte, l'odeur des perdrix ne se prent sur icelle ; comme aussi quand l'air est par trop refroidy & espaissi : ce qui cause que les chiens n'ont le nez si bon.

E e

25. Le vent froid enrheume les chiens, & leur empefche l'odorat, & bien qu'il ne foit froid, il feche le nez aux chiens, en forte qu'il leur ofte le fentir, comme fait aufli la trop grande fecherefle aux chaleurs de l'Efté.

Inuention pour prendre les oyfeaux de Paſſage.

ADVIS XV.

Aites vne armure auec des las de foye de cheual, pour armer vn pigeon, de forte qu'il ait fon corps tout couuert defdits las, mais qu'il ait les ailles libres, en façon qu'il puiſſe voler. Puis attachez y vne longue filiere, & au bout d'icelle vn plomb, & auec tel engin trouuant vn oyfeau paſſager, vous le prendrez facilement, cóme autresfois i'en ay prins. Ces las doiuent eftre faits de foye de cheual, retorfe en double, & le fil du courant, qui eft au bout doit eftre de bon fil retors, ou de bonne foye torfe en quatre doubles, afin que lefdits las courent mieux, & qu'ils demeurent toufiours bandez. Ces las doiuent eftre de quatre doigts de lóg, & n'eftre noüez que d'vn bout, & de l'autre auoir leur courant : lefquels courants, comme dit eft, doiuent eftre de foye, ou de bon fil. I'en donneray le pourtraiĉt en vn autre traiĉté, que i'ef-pere mettre au premier iour fous la preſſe.

Autre inuention fort esprouuée à mesme effect.

ADVIS XVI.

L faut faire vne bale de la grosseur d'vne orange, & la plus legere que faire se pourra : laquelle vous armerez de plusieurs las de soye,
desquels a esté parlé en l'Aduis precedent; & lors que vous
trouuerez vn oyseau de passage, attachez ladite bale
aux gets d'vn de vos oyseaux qui soit desia dressé. Et
apres posez-le en veuë de l'oyseau passager, car aussi tost
qu'il descouurira le vostre, croyant qu'il charrie, il ne
manquera de venir à luy pour le destrousser : que s'il touche tant soit peu à cet engin il s'y prendra par les doigts.
Vn Fauconnier ne doit iamais aller aux champs sans
auoir vn de ces engins dans sa gibeciere, tenu parmy des
plumes menuës de perdrix, ou de canard, pour le couurir.
Cette bale se peut faire d'vne esponge que c'est chose fort
legere & commode. Vn Tiercelet de Faucon est propre
à cét effect, pource qu'estans petit, les oyseaux passagers
craindront moins de l'attaquer pour le destrousser. Ces
inuentions peuuent seruir en s'exerçant à la chasse, mais
le plus asseuré pour prendre les oyseaux, c'est auec le Duc
au filé.

E e ij

Du moyen de peupler vn terroir de perdrix.

Du dixiéme Auril.

Epistre XLIIII.

PVis que ie vous ay enseigné les moyens qu'il vous faut tenir à voler les perdrix, ie vous veux apprendre vn secret pour en peupler vn terroir afin que tousiours vous ayez dequoy employer vos oyseaux. Celuy qui se plaist à telle volerie, se doit rendre curieux d'augmenter & conseruer le nombre des perdrix, mesmes aux lieux proches de sa maison ; mais ce n'est pas tout de les espargner en la saison des perdreaux, ou à l'adouée ; ie vous en diray vn autre moyen: Qui est, qu'alors qu'elles font les œufs, il faut tâcher d'en recouurer, & les faire couuer à vne poule, ainsi que l'on fait les poussins; & aussi tost que les perdreaux sont esclos, il faut abandonner le tout ensemble à la campagne à leur volonté, & sans doute la poule les esleuera aussi bien que feroit la propre mere. A cét effect ie garde expressément vn oyseau pour voler tout le mois de May & Iuin, & vois chasser en cette saison aux mauuais pays qui sont escartez de moy. Et tous les œufs que ie puis auoir, & que mes chiés trouuent, ie les fais emporter dans vn panier, & bailler à couuer à vne poule : toutesfois sans mesler vne couuée auec l'autre, afin qu'ils puissent esclorre tous à vn mesme instant. Telles poules les esleuent sans en perdre vne chose que i'experimente toutes les saisons; & par ce moyen chacun s'esmerueille d'en voir si grâde quátité en ce lieu où ie

fais mon plus grand feiour. La nature de la perdrix eſt de
peupler fort; & pource entre les Egyptiens elle eſtoit le
hieroglyphique de fecondité. Ie vous ay dit en autre lieu
comme en l'Iſle d'Anaphe où il n'y auoit point de perdrix,
vne couple qu'on y apporta , multiplia en peu d'années
tellement qu'elles mangeoient tous les bleds des habitans. Vous pouuez penſer ſi on ſe réd ſoigneux d'en auoir
quantité, & de les conſeruer, ce qu'elles pourront faire.
Car pour leur defenſe il n'y a point d'animal plus ruſé à
cacher & ſoy & ſes petits. Ariſtote, Pline, Plutarque, &
autres en ont dit pluſieurs choſes; mais ce n'eſt rien au regard des ruſes que nous voyons d'ordinaire que la neceſſité leur apprend tous les iours. Ie vous en dirois vne infinité d'admirables, ſi ie ne craignois d'eſtre reputé vn con-
teur de fables. Il faut bien auſſi que la ruſe leur ſerue, puis
que les hommes auec vne infinité d'artifices leur font la
guerre ſans aucune relaſche, de iour, & de nuict; Et non
ſeulement les hommes, mais la pluſpart des animaux, &
principalement le renard, qui eſt leur principal ennemy:
dont vous remarquerez que les perdrix fuyent le terroir
où il y a force lapins, tant pource que la nuict elles en ſont
eſpouuentées, que pource que les lapins y attirent les renards. Or retenez ce ſecret pour eſtre choſe eſprouuée, ſi
vous voulez auoir des perdrix en abondance. Vous vous
en pourrez auſſi ſeruir à peupler de Faiſans, ſi voſtre pays
le porte, & que vous ayez la commodité d'en auoir des
œufs. Il faut bien ſe donner garde que les œufs de perdrix que vous voulez faire couuer à des poules, n'ayent
eſté trouuez auprès de voſtre maiſon, ſi vous deſirez de
les entretenir priuées. Car auſſi toſt que les perdreaux

pourroient voler, s'ils entendoient leur mere naturelle,
ils l'iroient incontinent trouuer; & infailliblement i'ay
esprouué, en mettant couuer de diuerses nichées, les vnes
prises fort pres de chez moy, les autres à deux lieuës; que
celles là se laissoient desbaucher aux perdrix sauuages, &
celles-cy demeuroient tousiours auec la poule sans la quitter: desorte que par la fenestre on leur donnoit du grain,
soir & matin, venant à la voix d'vn qni auoit accoustumé
d'en auoir le soin, ainsi qu'elles font maintenant si vous
voulez venir le voir par experience. Ce n'est donc sans
raison si Pierius en ses Hieroglyphiques, pour signifier
l'homme errant, propose deux vieilles perdrix auec quelques perdreaux entre deux, disant que la perdrix qui a
trouué ses œufs gastez, se va mettre sur les œufs des autres pour les couuer. Mais il aduient, comme enseignent
sainct Ierosme, & sainct Ambroise, escriuant sur Ieremie,
qu'elle perd les petits quand ils sont esclos; parce qu'entendant leur mere naturelle, ils s'y en retournent aussi
tost. Les Theologiens entendent sur ce passage du Prophete, la perdrix estrangere estre le Diable, qui s'attend
de nourrir faussement le fruict de Dieu; entendant aussi
par la mere naturelle, l'Eglise Catholique à laquelle nous
courons aussi tost que nous en entendons la voix. Ce
sera donc icy ma derniere instruction, en laquelle ie ne
puis estre taxé de mentir, puis que la preuue s'en voit
clairement.

Le moyen de mettre des oyseaux au Liéure.

EPISTRE. LXV.

L faut auoir vne peau de liéure bien entiere, la remplir de foin, en forte qu'elle foit reffemblante à vn liéure vif, en la faifant traifner auec vne longue cordelle par vn homme à pied, qui coure fi vifte qu'il pourra, & en cette forte, il la faut faire voir aux oyfeaux qu'on veut dreffer à ce vol, les paiffant durant quelques iours fur cettedite peau de quelque bon paft. Et lors qu'ils reconnoiftront ladite peau de liéure, il la faut encores monftrer aufdits oyfeaux, l'ayant attachée à la queuë d'vn cheual auec vne cordelle la plus longue que faire fe pourra: & la traifnant en galoppant, il faut la monftrer ainfi aux oyfeaux, en arreftant ce cheual par interualles. En fin on paiftra les oyfeaux d'vn lapin, en les trompant deforte qu'ils eftiment d'auoir pû de la peau qu'ils ont bourrée. Ou bien il faut auoir vn gros connil, & luy attacher au col deux cuiffes de poule, & monftrer ce connil aux oyfeaux dans vn pré, attaché auec vne filiere ou cordelle, & les oyfeaux de mefme, afin que fi du commencement ce fpectacle leur faifoit peur, ils n'en euffent du defplaifir : par ce moyen il faut les paiftre des cuiffes que ce connil à au col, fans le tuer pour cette premiere fois, & s'ils fe monftrent chauds & affurez, il n'eft befoin de reiterer cette leçon. Mais à la feconde vous pouuez leur faire tuer le connil, & leur en donner vne efpaule à chacun, & du dedans encore : On

met à ce vol deux ou trois oyſeaux, bien qu'vn ſeul y puiſſe ſuffire. Eſtans accouſtumez comme cela, vous pouuez
leur monſtrer vn liéure en beau pays auec des leuriers; &
par ce moyen vous eſchaufferez bien vos oyſeaux, choſe
qui n'a point de difficulté. Les Sacres, les Laniers & les
Faucons, & tous autres oyſeaux, ſont faciles par ce moyen
à mettre à ce vol. Les Tuniſſiens & Alphanets vont naturellement au liéure ; & en Barbarie on leur fait voler la
Gazelle, qui eſt la commune volerie de ce pays là.

En Barba-
rie on fait
voler les
Gazelles
aux La-
niers.

De la haute volerie, & comme il faut mettre les oyſeaux
au Milan.

EPISTRE XLVI.

Bien dreſſer les oyſeaux au Milan, le plus
court chemin eſt de le faire en compagnie
d'autres oyſeaux dreſſez qui leur monſtrent
le train; & non à ce vol ſeulement, mais à tous
autres, c'eſt le plus facile, & aſſeuré moyen que nous ayós.
Mais quand il eſt queſtion de dreſſer vn vol nouueau, &
qu'on eſt deſpourueu d'oyſeaux dreſſez, il faut faire le
mieux qu'il eſt poſſible. Or pour y paruenir, il faut auoir
vn Milan vif, & luy attacher aux griffes vne demie poule
viue: & l'ayant cillé pour la premiere fois, vous le ietterez en l'air, pour en faire monſtre aux oyſeaux que vous
pretendez dreſſer; leſquels le voyant charrier ne manqueront de l'aller lier, & mener à bas : alors vous approcherez tout bellement, & ferez plaiſir aux oyſeaux de la poule que vous auiez attachée aux griffes du Milan ; le conſeruent

feruant le mieux que vous pourrez pour vous en feruir
d'autresfois à cét effect : & continuant iufques à ce que
vos oyfeaux foient bien efchauffez. Et lors qu'ils le feront, vous leur ferez voler ce Millan cillé, & ce fans luy
attacher vne autre poule comme auparauant, mais libre
de tout fors des yeux. Ainfi vous le ietterez en l'air , &
alors qu'il fera de moyenne hauteur, vous defcouurirez
les oyfeaux, lefquels ne manqueront de l'aller lier, & de
mener à bas. A ce poinct vous vous approcherez, & les
picqueurs encores. Et releuant vn oyfeau apres l'autre,
vous les couurirez : & ferez couurir les autres de mefme,
mettant à chafque oyfeau vne poule és mains le plus
dextrement que faire fe pourra, en les trompant, de forte
qu'ils cuident auoir efté puz de leur prife. Leur ayant
continué cette monftre quelques iours, vous leur pourrez
donner vn Milan de iufte guerre, & s'ils le meinent à bas,
vous les pourrez paiftre de poule, faifant comme il vous
a efté dit, eftant la chair de Milan fort puante & mauuaife. Les oyfeaux plus propres à ce vol font les Sacres, &
Gerfauts, & leurs Tiercelets qui font encores plus legers.
Les oyfeaux pour Milan volent auffi le Butor , le Chat-
huant, la Bufe, & le Fau-perdreau. Quand vous leur faites au commencement monftre du Milan, il luy faut couper le bout du bec, & les ferres, afin qu'il ne les bleffe, ce
qui les pourroit rebuter s'ils en auoient efté atteints, parquoy il eft à propos de le defarmer.

Ff

Le moyen de voler au gros gibier.

EPISTRE XLVII.

SI vous vous trouuez en commodité d'auoir des oyſeaux pour le gros gibier, & qu'il vous prinſt opinion de les employer à ce vol, ie vous diray comme il vous faut conduire. Pour le commencement, il leur faut faire tuer du vif, le plus ſemblable que vous pourrez au gibier que vous pretendez voler; comme des poules d'Inde, des Pannes, & autres qui reſſemblent le Heron, meſmes des ieunes, ſi vous faites eſtat de le voler; ou d'vn coq d'Inde, ſi vous voulez voler l'Oſtarde. Or vous pourrez conſeruer ces beſtes de monſtre, pour vous ſeruir d'autres fois, en leur faiſant armer le col de marroquin, qui eſt le cuir le plus propre à ce faire, & mettre aux mains de chaſque oyſeau vne poule commune; & ce apres qu'ils auront combattu la poule d'Inde, ou la Panne; puis vous les paiſtrez de cette poule, & les tromperez le plus ſubtilement que faire ſe pourra, afin qu'ils croyent de tenir la beſte meſme qu'ils ont combatuë: ce qui ſe pourra faire ſi vous les couurez en les prenant ſur la poule d'Inde, comme il eſt dit, & leur mettez en eſchange la poule de laquelle vous les voulez paiſtre. Au vol de ce gros gibier, il faut trois oyſeaux pour le moins, & leur donner plaiſir de compagnie, en les paiſſant enſemble. Apres que vous aurez continué telles monſtres cinq ou ſix fois, vous pouuez leur faire voir vn Heron, Butor, ou Gruë, comme l'occaſion s'en preſentera, & ſelon l'opinion que vous au-

rez du courage de vos oyſeaux : car de quelque eſpece
qu'ils ſoient, ils ne ſont pas tous eſgaux en hardieſſe
pour entreprendre, & ſi de toutes eſpeces il s'en trouue
debons à ce vol. Vous ne pourriez peut eſtre pas croire
qu'vn Faucon euſt la hardieſſe d'attaquer vne Oſtarde:
& pource ie vous veux dire ce qui arriua ces années paſſées à vn Gentilhomme qui tenoit des oyſeaux, logé pres
de la Craux d'Arles. Ses bergers luy ayant vn iour porté
vne Oſtarde, il s'enquit d'eux, comme ils l'auoient
prinſe, leſquels luy reſpondirent qu'ils l'auoient oſtée
à vn oyſeau de proye, & que la luy ayant veu prendre,
ils y eſtoient courus. Ce Gentilhomme ne s'en enquit point dauantage, ne croyant pas que cela peuſt
eſtre, mais eſtimant que quelque chaſſeur l'euſt bleſ-
ſée, & qu'ils l'euſſent trouuée morte. Le lendemain
les voila qu'ils luy en portent vne autre ; ce qui luy fit
croire ce qui en eſtoit ; meſme qu'on voyoit ordinairement vne trouppe d'Oſtardes en ce lieu. Parquoy s'in-
formant dauantage des bergers, ils luy dirent que deux
iours de ſuite, ſur les dix heures du matin, vn Faucon
ſemblable à celuy qu'il auoit ſur le poing, eſtoit venu
attaquer les Oſtardes à leur veuë ; qu'apres les auoir long
temps battuës, auſſi toſt qu'vne s'eſcartoit, le Faucon
la chargeoit de telle façon qu'elle ne pouuoit voler, mais
eſtoit contrainte de ſe ietter à terre, & alors le Faucon
la lioit, & luy couppoit la gorge : affermans encores que
ſi le lendemain matin il luy plaiſoit d'aller voir ſon beſtail, qu'ils ſe promettoient de luy faire voir le plaiſir, à
quoy il ſe reſolut. Le matin venu il ne manqua d'aller ſur
le lieu, où n'ayant attendu que deux quarts d'heure,

voila qu'il entend le bruit du combat des Oſtardes , qui
fut tout tel que les bergers le luy auoient figuré ; & lors
plus aduiſé que n'auoient eſté les bergers , il ne l'accoſta
qu'il ne conneuſt que l'oyſeau s'eſtoit pû; & lors s'approchant, il reconneut que c'eſtoit vn Faucon ſor, d'aſſez belle taille, & fort blond, à ce qu'il me repreſentoit, m'ayant
luy meſme fait ce diſcours. Par là vous pouuez iuger que
ſi vn Faucon ſeul a peu venir à bout d'vne ſi groſſe beſte
que l'Oſtarde, ce qu'il fera eſtant ſecondé d'autres oyſeaux, ſecouru par les léuriers, & aſſiſté de l'artifice de l'homme, qui luy ſert plus que tout le reſte. Voila le moyen qu'il
faut tenir à ce vol, quand il vous prendra enuie d'en faire
l'eſſay. Pour le Heron, les Faucons y ſont les plus propres,
ou les Tiercelets de Gerfaut, bien qu'il ſe trouue des Tiercelets de Faucon qui le prennent, Quand on a moyen d'a-
uoir des petits de toutes les eſpeces de gibier , il eſt facile
d'y mettre toute ſorte d'oyſeaux.

Excuſe & Apologie de l'Autheur.

EPISTRE. XLVIII.

Yant reconneu qu'il y a des perſonnes qui ſe
font croire qu'elles augmentent leur reputation
en blaſmant autruy, & qu'il me ſeroit impoſſi-
ble d'euiter la picqueure de telles gens, ſi ie laiſſois eſcha-
per de ma main les aduis que ie vous donne par mes lettres : i'ay penſé de vous dire que vous ferez beaucoup
mieux de les tenir comme domeſtiques, que de les publier
à autres. Et ſi i'en ay pris le ſoin pour voſtre particulier,

i'eftime auoir bien employé ma peine, fi par là ie vous
puis donner affeurance du defir que i'ay de vous faire feruice ; qui s'accroift d'autant plus, que ie voy augmenter
en vous l'affection que vous auez à la Fauconnerie. Mon
deffein ne tend à autre fin, que de vous inftruire en cette
fcience, qui eft fi particuliere, qu'il fe trouue peu de gens
capables de l'apprendre: car il faut pour y paruenir que la
nature en donne le commencement, qui eft la volonté; &
l'exercice affidu, l'entiere connoiffance. Auffi mes lettres
vous font adreffées, fçachant que de vos ieunes ans vous
auez eu de l'inclination à cette chaffe. Ie fçay bien qu'on
imprime mieux ce qu'on voit en effect, que ce qu'on lit fur
le papier; mais puis qu'il ne fe peut faire que nous foyons
toufiours pres de vous, au moins quand vous verrez mes
lettres, elles vous reprefenteront quelque traict du defir
que i'ay eu de vous voir content. Ce qui vous pourra donner fuiet de vous reffouuenir de moy. Or ie vous diray
comme i'ay vn extréme defplaifir de m'eftre laiffévaincre
aux perfuafions d'aucuns qui me firent publier quelques
inftructiós que i'auois dreffées pour vn mien ami particulier. Et combien que ce fuft auec beaucoup de referues, fi
eft-ce que ie voudrois ne l'auoir point fait : car auparauant nous ne foulions eftre en ce pays que deux ou trois,
qui tinffions attirail ordinaire de Fauconnerie ; auiour-
d'huy nous fommes plus de quarante. De façon que les
oyfeaux nous en font plus cher vendus, les perdrix redui-
tes en plus petit nombre en plufieurs terroirs, & nos porteurs d'oyfeaux plus fiers, & recherchez en forte qu'à peine fçauent-ils paiftre, que l'on tafche à nous les defbau-
cher: & de cette façon ie me fuis moy-mefmes preparé; ce

qui m'eſt preiudiciable. Outre qu'aucuns ont voulu me piquer en mes eſcrits, combien qu'ils ne peuuent nier qu'ils
n'y ayent appris ce peu qu'ils ſçauent de bon au meſtier, &
quitté leurs vieux ſtile, pour ſuiure mes inſtructions. Mais
ie ne crains nullement leur morſure, ſçachant que c'eſt
l'ordinaire que d'auoir des Cenſeurs. I'ay ouy reciter que
l'excellent peintre Appelles, ayant fait vn pourtraict d'A-
lexandrie de Macedoine, il voulut le faire voir publiquement; où il ſe trouua vn Cordonnier qui dit que ce pourtraict n'eſtoit en ſa perfection, & que le Peintre auoit mal
trauaillé à la façon du ſoulier; ſouſtenât ſon dire auec des
raiſons de ſon meſtier. ſur quoy aucun ne reſpódit ny meſme le maiſtre du pourtraict qui eſtoit preſent. Ce qui fut
cauſe que ce Cordonnier ſe voyant auoir priſe ſur vn ſi
bel œuure, & duquel l'on faiſoit tant d'eſtime, voulut paſſer plus outre, diſant que le nez du pourtraict n'eſtoit aſſez
aquilin. Surquoy Apelles le reprint, & rompant le ſilence
qu'il auoit gardé, le renuoya à ſa boutique faire ſon meſtier. De meſme il ſe pourroit eſtre trouué quelqu'vn, qui
pour n'entendre ce dequoy ie parle, ou pour ne ſçauoir les
mots & termes dont nous vſons à la Fauconnerie, qui ſont
aucunesfois differents ſelon la diuerſité des pays; m'auroit
voulu picquer, liſant pluſtoſt mes eſcrits en intention de
les reprendre, que pour y profiter. Mais ce n'a pas eſté mon
intention de faire ce qui ne fut iamais fait, vn ouurage où
l'enuie ne peut mordre. I'ay pluſtoſt penſé à donner de
bonnes adreſſes que de belles paroles. Il me ſuffit que vous
me puiſſiez entendre, & que vous iugiez que mes eſcrits
ont plus de verité que d'ornement.

Fin de la troiſiéme Partie.

QVATRIESME PARTIE
DE LA FAVCONNRIE
DV SIEVR D'ESPARRON.

Des parties interieures des oyseaux de la Fauconnerie: de leur forme, situation, & substance: & de leurs offices.

CHAPITRE I.

SI l'on n'a la connoissance des parties interieures des oyseaux, on ne peut iuger de leurs maux, & quand quelque accident leur arriue, on n'a iamais les remedes asseurez; principalement si le mal est aux parties qui seruent à la nourriture iournaliere, lesquelles ont leur situation depuis le bec par où entre la viande, iusques au plus bas, par où en sortent les esmeuts. C'est pourquoy i'ay voulu icy traicter quelle forme ont telles parties, le lieu où elles sont, & de leur substance. Nous dirons aussi des offices d'icelles; en quoy on remarquera comme elles different d'auec les parties des autres oyseaux qui se nourrissent de grains, ou autres fruicts produits par la terre. Commençant donc à la partie premiere, qui est le bec, ie dy que sa forme est sem-

Des parties qui seruent à la nourriture des oyseaux.

Forme du bec, premiere partie.

blable à des pincettes trenchantes des deux coſtez. Il eſt
pointu, ayant au deſſus deux trous, vn de chaſque coſté,
que nous diſons les nazeaux, l'office deſquels eſt de ſeruir
au chef, le premier de tous les autres membres de ce corps,
comme contenant en ſoy le cerueau. Auſſi eſt-il certain
que le cerueau a beſoin pour l'entretenemét de ſes eſprits
vitaux, d'auoir des eſgouſts proches & ſous luy, comme
ils ſont, pour receuoir ſes diſtillations, & vuider par là ſes
ordures. Ces nazeaux ſont neceſſaires encores, tant pour
ſeruir à l'odorat, qu'au poulmon, parce qu'ayant par les
deux nazeaux la reſpiration libre, il en reçoit grád ſoula-
gement: comme au contraire il a du trauail auſſi toſt qu'il
ſent quelque ordure qui les bouche. Et tout ainſi que ces
nazeaux ſont vtiles, ils ſont par fois preiudiciables: car
par iceux vn oyſeau ſain gagne la maladie d'vn autre malade, ſoit du poulmon, du palais, ou de la langue. Ce bec
eſt ſitué à l'entrée du corps de l'oyſeau, comme premier
officier qui decoupe la viande pour la digeſtion & nourriture d'iceluy. Sa ſubſtáce eſt cartilagineuſe, dure, & nerueuſe, bien qu'elle ſemble eſtre faite d'os par le dehors.
Mais n'ayans les os aucun ſentiment, telle matiere ſe trouue fort differente, tant à l'occaſion du gouſt que l'oyſeau
en reçoit, que pour n'eſtre couuert de chair comme les autres os. L'office de ce bec eſt de plumer la proye, & de rompre les choſes dures. Auant que de paſſer plus bas, ie veux
parler de la langue, afin qu'on ſçache comme elle eſt faite, où elle eſt, & de quelle ſubſtance. La forme d'icelle eſt
preſque comme la fueille de la ſauge, rempliſſant le dedans du bec où elle eſt logée. Sa ſubſtance eſt nerueuſe,
ſpongieuſe, & charnuë, ayant au deſſous vne veine, de laquelle

quelle l'oyſeau ſe tire du ſang auec ſes ongles , lors qu'il
s'en ſent trop chargé. L'office de cette langue eſt qu'elle
ſert de medecin à l'oyſeau. Car ayant la ſcience de trouuer des remedes à ſes maux , comme il n'en faut point
douter, ce n'eſt que par le iugemét du gouſt que la langue
luy donne: & nos Medecins ne connoiſſent pas ſi bien les
proprietez des ſimples par la ſaueur, que font les oyſeaux
par icelle langue. Et ſi Dieu n'y auoit ainſi pourueu, que
ſeroit-ce de leur vie? La langue s'employe auſſi à conduire la viande au goſier, par lequel elle deuale au ſachet, que
nous appellons la gorge; qui eſt la partie en laquelle premierement l'oyſeau met ce qu'il a mangé. Cette gorge,
ou ſachet ſuperieur , eſt faite de peau, ſemblable à vne
veſſie, & de meſme forme. Mais c'eſt auec beaucoup de
filaments; dont les vns ſont droicts en haut, ayans la vertu d'attirer la viande; les autres ſont à trauers, & leur office eſt de la reietter ſi l'oyſeau ne la trouue bonne. Puis il
y en a d'autres qui vont trauerſant les premiers & ſeconds
filaments par triangles. Les troiſiémes ſont pour retenir
& reſſerrer la viande que l'oyſeau trouue de bon gouſt,
tout de meſmes que ſont les tirans d'vne gibeciere; & par
ce moyen telle viande eſt retenuë là dedans; & s'y cuit à
demy, en ſe preparant pour deualer en bas. La ſituation
de ce ſachet eſt au long du col, & en façon qu'il couure
le tuyau du poulmon qui ſe ioint à la langue par le haût;
& en tirant en bas ledit tuyau s'en va droit audit poulmon: & ce ſachet à vne manche en l'entre deux. La ſubſtance d'iceluy eſt nerueuſe, afin que l'oyſeau par le ſentiment puiſſe eſtre incité à l'appetit , & à reietter ce qui
luy eſt mal conuenable: Au bas de ce ſachet il y a vne

G g

Office de la mâche.

manche qui va iusques à la mulette. Telle manche tient du costé superieur au sachet susdit, & de l'autre costé au sachet inferieur, qui est ladite mulette. Cette manche s'eslargit & restrecit comme il est besoin, pour estre de matiere propre à cét effect : & ce afin que l'oyseau puisse plus facilement aualer les gros morceaux ; car elle sert de passage à la viande, iusques à ce qu'il soit dans la mulette. Et pour vous donner à connoistre ce qui est de ladite

Forme de la mulette
A dinsque l'oyseau n'a qu'vn boyau.
Situation de la mulette.
Elle est proche de la ratelle & du foye.
Sa sub-stance.

mulette, il faut premierement que ie vous die quelle est sa forme, sa situation, & de quelle substance elle est faite. Sa forme est comme vne petite bourse, quelque peu plus large du costé bas auquel s'attache le boyau. Sa situation est en sorte, que les deux cuisses luy seruent de rempart ; & par le dessus, elle est couuerte du croupion. Aussi estant la partie plus importante qui nourrit les autres, elle doit estre au lieu plus asseuré, comme elle est, le foye & la ratte l'assistent de leur chaleur, laquelle luy sert grandement à la digestion. Les qualitez de sa substace sont d'estre froi-de & seiche, mais elle est fort nerueuse. Et faut qu'elle soit telle, tant à cause du sentiment, que pour estre plus pro-pre à inciter l'oyseau à desirer les choses qui luy sont bon-nes, & à reietter les autres. Elle est de matiere qui ne s'e-stend, & ne s'eslargit que fort peu. Aussi elle est dure pour resister à la piqueure des os que l'oyseau aualle d'ordinai-

De la dige-stion.

re en paissant, & pour mieux satisfaire à la digestion. La digestion estant faite, ce qui reste au fonds de la mullette, qui ne peut passer par le boyau, à cause qu'il est fort estroit

Le fiel est ce qui es-meut l'oy-seau à cu-yer.

s'amasse comme vn petit peloton, & est renuoyé en haut à la manche de l'entre deux, par l'aide de l'humeur que le fiel luy contribuë. Cette manche le reiette au superieur,

& le fachet fuperieur le reiette au gofier, d'où il eft re-
ietté dehors, ce que nous difons curer. L'oyfeau ayant
curé, il recure autant de fois qu'il fent auoir quelque refte de la cure, ou de cette humeur qui luy eft contribuée
par le fiel, de laquelle ie diray icy vn mot en paffant. Il
y a vne petite veffie qui tient au foye, dans laquelle eft *Situation du fiel.*
l'humeur cholerique, qui eft de couleur verte, que nous *Offices du fiel.*
appellons le fiel: cette veffie à deux rameaux, l'vn qui va
droiét en haut pour attirer telle humeur, & l'autre qui
defcend en la mulette, dans laquelle ce fiel fe vuide tous
les matins, auffi toft que la digeftion eft faite. Dont par
la contribution de l'amertume de cét humeur, la mu- *Comme fe fait la cu-*
lette eft prouoquée à fe purger, renuoyant en haut la *re.*
cure & le peloton, ainfi que nous le voyons tous les ma- *Autres*
tins au curer que fait l'oyfeau. Ce fiel ne fert pas feule- *offices du fiel.*
ment à cét effeét, mais auffi à purger le boyau des humeurs
craffes & gluantes qui fe prennent contre iceluy, comme
les efmuts verts que l'oyfeau fait aucunesfois le nous tefmoignent. Il fert encores à purifier le fang, à chaffer les
filandres, & à beaucoup d'autres vfages. L'oyfeau eftant
en fanté, l'humeur du fiel fe rend de couleur iaunaftre;
mais lors qu'il tombe malade, telle couleur iaune fe *L'oyfeau*
rend noire ou bazanée par l'alteration de la ratelle. Mais *n'a appetit*
pour continuer mon difcours fans changer de matiere, *de manger*
ie dy qu'apres que l'oyfeau a tout curé, il ne tarde plus *qu'il n'ait*
gueres d'auoir appetit. Ses membres eftans vuides, & *curé.*
recherchants d'eftre fecourus de nourriture, s'efforcent *Côme l'oy-*
de l'attirer en fuççant les veines; & alors les veines *feau eft in-*
cité à la
fuccent le foye, le foye fucce la mulette, la mulette *faim, eftãs*
les mêbres
le fachet fuperieur; & en ce poinét l'oyfeau qui *vuides d'a-*
limens.

Du succe-
ment qui
respond
d'vne par-
tie à l'au-
tre.

souffre par tel sucement, qui respond d'vne partie à l'autre est forcé d'aller chercher dequoy entretenir sa vie. De la viande que la mulette reçoit au paistre de l'oyseau, ce qui se digere se tourne en substance, ce qui ne se digere point, comme la plume, les os, & autres choses, va à la cure, la matiere visqueuse ou gluante demeure dans la mulette:

Comme se
fait le dou-
ble de la
mulette.

contre laquelle elle se prend, comme fait la lie du vin contre le muy, & par la longueur du temps, de cette matiere gluante il se forme vne peau, que l'on nomme le double de la mulette, laquelle interrompant la digestion, parce qu'elle suffoque la chaleur naturelle ; rend l'oyseau indisposé. Et ne s'en voit iamais de si bonne temperature, qui n'en tombe malade dans trois ou quatre mois si on n'y prend garde. Parquoy si les parties susdites sont entretenuës en estat, & qu'elles soient saines, il ne faut que les conseruer par les purgations preuenantes, desquelles il a esté dit en leur lieu. Mais s'il y a quelqu'vne d'icelles qui soit debile, il la faut aussi tost restaurer & fortifier par les remedes ordonnez selon les occurrences.

Anatomie des oyseaux de proye, & de la capacité haute qui est la teste.

CHAPITRE II.

Yant discouru au chapitre precedent des parties interieures des oyseaux, ie veux vous traicter des autres. Ie vous diray donc que les oyseaux de proye ont le corps diuisé en membres, & en trois capacitez ; desquelles la plus haute, qui est la teste,

est situéesur le col, à la façon des autres animaux, & ce *De la ca-*
par la prouidence de la nature. Cette capacité contient *pacité*
la substance du cerueau, les yeux, le bec, la langue, oreil- *haute, &*
les, les membranes, quelques nerfs, & les peaux qui les *ce qu'elle*
couurent. Entre les yeux & le cerueau il ne se treuue au- *contient.*
cun os, mais des cartilages qui les separent. Le cerueau *Des yeux.*
est diuisé assez profondément en deux parties qui sont *Du cer-*
esleuées en haut contre la partie posterieure des yeux, & *ueau.*
sous icelle est situé le ceruelet, qui est la source de la
moüelle qui remplist le dedans des roüelles du col. De ce *Du cerue-*
ceruelet & du cerueau sortent les nerfs qui sont espars *let.*
par tout le corps de l'oyseau. Le bec est situé sous le cerueau, ainsi que i'ay dit au chapitre precedent. Dans ce
bec on voit vne fente au palais, formée en triangle, mais *Du bec.*
fort pointuë, tirant vers son bout. En cette fente se treuue *De la fente*
vn conduit qui passe aux nazeaux, & par iceluy les hu- *du bec.*
meurs se deschargent aucunesfois en telle sorte que les *Du côduit*
nazeaux demeurent bouchez, & la respiration arrestée, *où passe la*
qui fait consequemment enfler la peau entre l'œil & le *respiration*
bec où passe ce conduit. Cecy a esté dit au chapitre neu-
fiesme de la seconde partie. A costé des yeux sur la ioincture des mandibules, ou des clefs du bec, sont situées les *Des clefs*
oreilles. Dans ces oreilles les humeurs s'amassent aucu- *du bec.*
nesfois, en sorte qu'elles font venir des glandes, desquel- *Des oreil-*
les i'ay discouru en son lieu, comme de la veine qui passe *les.*
en cét endroit aussi. La langue est logée proche de là, de
laquelle i'ay parlé ailleurs. On ne voit point d'animaux
qui ayent double paupiere, que les oyseaux, si ce ne sont
les chats, ce qui est à remarquer; car outre cette paupiere *De la dou-*
qu'on voit en tous animaux terrestres, on en trouue vne *ble paupie-*
re des yeux

en eux qui fort du coin de l'œil, proche du bec, comme vn rideau ; laquelle reſſemble à ces peaux deliées, qu'on leue entre les eſpaces des oignons. On la peut facilement diſcerner quand l'oyſeau la fait mouuoir. De cette ſeconde paupiere l'oyſeau ſe ſert pour entretenir ſon œil : car pour le couurir en dormans , ou pour le preſeruer d'accidens , l'oyſeau employe la premiere paupiere , qui eſt commune à tous autres animaux. L'oyſeau ne fait rouler l'œil d'vn coſté & d'autre, comme nous faiſons ; mais voulant regarder il ſe ſert du col qu'il a fort ſouple tant par ſa longueur, que pour l'auoir fort nerueux & garny de douze vertebres. Ie ne m'arreſteray pas au ſuict qui ſe preſente de trois humeurs differentes, dont ſes yeux ſont compoſez ; l'vne aqueuſe , l'autre cryſtaline, & l'autre vitrée ; & des excellences de leurs tuniques ; parce que ce ſont matieres trop releuées pour eſtre traitées entre Fauconniers. Aucuns s'abuſent de croire que ce que le Duc vole & chaſſe la nuict pour ſa nourriture, ce ſoit pour ne voir pas bien le iour. Ce n'eſt à faute de veuë, on peut l'apprendre par l'experience de ceux qui pour prendre les oyſeaux paſſagers en chaſſent au filet, car à toutes heures du iour le Duc voit venir à luy ces oyſeaux pour le buffeter ; voire il les deſcouurira long temps premier que le Tendeur , faiſant ſigne qu'il a l'alarme, claquant du bec, & heriſſant ſes plumes. Au retardement que les oyſeaux font d'arriuer à luy, on iuge ce qui eſt de ſa veuë. Si tel oyſeau ne va point le iour, c'eſt faute de courage, & de peur qu'il a d'eſtre battu des oyſeaux de proye, qui ſont les ennemis par antipathie, & non pour n'y voir pas. Auſſi le Duc a l'œil fait d'vne

Office de cette double paupiere.

Du col & de ſes offices.
Des humeurs des yeux.

De l'aveuë du Duc, & pourquoy il va la nuict.

forte qu'il faut qu'il foit clair voyant, l'ayant plus gros que nul des autres oyfeaux, & le cercle interieur de l'œil plus apparent. Bien que l'œil des oyfeaux de proye foit en fon rond, prefque immobile, fi voit-on eflargir & refferrer vn cercle au milieu, qui mouue lors que les oyfeaux regardent d'affection ; en forte que par fois on voit le noir de leur veuë reduit à vn petit poinct, & puis tout à coup fe dilater, paroiffant noir comme vn petit grain de raifin. Ce qu'on remarquera aifément aux oyfeaux qui ont l'entour de la veuë gris ou iaune; mais fort difficilement aux yeux entierement noirs. Parquoy i'eftime que felon la proportion des yeux, il faut que la lumiere leur foit diftribuée, ne pouuant bien voir s'ils n'en ont autant qu'il leur en fait befoin: & par mefme raifon s'ils en ont trop, ils en font efblouys. Ce cercle paroift d'vne forme femblable à vn dé à coudre, ouuert par deuant, & fermé par la partie pofterieure, planté au milieu de l'œil. Les yeux de nos oyfeaux font fort gros felon la proportion de leur tefte ; & nul animal des autres efpeces ne les a tels, & fi propres à bien voir, foit de loin ou de pres. Telle groffeur leur donne cét aduantage ; parce que les gros yeux, quant aux oyfeaux, font les plus capables à receuoir les efpeces, & à defcouurir, difcerner, & choifir leurs obiects, qui eft le propre des yeux de nos oyfeaux. Dauantage, ils contiennent par leur groffeur plus grande quantité d'efprits vifuels, reftrecis comme ils font par le deuant, par vne branche d'os venant du cofté du bec, portant le fourcil : & ce afin que les mefmes efprits ne fe puiffent facilement diffiper. Ces yeux reçoiuent les nerfs optiques au

Du cercle de l'œil des oyfeaux.

Os porte-fourcil.

Des nerfs optiques.

milieu de leur rond par leur partie poſterieure : & chacun d'iceux en a vn propre, par lequel la vertu de voir

Subtilité
de la veuë
des oyſe-
aux.

leur eſt communiquée du cerueau. Tels nerfs ſont differens des autres, pour n'eſtre pas ſolides, mais creux au
dedans; comme petits canaux, par où ſont portez les eſprits viſuels. Les animaux à quatre pieds n'ont pas le iugement ou inſtinct pour diſcerner ce qui s'oppoſe à leur
veuë, ainſi que ces oyſeaux, ce que par l'experiéce on peut
apprendre. Et que cela ſoit, qu'on face mettre vn arquebuſier au guet à l'attente d'vn liéure, d'vn lapin, ou d'vn
cheureüil; ſi l'arquebuſier ne remuë aucunement, ces animaux viendront à luy, & l'approcheront ſans auoir crainte, s'imaginant que ce ſoit quelque ſouche de bois, ou
quelque roc couuert de mouſſe. Le renard meſmes ſe tró-
pe ſouuent de cette façon, bien qu'il ſoit plein d'aſtuce:
mais les oyſeaux ont la veuë plus propre pour leur conſeruation, & pour faire diſtinction de ce qui leur eſt contraire: Et ſi on les veut attraper, il faut que celuy qui les
attend, ſe couure de rameaux & branches fueillées; encores ne ſe gardera-il d'eſtre apperceu, ou du moins d'eſtre
ſoupçonné des oyſeaux. Ce qui me fait conclure que les
oyſeaux ont la veuë plus ſubtile & plus vtile à leur conſeruation, que les beſtes à quatre pieds.

De

De la capacité moyenne.

CHAPITRE III.

Ous la capacité superieure est la moyenne, où sont logez les poulmós & le cœur. Mais auant que de passer plus outre il sera à propos que ie represente la forme & situation des os qui portent & contiennent telles parties. Le premier est le grand os carcassier, marqué en la figure de l'anatomie, *De l'os car-cassier.* par la double lettre AA, qui est de la forme d'vn deuant de corselet, au milieu duquel on auroit fait vne creste en long. Cét os se ioint du costé superieur, & par deux clauicules, aux os mahutes, qui sont les premiers os de chasque aisle, que les Latins nomment, *os humeri*, s'attachant *Des ma-hutes.* apres au porte-sachet, qui est vn os courbé en demie-ouale. Ces os mahutes, se trouuent marquez par B, & le *Os porte-sachet.* porte-sachet par C. Ce porte-sachet ou fausil estant en-*Os mahu-te.* foncé en soy reçoit le sachet superieur, qui est la partie *Os porte-sachet.* où l'oyseau met & aualle premierement son past, comme i'ay dit au premier chapitre de cette partie. A ces deux *Os espau-lette.* mahutes, à cét os carcassier, & au porte-sachet se ioignent encores les deux espaulettes marquées par D, lettres ap-posées sur la figure de telles parties. En descendant sur le derriere de l'oyseau, elles laissent entre elles deux, l'os dit Espinette, qui est marqué par la lettre E. Elles couurent *Os espinet-te.* les costes, fors les trois plus basses, dont l'inferieure ne descend qu'à l'esgal de la pointe basse de l'os carcassier. Ces espaulettes iointes auec les mahutes, chacune à la

H h

sienne, font la forme d'vne faux auec laquelle on fauche
les prez : a chacune defquelles, chafque mahute fert de
manche, & chafque efpaulette comme de fer trenchant le
foin. Entre ces coftes fe tient vn petit os biaifant d'vne
cofte à l'autre, qui leur fert comme d'attache, de forte
qu'en fe dilatant pour la refpiration, c'eft toufiours par efgales diftances. L'efpinette fe va ioindre à l'os dit croupion, qui eft marqué par la lettre F. Cette iointure eft
au droit du diaphragme. Sept coftes attachent l'os car-
caffier, auec l'efpinette & le croupion, à fçauoir cinq qui
tiennent à l'os efpinette, & les deux autres au croupion.
Les coftes font affez conneuës, & n'ont befoin de marque.
Or pour la liaifon de ces fept coftes, des peaux & membranes qui enuelopent le tout, la forme du corfellet fe
trouue faite, duquel l'os porte fachet fert de goulette, les
os mahutes auec les efpaulettes, de braffarts, les coftes,
membranes & peaux, d'attaches, & le croupion, de garde-
reins. Toutes ces parties iointes enfemble en fe dilattant
font vn mefme mouuement que des foufflets. Le vent
attiré fortant de là paffant par la caue du poulmon, qu'aucuns nomment trachie artere, fait le cry de l'oyfeau. Les
poulmons font fi efpais qu'ils rempliffent prefque tout le
vuide qui fe trouue entre les coftes & l'efpinette où ils
font emboitez. Leur fubftance eft fpongieufe & rougeaftre, à cette occafion les Fauconniers qui ne font enten-
dus, les nomment rougets.

La cane fufdite eft plantée du cofté bas dans la fubftance d'iceux, & prenant fa naiffance d'en haut, à la
langue de l'oyfeau, elle defcend le long du col, fuiuant
la manche qui porte le paft au fachet fuperieur. Quand

elle approche des poulmons, elle se depart en deux ; &
chasque branche se va ioindre separément à iceux. L'air
qu'elle respire est distribué pour temperer la chaleur du
cœur. Tous les oyseaux de proye ont en general le cœur *Du cœur.*
fort petit de chair : sur tous les Faucons qui sont les plus
courageux. La forme de ce cœur est en sorte que de sa *D'où pro-*
base les arteres en sortent, qui par apres sont esparses par *cedent les*
tout le reste du corps. L'os dit carcaslier s'estend sur le de- *arteres.*
uant de l'oyseau iusques en bas à la mulette, & la couure
à demy aux Autours, mais non tant aux oyseaux de Fauconnerie : de sorte qu'en mettant le doigt au deffaut de cét
os, on peut taster & iuger si l'oyseau a curé ou non. L'os
du croupion est du tout fort : & faut qu'il soit tel, puis que
c'est la targe pour parer aux coups donnez par dessus,
quand les oyseaux s'entrebattent. Cét os couure toute la
partie basse iusques au couderon, de laquelle ie parleray
cy apres.

De la Capacité basse.

CHAPITRE IV.

L A Capacité basse contient depuis le diaphragme
iusques au bas du corps de l'oyseau. Ce dia- *Separation*
phragme est vne peau membrane, qui separe les *des parties*
parties vitales des naturelles. Dans cette partie basse *vitales &*
est la situation du foye, où est attaché le fiel de la rate *nobles.*
& de la mulette, à laquelle s'attache le boyau, comme
i'ay discouru au long de telles parties au chapitre

premier de cette partie. Elle contient encores les testicu-
les & vases spermatiques aux Tiercelets, & la pondriere
aux formez, qui sont les femelles, comme i'ay dit ailleurs.

Telles parties du masle & femelle se rencontrent à leur
ioindre naturel, par le mesme trou dót l'oyseau esmutit,
& dans iceluy sont situez lesdits outils semenciers:le tout
estant soustenu par deux petits os, que nous disons, porte-
brayers, qui prennent naissance chacun au bout du croupion, & vont se rencontrer audit trou.

L'office de ces deux os, est de porter le petit ventre, &
de seruir l'oyseau au mouuement qu'il fait, soit à l'esmu-
tir; soit à conceuoir, ou au pondre.

Les oyseaux ont la peau si serrée qu'ils sont priuez du
benefice de se purger par la sueur. Mais cóme Dieu n'a rié
laissé d'imparfait en ses creatures, il leur a donné vne vui-
dange, que nous disons le couderon, marqué par la lettre
H, qui reçoit telles humeurs, & encores celles qui sont
causées par la diminution ou corruption de leur graisse,
soit qu'on les abaisse pour les mettre en estat, ou qu'ils s'a-
maigrissent par quelque accident. Ce couderon est soustenu par six vertebres, qui font le mouuemét de la queuë
à leur volonté: & cette queuë leur sert de timon en volant.
Or les six vertebres portent chacune vne penne de cette
queuë à leur costé; qui sont les douze que les oyseaux en
ont: quoy qu'aucuns ayent voulu dire auoir veu des oyseaux en auoir treize: ce qui ne se peut sans extraordinaire.

La situation de ce couderon est au bas du croupion; sa
forme est semblable à vne verruë, & tout ainsi qu'on la
voit à toute autre sorte de volatille. Sa substance est la
mesme aussi.

Aucunesfois les oyseaux se vont foüiller ce couderon en s'espluchant, & le pressent du bec pour la demangeaison qu'ils y sentent. Il se trouue des Fauconniers, qui voyans telle action, disent que les oyseaux en retirent du fard pour leur pennage. Cela n'est point; car la graisse ne luy conuiendroit pas, & quand les oyseaux ont besoin d'humidité pour s'agencer leurs pennes, ils ont la langue qui leur en fournit assez. *Erreur des anciens.*

Tout ainsi que ce couderon sert d'esgout aux humeurs que i'ay dit, il fait le mesmes à celles qui coulent dans le croupion; ne pouuás estre euacuées par l'vrine, cóme aux animaux sans plume; parce que non seulement nos oyseaux sont sans pores, comme est dit, mais tous autres encores, quelque volatille qui soit, on n'y sçauroit trouuer de roignós, de vessie, ny de reins; parties dediées pour l'vrine. *Office du couderon.* *Les oyseaux n'ont point de reins, de roignons, ni de vessie*

On me pourroit dire que les Fauconniers & Autoursiers attribuent des reins à leurs oyseaux, quand ils disent qu'ils ont bons reins, remontant gaillardement; ou qu'ils sont foibles de reins, lors que leurs oyseaux ne remontent pas à leur gré. Ie responds à ceux là, que ce mot de reins est mal adapté aux oyseaux; & que par iceluy on entend de parler des deux parties du dos, que nous disons l'espinette & le croupion, qui sont situées à la place des reins aux autres animaux. Ie voudrois bien que les Fauconniers, en regardant l'Anatomie, considerassent le danger qu'il y a en abattant vn oyseau, de le gaster; & qu'ils fussent bien prudents en cette action; remarquant comme l'os espaulette passe par dessus les costes. Ce qu'ils apprendront mieux en gardant la carcasse des oyseaux qui leur mourront en main. *Aduis.*

Des Aisles.

Chapitre V.

LEs aisles sont les membres plus importans à nos oyseaux. Aussi Dieu leur en a donné deux, parcequ'vne seule n'est suffisante à porter leur corps. On peut voir des oyseaux manchots, ou borgnes, & n'estre pas moindres en bonté : mais aussi tost qu'vn oyseau est du tout estropié d'vne de ses aisles, le voila inutile.

Forme de l'aisle.   Or pour leur forme, elles sont presque semblables aux bras d'vn corps humain. Elles seruent l'oyseau aux offices qui luy importent le plus : mais pour mieux traicter le tout, il est à propos que ie represente quels sont les os de telles parties.

Premier os de l'aisle, dit Mahute.   Le premier, nous le disons os Mahute, lequel fait ioincture au corps de l'oyseau à chasque costé, puis y en a deux, & que c'est le premier os de chasque aisle. Il s'attache à deux autres os : l'vn dit os espaulette, & l'autre os carcassier, & ce par ses clauicules, ainsi qu'il a esté dit. Il est plus fort que nul autre, aussi n'est-il pas double, ny accompagné comme les os des autres ioinctures.

Chasque os Mahute fait la premiere partie de son aisle, & à chasque costé, s'attachant en apres à la seconde ioincture que nous disons le coude, à faute de nom plus propre.

Deuxième partie.   A cette seconde partie se trouuent deux os. Le plus petit est sur le deuant, & le plus gros reste derriere, & pour estre plus fort porte les vanneaux.

Quant à la troisiéme partie, il ne se trouue qu'vn os; *Troisiéme partie.*
mais il double, & pour estre de la forme d'vn archet de *Os archet.*
violon, nous luy en donnerons le nom. Le plus gros de
cét os archet, se trouue deuant au contraire des os precedents. Cét os contient & porte six pennes premieres, auec
son pennage bien rangé par dessus.

A la quatriéme partie on n'y voit qu'vn os aussi, qui est *Quatriés-*
de la forme de la main d'vne personne, de laquelle seroiét *me partie.*
ostez les doigts, fors l'indiquaire. Et cette forme de main,
ioint à elle l'indiquaire susdit, sert de cinquiéme partie à *Cinquiéme*
cette aisle, ou bien comme de clef à tous les ligamens, *partie.*
nerfs, & ioincture d'icelle. Il faut remarquer que la quatriesme partie porte les quatre pennes qui restent des dix
dont i'ay fait mention ailleurs : & la derniere d'icelles est
le cerueau; que les Fauconniers Grecs disent Cleros, & ce *Cleros, ou*
doit indiquaire, ou bout d'aisle, n'est couuert que de plu- *cerceaux.*
mage menu. Combien que l'art de Fauconnerie ne fust
connu du temps du Prophete Dauid, si n'a-il ignoré ce
qu'estoit les cerceaux de la Colombe, en disant au Pseaume 97. *Si dormiatis inter medios cleros.*

Tout ainsi que le canal de l'arrosage d'vn iardin sert
aux plantes, soient arbres ou herbes, vne veine est mise à *De la gros-*
l'aisle de l'oyseau par la nature, venát du foye, pour abreu- *se veine.*
uer & nourrir ce membre, mesmes les pennes & van-
neaux, lors que l'oyseau fait sa muë, dont les oyseaux
plus gras ayant moins de sang, ne nourrissent iamais si
bien leur pennage.

De l'Aiſleron.

CHAPITRE VI.

Ntre la ſecóde & tierce partie de l'aiſle ſur la iointure, ſe trouue l'Ariſteron, qui ſort tout de la meſme forme que le bout de l'aiſle, que nous auons mis pour
cinquiéme partie. Cét Aiſleron porte quatre petites plumes fort roides & fermes, leſquelles font leur muë par
ordre de Lunes, ainſi que les vanneaux & les pennes.

L'aiſleron porte quatre pennes.

L'office des aiſles eſt de porter l'oyſeau où ſa volonté
le conuie, & de couurir ſon corps de l'ardeur du Soleil, des
pluyes, ou des humiditez de la nuiĉt. C'eſt en vn mot les
membres les plus vtiles à toutes ſes neceſſitez. On verra
par l'anatomie comme les Faucons, Sacres, Laniers &
Gerfauts, n'ont les premieres parties des aiſles ſi longues
que les Autours ; mais ils ont auſſi les autres parties de
l'aiſle plus aduantageuſes, & longues iuſques au cerueau.
Notez que les Autours ont trois cerceaux auſſi, & les autres n'en ont qu'vn.

Office des aiſles.

Difference des aiſles.

De la iambe.

CHAPITRE VII.

N remarquera comme la iambe des oyſeaux eſt
diuiſée en quatre parties. La plus haute eſt appellée la hanche ; la nommant ainſi à faute de nom plus propre. Elle fait iointure du coſté ſuperieur à l'os croupion.

Premiere partie de la iambe.

La

La seconde partie est la cuisse, qui se ioint du costé supe-*Seconde*
rieur à la hanche, & de l'autre à la partie dite porte son-*partie.*
nette.

Puis en descendant, à la partie porte sonnette se ioint *Porte son-*
à la main la hanche & la cuisse sont duueteuses & cou-*nette.*
uertes de plume: De là en bas on n'y voit que le cuir de
l'oyseau, couuert de petites escailles. Les mains sont con-*La main.*
tées pour la quatriéme partie, comprenant tout ce qu'elles contiennent, qui sont les doigts, & les ongles. Dont *Quatre*
chacune d'icelles à trois deuant & vn derriere, qui sert de *doigts.*
clef aux trois en se serrant.

Ces doigts ont leurs iointures necessaires sçauoir au *Iointures*
doigt de deuant, deux à celuy du milieu, trois; au troisié-*des doigts.*
me, trois; & vne seulement au doigt de derriere; sans conter la iointure où les quatre doigts prenent leur naissance.

Chasque doigt est garny d'vn ongle, qui sert l'oyseau *Offices des*
à toutes ses necessitez, estant ses armes pour offencer & *ongles.*
se deffendre. Ils conuiennent aussi par leur dureté aux extrémitez des doigts: & sans les ongles l'oyseau ne se pourroit soustenir. Ils sont les outils pour saigner l'oyseau, &
se grater, & la meule pour aiguiser son bec. Dauantage,
si les ongles luy defailloient, il ne sçauroit faire prise.

La grosse veine de ce membre descend du foye, & va *De la gros-*
le long de la hanche, passant au dedans d'icelle & delà, à *se veine.*
la cuisse, où elle se coupe ainsi que i'ay dit au Chapitre
XVI. de la partie seconde: & se va departir par rameaux
aux doigts, finissant aux ongles: On tient que tant plus
lesdits ongles sont pleins & accompagnez de sang, plus *Marque*
l'oyseau en est courageux & robuste. *du courage*

L'Anatomie des oyseaux de proye.

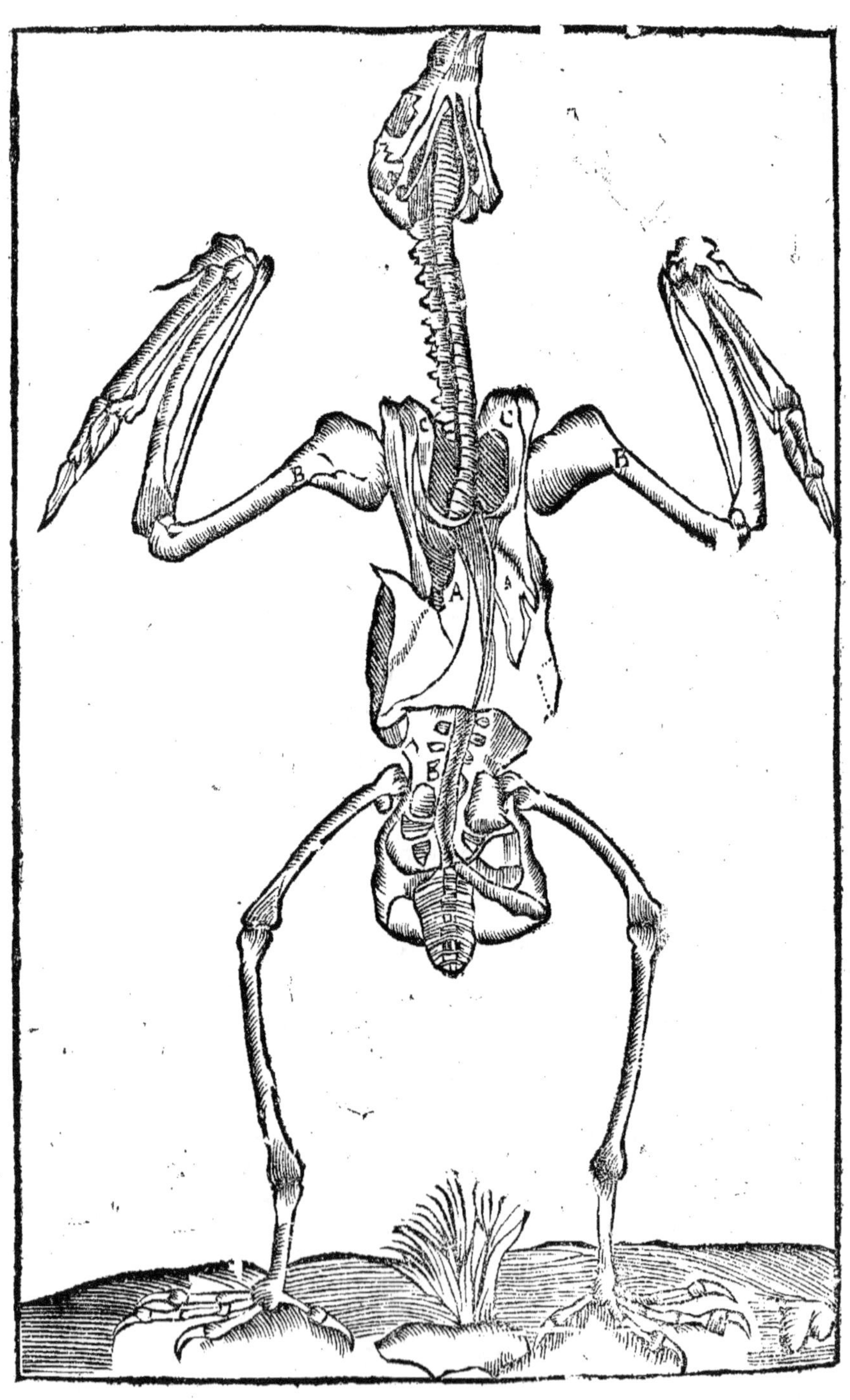

L'Anatomie des oyseaux de proye.

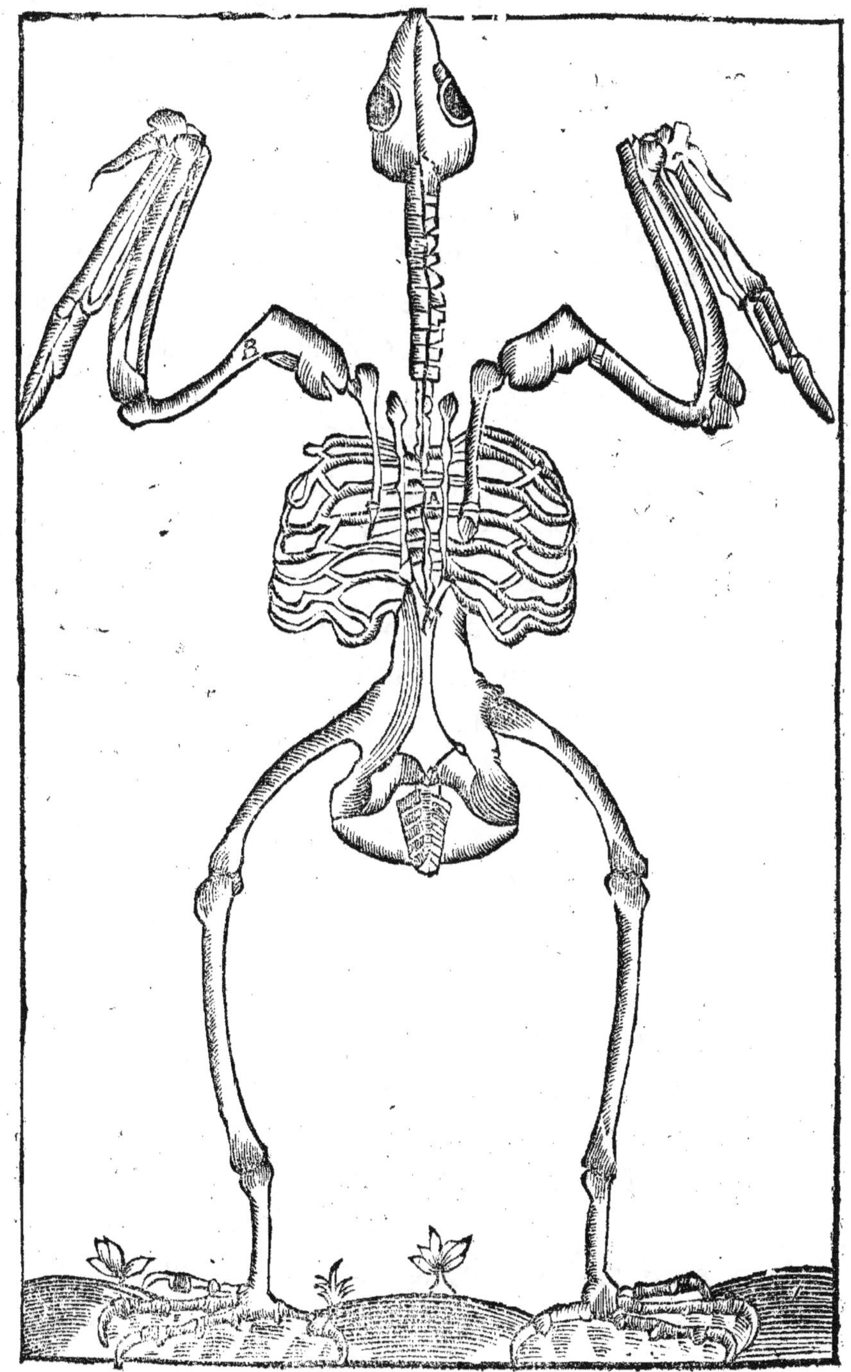

De la Chair des oyseaux.

CHAPITRE VIII.

La chair des oyse-aux est in-corrupti-ble.

Leurs re-medes aux blessures.

Experi-menté.

L n'y a point d'animaux si faciles à guarir de leurs blessures, que les oyseaux de proye, aussi on remarque que leur chair ne pourrit iamais, mourant de coup. Et si les parties vitales ne sont offen-sées, on les guarit facilement de leurs blesseures. Estant sauuages, ils ont pour remede de s'aller lauer & baigner leurs playes aux eaux qui coulent, ou bien à la mer. Dieu leur a donné ce benefice, attendu qu'ils sont d'ordinaire au combat. Ils sont aussi faciles à guarir de leurs rompu-res, soit des aisles, estant en main d'homme, & des iam-bes encores, estant en leur liberté: Comme il se voit que les tendeurs prennent souuent des oyseaux passagers, guaris des iambes rompuës, ce qui preuue mon dire.

De la façon qu'ont les Faucons sauuages à s'accoupler pondre leurs œufs, & les esclorre.

CHAPITRE IX.

Es Faucons commencent de se retirer à leur aire pour s'accoupler sur la fin de Féurier, les Tierce-lets qui sont les masles, y vont les premiers : les Formez, qui sont les femelles, les y suiuent. Il arriue souuent que ils se trouuent trois ou quatre formez, & vn seul Tier-celet : autresfois plusieurs Tiercelets, & vn formé seu-

lement. Il y a du plaifir à voir leur combat pour l'amour.
Celuy des Tiercelets qui le gagne fur les autres, eft le
maiftre du roc : les vaincus font contraints de chercher
party ailleurs, & ne demeure que le victorieux & la femelle qu'il a choifie. Ils font fort prompts à pondre
leurs œufs qu'ils efcloënt dans vingt iours. Ceux qui airent à la cofte de la mer de Prouence, font plus aduancez de quinze iours, que ceux des montagnes du mefme pays. Ce qui me fait iuger que tous Faucons font
ou plus tardifs ou plus aduancez, felon que les regions
où ils airent, font froides ou chaudes. Il fe trouue
des Faucons prefque par tout. Aufli toft que la femelle commence à couuer, le Tiercelet prend le foin de la
garder, & de pouruoir à fa nourriture. Il ne paffe point
d'oyfeau de proye pres du nid, qui ne foit choqué &
contraint de fe retirer. La crainte d'eftre trauaillé des
poux qu'ils redoutent infiniment, les fait pondre fur le
roc, fans rien mettre deffous. Quand leurs petits font
efclos, le pere & mere gardent tour à tour. Tandis que
l'vn d'eux fait cét office, l'autre comme il eft reuenu, il
garde fa fois, & l'autre va à la chaffe pour leur nourriture : ce qu'ils continuent fans intermiflion l'vn apres l'autre. Si quelque Aigle paffe en veuë, celuy qui eft en
garde gagne le haut du Roc, & en criant aduertit fon
compagnon de venir au fecours : & tous les deux enfemble donnent fi bien la chaffe à l'Aigle, que de long temps
il n'a enuie d'en approcher. Voicy la façon du combat.
L'vn des Faucons attaque rudement l'Aigle, l'Aigle pour
parer au coup du Faucon auec fes Griffes, & l'empieter
lors qu'il fond fur luy, fe renuerfe s'en deffus deffous.

Comme le
pondre &
l'efclorre
eft fait
dans vingt
iours.

Que les
Faucons
font oy-
feaux fort
communs.

Les Fau-
cons gar-
dent leur
aire.

Combat
du Faucon
& de l'Ai-
gle.

L'autre Faucon qui le voit empefché contre fon compagnon, choifit fon temps, & le choque de telle forte qu'il le reualle de plus de deux picques de hauteur, y apportant telle furie & fi peu d'apprehenfion qu'il femble par fa mort vouloir achepter celle de fon ennemy.

De plufieurs merueilles qu'on remarque aux actions des Faucons, pendant qu'ils nourriffent leurs petits dans l'aire.

CHAPITRE X.

Comme les
Faucons
nourriffēt
leurs pe-
tits & de
quoy.

POur reuenir à nos Fauconneaux ; tant qu'ils font foibles, leur pere & mere leur baillent la viande par petits morceaux ; mais comme ils font plus forts, ils leur donnent la proye entiere, apres l'auoir plumée: puis au mefme temps qu'ils commencent d'eftre noirs, ils la leur donnent viue ; toutesfois leur ayant ofté la plus groffe plume, & l'ayant tellement eftropiée qu'elle ne leur puiffe efchaper. Voicy dequoy ils les nourriffent. C'eft en la faifon en laquelle les Cailles

Le Faucon
feint au-
cunesfois
fon vol
pour trom-
per le gi-
bier.

& les Tourterelles s'en reuiennent du Leuant, pour nicher par deçà: Les Faucons qui font au guet fur la pointe des rochers, les voyent venir laffées & hors d'haleine; lors ils vont au deuant d'elles, feignant leur vol pour mieux les furprendre: & en cette feinte ils attrapent ces pauures oyfeaux, & les emportent à leurs petits. Ils ont vn autre fecours pour fe pouruoir: c'eft des pigeons qui nichét és rochers qui font au bord de la mer : mais voicy la plus grāde commodité qu'ils ayēt. S'il y a pres d'eux des Ifles de fable cóme fouuent il s'en voit en ces mers, les oyfeaux marins y

font leurs petits tout à defcouuert, comme les Gabiens, les
Fouques, les Cormorás, & autres femblables, que les Faucons efpient, & à ce poinct ils les rauiffent & les emportét
à leur ny. Quand le temps vient que les ieunes Faucons
veulent denicher, les pere & mere s'en efloignent quel- *Comme les*
que peu, criant de pointe en pointe des rocs voifins, en *Faucons denichent*
façon que peu à peu ces Fauconneaux deflogent, attirez *leurs pe-*
par les pairons, fe iettant aux plus proches pointes , & là *tits.*
ils leur portent la proye.

Comme les pairons apprennent à leurs Fauconneaux de voler
& à prendre la proye.

CHAPITRE XI.

D'Vn iour à l'autre les Fauconneaux font inftruits *Les pairós*
des pairons, qui leur apprennent à voler, & auffi *font les pe-*
toft qu'ils peuuent fe tenir fur aifle , ils font exercez à *re & meres*
tourner, à branler, à planer, & à fe bander. Apres qu'ils *terme de Fauconne-*
font accouftumez à cette leçon, les pairons les exercent *rie.*
à prendre le vif, tenant la proye en la main, tournant par
deffus : les petits les fuiuent, & comme ils font à propos:
vn d'eux lafche la proye viue, & la laiffe choir : les Fauconneaux s'efforcent de la prendre. S'ils la faillent , &
qu'elle foit encores forte pour eux vn des vieux Fauçós la
reprent, & la releue en haut pour leur redonner le mefme
plaifir. Ce qui leur eft fouuent reiteré des pairós, pour les
inftruire à fe paiftre d'eux mefmes. Tout le mois de May
fe paffe, & quelques iours de Iuin, auant que ces Fauconneaux foient bien inftruits, foit à fe brancher, à fouftenir
au fil du vent, & à fe pendre en lampe. Apres ils commen-

quelque oyſeau de iuſte guerre. Il eſt vray que ces nouueaux voleurs ſont aſſiſtez des pairons qui abattent la
proye à terre, & comme elle eſt abattuë, ils leur laiſſent le
reſte du plaiſir. En fin la neceſſité leur donne l'induſtrie,
ils deuiennent courageux, ruſez, & gaillards, & de Faucons niais, ils ſont faits Faucons gentils : ils n'ont plus beſoin d'aide pour ſe nourrir, le pere & mere en perdent le
ſoin, & chacun chaſſe pour ſoy.

Comme les
Faucons
quittent
leurs petits
& en quel
temps.

Des ieunes Faucons, & comme dans le nid ils ſe gueriſſent
eux-meſmes des yeux.

CHAPITRE XII.

I'AY deſia dit que les oyſeaux ont vn inſtinct particulier, qui leur fournit de moyen à ſubuenir aux
inconueniens auſquels ils ſont les plus ſuiets. Les
Fauconneaux le nous font voir : car alors qu'ils commencent à ſe tenir ſur leurs mains, & qu'ils ſe peuuent paiſtre de ce que les pairons leur apportent, il arriue ſouuent que ces ieunes oyſeaux ſe pillent & ſe coiffent de
ſorte que leurs yeux ſont par fois percez de leurs ſerres,
qu'ils ont fort aiguës. Ce que i'ay veu arriuer à des
Niais que i'auois dans vne chambre, & meſmes en vne
corbeille. Mais ils n'en demeurent pas pour cela ny borgnes ny aueugles, parce qu'ils portent le remede quand
& eux ; ce ſont leurs eſmeuts qu'ils ſe iettent les vns les
autres dans leurs yeux offenſez, eſtans ſerrez dans le nid.
Ie ne veux pas affirmer qu'ils eſmeutiſſent les vns contre
les autres à ce deſſein : mais croy-ie bien que la nature
preuoyant

preuoyant cét accident, a donné telle proprieté à leurs efmeuts pour leur conferuation. Le mefme fe voit prefque
aux pigeons & ramiers qui font fuiets d'eftre picquez des
barbillons qui font aux efpics de blé; & lors qu'ils en veulent tirer le grain, leurs yeux en demeurent offenfez. Il en
eft ainfi des Arondelles, qui font picquées de mouches à
miel, ou des Guefpes dont elles nourriffent leurs petits:ne
pouuans-elles fi bien fe conferuer qu'elles n'en foient fouuent picquées aux yeux, & que leurs petits encores (à qui
elles portent telles mouches toutes viues) n'en foiét quelquesfois offenfez. Mais ny les pigeons, ny les Arondelles
n'en demeurent pas aueugles pour cela ; car ils en guariffent infailliblement. Cecy femblera nouueau à quelques
incredules ; mais ils s'en pourront efclaircir par l'experience. Ils pourront prendre vn vieil pigeon, & luy pic-
queront vn de fes yeux d'vne efpinole; puis le mettront en
part où il puiffe manger: & dix iours apres , qu'on face
le mefme à l'autre œil, & qu'on le remette au mefme lieu,
apres le mefme terme de dix ou douze iours on trouuera
ce ramier ou pigeon tout tel pour fa veuë qu'il eftoit auparauant. Les pigeons & Arondelles portent auffi auecques eux tel remede fans l'aller chercher ailleurs , quoy
qu'aucuns ayent opinion que la mere Arondelle le face
auec la Chelidoine, ou auec des pierres qu'elle va trouuer
au bord de la mer:ce qui eft faux, parce que c'eft auec leur
propre fiente ou efmeuts que ces oyfeaux fe guariffent, en
l'appliquant à leurs yeux bleffez, comme eft dit: & les pigeons & Arondelles auec leurs propres doigts, apres auoir
marché fur leur fiente , voulant ofter la demangeaifon
que leurs yeux leur donnent.

K k

Comme nos oyseaux se seruent du bec & des serres
pour se saigner.

CHAPITRE XIII.

DIEV a donné plusieurs industries à nos oyseaux pour leur conseruation ; & leur a fourny des outils auec lesquels ils se picquent les veines pour en tirer le sang corrompu. Ie puis asseurer l'auoir veu faire à des oyseaux attachez sur la perche, & aucunesfois à d'autres que ie tenois sur mon poing. I'ay eu vn Lanier malade & languissant en sorte, que ie desesperois de sa guarison. Cét oyseau se gratta vn iour si longuement, qu'à la fin il s'ouurit la veine entre l'œil & le bec, de sorte que le sang en filoit non gueres moins gros que de la veine du bras d'vne personne picquée de la lancette d'vn Chirurgien : & cela fut sa guarison. I'en ay veu d'autres se saigner eux-mesmes par les veines du dedans des aisles, par celles du plat des cuisses, & par celles du col, & se guarir par ce moyen. Depuis auoir veu cela, i'ay prins resolution de tenir les serres & le bec à mes oyseaux de la mesme façon qu'ils les tiennent estans sauuages. C'est sans doute que les oyseaux s'aiguisent les serres & le bec, & que la nature les instruit à le faire pour s'en seruir en leurs necessitez.

Que les oyseaux conseruent leur santé par la muë.

CHAPITRE XIV.

'EST vne chose toute asseurée que les oyseaux n'ont point de pores pour se purger par la sueur ; & qu'ils ont esté creez sans vaisseaux vreteres, c'est à dire, sans des remedes naturels pour vuider leurs mauuaises humeurs par l'vrine. Ce qui est cause que la muë leur est necessaire, sans laquelle ils ne pourroient pas viure long temps ; car le plumage & pennage nouueau se nourrit de ce qu'il succe des veines : & par ce moyen le sang corrompu qui est dans icelles, en estant attiré, les oyseaux en apres en demeurent sains & renouuellez, non seulement de la robbe, mais de tout le corps. Les oyseaux qui ne muent point en leur saison, demeurent engourdis & indisposez en leur vistesse ; comme on voit aussi que ceux qui languissent auparauant la muë, sont restaurez par icelle. Quand les oyseaux deposent leur robbe, ils commencent tousiours par le bec : ce qu'ils font en becquetant contre vne pierre, qu'ils choisissent pour rompre la pointe & refaire leur bec de nouueau. Ce qu'on a remarqué plusieurs fois.

Des purges que les oyseaux font eux-mesmes.

CHAPITRE XV.

Ieu a donné à ces oyseaux, comme à tous les animaux, l'inſtinct de ſe pouruoir en leurs neceſſitez, n'ayans pas le moyen de ſe ſecourir par eſſences ou diſtillations. Il a fait que leurs maux ſont de plus facile guariſon, voulant qu'vn ſeul ſimple operaſt en eux beaucoup plus, qu'aux hommes tout leur appareil. Il arriue donc que fort aiſément les oyſeaux diſtinguent tels remedes & s'en ſeruent, puis qu'il ne conſiſte qu'à les trouuer, & que naturellement ils en ont la connoiſſance. Ie me trouuay ces années paſſées à voler auec vn Gentilhomme au lieu de Berre : c'eſt vne terre qui eſt proche de la mer. Pour gratifier ce Gentilhomme de mes amis, ie le priay de voler le premier : il s'y accorde, & iette vn Lanier Niais qu'il auoit ſur ſon poing. Auſſi toſt l'oyſeau pouſſe la perdrix au bord de l'eau : & l'ayant remiſe, il fait ſa pointe ſans tomber ; puis faiſant pluſieurs tours, auec quelques fecoüades, le voila qui fond apres en l'eau, ſe plongeant & donnant contre comme s'il euſt voulu prendre du poiſſon. Ayant ainſi battu l'eau il retourne vers la colline où nous eſtions, remarquans cette action, eſbahis comme de choſe dont nous ne ſçauions le ſuiet. Comme ie vis aller l'oyſeau ſe repoſer ſur vn roc, ie creu auſſi toſt que ce fuſt pour ſe ſecher & s'eſplucher, & qu'il ſe fuſt baigné pour cauſe des poux qu'il euſt, & acculois ſon maiſtre d'auoir apporté de la negli-

gence à le poyurer ou orpimenter. Ce Gentilhomme
m'asseura qu'il l'auoit fait. En fin i'approche de l'oyseau,
où ie ne fu guere, que ie ne m'apperceu que par efforts il
rendoit gorge, & qu'en fin il ne mist le double de sa mulette dehors, comme vne matiere fort espoisse, & à ce que
nous vismes, ie iugeay qu'il auoit grand besoin de purge.
Les oyseaux se purgent bien souuent en aualant le iusier
des Griues, lors qu'elles mangent la graine du genieure;
comme aussi des iusiers des pigeons qui ont mangé du sel.

Il faut remarquer qu'vne mesme chose leur sert tantost
de nourriture, & tantost de medicament, selon que l'oyseau est ou sain, ou indisposé. La plume que les oyseaux
aualent en se paissant, a la proprieté de consumer & reprimer les croissances de leur mulette. C'est pourquoy ie
trouue à propos de donner tousiours cure de la plume du
gibier que les oyseaux prennent; & la leur donner aussi en
la muë du vif; dont on les paist.

Des actions des Faucons estans sauuages.

CHAPITRE XVI.

Out ce qui est au monde, porte en soy quelque
marque de merueilles : qui fait que nous re-
connoissons la grandeur de celuy qui luy a
donné l'estre, & que nous l'admirons. Ie ne
parle pas seulement de l'hóme, qui est comme vn abregé
de toutes les merueilles de Dieu; mais des animaux irraisonnables, qui au desordre de leur façon de viure, gardent
vn tel ordre, & tel reglement, que leur vie semble vn per-

petuel miracle. On remarque cela fort particulierement
en nos Faucons. I'en ay fait souuent nourrir és champs
en liberté, curieux d'apprendre en cõsiderant leurs actions
ordinaires. Il n'estoient retenus en cét air que par vne
longue habitude. Ie prenois garde que le matin, deuant le
Soleil leué, ils partoient d'vn bois qui est proche du Chasteau d'Esparron, & s'alloient reposer sur des rochers voisins, où ils sembloient estre attachez, comme touchez de
rauissement de la clarté qui peu à peu remontoit sur nostre horison, & laquelle à mesure qu'elle estoit plus haute, les reschauffoit & les essuyoit des humiditez de la
nuict. Ayant ces oyseaux iouy de ce benefice l'espace de
demie heure, ils partoient, & se mettoient sur aisle, montant sur queuë, faisant plusieurs tours & retours. Puis en
pliant les deux aisles à demy, se laissoient cheoir en fon-
dant en bas, & puis ils se releuoient auec vne grãde pointe, & se mettoient à planer, si qu'on eust dit à les voir
qu'ils s'estoient abaissez pour saluer le Ciel, duquel ils approchoient à l'instant, comme pour l'auoisiner. C'estoit
tous les iours, & à mesme heure qu'ils continuoient cette
façon. Ce qui me fait croire que telles actions ne leur
estoient pas fortuites, mais necessaires. Comme ils auoiét
longuement tourné en montãt, on les voyoit haut pendus en lampe, ayans tousiours les aisles ouuertes, bandez
& tendus à se tenir sans bouger, les yeux fichez au Ciel,
auec telle immobilité qu'on les eust iugez sur le ferme.
Peu de temps apres ils tournoient la teste en bas vers la
campagne, qui les inuitoit de descendre, & si l'appetit
les touchoit de manger, ils fondoient sur des perdrix, ou
des ramiers, & souuent sur des pigeons de nos colom-

Actions
des Fau-
cons.

biers, mangeans ce qui leur venoit à gré : mais auec telle ſobrieté, qu'ils n'en prenoient que ce qu'il falloit pour contenter leur faim naturelle, qui eſt vne fois ſeulement pour iour. Apres auoir repu, ils retournoient bien haut en l'air, comme pour rendre graces à celuy qui leur promettoit & la vie & les moyens de l'entretenir.   S'ils ſe trouuoient alterez par la chaleur qui leur pouuoit eſtre cauſée, ou par le trauail de leur monter, ou par leur robe qu'ils ne quittent iamais que plume à plume, ils croiſoient les deux pointes de leurs aiſles ſur le croupion, & fondoiét au bord de quelque ruiſſeau pour ſe rafraiſchir, pour ſe baigner, & pour boire. A chaſque gorgée d'eau qu'ils prenoient, eſleuans la teſte, ils regardoient le Ciel, comme pour le recognoiſtre.   Ils remontoient apres, ſe ſecoüans pour ſe ſecher, & capriolans à tous coups auec tant de gaillardiſe, & de gayeté, qu'ils monſtroient bien que toute triſteſſe & tout chagrin eſtoit eſloigné d'eux. O condition miſerable des humains, diſois-ie lors, qui ne peuuent trouuer l'effect d'vn ſolide contentement parmy tant de cauſes legitimes d'iceluy, qui ſont en leur diſpoſition : Les beſtes en leur inſtinct qui n'a pour guide que la pure & ſimple nature, trouuent le parfaict contentement à leur façon, que les hommes ne peuuent pas trouuer par la raiſon.

Que les oyseaux se purgent d'eux-mesmes : & de plusieurs meruerilles qu'on voit en ce suiet.

CHAPITRE XVII.

LE peu de soin, ou l'ignorance d'aucuns Fauconniers est cause que les oyseaux n'ayans chez leurs maistres ce qui leur doit seruir à leurs necessitez, vont le chercher aucunesfois si loin qu'ils s'esgarent. Que cela soit, i'ay perdu autresfois des oyseaux, qu'apres les auoir recouurez, en leur visitant la cure, ie trouuois qu'ils auoient pris à la campagne des vers de terre, qui se traisnent à l'esgail du matin; autresfois des mouches longues, ou des lezards, ou des serpenteaux, ou des grenoüilles, ou du poisson, ou des escarbots, ou des grillets, ou des cantharides, ou des herbes; prenans les choses qui plus leur estoient propres.

I'ay appris des oyseaux mesmes de leur donner de la manne, & des mures rouges : ayant veu des Faucons & des Autours que ie faisois nourrir en liberté, qui en prenoient sur les arbres. I'ay appris par experience, que les Faucons qu'on pert au mois d'Aoust, ou Septembre, guidez de l'instinct, vont droict aux lieux où la manne est le plus abondamment, & plus proche.

I'ay connu vn Fauconnier, mon bon amy, qui ne donnoit iamais purge à ses oyseaux, fust à faute de le sçauoir ou pour auoir opinion que tels remedes estoient inutiles. Il eut rencontre d'vn bon Faucon; dont il en faisoit gloire; mais il ne le garda pas bien, & en fin l'oyseau mourut

par

par la faute de celuy qui le traictoit ; & n'en eut iamais
plus de semblable.

Or il faut croire que les Faucons treuuent par tout pays
les remedes propres à leurs necessitez ; & s'en rencontre de
si bonne nature, qu'ils ont plus de besoin d'vn bon chasseur, que d'vn capable Fauconnier. Mais en fin, il n'y a
point d'oyseaux de si forte complexion, qu'ils puissent se
conseruer longuement sans le secours de l'homme, pour
qui Dieu les a creez puis qu'ils ont esté vne fois en sa
main : & sur tout les oyseaux estrangers ; comme Sacres,
Sacrets, Laniers, Alphanets, Alettes, Faucons de Leuant,
& autres qui sont de regions esloignées de nous. En ces
derniers il y faut plus diligemment prendre garde, car on
ne les recouure que rarement lors qu'ils s'escartent, pour
estre leurs remedes naturels au pays là où l'instinct les attire ; & vont eux mesmes les chercher quand leurs maistres
les ignorent.

Plusieurs qui ont des oyseaux, veulent qu'on les croye
bons Fauconniers, lors que par hazard quelque Faucon
de bon naturel leur tombe en main, parce que ces oyseaux sont faciles en cét air. Mais aussi tost qu'il faut traicter
quelque oyseau de la Grece, ô qu'ils sont bien en peine :
Ce n'est pas science commune aux valets de chasse, qui
s'estiment estre compagnons de leurs maistres ; ou de ceux
qui croyent que leurs oyseaux voleront ainsi qu'ils ont
songé la nuict.

I'estois à la chasse le mois de Septembre passé, & faisois
voler vn Faucon de dix muës. Pendant que nous estions
en trauail de tirer vne perdrix d'vn clapié, ou vieille masu-
re de maison où elle s'estoit mise ; ie prins garde que ce

Faucon tournoit auec les mains des pierres aussi grosses
que la moitié de mon chapeau : & m'approchant ie vey
que l'oyseau aualloit de petites bestioles qui tenoient sous
ces pierres ; lesquelles bestioles s'amonceloient en rond
en les touchant, se formans comme de grosses dragées
qu'on tire au gibier. A mesure que ie m'en prins garde, ie
remarquois qu'elles estoient encores de la mesme couleur
du plomb ; m'enquerant de quelques Bergers que c'estoit,
on me dit que le vulgaire nomme telles bestioles des
Truyes. Du depuis i'ay experimenté comme elles sont
purgatiues, & fort laxatiues aux oyseaux aux grandes
chaleurs de l'Esté.

Que la chasse peut estre exercée en bonne conscience de
toutes personnes.

CHAPITRE XIII.

LA trop frequente continuation des exercices,
quoy que vertueux, peut diminuer la volonté
que nous deuons auoir en ce à quoy nous sommes les plus obligez. Et combien que la chasse tienne le
haut bout parmy le rang des honnestes recreations, si
faut-il que ceux qui en vsent, soient guidez d'vne vraye
sagesse, qui leur en apprenne le temps, le lieu, & la conuenance. Sainct Cassian recite comme l'Apostre S. Iean ren-
contra vn iour vn Chasseur, lequel luy voyant tenir vne
perdrix viue sur son poing, demeura tout rauy de merueille, & commença à luy dire : Pourquoy, sainct homme,
vous amusez-vous à des choses si basses, vous qui estes

adonné à la contemplation des choſes celeſtes ? Sainct
Iean luy reſpond : Et pourquoy ne portez-vous voſtre
arc bandé, puis que vous eſtes Chaſſeur ? C'eſt, dit le
Chaſſeur, pour ne l'affoiblir, eſtant trop long temps tendu. Ne vous eſbahiſſez donc, dit l'Apoſtre, ſi ie me re-
crée vn peu auec cét oyſeau, afin que mon eſprit en ſoit
apres plus vigoureux. Or ie veux dire que les ames plus
ſainctes peuuent vſer de la chaſſe, non comme d'occupation ordinaire, mais d'vn moyen pour releuer l'eſprit abbatu d'vn trop continuel eſtude, ou de ſurcharge d'affaires en ſa premiere vigueur. A ceux qui s'y occupent entierement, il leur arriue le meſme qu'aux yurongnes, qui
peruertiſſent le bon vſage du vin, en vne occaſion d'ordure & de ſaleté. L'homme qui a ſon eſprit à Dieu, peut
tirer touſiours quelque profit de telles actions ; & trouuer dans les foreſts, & dans les campagnes, dequoy eſleuer ſon cœur à Dieu, auſſi bien qu'ailleurs. S'il ſe trouue
à voler, il ſemble qu'il y a vne grande occaſion de conſiderer par les choſes viſibles, celles qu'il ne peut voir tant
qu'il ſera viuant. Et ſi aucunesfois ſes oyſeaux font quelque beau traict, comme lors qu'ils s'eſſorent à perte de
veuë, & puis font quelque belle deſcente ; il peut s'imaginer lors, que l'homme a eſté exalté encores ſur les oyſeaux, & auecques telle domination, que quand il veut,
auec vn tour de leurre, il les voit fondre & reuenir à luy,
en perdant volontairement la liberté naturelle, pour
eſtre attachez de longes & de gets, & encores priuez
de la veuë par vn chaperon. Il peut conſiderer auſſi
combien il eſt miſerable, de ce qu'ayant eſté creé
de Dieu, non auecques des aiſles pour s'eſleuer

en haut, mais bien foible & debile, encores il tafche de
s'efloigner de fon bien faicteur, quoy que les graces ordinaires qu'il en reçoit, deuffent eftre plus que baftátes pour
l'arrefter, & le faire reuenir à luy. Quant à ce que S. Auguftin a dit, qu'il n'eft Veneur qui ne foit pecheur ; il y a du
mal entendu au dire de ce venerable perfonnage ; & ie ne
croy qu'il ait voulu entendre ce mot de *Venator*, pour Veneur, mais bien pour Guerrier, comme les anciens l'expli-
quoient : ou bien c'eftoit pour donner leçon à quelques
Ecclefiaftiques de fon temps, qui s'occupoient trop affe-
ctionnément à la chaffe. Ie ne m'eftends pas à ce difcours,
pour reprefenter les miracles & conuerfions qui font arriuées à des faincts perfonnages chaffeurs. Il fuffira pour ce
coup que ie die que cét exercice eft encores conuenable
aux perfonnes plus releuées. Cette confideration feule
efmeut Iules Pollux de confeiller à l'Empereur Commode de prendre la chaffe en affection, & de s'y adonner ; luy
difant entre autres raifons, que telle eftude feruoit le plus
fouuent à fe former à de grandes & belles habitudes, comme à eftre diligent, & dreffé à toutes fortes de fonctions
militaires. Platon auoit en pareille eftime cét exercice.
Philon n'eftoit pas de contraire opinion. Et Ciceron mefme, qui femble n'auoir iamais parlé que par vne fecrette
infpiration, foit pour eftre veritable en effect, ou pour la
grace qu'il a de perfuader ce qu'il veut, tient à bonne &
loüable nature celle qui fuit la chaffe, qui s'en paffionne,
& ne s'en peut diuertir. Les Perfes n'auoient-ils pas en
pareille ambition la conduite des chaffes publiques, que
de commander aux armées ? Que chacun fuiue donc fon
inclination; n'eftant mó defir d y attirer ceux qui n'y font
portez de naturel.

Des pierres d'Aigle, & du grauier du Faucon.

CHAPITRE XX.

Ien que plusieurs qui ont escrit des choses de la nature, ayent attribué de grandes proprietez au grauier qui se treuue aux aires des Faucons, & aux pierres d'aigle; si est-ce qu'aucun iusques à present n'a peu comprendre ce que c'estoit. C'est chose que i'ay descouuerte bien au vray, par le moyen d'vn Aigle prins à l'arquebuse, auquel ie trouuay dans le croupion vne pierre de la forme d'vn œuf, & tout de mesmes que celles qu'on nous fait voir. Dans laquelle, apres qu'elle fut seche, à mesure qu'on la secoüoit dans la main, on sentoit remuer quelque chose d'enclos qui faisoit du bruit. Or c'est vn fait tout asseuré que telles pierres se forment au croupion des Aigles & des Faucons, de la mesme substance que ce font leurs œufs, mais (à mon opinion) du superflu de ce que la nature employe à faire les œufs. Et souuent c'est à faute de se ioindre au masle que la femelle forme telles pierres ; ou bien pour la vieillesse & debilitation de nature en ces oyseaux, qui les empesche de pondre. Lors que les Anciens ont parlé des proprietez de telles pierres d'Aigle, & du grauier des Faucons, ils en ont dit des miracles; toutesfois leur opinion m'est encore douteuse. Si à l'aduenir i'en descouure quelque chose par l'experience i'en escriray: mais ie n'en veux traiter que la verité ne m'en soit connuë.

Pierius dit que ce grauier guarit des fieures quartes.

Des oyseaux trop legers ou trop pesans, & des remedes.

CHAPITRE XXI.

LES oyseaux sont aucunesfois trop legers, & aucunesfois trop pesants. Ces deux extrémitez leur sont fort preiudiciables ; car vn oyseau trop leger est tellemét embarassé de son long pennage, qu'il ne peut branler & remuer ses aisles, ny daguer que lentement, quelle force qu'il face ; de sorte qu'il papillonne & ratelle, aduançant fort peu en son vol. Il a passé par mes mains des Alphanets & des Tagarots, qui sont oyseaux de pennage extrémement long, & des plus legers, lesquels dés aussi tost qu'il faisoit vent, ne pouuoient presque voler. Et tout ainsi que les trop grandes voiles donnent de l'empeschement à vn nauire, le faisant donner aucunesfois contre vn escueil : de mesmes i'ay remarqué que tels oyseaux ne peuuent forcer le vent, comme ils y veulent entrer ; & si ils vont à vau-vent, ils sont emportez si loin, qu'ils s'escartent contre leur propre volonté. Ie sçay bien que quelques vns pourrót dire que la nature n'a rien donné de superflu aux animaux, & que tous les oyseaux n'ont de pennage que ce qui leur est necessaire. Ce qui est vray pour voler au pays où ils sont esleuez, où les vents ne sont violents comme par deçà. Mais tout ainsi que le marinier change de voiles, lors que partant des mers du Leuát ou du Midy, il se trouue en celles du Ponát ou du Septentrió : de mesmes i'ay experimenté que de retrancher les aisles & la queuë à tels oyseaux estrágers, cela leur sert pour les rédre

plus viſtes & plus roides , parce qu’ils ont le pennage mol
& floüet pour eſtre trop lóg. Cóme au cótraire vn oyſeau
qui aura le pénage trop court ſera peſant; car pour ſe ſouſtenir ſur ſes aiſles, il faut qu’il les branle & remuë, autrement il iroit en bas: & en cette action, plus il bat viſte, plus
il s’aduance. C’eſt pourquoy il ſera touſiours moins laſche
que le trop leger ; cóbien que l’on doit remedier à tous les
deux. Or i’ay fait experiéce que d’alóger les aiſles à vn oyſeau qui a le pennage trop court, c’eſt vn aide qui luy ſert
ſans doute; ce que vous ferez par des entes proprement faites. Ie dis dauátage qu’en mettát à vn Faucon du pennage
de Lanier, vous le rendrez plus leger; Mais il ſe faut tenir à
la mediocrité tant en la longueur qu’en la largeur. I’ay
autresfois eſſayé du pénage de Faucon à des Autours, qui
en voloient tres-bien. On prendra garde auſſi quelles ſonnettes on leur doit mettre ; à l’exemple des mariniers, qui
donnent les voiles & le cótrepois, eu eſgard aux vaiſſeaux
qu’ils ont, & aux mers auſquelles ils nauigent. C’eſt choſe
aſſeurée que l’oyſeau qui eſt conuenablement chargé de
ſonnettes, ira plus viſte & mieux dans le vent, que celuy
qui le ſera trop peu; ce que l’experience m’a fait voir.

Des oyſeaux inquiets, & des remedes pour les guarir

CHAPITRE XXII.

L’Extréme chaleur , & ſechereſſe fait fendre les
pennes des oyſeaux, & leurs vaneaux ſont touſiours les premiers atteints de cette incommo-
dité : pource que couurans le corps comme ils font,

ils couurent encore leurs pennes ; & c'est le manteau qui
en est le premier touché. Ces fautes peuuent arriuer à vn
oyseau qui a esté mal nourry, lors que son pennage est en
sang : parce que cela le fait deuenir rude, & suict à se fendre. Aussi l'oyseau qui muë, n'estant pas sain, fait le plus
souuent son pennage suiet à cét incóuenient. Les oyseaux
alebrenez & rópus de pennage y sont aussi subiets. Quád
cét accident arriue à vn oyseau qui a des poux ou des nitres, telle vermine gagne par ces fentes le dedás des tuyaux
en sorte que ne pouuant les auoir auecques son bec, il se
tempeste & souffre si gráde douleur qu'il semble enragé,
se mordant & coupant le pennage : pource que ces animaux vont ronger le nerf qui tient au bout du tuyau &
duquel la penne prend nourriture, tout ainsi que fait le
ver qui est dans la dent creuse d'vne personne. Le moyen
pour connoistre ces incóueniens, c'est qu'aussi tost qu'on
voit tempester vn oyseau plus que d'ordinaire, il le faut
poyurer ; & le tenant abattu dans le bassin, il faut aduiser
s'il a des pennes percees, ou rompuës, ou bien des vaneaux fendus. Et si vous en trouuez, faites entrer dans
ces trous ou fentes de la poudre d'Orpiment, & apres,
quelque goutte d'eau : ou bien faites-y couler de l'huile
d'Aspic, ou de l'huile de Terebentine, deux gouttes seulement : & par tels remedes l'oyseau guarira sans doute.
Ceux qui cousent les aisles ou la queuë des oyseaux pour
les embarquer, & transporter d'vn pays en autre, ne doiuent iamais percer les tuyaux du pennage ; car par les trous
qu'on leur fait, les poux prennent entrée, & leur cause
ces inquietudes. Ce mal a esté inconnu à tous les Fauconniers iusques à present. I'en eu connoissance par la perte
d'vn

d'vn Faucon de paſſage apporté de Malte, lequel ayant
mangé tous ſes vaneaux, ie l'entay iuſques à trois fois,
mais il ſe mordoit touſiours, côbien que ie l'euſſe poyuré
& repoyuré, car la force du poyure ne pouuoit pas penetrer au dedans des tuyaux, parquoy ie fus contraint de luy
donner les champs. Mais dans quelques iours il fut reprins, ayât coupé toutes ſes longues pennes auec ſon bec,
en ſorte qu'il ne pouuoit voler : dont me voulant reſoudre de la cauſe de ce mal, ie le viſitay, & en luy arrachant
les pennes, ie trouuay les tuyaux pleins de poux ainſi que
i'ay dit. Pour iuger de tel accidét, il ne faut iamais oublier
en poyurant les oyſeaux, de prendre garde s'ils ont quelque penne fenduë, percée, ou rompuë, & y remedier de
bonne heure. I'ay auſſi remarqué trois autres ſuiets differens, qui font debatre les oyſeaux. Le premier eſt le trop
de repletion ou du corps, ou de la mulette, cela les rend
orgueilleux, fiers & ſauuages. Le remede eſt de les purger
& reprimer la mulette, ou bien leur faire rendre le double. Secondement ils deuiennent tempeſtatifs pour auoir
enuie de ſe voir ſur aiſle à s'eſgayer, & eſlorer au frais : le
trop ſeiour à garder la perche leur cauſe telles inquietudes. Le remede eſt de les arroſer d'eau fraiſche, ſi on ne
peut les porter au bain, ou leur mettre ſous les mains vn
linge moüillé. Il y a d'autres oyſeaux qui ont les tuyaux
des pennes ſi minces, ſi tranſparans, & ſi foibles que le
froid les penetre iuſques au dedans, pour peu de vent
qu'il face, ce ſont les oyſeaux venus des pays chauds, qui
ſont touſiours frilleux en ce climat. Le remede eſt de ne
les ſortir du logis quand il fait vent, apres eſtre muez ils
perdront telles inquietudes.

M m

De la maladie de graiſſe, & des remedes.

CHAPITRE XXIII.

Lors qu'on veut abaiſſer les oyſeaux ſur la fin de la muë, la premiere choſe qu'on vient à diminuer en eux, eſt le ſang ; il eſt vray qu'en le leur diminuant, la chair en eux s'eſcoule, en ſorte qu'elle ſe pert peu à peu, & l'oyſeau demeure ſeulement auec la graiſſe, mourant ſans auoir plus de ſang ny de chair, comme font les Cailles & les Tourterelles, que l'on tient à l'engrais dedans vne voliere. Cette maladie auec grande difficulté ſe peut-elle guarir depuis qu'elle eſt formée ; car ſi vous paiſſez oyſeaux de chair trempée par morceaux, comme i'ay dit ailleurs, ce paſt eſt plus propre à ſe conuertir en graiſſe qu'en ſang. I'ay erré quand i'ay eſcrit que pour leur donner la chair de cette façon, on les pouuoit preſeruer de cette maladie ; au contraire ie dy que tels oyſeaux doiuent eſtre puz & nourris de toute ſorte de gibier maigre, comme ſont les Corneilles, Pies, Geays, Pic-vers, Griues, Eſtourneaux, Moineaux, & toute ſorte de gibier maigre, qui a la chair noire & ſanguine. Et tant plus le paſt leur ſera donné d'vn oyſeau duquel le naturel eſt d'eſtre ſans graiſſe, plus il profitera aux oyſeaux qui auront ce mal. Lors que les oyſeaux muent les longues pennes & les cerceaux, ils ſont plus en danger d'en mourir ; parce que telles pennes tirent le ſang comme ſangſuës, & par ce ſuiet leſdits oyſeaux demeurent aucunesfois n'ayant que la graiſſe de long temps acquife. Ne t'efbahy pas, Lecteur, fi en ce poinct ie contredis à mes premieres opinions ; l'experience nous fait toufiours mieux connoiftre ce qui eft de la verité ; & puis quand on a failly , l'on ne doit pas eftre honteux de le confeffer.

<hr>

Pillules qui font propres pour les oyfeaux , foit pour le Printemps , l'Efié , & l'Automne , & encores en Hyuer , en vn climat temperé.

CHAPITRE XIIII.

L faut prendre deux onces de Manne bien nette & recente, auec le ius de mures rouges, demie once de Corail puluerifé , & piler le tout dans vn mortier de marbre ; & de ce meflange on en formera des pillules , chacune de la groffeur d'vne balle d'arquebuze ; & en forte que l'oyfeau pour lequel elle eft faite, la puiffe aualer aifément , en la luy donnant. Telles pillules fe cóferuent fix mois au plus, encores doiuent-elles eftre tenuës en lieu où l'humidité ne les puiffe trop toucher. On en peut donner à l'oyfeau tous les mois vne, pour le vuider par le bas. Cette purge eft dite , purge preuoyante. Elles lafchent les boyaux , & font propres à chaffer toute forte de croye, & fi ont d'autres grádes proprietez. En les donnant à l'oyfeau , il faut luy donner deux gorgées d'eau rofe, & la pillule entre les deux, afin que cette eau fe trouue premiere & derniere: apres on fe códuira felon que le Fauconnier difcret pourra iuger eftre neceffaire, foit pour reitererla purgatió ou non. Ces pillules n'alterent aucunement, & en les preparant comme on fait la Manne, quand on veut faire rendre le double de la mulette, & comme il est enseigné en son lieu, on trouuera qu'elles sont tresbonnes, mesmes en Esté: aussi ie m'en suis plus serui que d'autres, & i'en donne à mes oyseaux de deux en deux mois. Si ie n'ay encores communiqué à aucun cette sorte de pillules, on ne le doit trouuer mauuais, car si ie donnois tout à coup tous les secrets que ie reserue pour mon particulier vsage, ie me rendois à cette occasion moins vtile à mes amis; & toutes choses seroient trop communes iusques aux valets de Fauconnerie. Ie vous dy encore que les vieux oyseaux sont plus suiets à vn bon regime, que les nouueaux: ce qui sera pour tenir aduertis tous les Fauconniers.

De la proprieté des cailloux de Corail.

CHAPITRE XXV.

LEs cailloux de Corail se donnent aux oyseaux depuis le mois de Mars, iusques à la fin de Septembre, & ce plus ou moins selon la disposition du temps, ou du climat, où l'on se trouue. Leur principale proprieté est de rafreschir cóbien qu'ils en ayent beaucoup d'autres. Ils repriment la croissance de la mulette, ils sont propres aux oyseaux qui ont le haut mal ; ils les preseruent de chancres : ils sont bós aux oyseaux qui rendent du sang par les nazeaux, au mal subtil, aux oiseaux melancholiques, & aux inquietudes qu'ils ont aucunesfois. Bref ils ont vn nombre infini de proprietez; il leur en faut don-

ner deux à la fois, & de la grosseur telle qu'il les puissent
aualer. Ie les donne comme les autres cailloux, desquels
i'ay parlé en mon second liure: ils doiuent estre massifs, &
du plus rouge corail. Il y a des oyseaux qui de leur naturel
ont la mulette fort petite, & qui n'en rendent iamais le
double: ces cailloux leur sont fort propres, pource que
sans les trauailler à leur donner pour rendre, ils en sont
tenus en bon estat; ayant la proprieté de reprimer la croif-
fance de la mulette, comme i'ay dit. On ne les donne auec
la chair, mais bien lors que l'oyseau a la mulette vuide, &
deux ou trois fois la semaine: les autres iours il leur faut
donner d'autres cailloux qu'on trouue le long des riuieres. On peut donner aux oyseaux fort pleins vne fois
le mois de ces cailloux en Hyuer. I'entens des oyseaux de
leurre.

---

*Que tous les vols doiuent ceder à celuy de la perdrix,
fors que la volerie du Heron & du Milan.*

CHAPITRE XXVI.

LE vol de la Corneille est fort commode pour nostre Roy, pource qu'allant sa Majesté d'vn lieu
en autre pour s'esbatre, elle peut tousiours auoir
ce plaisir, sans se destourner ny de son chemin, ny de
ses desseins. Quant à celuy de la Perdrix, la campagne
n'est pas fort propre aux enuirons de Paris, où sa Majesté s'arreste le plus, & sur tout en Hyuer. Car la terre y est
molle, les bois, les hayes, les iardinages, les fossez, les
riuieres, & les maisons des champs ne permettent d'y

voler, ſi ce n'eſtoit aux perdreaux: ioint que les perdrix en Hyuer n'y ſont pas trop frequentes. Mais quand toutes ces incommoditez n'y ſeroient pas, ie ſuis aſſeuré que ſa Majeſté prendroit autant & plus de plaiſir à voir faire de belles deſcentes aux oyſeaux ſur vne perdrix qui part à propos, que de voir filer en bas les Corneilles, quand elles ſe ſentent pourſuiuies, ſe laiſſans choir du plus haut la te-ſte premiere, pour gagner les arbres. Ie trouue qu'en ce vol de la Corneille il y a du deſdain à la curée ; voyant vn Fauconnier mordre dans la chair, ou briſer auec les dents les os de telle Corneille, laquelle peut eſtre ne fait que de ſe venir gorger ſur quelque charongne infecte. Et com-bien que cela ne fuſt, il y a touſiours difference de cette priſe à celle d'vne perdrix, laquelle ne vient iamais mal à propos à la cuiſine. Or bien que parfois i'aye exercé tous ſes vols, ie n'en trouue aucun qui approche celuy de la perdrix, pour le connoiſtre moins diſgracié & ſuiuy de moins de deſplaiſir ; pourueu qu'on chaſſe en pays com-mode, & auecques de bons oyſeaux. On y voit les ruſes qu'elles font pour ſe ſauuer, qui ſont admirables : & en ayant prins vne, en voila auſſi toſt d'autres qui repartent pour redonner le meſme plaiſir : de ſorte qu'on en a pour employer du temps, tout autant qu'on veut, & la iournée eſt touſiours trop courte. Seulement à voir briller nos chiens, cela nous peut garder d'ennuy vne partie du iour ; combien que iamais nous n'ayons ce deſplaiſir que d'e-ſtre vne heure ſans trouuer des perdrix, meſmes pres des maiſons de ceux qui aiment tel exercice. D'ailleurs, ce plaiſir dure neuf mois de l'an, où les autres vols paſſent en trois ou quatre, & encores faut-il qu'on attende vn beau

iour. Et le vent eſt autant deſiré à ceſtuy-ci, qu'il eſt en-
nuyeux & contraire aux autres voleries. Ie ne comprens
icy les Autours qui ſont à la perche à telles iournées ven-
teuſes. Pour le vol du ruiſſeau, ie confeſſe qu'il eſt accompagné de beaucoup d'admiratió; mais le plaiſir eſt court
parce que les Canards ne quittent point les grandes eaux
qu'à la fin de Féurier; & commençant alors , cette volerie ne ſe peut faire que iuſques en Auril ou May. Dauantage, il y a tant d'empeſchemens , ou des ruiſſeaux qui
ſont grands, des foſſez qui ſont larges & creux, du vent
qui eſt impetueux, ou de ce qu'il ne ſe trouue dequoy voler; que lors qu'il s'en trouue meſmes auec toutes les commoditez, ce n'eſt que pour demie heure ſeulement: de ſorte qu'en ce vol des Canards on n'a pas le plaiſir ny tous les
iours, ny tout le long du iour. Mais en Prouence nous
chaſſons en pays ſec , ou les perdrix ſont en abondance:
& bien que la pluye nous deſtourne par fois, neantmoins
ſitoſt qu'elle a ceſſé, nous voila en chaſſe. Ce qui me fait
dire que tous les vols doiuent ceder à celuy des champs
de la perdrix, fors la haute volerie du Heron & du Milan,
laquelle doit tenir le premier rang ; auſſi eſt-ce le vol
Royal.

*Comme il faut estre bon piqueur, & que les Grands se doiuent
contenter de voir le plaisir de la chasse sans
piquer par trop.*

CHAPITRE XXVII.

IL n'y a rien au plaisir de la chasse de plus intolerable, que de voir à la volerie vn qui picque laschement, apres s'estre vanté qu'il aime les oyseaux. I'en connois qu'à les ouyr discourir vous iugeriez infatigables, & cependant ils n'y vont que le petit trot, & n'estoit la honte qu'ils auroient d'estre reputez coüars en leur iennesse, ils n'iroient que le pas, ou sur la haquenée. I'ay cinquante ans passez, mais ie rougirois si on me deuançoit encores, ny des esperons, ny de l'affection. Aussi si on va à cét exercice auec grande volonté, on ne sera iamais bon picqueur. L'affection nous pousse souuent à des choses qui semblent impossibles, & si en vient-on à bout. Cette volonté qu'on a du vol des oyseaux fait imaginer à celuy qui picque apres iceux, qu'il a des aisles, de sorte qu'il en pese moins de la moitié. Et ne doutez pas que cette imagination n'allege de beaucoup le cheual du piqueur. Du pouuoir que l'imaginatió a sur les chasseurs, & quelle assistance les hommes en peuuent tirer, on en voit vne infinité d'exemples, ausquels ie neveux m'arrester. Ie vous allegueray seulement le sieur de Montagne, qui raconte en ses Esleus, qu'vn Fauconnier fichant obstinément ses yeux sur vn Milan qui estoit à mont, gageoit de le raualer &ramener contre bas, de la seule force

de son

de son regard. Ie ne veux pas pourtant le cautionner en cela; mais reprenant le fil de mon discours, ie dy que tout ainsi que celuy qui est bon nageur, se souftient mieux sur l'eau que les autres qui ne sçauent nager que bien peu; de mesmes vous deuez croire que celuy qui pique bien, charge moins vn cheual. Ceux qui font l'exercice de grande affection, vous en peuuent fournir d'autres exemples; & vous diront comme souuentesfois ils passent par des precipices hazardeux auec si peu d'apprehension, que si c'estoit pour se guarantir d'vn coup de pistolet dans les reims, ils n'en feroient pas dauantage, & s'ils y vouloient repasser apres pour plaisir, ce ne seroit pas sans grande crainte, & sans danger. Ce mestier n'est pas bien propre pour ceux qui craignent les cheutes, ou qui ne peuuent pas supporter le galop du cheual : si telles gens me croyoient, ils se deschargeroient de cette despence, & quitteroient les oyseaux, ayans plus d'inclination à la faineantise, qu'à cét exercice: bien vous di-ie que pourtant ils n'en sont pas plus sains, ny plus gaillards. Ie connois beaucoup de Seigneurs qui passent quatre vingts ans, qui côtinuent encores cét exercice, & vont deux & trois fois la semaine à la volerie. Ie ne veux pas obliger toutes sortes de personnes à piquer ainsi desesperément, au contraire, ie suis d'auis que ceux de qui la mort peut apporter dommage au public, s'en abstiennent, comme les Roys, ou ceux sur lesquels vn Royaume s'appuye.

N n

De la difference des Perdrix & de leur naturel.

CHAPITRE XXVIII.

Ous auons en ce pays de Prouence trois sortes de perdrix rouges, & deux de grises. La premiere & la plus commune se nourrit aux coutaux pierreux, couuerts de buissons, ou aux lieux où se trouue quantité de thin & de serpoulet. Telles perdrix sont les meilleures à manger : elles changent quelquesfois de quartier, mais elles reuiennent apres en leur lieu naturel. La seconde sorte est de celles qui se tiennent dans les plaines en lieu sec, fuyans l'humidité, elles sont moindres en grosseur & bonté, ne pesans au plus que douze onces, où les susdites en pesent dixhuit, plus ou moins. Ces secondes changent souuent de pays, s'enfuyans si on continuë à les chasser, ou si elles ne trouuent à manger des bleds semez. Pour troisiémes, nous auons les grosses perdrix, qui pesent vingt huit ou trente onces au plus. Elles sont quelque peu meilleures que les plus petites : mais elles ne sont pas de si bon goust que les cómunes, desquelles i'ay premierement parlé. Ces grosses perdrix ne bougent des grandes montagnes, où elles nichent, viuans en Hyuer de la mousse des arbres comme les Phaisans. Vne partie de leur deuant est de couleur bleu-celeste, ou fleur de lin, & partie de roux & de blanc : au demeurant elles sont semblables de plumes aux autres. Quant aux perdrix grises, il y en a de passageres, qui sont plus petites & plus gaillardes à leur vol, lesquelles ne passent pas l'Hyuer au lieu

où elles nichent ; mais se retirent au parier: quand on les
peut prendre, on ne doit les espargner; & en la saison que
elles parient, on les a auec moins de peine, parce qu'elles
sont affoiblies pour estre pleine d'œufs. I'ay conneu vne
autre sorte de perdrix grises plus grasses que celles-cy, &
de semblable grosseur que les rouges communes, qui ne
changent gueres du quartier. De toutes les perdrix dont
i'ay parlé, il est certain que plus elles sont vieilles, plus elles sont grosses & font les œufs plus gros, & des plus gros
œufs viennét les gros perdreaux: aussi les perdreaux esclos
au mois de May & de Iuin, deuiennét plus grosses perdrix
que ceux qui sont esclos au mois d'Aoust. Aussi tost qu'ó
a trouué le nid de la perdrix, si elle pód encore, vous deuez
attendre qu'elle ait fait tous ses œufs, puis ayez vne poule
chaude, & les luy baillez à couuer: & taschez de la choisir
qu'elle ait nourry des poussins l'année auparauant, car elle
sera plus propre à esleuer les perdreaux.   N'ayez pas peur
d'en despeupler le pays par ce moyen. Mais ayez opinion
que le nid qui estsceu de qui que ce soit, est en hazard d'e-
stre gasté, vn indiscret tuë la mere le plus souuét; & en faisant cóme i'ay dit, elle retourne couuer, par ainsi c'est les
augmenter, & non diminuer. I'ay veu des perdrix qu'on
apporte de l'Isle de Chio, qui sont semblables à nos rouges
fors que du chant, ce qui me les fait croire d'autre race: car
nul oyseau, bien qu'il soit esträger, n'est different de chant
à ceux de son espece, cóme au contraire les hommes sont
differents de prouince en autre : ce que i'estime auoir esté
ordonné de Dieu pour memoire de la cófusion de Babel,
& pour seruir de reproche aux mortels, que les bestes bru-
tes ont beaucoup plus de fidelité enuers leur Createur que

les hommes. Il y a encore des perdrix blanches, mais c'eſt
d'auoir eſté cócœuës ſur la neige: les brebis de Iacob vous
teſmoignent comme cela peut eſtre fait, & de tous les animaux conceus ſur la neige, il s'en voit de meſme.

Comme on peut prendre les Perdrix à force.

CHAPITRE XXIX.

'Eſt vn des plus grands plaiſirs qu'on ſçauroit
auoir à la chaſſe, que de vous exercer à prendre les
perdrix à force: i'entens pour les perdrix rouges, durant
toute l'année, & pour les griſes, dés le mois de Mars iuſques en Septembre. Et ſi les Roys & les Princes prennent
tant de plaiſir à courir le Cerf & le Liéure ; pourquoy ne
peut-on ſe delecter auſſi à prendre par meſme moyen les
perdrix qui ont des aiſles? Car eſtát plus difficile de vaincre les animaux volants, le plaiſir en doit eſtre plus grád,
& le ſuccez plus honorable. Si vous en voulez voir le deduit, ie vous en traceray icy vn proiet. Quand on chaſſe
pour prendre les perdrix à force, & ſans oyſeau, il faut
auoir des gens & des chiens dreſſez à cet effect, à ſçauoir
vn homme qui mene la queſte, qui eſt le plus important à
cette entrepriſe. Celuy là doit ſur tout ſçauoir, ou auoir
bien reconneu le pays auquel on veut chaſſer. Apres il
faut auec cela auoir de bons piqueurs, pour le ſuiure à
propos, qui ſe placent en la veuë du lieu où les perdrix
prennent retraite. Quand celuy qui meine les chiens crie,
Remarque Remarque, qui eſt lors que les perdrix partent, tels pi-
ternne de queurs doiuent auoir le iugement pour ſçauoir où les
Chaſſe.

perdrix doiuent aller, tout de mesme qu'vn bon ioüeur de paulme iuge où va l'esteuf dans vn tripot. Cinq hommes peuuent faire cette chasse, sans conter celuy qui queste lequel estant bien monté doit tousiours mener ses chiens contre vent, pource qu'ils en leuent mieux, & si conduit plus à propos les perdrix pour les y faire aller: chose qu'il faut considerer ; car elles s'efforcent pour y entrer, de façon qu'elles se mettent hors d'haleine, & par ainsi elles en sont plus facilement prises. Vn des hómes à cheual se doit loger au costé droit ; vn autre au costé gauche ; & les autres au derriere tout de mesmes. Pour la distance qui doit estre entre les picqueurs & le questeur, vous la pourrez faire de cinq cens pas, l'amoindrissant neantmoins selon le temps, & selon que les perdrix sont fortes ou foibles: Comme ce soit, il faut tousiours que les remarqueurs plus proches de la queste, voyent celuy qui la meine, pour ouyr & remarquer comme il faut, suiuant tousiours en mesme ordre, & distance, tout ainsi que si on marchoit en corps d'armée pour donner bataille. Aucunesfois les perdrix sont si rusées qu'aussitost qu'elles ont donné à terre, elles se mettent à courir, & repartent d'elles mesmes, mais vn remarqueur experimenté y aura l'œil ouuert, & s'en prendra garde. La charge du questeur est de pousser les perdrix qu'il trouue, & choisir celles qui vont bec au vent ou contremont ; & au repartir qu'elles feront, il faut qu'il les suiue sans relasche, taschant qu'elles aillent tousiours comme i'ay dit, perdant leur force en volant contre vent ou contre mont. Et si quelqu'vne en recule, les piqueurs qui sont pour remarquer, ne peuuent faillir de la voir tomber ; & elle ne sçauroit plus re-

uoler ayant fait trois vols. Il eſt vray qu'il y a quatre mois,
auſquels les perdrix griſes ſont plus fortes, qu'en autre
temps ; à ſçauoir en Nouembre, Decembre, Ianuier &
Féurier, parce qu'elles ont pluſtoſt repris haleine que les
rouges: toutesfois on les prend ſi on les picque bien ſans
relaſche. Puis qu'il eſt neceſſaire à cette chaſſe d'auoir de
bons chiens, ie vous diray mon opinion quels ils doiuent
eſtre pour ſeruir bien leur maiſtre. La premiere qualité
qu'ils doiuent auoir, c'eſt qu'ils chaſſent vnis ſans s'entre
ſuiure : car c'eſt choſe faſcheuſe de les voir ſe deſtourner
l'vn de l'autre, & par ce ils doiuent queſter en haye. Ie
n'eſtime pas les chiens trop brillans, qui vont touſiours
de toute leur force, pource qu'on ne peut iuger quand ils
rencontrent, & ſi ils ſont pluſtoſt laſſez. Auecques cela
ie tiens pour les meilleurs ceux qui chaſſent ſagement
haut-le-nez, qui ne font de grandes courſes au deſcou-
pler : qui continuent leur chaſſe tout le iour ſans relaſche, & qui, s'il prend enuie au maiſtre de retourner le
lendemain aux champs ; ne viennent pas pourtant derriere les cheuaux. Les trop grands chiens ſont communément peſans à la chaleur ; les trop petits queſtent bien
quatre heures, mais parce qu'ils craignét le trauail, ils perdent le manger ; ceux de mediocre taille ſont touſiours les
meilleurs. Les griffons ſont bons aux perdreaux en Eſté,
mais en Hyuer ils craignent le froid, & l'humidité : Les
bracqs ſont de meſme nature, & encores plus goulus que
tous. Les chiens trop gras n'ont iamais le nez bon, les maigres ne font iamais gueres de ſeruice, les trop craintifs ne
donnent iamais bien dans vne remiſe, & les opiniaſtres
aualent les perdrix toutes entieres. Les chiens qui piquent

l'oyſeau, & vont deuant quand on court à la remiſe, ſeruent ſouuent de guide au piqueur, mais ils ſont faſcheux
quand ils font repartir la perdrix auant qu'on y arriue.
I'eſtime fort ceux là qui ſuiuent à la remiſe, pourueu que
ils chaſſent au beſoin. La meutte de ieunes chiens ſera
difficile à eſtre guidée, pour chaſſer trop loin du queſteur:
pour cette occaſion il en faut nourrir tous les ans pour les
dreſſer auec les vieux. La meutte faite de chiens
ramaſſez ne chaſſera iamais qu'en deſordre. Ie conſeille à ceux qui en ont de bons, d'en conſeruer la race;
car ſi vne meutte n'eſt faite de longue-main, elle ne peut
eſtre bien bonne.

De la rage des Chiens, dite folie, ou Hydrophobie.

CHAPITRE XXX.

'Eſtimerois auoir obmis vn des poincts plus
importans, ſi ie laiſſois de dire à ceux qui ay-
ment les chiens, comme il eſt expedient de
connoiſtre les accidens de la rage. Balde Iuriſconſulte
doit ſeruir d'exemple à tous, lequel mignardant vn petit
chien de châbre qui eſtoit atteint de ce mal, en fuſt mordu
à la léure, & pour en auoir negligé les remedes, mourut
quatre mois apres. Ceux qui en ont quâtité doiuent prendre garde de ne tomber en ſemblables inconueniens, puis
qu'il ne s'agit ſeulement de la perte des chiens, mais des
perſonnes. Galien dit que le ſeul chien entre les animaux eſt ſubiet à la rage; mais il a erré, comme la preuue nous le monſtre; car on voit ſouuent des hommes, des

cheuaux, & des bœufs eſtre atteints de ce mal, & en mourir. Il eſt vray que toutes les eſpeces canines, comme
loups, renards, foynes, martres, blereaux, belettes, & autres ſemblables eſpeces y ſont plus ſuiettes. Ariſtote dit
que l'homme ſeul n'eſt pas ſuiet à la rage : choſe qui no-
toirement ſe trouue fauſſe. Il n'y a que quatre ans qu'à
deux lieuës de chez moy, il en mourut vn ieune homme
de vingt ans, qui fut touſiours aſſiſté iuſques à l'extréme
rigueur du mal, d'vn Medecin fort capable; lequel s'eſtant
dés le commencement douté de ce qui eſtoit, à cauſe que
quelques iours auparauant ce ieune homme auoit eſté
mordu d'vn chien enragé, ſe rendit ſoigneux d'en voir le
ſuccez. Et entre autres choſes qu'il remarqua, fut qu'eſtant
ce malade extrémement alteré, le Medecin luy demanda
s'il auoit ſoif, & s'il vouloit boire : à quoy auſſi toſt le malade ſe troublant & mettant hors de ſoy, luy reſpondit:
qu'il ne parlaſt point de cette vilainie, & qu'on l'attachaſt
declarant ſon mal. Et incontinent il ſe mit à vouloir mordre vn chacun, en fin il le fallut eſtouffer. Oribaſius, Egi-
neta, Auicenne, Etius, & Dioſcoride, diſent que pour bien
iuger ſi la playe eſt faite par vne beſte enragée, il faut fro-
ter la bleſſure auec des noix pilées, leſquelles il faut auſſi
toſt donner à manger à des poulles, & que ſi cela eſt, elles
en mourront incontinent. Ie ne ſuis pas d'auis qu'on s'arreſte à cette preuue, mais bien qu'en telles choſes, il vaut
touſiours mieux croire le mal plus grand que plus petit,
ſans toutesfois prendre l'effroy ſans ſuiet, car à cette maladie l'opinion y peut beaucoup nuire. Or ce n'eſt pas
mon intention de faire icy le Medecin, & diſcourir de la
maladie des hommes: c'eſt de celle des chiens que ie veux
parler.

parler. Lors qu'ils en font faifis, ils n'ont plus la connoiffance des perfonnes qu'ils aimoient & cheriffoient auparauant, ny mefmes des lieux où ils habitoient, ayans perdu la partie qui les fouloit faire reffouuenir & iuger, ou
eftimer. I'ay reconnu qu'il y a cinq diuerfes fortes de rage. La premiere eft la chaude & defefperée, qui eft au fang
trouble & pourry. La feconde eft la courante & inquiete,
qui fait que les chiens vont toufiours fans fe repofer,
mordans tout ce qu'ils rencontrent. La troifiéme eft la
rage dite dentiliaire, qui eft quand le chien ne peut manger bien qu'il le vueille. La quatriéme eft la tombante
& tournoyante: celle-cy eft vne efpece du haut mal. La
cinquiéme eft la rage des boyaux, caufee pour les vers.
Aux deux premieres les chiens fuyuent toufiours le long
des ruiffeaux ou riuieres, defirans de boire, ce qui leur
feroit vn grand foulagement, & toutesfois ils ont en extréme horreur de regarder l'eau pour y voir leur image:
ce que le Poëte a bien reconneu difant, *Nec formidatis au-*
xiliatur aquis. Cette maladie fait fon effort quelquefois
toft, quelquefois tard, & par fois en vingt quatre heures,
felon la difpofition des corps. Le motif de la rage arriue
fouuent par le venin que les chiens prennent aux charongnes puantes, & pour manger des chairs pleines de
vers: comme auffi quand les charongnes qu'ils mangent
font mortes de la rage, du foudre, de la picqueure de
quelque befte venimeufe, de pefte, ou d'auoir beu de
quelques eaux corrompuës. Cette maladie a plus de cours
en Efté, qu'en autre faifon ; & eft plus commune & dangereufe en pays chaud qu'en pays froid. Pour les remedes
ils s'en trouueroit dauantage qu'on n'en practique, fi ce

O o

n'estoit le peril qu'il y a à manier vn chien enragé ; car la
seule saliue d'iceluy peut infecter vne personne touchant
sur la peau nuë: à raison dequoy il y faut appliquer les remedes, aussi tost que le chien se trouue mordu. Le premier remede est de cauteriser la playe, & sur tout cauteriser le sommet de la teste. On peut tremper le chien mordu
dans de l'eau salée, ou eau de la mer. On peut aussi prendre le *Lapathum acutum*, & le faire boüillir à la moitié ; &
de cette decoction en lauer le chien, & luy en faire boire.
Ie vous reciteray ce qui arriua à vn seigneur que ie connoy. Le malheur porta que ses chiens furent mordus;
quelques iours apres il y en eut quelques vns qui furét saisis de la rage, & à toutes les Lunes il s'en trouuoit quelques vns malades, lesquels il faisoit aussi tost tuer. Vn
qu'il aimoit le plus, en fust atteint ; il cómanda à ses gens
de le ietter dans la riuiere. Par hazard en le iettant, ce
chien s'empescha à la racine d'vn arbre par la corde dont
on l'auoit lié, estant tout dans l'eau fors que le nez. Il fut
ainsi trois iours; au quatriéme ce chien s'en reuint au logis de son maistre au grand estonnement & plaisir d'iceluy: depuis ie l'ay veu aussi gaillard & sain qu'auparauant.
Partant ie veux dire que si on pouuoit plonger les chiens
dans l'eau sans dáger d'en estre mordus, ie ne doute point
que la pluspart n'en guarist. Et croy qu'en faisant le mesme aux hommes, le mal leur passeroit sans qu'il fallust les
estouffer. Ce qui se pourroit facilement essayer : car en
mettant vn heaume au malade, on se mettroit hors de
danger d'estre mordu: & ainsi on le pourroit tenir dans
l'eau durant trois iours, ou tant que les prudens Medecins
connoistroient estre necessaire. On voit peu de gens au-

iourd'huy qui recourent aux Medecins en tels accidens, mais bien aux vœux & aux Sainɔts, comme en France à ſainɔt Hubert és Ardennes: en Italie à ſainɔt Donin, & ſainɔt Bellin, en Prouence à ſainɔt Denis. Les Preſtres de telles Egliſes ont recours à des exorciſmes, faiſant manger du pain benit, dont pluſieurs ſe trouuent bien. Car il ne faut douter que Dieu n'exauce les gens qui recourent à luy par l'interceſſion des Sainɔts. Et d'ailleurs les diables qui employent leur meſchanceté à troubler les hommes ſur leur beſtail, ne leur eſtant pas permis dauantage, ſe meſlent ſouuent à cette maladie; & ſe ſentans coniurez, ils quittent par force les corps qu'ils vouloient trauailler, & en fuyant emportent quant & eux le venin qu'ils y auoient mis. Il faut croire que la foy de ceux qui font tels vœux peut beaucoup operer. Vous connoiſtrez vn chien enragé, quand vous le verrez efflanqué, maigre, la queuë entre les iambes, eſcumant, tirant la langue, ſe tourmentant, qui mord ſans iapper & ſans occaſion gens & beſtes, qui ne fait feſte comme auparauant, meſmes à ſon maiſtre. Le meilleur remede que i'y trouue, c'eſt de les tuer; car pour des chiens il ne faut courir telles fortunes: meſmes que c'eſt vne choſe qui demeure aucunefois quelque temps cachée; & tel accident ſe deſcouure lors que vous y penſez le moins, au grand hazard & peril des fortunes.

ESTVY, DE FAVCONNERIE DV
Seigneur d'Esparron : où sont representez par figure tous les outils desquels on se peut seruir à penser les oyseaux, en leurs maladies ou autrement.

LEs pincettes sont les premiers ferremens, & plus necessaires en cét estuy, mesmes celles-cy qui seruent à coupper les crochets du bec des oyseaux, & sur tout quand ils sont nouuellement prins. Car encores qu'on les vueille enuoyer hors du pays sans les dresser, si faut-il neantmoins tousiours les desarmer desdits crochets, & de la pointe du bec ; pource que du commencement qu'ils se sentent attachez, ils se mordent les mains, & se coupent le pennage. Elles seront faites suiuant ce portraict qui est en rond d'oualle, & les pourra-on nommer pincettes à demie oualle, marquées par la lettre A.

Il faut auoir dans cét estuy des pincettes pour coupper les pennes quand on les veut enter aux oyseaux en tuyau : elles doiuent estre plattes par le deuant, & de la façon commune, auec leur ressort pour se serrer d'elles mesmes : vous les appellerez pincettes communes, & seront marquées par la lettre B.

Encore faut-il auoir d'autres pincettes de la sorte qui

s'enfuit: elles feront eftroites de prinfe, feulement de la largeur du dos d'vn coufteau ordinaire , & feruiront pour
couper la cofte de la penne quand on veut enter l'oyfeau à
l'aiguille, & pour ofter la piece du palais de l'oyfeau quãd
on le veut faigner par là, y ayant enflure ou alteration.
Leur façon fera ronde comme vn des plus petits grains
defquels on fait les chapelets, & feront bien trenchantes.
On les nommera pincettes à bec rond, & feront marquees
par la lettre C.

Couteau pour fendre l'oyfeau, ainfi qu'il eft dit au chapitre XXIIII. de la feconde partie : il peut feruir encores
à fendre la mulette, ainfi qu'il en eft parlé au mefme chapitre : ce couteau fera marqué par la lettre D.

Crochets propres à tirer par pieces la pelote de la mulette des oyfeaux ; qui feront marquez par la lettre E.

Lancette pour ouurir la cuiffe de l'oyfeau quand on luy
veut ferrer la veine, marquee par la lettre F.

Autre lancette pour faigner l'oyfeau fous la langue, ou
bien aux autres endroits où il fera neceffaire : elle fera
marquee par la lettre G.

Quant aux aiguilles qui font neceffaires pour accrocher la veine ; elles doiuent eftre comme vne des groffes
ferres d'vn Faucon ou d'vn Lanier ; ce qui me garde de
vous en donner le portraict.

Petit fer en forme de cur'oreille, propre à nettoyer le
dedans du bec, ou des nazeaux de l'oyfeau ; il fera marqué
par la lettre H.

Canif pour tirer les barbillons, dont il eft parlé au
dixiefme chapitre de la feconde partie : il fera marqué par
la lettre I.

Fer en forme de cur'oreille, pour tirer vne glande, ou nettoyer vn chancre ; il sera marqué par la lettre K.

Cizeaux pour couper la veine apres l'auoir liee ; & seruiront encores pour couper l'ongle à l'œil de l'oyseau, comme il est dit au cinquiéme chapitre de la seconde partie ; & seront marquez par la lettre L.

Poinçon pour oster la pepie de la langue de l'oyseau, qui sera subtilement pointu, & marqué par la lettre M.

Couteau pour oster la formy du bec des oyseaux, marqué par la lettre N.

Vn des outils plus importans en cét estuy, est cestuy cy ; lequel doit estre fait ainsi que ie diray. Il faut vn canō d'argent, rond & long d'vn empan & demy, qui soit si gros qu'vn fil d'archal y puisse entrer aisément, comme fait la baguette dās vn pistolet : & au bout de ce fil d'archal il faut faire de petites pincettes, lesquelles s'ouurent en poussant, & se ferment en les retirant dans ce tuyau d'argent. Cét instrument est propre pour tirer la pelote de la mulette des oyseaux, & le fourrera-on dans l'oyseau par le bec, ainsi que le crochet mentionné au chapitre XXIV de la seconde partie. Il en faut auoir deux, vn plus grand que l'autre, pour la difference des oyseaux. Cét instrument peut seruir à desgorger vn oyseau lors qu'il en est besoin : comme s'il arriuoit que quelque paysan ayant repris vostre oyseau perdu, l'eust pû de chair salée, ce qui arriue bien souuent. On nommera cét outil Desempeloteur & sera marqué par la lettre O.

Tous ne sçauront se seruir de cét instrument. Il faut quand vous voudrez faire serrer les pincettes, afin qu'elles prennent mieux, pousser le canon contre, & non retirer le fer du dedans.

Il faut à cét estuy quatre petits canós en forme longue & ronde, pour y tenir dedans les aiguilles propres à enter le pennage des oyseaux: & pour autât que les pennes sont differentes, les canons seront aussi differents, pour representer par chacun desdits canons la forme grande ou petite de ces aiguilles, telles que la penne les requiert. Ces canons seront marquez par quatre lettres, representans leur grosseur, qui seront, P.P.P.P.

Il faut deux autres petits canons pour tenir des aiguilles de deux grádeurs, propres à ciller les oyseaux, ou passer le fil sous la veine, comme est dit au coupement des veines. Ces deux canons seront marquez par les lettres Q. Q.

Poinçon & pincettes marquées par la lettre R.

Instrumens pour les cauteres, ou pour donner le feu aux oyseaux. Et premierement ce sera vn couteau pour ouurir vne glande chancreuse auec le feu: il sera marqué par la lettre S.

Secódement vn bouton qui est pour donner le feu dás le palais de l'oyseau, ou pour amortir vn chácre. Il pourra seruir de poinçon par l'autre bout, pour percer vne enflure pleine d'humeur; & encores à percer entre l'œil & le bec, comme i'ay dit au chapitre IX. de la seconde partie; où se traicte des nazeaux bouchez par le rheume. Ce fer sera marqué par la lettre T.

Chapelet qui est fait pour donner le feu au sommet de la teste de l'oyseau, ainsi qu'il est dit au chapitre III. de la seconde partie, qui parle du Haut mal. On peut auoir de deux formes de ces fers, l'vn plus petit que l'autre, attendu la difference des oyseaux. Il doit estre fait en rond, de la largeur d'vn demy escu d'or, & creux à proportion de la rondeur du sommet de la teste, auquel il le faut appliquer. Ce fer appellé chapellet, sera de la forme du portraict, marqué par la lettre T.

Que vous soyez aduerti que le fer susdit est quelque peu trop grand de largeur, & le faut commander plus petit d'vn tiers.

Dans les aduis XVII. & XVIII. de l'Epistre qui discourt quel doit estre l'attirail de celuy qui tient Fauconnerie, i'ay parlé d'vne façon de laz courans de soye de cheual, & pource que ie ne me suis pas peu bien expliquer à mon gré en ces lieux là, i'en ay bien voulu representer icy le portraict, qui sera marqué par la lettre X.

Suiuent les figures de l'Estuy des instrumens seruans à penser les oyseaux.

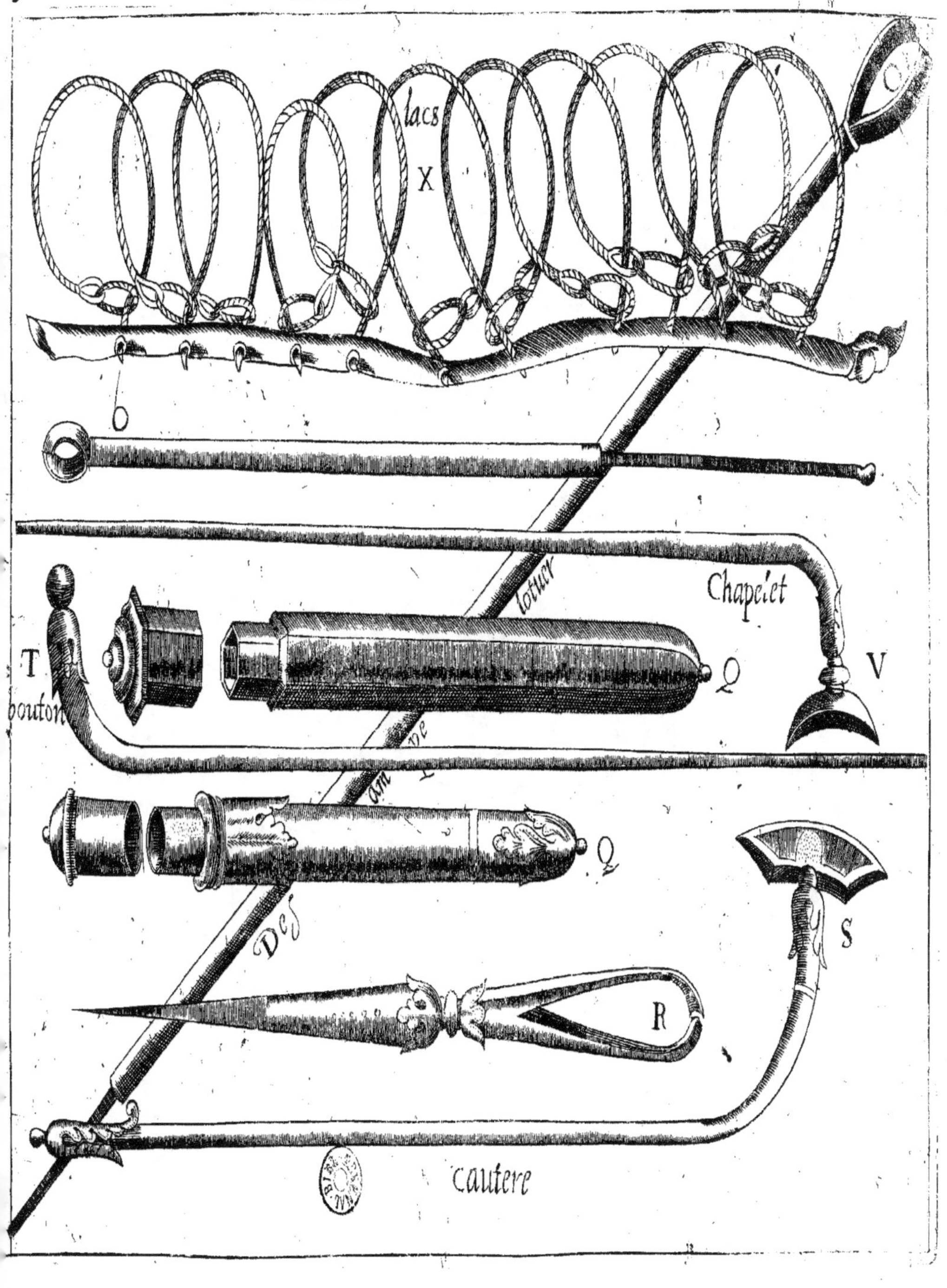

lacs
X
Chapelet
lotuer
T
bouton
V
Q
am ve
Def
Q
S
R
cautere

CINQVIESME PARTIE
QVI EST L'AVTOVRSERIE
DV SIEVR D'ESPARRON.

*L'Etymologie du nom d'Autour, & à quelles personnes
cét oyseau est propre.*

CHAPITRE I.

Ombien que la difference soit grande entre
la Fauconnerie & l'Autourserie; comme il se
peut voir, mesme par les Latins, appellans l'v-
ne *Falconaria ars*, & l'autre *Acciptraria ars*, toutesfois i'ay pensé n'estre mal à propos de ioindre à la Fauconnerie ce petit traicté des Autours. I'ay esté curieux d'en
auoir, plustost pour sçauoir leur valeur, que pour autre suiet: Vous asseurant que i'en ay de bons, mesme quand ils
suiuent d'arbre en arbre auec bó guet. L'Autour a esté dit
des Grecs, ἀστερίας ἱέραξ, & d'aucuns Latins *Accipiter stellaris.*
Volaterran en dit ces mots, *Astrogios Pausanias ponit, quos
Italici Astores dicunt.* Par là vous voyez comme il semble
que ce nom de *stellaris*, soit deriué de *stella*, qui est le mesme
que *Astrum*; pource que cét oyseau semble auoir dáschaf-
que œil vn Astre ou Estoille. On le dit encores *Accipiter,*

Pp

pource qu'il a par deffus tous autres oyſeaux la main habile à prendre. Ie croirois auſſi qu'il fuſt deriué de *Aſtutta,*
pource que ceſt oyſeau de ſon naturel eſt tout plein de fi-
neſſe, ou bien que ce ne fuſt vn Prouençal qui luy donna ce nom d'Autour, pource qu'vn Autour en Prouence,
eſt à dire vn mauuais tour, qui eſt autant qu'vne laſche-
té, ou poltronerie: choſe qui arriue par fois aux Autours.
A ceux qui tiennent des oyſeaux, pluſtoſt pour fournir
leur table, que pour plaiſir, tels oyſeaux leur ſeront plus
agreables que nuls des autres. Parquoy i'ay penſé de leur
donner les inſtructions & adreſſes qu'ils doiuent tenir
lors qu'ils recouureront des Autours, ſoient Niais, Branchers ou Paſſagers: & ce pour les eſleuer, pour les dreſſer,
pour les faire voler, pour les penſer en leurs maladies.
Ce qui ſera mis par rang en ce lieu. Il y ſera dit auſſi comme on les doit muer. Ie vous diray bien encores, que ſi les
Autours auoient la creance & le courage des Faucons,
qu'il n'y auroit pas de meilleurs oyſeaux, tant pour n'e-
ſtre ſuiets d'aller au change, ou de s'eſcarter, que pour
leur iuſte arreſt. Ils ſont bons oyſeaux, ſoit en la plaine,
ſoit aux coutaux, & meſmes iuſques dans les foreſts,
pourueu que le vent ne les deſtourne. La volerie des
Autours eſt commode à trois qualitez de perſonnes. Premierement à gens qui aiment l'eſpargne: car faiſant voler tels oyſeaux, ils les peuuent faire ſecourir par des valets à pied, & eſpargner par ce moyen leurs cheuaux.
Secondement, à vieilles gens, pource qu'ils peuuent aller à leur aiſe à la chaſſe, & à la remiſe ſur le traquenart,
ou bien ſur la mulle. Tiercement à ceux qui ignorent l'art
de Fauconnerie: car auec peu de ſcience ils feront voler

ces oyſeaux : d'autant que cette volerie conſiſte toute en
ruſes. Si vous voulez tenir de tels oyſeaux , il leur faut
donner en volant tout l'aduantage qu'il ſe pourra , iuſques à les tenir du coſté auquel vous iugerez que les perdrix doiuent paſſer , ce qui ſe fait aiſément en pays de
coutaux. Ie parle des Autours qui ſont mediocres en bonté : car ſi vous en rencontrez vn qui ſoit bien bon , il ſau-
ucra fort bien vne perdrix. Qui voudra prendre grande
quantité de perdrix en plaine , ou en coutaux , il le fera
auec deux Autours, ou Tiercelets, en les tenant vn à châque bout des aiſles de la queſte , à trois ou quatre cens pas
loin de celuy qui la meine. Et par ce moyen , en quelque
part que les perdrix prennent retraicte , elles trouueront
vn oyſeau en teſte, ſur la fin de leur force. Mais auſſi il ſe
faudroit donner garde, qu'ils ne fuſſent pillarts, car en ce
cas ſi par malheur ils ſe rencontroient ſur vne perdrix,
ils ſe pourroient tuer l'vn l'autre , comme autresfois il eſt
aduenu.

On tient communément l'Autour à la cuiſine , & pluſieurs parlans des oyſeaux , ils le nomment cuiſinier : ce
n'eſt pas qu'il prenne plus de perdrix qu'vn Lanier, ou vn
Sacre , mais pour la raiſon ſuſdite, ou bien c'eſt qu'aucuns
qui veulent aller ſerrez , donnent la charge de le traicter
au cuiſinier, qui fait trois offices, de cuiſinier, de chaſſeur,
& de pouruoyeur. Raiſon qui fait les tenir à la cuiſine:
c'eſt pour les aſſeurer au bruit des gens & des chiens.

De l'Au-
tour Niais

De L'Autour Niais.

CHAPITRE II.

Es Autours Niais pour le pluftoft ne doiuent eftre enleuez de leur nid qu'ils ne commencent à noircir, & qu'ils n'ayent la queuë à la moitié de leur iufte longueur, & plus feront-ils aduancez, d'autant les deuez vous plus prifer. Ceux que l'on prend Branchers, font les meilleurs, pourueu qu'on les dreffe auec patience. Car plus ils ont de courage, d'autant plus ont-ils de malice; ce qui les fait rebuter fouuent. Aucuns les nourriffent au traquet à la campagne. Ce que i'ay voulu efprouuer, mais i'ay trouué qu'ils fe rendent apres de difficile creance. Et pource ie me fuis toufiours mieux trouué, de les nourrir à la main, les paiffant du vif, & de bonnes viandes: cóme de moineaux, & autres petits oyfeaux: mais que ce foit en forte qu'ils ne s'empelottent; car tous oyfeaux Niais, fi on leur donne de la plume, auant qu'ils ayent la force de la curer, courent cette fortune: parquoy il faut prendre garde qu'ils foient bien traiétez, & encores tenus en lieu chaud & fec. Puis auffi toft qu'ils commencent à fe percher, il les vous faut tenir quelquesfois fur le poing, & de cette façon les accouftumer à fe laiffer manier. Or ie vous diray que iamais Autour de mauuaife creance ne fut bon oyfeau: car la crainte qu'ils ont des cheuaux ou des chiens, les fait rebuter. C'eft pourquoy il les faut accouftumer de bonne heure. Que fi vous penfez les adoucir par la rigueur de la faim, vous leur oftez le courage, pource qu'ils veulent voler de gayeté, & non par contrainte. I'ay fait autrefois voler des Autours au vingtiéme de Iuillet, qui auoient encores du blanc sur la teste, n'estans du tout bien sechez, mais c'estoit en part qu'il ne falloit aller chercher les perdreaux qu'à trois cens pas de la porte du logis, pour en trouuer quantité. Ce qui est contre l'opinion de plusieurs Autoursiers, qui croyent, si on les fait voler au petits perdreaux, que lors qu'ils seront deuenus perdrix, les Autours leur tournerôt la queuë. Mais i'ay experimenté, si vous les faites voler de bonne heure, qu'à mesure que les perdreaux se renforceront, ils se fortifieront aussi, & augmenteront leur courage, pour-ueu que vous ne leur en faciez voler qu'vn par iour, & les en paisliez, & ce par tout le mois d'Aoust: puis en Septembre faites-leur en voler deux ou trois au plus, & encores lors seulement que le temps sera frais : car le chaud les rebute bien souuent. Et ne deuez penser à autre chose du commencement qu'à faire bien plaisir à vos oyseaux, & ce iusques apres la S. Remy. Et taschez d'auoir quelque oyseau de peu d'importance pour les perdreaux, gardant ceux-cy pour l'Hyuer, & par ce moyen ils vous rendront le plaisir que vous leur aurez fait. Les Tiercelets d'Autour ne sont pas tant à priser, combien qu'il s'en trouue de bons, mais non pour faire estat de les garder longuement, comme les Formez, ny pour les muer plusieurs muës : vray est que pour la plaine ils sont les plus legers. Les seconds sont appellez Fourcherez, que i'estime sur tous les autres, pour estre bons, tant pour la plaine, que pour les costaux, & si ne se debattent pas comme les Tiercelets. Quant à la façon de dresser les

Autours, ie ne vous en diray rien, pource qu'auec vn tiroit ils se viennét rendre aisément au poing, & ne se sçauroient escarter:il suffit de leur estre gracieux & doux. Aucuns les font chapperonniers; ce que ie trouue fort bon,
aux Passagers, & non aux Niais, cóme aussi de les dresser
au leurre. Prenez garde de ne leur faire connoistre la poulaille: car apres ils iroient à tous coups en chercher par
les fermes: comme ils en feroient de mesmes aux colombiers, si vous leur donniez des pigeonneaux. Lors que
vous leur voudrez donner du vif, taschez d'auoir des perdreaux, ou des perdrix, ou des tourterelles, & leur arracher la queuë. Pour les Autours Niais, ie les estime peu
au prix des Passagers, non que ie vueille blasmer les
Niais en general, car il s'en voit d'excellens, & de longue
durée, parquoy ils sont meilleurs à muer.

Austour Mué

Seconde
figure de
l'Autour.

Des Autours de Passage.

CHAPITRE III.

LEs Autours de Passage sont tres-bons oyseaux, principalement pour les costaux, où il y a des arbres, car ils suyuent & se branchent fort à propos. On les peut faire chaperonniers, comme Faucons, & les dresser au leurre, car ils y viennent fort bien. Pour estre muez, mais qu'ils ne soient que d'vne muë, ils n'en sont que meilleurs. I'en ay tenu de fort bons, lesquels estoient prins hors de connoissance. Il ne faut estre curieux que de les asseurer, & les rendre gracieux ; car le tout ne gist qu'à les adoucir. Au commencement que vous les voulez mettre dedans, & qu'ils sont prests à voler, il faut trouuer les perdix : & les ayant remarquées à poinct nommé, vous descouurirez l'Autour que vous voulez faire voler, & le laisserez aller sur quelque arbre à l'aduantage, & lors ferez chasser vos chiens pour faire repartir les perdix. Que si elles passent sous luy, croyez qu'il se donnera du plaisir de soy-mesme. Gardez de le porter aux champs qu'il n'ait accoustumé les chiens ; car autrement il se rebuteroit. On le peut faire voler dans huict ou dix iours au plustost. Les Autours de Passage ne prennent gueres le bain ; toutesfois il est bon de le leur presenter, car il s'en voit qui le prennent. Ils ne partent aussi du poing comme font les Niais : c'est pourquoy il sera bon de les accoustumer à vous suiure. Mais comme vous les y dresserez, tenez tousiours l'œil sur eux, & vous en prenez garde ; car ils fe paiffent de guet, & bien fouuent prennent la perdrix à la defrobée , ce qui les fait perdre. Ne les laiffez auffi gueres fuiure, ny gueres voler du commencement que vous les auez dreffez ; car ils fe reconnoiftroient, & fe rendroient fauuages , comme auparauant.

Inſtruction pour tenir les Autours en eſtat , & les faire bien voler.

Chapitre IIII.

Ous deuez armer les cures à voftre Autour, pour les luy faire bien prendre. Et ie trouue le cotton plus commode que l'eftoupe , ainfi qu'il vous eft dit des Faucons. Les Autours aiment à tirer: ce que vous deuez auoir en recommandation tous les matins ; mais gardez que ce ne foit , ny à l'ardeur du Soleil , ny auffi trop pres du feu, car ils en mourroient. Apres auoir tiré, tenez-les en lieu qui ne foit ny froid ny humide ; & que le vent n'y donne aucunement. Le tiroir doit eftre aucunefois baigné dans du vinaigre & de l'eau fucrée de fucre candy ; fi c'eftoit en Efté, ou en l'arriere faifon , pourueu qu'il ne face froid. Les Autours craignent d'eftre abattus; & pource ne les abattez qu'en vne grande neceffité. Vous ne les deuez approcher, ny à la perche, ny ailleurs , fans leur prefenter le tiroir. Notez auffi de n'oublier iamais le matin à les faire iardiner au Soleil , apres les auoir abechez ; les tenant deux heures fur vne perche, en part où le vent ne don-

ne. Ils veulent eftre portez au bain toutes les femaines,
& le iour qu'ils fe baigneront, vous ne les deuez faire voler. Les Autours ne veulent voler deux iours de fuitte.
Auffi on ne doit les droguer fi fouuent que les autres oyfeaux ; car ils font delicats, & veulent eftre traictez fort
nettement fur tous autres oyfeaux. Il les faut ordinairement tenir dans vn cabinet fans eftre attachez, pour le
debatre qu'ils font fur la perche. Si vous les voulez purger, donnez-leur de la manne auec la chair, & ne faites autre purgation laxatiue, pource qu'elle eft la meilleure, & qu'elle fe donne fans abattre les oyfeaux, qui
le craignent fort, comme nous auons dit. Les pillules
blanches, ou les rouges, leur font bonnes, au defaut
de la manne, & leur en pouuez donner trois iours de
fuite, à l'entrée de l'année, & autant auant que les
mettre en muë : puis au quatriéme iour vous leur donnerez vne pierre d'Aloës dans vn morceau de chair,
pour prouoquer l'Autour à rendre. Sur l'Hyuer donnez luy fix grains de poyure en mefme façon fans
l'abattre : ce que vous deuez faire de vingt en vingt
iours. L'Efclaire, appellée Chelidoine, eft propre à faire
rendre les humeurs vifqueufes de l'Autour : mais c'eft
affez d'vne, ou deux fois l'an au plus. De dix en dix
iours, donnez luy vne glaire d'œuf battuë auec du fucre candy puluerifé. L'huile battuë eft fort propre aux
Autours à l'entrée de la muë, apres auoir noüé la longe.
Le laict leur eft bon auffi au mefme temps. Les Autours
font larrós, & fe paiffent couchez fur leur perdrix. Quand
vous en aurez de tels, faites-leur porter vne petite fonnette coufuë fur les deux couuertes de la queuë ; & par

là l'oyſeau ne ſe pourra paiſtre ſans qu'il ſoit deſcouuert.
Cét aduis eſt bon en temps de neige, ou lors que la terre
eſt molle ; ce qui par fois remplit les ſonnettes des oyſeaux en ſorte que l'on ne les peut ouyr.

---

*Paiſtre, fort vtile pour remedier à toutes ſortes de
maladies des Autours.*

CHAPITRE V.

LOrs que vous voudrez paiſtre voſtre Autour, apres l'auoir fait tirer ſur vn tiroir ſec, mettez la chair que vous luy voulez donner par mor-ceaux, dans vn plat plein d'eau, telle que vous connoiſtrez eſtre neceſſaire à l'oyſeau, & conuenable à la ſaiſon. Et quand ce ne ſeroit que de l'eau de fontaine auec du ſucre ou de la manne, encore cette façon de paiſtre profite beaucoup, & preſque à toutes maladies. Car par ce mo-yen les boyaux ſe laſchent, & les nazeaux ſe lauent & net-toyent ; de ſorte que l'oyſeau qui aura eſté ainſi pû, n'au-ra iamais ny Croye, ny Grauelle, ny Suſbec, qui eſt la plus dangereuſe maladie aux Autours. Auſſi iamais il n'aura Chancre, ny Glandes dans le bec ; car ces deux maladies procedent le plus ſouuent d'alteration, ou de ce que les nazeaux ſont eſtoupez, & que l'oyſeau ne ſe peut deſcharger du cerueau. Cela le gardera auſſi des barbillós, & de la pepie. L'oyſeau en aura auſſi plus d'ap-petit, & en ſera plus net dans le corps. Prenez garde ſeu-lement que l'eau ne ſoit ny chaude ny froide, mais tiede. Ie penſe auoir eſté le premier qui ait pû les Sacres & La-

niers paſſagers de cette façon en muë deux fois la ſemai-
maine. Auparauant i'auois peine de les garder de mourir
en muant ; mais depuis les auoir ainſi pûs, il m'en eſt
mort fort peu. Tous oyſeaux volans, quels qu'ils ſoient,
doiuent ainſi eſtre traictez au paiſtre ; & combien que ce
ſoit en Eſté, l'eau doit eſtre touſiours tiede, pour eſtre de
meilleure digeſtion.

Experiences de l'Autourſerie.

CHAPITRE VI.

L'Experience eſt vn amas des choſes paſſées qu'on
a reconnuës veritables, pour ſeruir au beſoin ſelon les occurrences, & les ſujets qui ſe preſentent. Ayant donc recueilly par icelle ce qui m'a ſemblé
eſtre le plus important à noſtre exercice, i'ay tracé les aduis ſuiuans pour les donner à ceux qui s'y plaiſent, leſquels ie deſire honorer, comme perſonnes approchan-
tes, & ſymboliſantes à mon humeur. Or il a eſté diſcouru par ſix chapitres de l'Etymologie du nom des Autours, & de leur nature. I'ay dit à quoy ils ſont propres,
tant les Niais que les Paſſagers; comme il les faut tenir en
eſtat, & les paiſtre. I'ay encore par cy deuant repreſenté
que ces oyſeaux veulent eſtre gagnez par carreſſes, & qu'il
eſt expedient qu'ils ſentent au commencement quelque
neceſſité, pour leur faire mieux gouſter la douceur du
bon traictement qu'on leur fait, & qu'il faut par ce
moyen acquerir leur amour. Outre toutes leſquelles cho-

fes ie donneray icy des adreffes qu'on pourra tenir pour en eftre mieux feruy.

Comme il faut faire plaifir à l'Autour.

CHAPITRE VII.

LE plus important que ie trouue à rendre les Autours bons, c'eft de leur faire bien plaifir quand ils commencent à voler, foit qu'ils mettent la perdrix au pied, ou qu'ils la remettent au buiffon. Et ne doit on leur en faire voler plus d'vne ou deux, qu'ils ne foient bien efchauffez. Quand ils font en eftat de donner plaifir à leur maiftre, apres auoir volé, on ne doit les lafcher qu'ils n'ayent repris haleine, & qu'ils ne foient fecoüez: car fi on les fait pluftoft voler, ils feront quelque poltronnerie, n'ayans encores la volonté de reuoler.

Comme il faut apprefter l'Autour auant qu'aller à la volerie.

CHAPITRE VIII.

ON ne doit faire voler l'Autour que fon heure ne foit venuë: autrement il fera defplaifir à fon maiftre, ou par monter en effor touché du chaud, ou pour gaigner vn arbre, iufques à ce que la faim le preffe. C'eft pourquoy les Autours font mal propres pour les Courtifans, qui n'ont la patience de les attendre: ce qui

cauſe que ie ne conſeille à telles gens d'en tenir, ny auſſi
à ceux qui ſont ſuiets à l'humeur d'vn maiſtre : mais bien
à ceux qui ont la commodité, & la campagne propre
pour la volerie de tels oyſeaux, & qui ſont capables de
les ſupporter. Ie dy encores que les Autourſiers en doiuent touſiours auoir deux ou trois, pour en auoir qui
s'appreſtent, pendant que les autres volent.

Comme il faut laſcher l'Autour.

CHAPITRE IX.

LEs Autours ne craignent d'eſtre retenus, mais il
ne les faut iamais laſcher de rebat. Et n'y a point
de mal de les retenir, quand vous iugez que les
perdrix ſont trop fortes pour eux, & puis de les ſuiure
pour les repartir. Et les releuant, vous verrez que les Autours laſchez ainſi, voleront de grande volonté, tant
pource qu'en les retenant, on leur aura augmenté le deſir,
que pource qu'ils ſentiront les perdrix affoiblies par le
vol qu'elles auront fait. Mais il ſe faut garder à la ſeconde reuolée de laſcher de rebat, comme il a eſté dit : car ce
ſeroit moins de faute de les retenir du tout, que de laſcher
apres auoir fait leur premiere ſecouſſe.

Qu'on ne doit voler durant l'esgail de la matinée.

CHAPITRE X.

O N ne doit desacoupler les chiens que l'esgail du matin ne soit passé ; autrement vos chiens se gastent, & vos oyseaux sentans telle humidité, voudrót s'esplucher au premier arbre. La rosée blanche n'est pas gueres moins fascheuse en Hyuer, que l'esgail en Automne.

Du guet des Autours.

CHAPITRE XI.

T Ant plus de loisir vous donnez à l'Autour de guetter les perdrix à la remise, plus faites-vous pour luy : parce qu'ayant bon œil, comme il a de sa nature, si tant soit peu elles taschent à courir pour se desrober de l'oyseau, aussi tost elles sont empietées. Outre ce, c'est luy donner plus de loisir de reprendre haleine, & de s'apprester pour le repart. Quand ie parle des Autours, i'entends d'y comprendre les Tiercelets, puis qu'ils ne sont differents que du sexe.

Moyen

Moyen de reprendre les Autours de mauuaise creance.

CHAPITRE XII.

Velquesfois les Autours sont difficiles à reprendre, & principalement s'ils ne sont traictez par
quelque homme patient & gracieux. Quand ils
ne veulent descendre des arbres au get de la perdrix ; il
faut tousiours porter vne filiere de trois ou quatre toises
de long, qui sont enuiron dix pas, & d'icelle filiere il faut
attacher la perdrix de reprise par l'aisle, & la traisner ainsi
assez loin de l'oyseau; lequel la voyant remuer, ne faudra
d'y venir, cuidant qu'elle soit viue. Par ce moyen on re-
prendra tousiours vn Autour, pour difficile qu'il soit.

Comme il faut secourir l'Autour à la remise.

CHAPITRE XIII.

Ous Autours veulent estre secourus à l'aise : &
ne faut aborder leur remise brusquement, comme aux oyseaux de Fauconnerie, qui se releuent
aussi tost qu'ils ont volé : car les Autours craignent d'estre
trop approchez des cheuaux ; & la quantité des chiens
les effarouche, & à cette occasion on les rebute bien souuent. Parquoy les chiens des Autoursiers doiuent estre
tenus en crainte, & n'en faut mener à la volée que quatre
ou cinq couples. Ils craignent sur tout de voir de grands
chiens, & principalement les Tiercelets.

R r

Comme il faut chercher l'abry des coutaux aux
iours venteux.

CHAPITRE XIIII.

E pays où les perdrix se tiennent volontiers, est tousiours raboteux, & accompagné de coutaux; principalement les rouges, qui sont celles qui nous donnent plus de plaisir. Et pource que les vents soufflent ordinairement en tels lieux, qui incommodent les chasseurs, il faut chercher l'abry, & fuir le fil du vent; qui est tout contraire de l'ordre que nous tenons auec les Laniers & Faucons.

De la baguette des Autoursiers.

CHAPITRE XV.

A baguette est propre aux Autoursiers, pour la fourrer dans les buissons, & faire repartir la perdrix, quand elle se met au cru : parquoy il est bon qu'ils en portent vne ; mais aussi qu'ils se gardent d'en abuser, comme i'ay dit ailleurs.

Pour voler le Canart auec l'Autour.

CHAPITRE XVI.

Es oyseaux de proye qui ont l'aisle courte, font leur effect d'vne haleine, que nous disons en nos

termes, à la toife, ou à la fource : & font toufiours plus
viftes au partir du poing que les autres. C'eft pourquoy
nul oyfeau ne prend le Canard à la fource, que l'Autour
en partant du poing, ce qui fe fait comme ie diray icy. Il
faut auoir vn Autour des plus courageux, & voler en part
où il y ait des foffez; & plus ils feront eftroits & profonds
tant plus feront-ils commodes à cette volerie. Et pource qu'il faut lafcher de fort pres : pour fçauoir où font les
Canards,il faut auparauant les auoir guettez; & fçachant
où ils font, il leur faut gagner le deuant le long du foffé,
auec l'Autour au poing. Et comme on fera vis à vis des
Canards,il fe faut prefenter fur le bord,& au releuer qu'ils
feront, fans doute l'Autour en empietera quelqu'vn. Ie
trouue à propos qu'auparauant on luy ait monftré quelques canards priuez, pour luy faire connoiftre tel gibier.

Quels Autours entrent mieux au vent.

CHAPITRE, XVII.

AV cuns prennent plaifir de voler aux plaines, où
bien fouuent la commodité de leur feiour les
porte : mais on ne trouue que des perdrix grifes,
& rarement des rouges. En telles larges campagnes les
oyfeaux qui vont bas font les meilleurs, parce qu'ils entrent beaucoup mieux au vent que ceux qui fe releuent; ce
qui feruira d'aduertiffement aux chaffeurs.

Pour entretenir le courage à l'Autour nouuellement
pris Paſſager.

CHAPITRE XVIII.

Yant recouuré vn Autour paſſager, on demeure quelquefois trop à le faire voler, ou pource que le temps n'eſt pas beau, ou pour la difficulté qu'il y a de l'aſſeurer. En cette attente l'oyſeau pourroit perdre le courage. Pour garder que cela n'arriue, ayez des perdrix viues, & en attachez vne au bout d'vne filiere de douze pas de long, puis attachez bien l'Autour de l'autre bout, & allez en beau pays luy en faire monſtre, le paiſſant bien de cette perdrix, & reiterez cela de trois iours en trois iours.

Du vol pour les Lapins.

CHAPITRE XIX.

L faut auoir vn Autour formé, & de nature propre pour le poil, & luy donner le plaiſir de la monſtre de quelques Lapins tous vifs ; Comme il y ſera eſchauffé, vous vous en ſeruirez à prendre lapins ſauuages: ce plaiſir vous ſera commode ſoir & matin, allant à l'entour de vos garennes. Et pour y entretenir l'abondance des lapins, il ſuffit tous les mois de Mars, d'y en mettre, & baſte d'vn maſle pour douze femelles. Les lapins qu'on tient priuez aux maiſons, ſont

propres à cela, & par ce moyen vous volerez au long de
l'année, bien que l'Autour muë. Ce sera auec peu de peine
& beaucoup de commodité.

Des differences des Autours.

CHAPITRE XX.

S I toutes les differences des oyseaux doiuent
faire conclure diuerses especes, il en faut conceuoir infinies en nostre exercice, comme ils
sont infiniment differens, soit en leur pennage, soit en leur proportion. Ceux que nous recouurons
des pays estrangers, sont ou de grosseur excessiue, ou
d'extréme petitesse, en consideration des nostres qui sont
de taille moyenne. Pour le pennage il y en a de si extra-
uagans, que sans vne longue pratique, vn Autoursier y
perd le iugement. Les vns sont aucunesfois de pennage
roux, ou blond, les autres de fort brun; les autres meslez
de l'vn & de l'autre, & les autres de contraires à tous les
deux. On voit encores la couleur des yeux estre differente.
Telles varietez ne sont que par accident, & pour les cau-
ses que ie vous veux desduire. La premiere, c'est que les
gibiers des pays estrágers, sont leur nourriture de grains,
d'herbes, ou de fruicts, tous differens de ceux dont le gibier d'icy se nourrit. C'est pourquoy il arriue que tel gibier a la chair & le sang de differente couleur : & les oyseaux de proye qui se paissent de tel gibier, de la substance qu'ils en retirent, peuuent changer par mesme
raison la couleur de leur sang ; car le pennage estant nour-

ry dans fes tuyaux de ce fang qui fe trouue ou plus brun,
ou plus rouge , ou plus clair, retire touſiours à la couleur
de cette ſubſtance. La difference du climat peut auſſi operer en telle diuerſité , pour eſtre ou plus froid, ou plus
chaud; car le fang par la difference de la temperature, reçoit auſſi diuerſe couleur, comme il ſe voit aux Autours
Eſclauons, & en ceux qui nous font apportez par les mariniers des Indes ou d'autres pays. Il ne faut pas pourtant
que telles varietez facent diſtinguer ces oyſeaux d'eſpece : car il n'y en a qu'vne d'Autours, non plus que de Faucons, de Laniers, de Sacres, & autres oyſeaux mention-
nez en ce diſcours. Et tout ainſi que les Geans, & les Pyg-
mées; les Ethiopiés qui font noirs, & les Eſcoſſois qui font
blonds, font tous comprins ſous la ſeule eſpece d'homme;
de meſme les oyſeaux ne font pas eſtimez par la difference des accidens, & diuerſes couleurs, d'vne differente eſpece, à celle des noſtres. Ils font tous de meſmes peres qui
ſortirent de l'Arche apres le Deluge, & rien ne fait leur
diſſemblâce que le climat, & la nourriture, cóme i'ay dit.

De la Boulimie, ou foibleſſe, maladie dangereuſe
aux Autours.

CHAP. XXI.

Eux qui n'abechent pas leurs oyſeaux le matin ayans curé, les penſans tenir plus affamez,
font vne erreur commune à pluſieurs : car par
cette faute il arriue ſouuent que tels oyſeaux
tombent en vne deffaillance de cœur qui les mene à la
mort. Nous appellons ce mal Boulimie , cauſé par les

humeurs qui coulent dans la mulette, lors que l'oyſeau
tarde trop de manger, ce qui arriue plus ſouuent en Hyuer, & aux plus grandes froidures. Parquoy en telle ſaiſon, il faut auoir ſoin que les Autourſiers ſeruans, ayent
dequoy paiſtre dans leur gibeciere, & que tel paſt ſoit
nettement porté. Et par ce moyen on gardera les oyſeaux
de mourir. Il faut croire que tant plus le froid eſt aſpre,
plus la chaleur ſe retire dans l'interieur des oyſeaux, & que
par conſequent leur digeſtion eſt pluſtoſt faite : comme
auſſi que plus leur interieur s'eſchauffe en telle ſaiſon froide, plus leurs humeurs ſe fondent, & prenant diuerſes
voyes, decoulent ſur le poulmon, & partant ſuffoquent
leur reſpiration. Que ſi elles deſcendent aux parties baſ-
ſes, elles produiſent des podagres, & de là la couleur
des mains, ou pieds des oyſeaux, de iaune qu'elle eſt
deuient bazanée.

Des Autours qui montent à l'eſſor, & de l'eſcartement des
oyſeaux, chacun ſelon ſon eſpece.

CHAPITRE XXII.

Es Autours montent quand le chaud les preſſe.
Les oyſeaux plus veſtus & duueteux en ſont les
plus couſtumiers. Auſſi les Alphanets & les Sacres
montent ſouuent pour ce ſuiet ; & leur deſcente eſt touſiours bien eſloignée du maiſtre. Du temps du Roy
Henry ſecond, eſtant iceluy à Fontaine-bleau, vn Sacret
de ſa Fauconnerie s'eſcarta, ſuiuant vne Cante-petiere,
lequel le lendemain, iour de Noſtre Dame de Mars,

fut reprins en l'Ifle de Malthe, ainfi que le grand Maiftre d'icelle, qui pour lors eftoit, l'efcriuit au Roy en le luy faifant tenir. L'année paffée vn Faucon que i'auois donné, monta en effor à vne lieuë de Paris ; & le mefme iour fut repris à Cleues en Allemagne, & rapporté à Paris à Monfeigneur de Guife, à qui il appartenoit. Or tout ainfi que l'eau plus elle a de pente, plus elle va vifte, redoublant fon cours , & coule plus loin ; de mefme vn oyfeau efforé d'autant plus qu'il fe trouue haut, baiffant vn peu la tefte, d'autant il auance autant qu'il veut , ayant encores le mouuement des aifles qui luy feruent à ce fuiet. Les preuues ordinaires nous donnent des tefmoignages affeurez de ce qui en eft. On ne voit pas que iamais les Autours facent de telles algarades: auffi ne montent-ils pas fi haut, bien qu'on les perde de veuë; & leur defcente eft toufiours fous le vent fur les arbres voifins. Le plus affeuré moyen pour remarquer la defcente des Autours, & pour ne les pas perdre, en tels accidens, c'eft de mettre pied à terre, & fe coucher , tenant l'œil à l'oyfeau pour voir où il defcendra.

Comme on fe doit conduire en defpence en s'exerçant
à la Chaffe.

CHAPITRE XXIII.

LE dire des Anciens a efté mal expliqué par Pierius, quand il a efcrit, que les os des cuiffes du Faucon & du Sacre attirent l'or, comme l'Aimant le fer ; parce qu'ils ne vouloient reprefenter autre chofe,

chofe, finon que la volerie de tels oyfeaux eft de grande
defpence, attirant & confumant beaucoup d'or à ceux
qui pár la trop aimer furpaffent les limites de la raifon.
Et pource qu'il y en a plufieurs qui fe deleɛent paffion-
nément en cét exercice, ie dy à ceux là, que s'ils n'y vont
moderez, & ne commandent à leurs defirs, ils feront des
frais exceffifs; car apres auoir douze chiens, ils en voudrôt
auoir quinze, puis apres vingt, & trente: tout de mefmes
des cheuaux, des piqueurs, & de la fuite & attirail; lequel
ioint enfemble va fi auant, qu'il met fouuent vn Gentilhomme en exceffiue defpence. Et le plus grand intereft
que i'y trouue, eft que les affaires de la maifon font mef-
prifées. Ce me feroit vn reproche, fi mes efcrits fournif-
foient de vent à quelques vns qui en pourroient faire
nauffrage dans la mer de leurs prodigalitez. C'eft pourquoy ie me veux expliquer. Mon intention eft donc que
perfonne ne mette en oubli fes affaires domeftiques, ain-
çois ie dy qu'il y faut penfer : ie parle aux chaffeurs. Vn
Gentilhomme de mes amis auoit chez foy vn feruiteur
autant zelé que le long efpace de trente ans qu'il y auoit
qu'il eftoit domeftique, l'auoit peu rendre affeɛionné à
fon maiftre. Ce feruiteur fe trouuant vn iour de loifir, fe
complaignoit de la defpence que fon maiftre faifoit à la
Fauconnerie, & en contant les frais d'icelle, il contoit
par mefme moyen, ce que pouuoit valoir le gibier qui s'y
prenoit. En fin la refolution du compte eftoit, que la defpence furpaffoit de beaucoup la prinfe. Vn autre des fer-
uiteurs de la maifon oyant cecy, le rapporte au maiftre,
qui luy refpondit à l'inftant: Si on compte la chaffe auec
le plaifir que i'ay prins, à l'efgal de mon affection, les frais

de mon attirail de chaſſe, ſeront reduits à rien. Vn Seigneur Ferrarois auoit pour voiſin vn riche Banquier ; lequel voyant venir de deux iours l'vn ce Seigneur de la chaſſe, s'enquiſt de luy combien il prenoit de perdrix le iour qu'il alloit aux champs, & combien luy deſpendoit ſon attirail. L'affection que ce Gentilhomme Ferrarois auoit aux oyſeaux, luy fit repreſenter la prinſe plus grande, & les frais moindres qu'ils n'eſtoient : de ſorte que ſur l'heure, ce Banquier eſchauffé de deſir, demanda à ce Gentilhomme vn de ſes oyſeaux, auec des chiens, & vn Fauconnier, en eſchange d'vn carroſſe tout attelé : ce qui luy fut accordé. Pour le premier iour que cét annobly fut à la volerie, les affaires allerent aſſez bien : mais la ſeconde iournée, le Soleil picquant vn petit, l'oyſeau monte en eſſor : en ce poinct, le Fauconnier picque des eſperons, touſiours ſous le vent, & voila le Banquier en alarme, ioüant des talons plus qu'il n'auoit fait de ſa vie, diſant par pluſieurs fois à par ſoy, Adieu mon carroſſe, Adieu mon carroſſe. En fin voyant fondre l'oyſeau vers le Pò, il ſe mit à iurer & dire que ſon carroſſe eſtoit perdu, puis qu'il ſuiuoit le meſme chemin du carroſſe de Phaëton. Ce qui fut veritable, & ce ne fut ſans eſtre repentát d'auoir fait l'eſchange, & d'auoir recherché des plaiſirs qui luy eſtoient mal conuenables. Ie ne veux pas diſſuader entierement de ce plaiſir, ceux qui en ont fait couſtume, ſçachát bien qu'ils ne s'en pourroient pas diſtraire ſans trouble & alteration.

Comme l'exercice de la chasse conserue la santé à ceux
qui s'y plaisent.

CHAPITRE XXIV.

Eux qui se preparent d'allonger leurs iours, ne doiuent penser qu'à la conseruation de leur personne: à quoy l'exercice de la chasse peut plus que toute la Medecine ensemble, mesme quand on s'employe en chose que le naturel nous y porte. Le trauail de cheual, qui est moderé, estant supporté de bon cœur, profite extrémement au corps: aussi les sages Medecins du passé sont tous d'accord que la santé ne se peut entretenir auec l'oyseueté. C'est donc vn grand abus de croire que pour estre oysif on se rende plus gaillard & dispos: ny plus ny moins que si on se figuroit que pour tenir les yeux clos, on conseruast mieux la veuë, ou qu'on en eust la voix meilleure pour ne parler iamais. Vne des occasions qui m'a fait continuer la chasse, c'est pour m'oster le loisir d'estre malade selon l'aduis de Pline, qui dit qu'estre à cheual est fort salutaire aux iointures & à l'estomach ; & preserue de la goutte & de la grauelle; bien que graces à Dieu à 61. an, ie ne sçache que c'est de telles infirmitez. Plutarque dit que les hommes ont deux moyens pour se conseruer, à sçauoir la Medecine & l'exercice; dót l'vn procure la santé, & l'autre l'entretient: ce que i'estime estre veritable. Et croy que la maladie est incurable, quád elle ne finit par vn exercice moderé. L'oisiueté gaste le corps, tout de mesmes que l'eau croupissante se vient plustost à corrompre que

celle qui court inceſſamment : auſſi ceux qui font moins
d'exercice font les plus indiſpoſez & cacochimes.

Des Eſperuiers.

CHAPITRE XXV.

NE vous eſbahiſſez pas ſi ie ne vous ay encore rien
dit des Eſperuiers· ce n'eſt pas par omiſſion , ſçachant bien le merite de cét oyſeau , & comme les
anciens luy ont donné place en leurs eſcrits. Et d'ailleurs
ie n'ignore pas que ceux qui ont parlé du Soleil & de la
Lune, n'ayent diſcouru des plus petites Eſtoilles : ce ſera
donc à ce coup que vous ſçaurez de moy ce que i'en ay
veu ou ouy dire autresfois. En ce pays de Prouence on
priſe fort peu les Eſperuiers, fors en quelques lieux particuliers où il y a paſſage de Cailles: ce qui eſt principalement au quartier de Toullon & villages d'alentour , où
elles paſſent en telle quantité, qu'il ſe trouuera homme à
Sifours, vne lieuë de Toullon, qui auec vn Eſperuier , vne
gaule en la main , & ſans chien, prendra ſix douzaines de
Cailles par iour, ſi graſſes, qu'à peine peuuent-elles voler:
ce paſſage dure le mois de Septembre, & d'Octobre. Ce
plaiſir eſt tellement commun en ces quartiers là que tous
s'y occupent. Apres cette ſaiſon paſſée, ils mettent leurs
Eſperuiers dans vne chambre , les gardant pour l'année
ſuiuante ; & en Iuillet ils s'en ſeruent aux perdreaux , à
quoy ils ſont merueilleuſement bons. Aucuns en autre
pays en paſſent leur temps à leur faire voler en Hyuer le
Merle, la Griue, & autres tels oyſeaux: comme auſſi ils leur

font voler la Pie, & le Iay. Ce qui se fait auec vne arbale-
ste à jallet, dont on tire quand l'Esperuier a remis, soit
dans les arbres ou dans les hayes. Les Esperuiers sont en
plus de reputation en Lombardie qu'en autre pays que ie
sçache; ils leur font voler des Phaisandeaux, comme les
perdreaux & les Cailles. Cét oyseau est conneu par tout,
s'en trouuant de meilleurs les vns que les autres, selon le
pays où ils sont pris. Et cela se voit tant aux Niais qu'aux
Passagers. Ceux qui viénent d'Esclauonie, qui airent aux
plus hautes montagnes de Friuly, sont estimez en Italie
par dessus les autres. Tels oyseaux ont le dessus fort brun,
la maille de deuant est noire comme celle d'vn Tourdre:
mais ils sont si courageux qu'ils entreprennent tout ce
qu'on leur monstre. Aucuns ont voulu dire en auoir veu
de treize & quatorze pennes; ce que ie n'ay iamais creu:
car tous oyseaux n'en ont que douze. Ie vous diray que
passant par Vicence en Italie, vn Gentilhomme de la ville me contoit qu'à Friuly, sur la fin de Mars, & à l'entrée
d'Auril, en vne emboucheure entre deux montagnes, il y
a tous les ans passage d'Esperuiers qui s'en vont faire leur
nid. Plusieurs tendeurs y vont auec leurs filets, & en prennent quantité durant dix ou douze iours que cela dure; &
ne manquent point de repasser en mesme saison: qui fait
que plusieurs Gentilshommes d'Italie enuoyent là pour
en acheter. Or pour la noblesse de cét oyseau, elle est si
recommandée, que les cagiers portans des Faucons, Laniers, ou autres oyseaux à vendre, s'ils ont vn Esperuier
en leur cagée, il leur fait tous les autres oyseaux francs
de peage. Quant à la bonne nourriture de l'Esperuier, li-
sez dans Aristote, ou dans Pline, & vous verrez la cour-

toisie qu'il vse enuers ceux dont il a receu plaisir, & comme l'oyseau qu'il a tenu la nuict dans la main pour se tenir chaud, il le laisse aller le matin : & si cét oyseau passe d'vn costé, il s'en va de l'autre chercher sa proye, de peur que par rencontre il ne face mal à qui luy a fait du bien. Si vous me dites si i'ay remarqué cela, ie vous dis qu'ouy, mais dans les liures de ces Autheurs. Ie croy bien que les animaux ont aucunefois de particulieres actions, qui monstrent plus de charité & de douceur naturelle, ou moins d'ingratitude que les hommes. Pour le traictement des Esperuiers, ie ne vous en parleray point, pource qu'ils sont semblables en nature aux Autours, parquoy on peut les tenir de mesme, chose qui est fort aisée & commune.

Esperuiers pris sur les œufs au mois de May.

Vous pouuez prendre des Esperuiers aux premiers iours de May sur les œufs, car ils commencent de les faire : ils vous seruiront aux perdreaux quád les bleds seront sciez, beaucoup mieux que les Niais, qui sont trop tardifs.

De l'antiquité de la Fauconnerie.

CHAPITRE XXVI.

L se trouue aux histoires qu'Vlysse à son retour qu'il fit de la guerre de Troye, entre autres choses remarquables qu'il rapporta en Grece, des despoüilles du pays, ce furent des oyseaux dressez. D'où nous pouuons remarquer que les Troyens ont des premiers exercé la Fauconnerie. Vous trouuerez aussi au Prophete Baruc, comme en parlant des Princes, il fait mention que de son temps ils prenoient

Les Troyens premiers Fauconniers.

leur plaifir aux oyfeaux. Du depuis nous lifons que nos
Roys fe font toufiours delectez à cet exercice. Ce qu'on
peut voir aux Annales, où il fe trouue que Meroüee eftant
en l'Abbaye de Tours, il en eft perfuadé par Gonderan,
qui luy tint ce langage, Que faifons nous icy, Sire ? quel
plaifir auons nous de demeurer en la maifon comme fai-
neans ? enuoyons querir nos oyfeaux, nos cheuaux, &
nos chiens, & nous en allons à la chaffe. Henry fixiéme *Henry VI*
Empereur fut le premier qui fit prendre des Faucons en
Italie, comme dit Collenucio au quatriéme liure de fon
hiftoire de Naples. Et par ainfi l'on peut voir que les François s'exerçoient en la Fauconnerie enuiron fept cens ans
auparauant qu'elle fuft connuë aux Italiens. Frideric fe- *Frideric.*
cond Barberouffe, fils du deffufdit Henry, aima auffi d'y
paffer le temps, comme dit Leandre de Boulongne. Eu-   *Euphrofy-*
phrofyne, femme d'Alexius Angelus, Empereur de Con- *ne Impera*
ftantinople, prenoit tant de plaifir à la volerie, que lors *trice.*
qu'elle y alloit, elle mefme portoit fon oyfeau plus fauory fur fon poing, auec vn grand couuert de fin or. Maho- *Mahomet.*
met fils d'Amurat, neufiefme Empereur des Empereurs
Turcs, fut fi grand Fauconnier, qu'il tenoit fept mille hommes pour traicter fes oyfeaux, comme dit Chal-
condyle au feptiefme liure, & cent hommes qui auoient
la charge de fes chiens. Son frere Bajazet fut auffi *Baiazet.*
grand Fauconnier, comme dit le mefme autheur, au
quatriéme liure. Henry Roy d'Allemagne fut appel- *Henry*
lé l'Oyfeleur, pource qu'on le trouua faifant leurrer *l'Oyfeleur*
fes oyfeaux, lors qu'on luy vint annoncer la nouuelle de
fon election. Le Pape Leon dixiéme eftoit fi chaud à la *Le Pape*
Fauconnerie, que pour vent, pluye, tempefte, incommo- *Leon.*

dité ny autre ſuiet que ce fuſt, il ne ſe gardoit d'eſtre ordinairement aux champs : & ſi eſtant de ſa nature doux &
paiſible en toutes ſes autres actions, il eſtoit neantmoins
ſi aſpre Chaſſeur, qu'il n'eſpargnoit ſon courroux à l'endroit de perſonne, fuſt eſtranger ou domeſtique, lors
q'il contreuenoit au deuoir de la Fauconnerie. Et au
mois d'Octobre il ne manquoit iamais d'aller à Viterbe
pres de Rome pour voler, comme eſtant ce lieu fort propre. Marc Paul Venitien raconte qu'eſtát en Aſie il vit des
Fauconniers en grande quantité, & recite encores vne
choſe bien remarquable : c'eſt que le grand Cham, Seigneur des Tartares, pour garder les abus & diſcourtoiſies
qui ſe peuuent commettre à la perte des oyſeaux, auoit vn
officier eſleu de luy entre ſes principaux & plus fauoris,
qui auoit la charge de tous les oyſeaux perdus, & de les
garder iuſques à vn terme limité, que leurs maiſtres les
vinſſent querir : & ſous grandes peines ceux qui en trouuoient, eſtoient tenus de les apporter audit Officier, con-
ſeruateur des oyſeaux eſgarez, choſe qui ſeroit bié neceſſaire pour le iourd'huy entre nous. Alexandre le Grand eut
tel deſir de ſçauoir les proprietez & naturels des oyſeaux,
qu'il fit aſſembler tous les Chaſſeurs & Faucóniers de toutes parts, & commanda à Ariſtote d'en eſcrire : au rapport
deſquels il en fit des liures que nous auons. Depuis quelques autres ont mis la main à cét œuure. Ce qui m'a eſmeu
à faire voir au iour ce que i'en auois tracé : eſperant en peu
de temps de donner au public le reſte de ce que ie me re-
ſerue pour encore, s'il plaiſt à Dieu m'en faire la grace.

F I N.

POEME DE LA
FAVCONNERIE.

IE n'escry les effects d'vne amoureuse flame,
Libre & sans passion i'ay possedé mon ame,
Ie n'ay iamais senty vn langoureux soucy,
M'estimant fortuné d'auoir peu viure ainsi,
Et me voir occupé en meilleur exercice:
,, Sçachant que l'ocieux ne peut estre sans vice.
  Chaste sœur d'Apollon, fille de Iupiter,
Fay que par ce discours ie puisse reciter
Le deduit que mon Roy trouue si agreable:
Car ta seule faueur m'en peut rendre capable,
C'est toy belle Diane à qui seule ie sers,
A qui i'offre mes vœux, mes chasses, & mes vers.
  Le plaisir du berger est à la bergerie,
Le soin du mesnager à la mesnagerie,
Du soldat aux butins, de l'amant aux amours,
Et ma felicité c'est de chasser tousiours.
Tousiours ie suis aux champs trauersant les campagnes,
Chassant, courant, volant, imitant les compagnes
Du troupeau Delien: exerçant tel deduit,
Depuis l'aube du iour iusqu'à ce qu'il est nuict.
Trois fois vingt ans n'ont peu me lasser de la chasse:
,, Car en chose qui plaist iamais on ne se lasse.
Ie suis tousiours plus frais quand auec le doux vent
Ie voy haut vn oyseau qui se bande & se pent

Repre-
sentation
de la vo-
lerie des
champs
aux per-
drix.

Cresse-
relle c'est
le nom
d'vn oy-
seau fort
conneu.

Tt

Droit sur mes espaigneux, faisant la Cresserelle:
Lors si la Perdrix part, on voit en deux coups d'aisle
Descendre cet oyseau, sans laisser plus aller
Cette pauure Perdrix, qui ne peut reuoler.

Mais combien de plaisir auons nous pour riuiere
A voler les Pié-plats, bien qu'il ne dure guere?
Voyant nos trois Faucons dans le ciel se porter,
Les iettant contre vent pour les faire monter:
Qui en faisant leur tour d'vne aisle vigoureuse,
Reuiennent pour couurir cette troupe peureuse
De Canards, qui se sont dans les eaux retirez,
Se pensans en ce lieu plus qu'en autre asseurez.
Puis, quel contentement que de voir dans l'eau trouble
Ces timides plongeons? Mais tel plaisir redouble
Quand on les fait vuider, nous crians là là là,
Les vns volans par cy, & les autres par là.
Lors nos Faucons qui ont choisi leur aduantage,
Fondent sur ces oyseaux de colere & de rage,
N'estant si tost hors l'eau, qu'ils sont iettez au bort,
Receuant tout d'vn coup, & le choc & la mort.

Parmy tous ces plaisirs il ne faut que i'oublie
A vous faire recit du voler de la Pie,
Auec mes Tiercelets, ie veux vous faire voir:
Comme ils sont bien dressez à faire leur deuoir.
I'enuoye vn grand matin à la plaine prochaine
Vn des miens, qui s'en va mettre dessous vn chesne
Le dedans d'vn mouton ou la sanglante peau,
Sçachant par tel moyen attirer cét oyseau
En lieu large & choisi pour cette volerie,
Comme estant bien expert à la Fauconnerie.

Il n'eſt pas loin de là qu'il entend agaſſer
Nos Pies tout autour, & ſoudain s'amaſſer,
S'appellans par leur cry: & ſemble à leur ramage
Qu'elles font le conuy pour aller au carnage.
Le voila de retour qui nous vient appeller,
Iurant d'affection qu'il ſçait dequoy voller.
A peine a-il finy, que deſia l'heure tarde:
Nous montons à cheual, & ſans nous prendre garde
Arriuons pres du lieu, auquel il nous conduit,
Pouſſez d'affection de voir toſt ce deduit.
    Là eſtans arriuez ou ce guide nous meine,
Nous oyons la rumeur au milieu de la plaine
Des Pies agaſſans, babillans, caquetans,
Ne penſans pas de voir nos prochains paſſetemps.
Alors ie fay ietter le petit Sans-ceruelle,
Qui montant, tournoyant, eſt en trois tires-d'aiſle
La hauteur d'vn clocher: Puis ie iette Eſuanté,
Qui s'eſtant ſecoüé, tourne d'autre coſté:
Il ne tarde pourtant qu'il eſt ſur noſtre teſte
D'vne belle hauteur lors vn chacun s'appreſte
Pour auoir le plaiſir au poing qu'ils deſcendront.
Mais les Pies voyans les ennemis à mont,
Bien que nous approchions, elles ſont ſi peureuſes
Qu'elles n'oſent bouger, & font les pareſſeuſes,
Ne voulans pas partir, craignant ſe hazarder:
En fin crians, battans nous les faiſons vuider.
A l'inſtant nous voyons les oyſeaux ſur la Pie,
Qui veut tirer plus loin pour garantir ſa vie.
Mais elle ruſe en vain à regagner ſon fort,
Car eſchappant à l'vn, l'autre la met à mort.

Les autres en ce poinct ayans perdu courage,

Gaignent pour se sauuer au plus touffu fueillage,

Les oy-
seaux re-
tournent
monter.
Voyant que nos oyseaux de nouuelle vigueur,

Tournent pour regagner leur premiere hauteur.

Approchans de plus pres, nous regardons ces Pies

Pleines d'estonnement, demeurer accroupies,

Façon
des Pies
espouué-
tées.
Tenir la teste en bas, feignant de ne nous voir,

Et n'osent en ce poinct agacer ny mouuoir.

Alors à qui mieux mieux nous leur faisons la guerre,

La rechar
ge qu'on
fait aux
Pies.
Qui leur iette vn baston, qui des mottes de terre.

Lors vne veut sortir mais voulant reuoler,

Nous crions tous (oya) faisans retentir l'air:

(Oya)
mot pro-
pre au
partir de
la Pie.
Et voila les oyseaux qui fondent à l'enuie.

De ce coup elle perd & la ruze & la vie.

Et si l'vn ne l'atteint l'autre ne la faut pas,

Mais en la buffetant la vireuolte en bas.

Mort de
la secõde
Pie de la-
quelle on
paist les
oyseaux.
Ainsi faisans plaisir aux oyseaux de ces Pies,

Nous auons le plaisir, eux leur chair & leurs vies.

Puis apres nous auons le vol au Chat-huan,

La Corneille, au Courlis: Du Heron, du Milan,

La haute
volerie
appartiẽt
aux Rois.
Nous n'allons pas si haut au pays de Prouence:

C'est seulement au Roy d'en faire la despense.

Il nous faut contenter du bas voler des champs,

Car les vols si hautains sont reseruez aux Grands.

Mot à ri-
re aux
chasseurs
de Venus
* Vous Chasseurs de Cypris, qui auez fait coustume*

De la chasse du poil, nous chassons à la plume:

Ne nous imitez point, suiuez vostre dessein,

Car vn si grand trauail ne vous seroit pas sain:

La chaleur en Esté vous cuiroit le visage,

A faute d'en auoir comme nous fait vsage:

Et le froid en Hyuer vous brusleroit les mains,
Ou bien le galloper vous feroit mal aux reins.
Vous craindriez le serein: Puis Diane est contraire,
Aux deprauez exbats qui delectent Cythere.
Cythere aime l'amour, & la lubricité,
Le delicat repos, & l'impudicité:
Mais Diane abomine vne chose si vile:
Elle se plaist aux champs & Cythere à la ville.
　　Suiuez donc le chemin par vous ià commencé:
De moy ie ne sçaurois iamais estre lassé
De chasser: & au poinct que la Parque ennemie
Rendra froids mes esprits & ma face blesmie,
Et que de l'Acheron ie passeray les eaux,
Ie veux faire embarquer mes chiens & mes oyseaux:
Car les Dieux immortels me feront cette grace,
Qu'aux champs Elysiens i'exerceray ma chasse.

Ἀρχόμενος τῇ Ἀρκυσίᾳ.

QVATRAIN DE L'AVTHEVR.

Ie n'ay pas fait ces vers sur le mont Tithorée,
Et moins sur Helicon, le Phocide coupeau:
Mais ie les ay tracez en suiuant le troupeau
De Diane, qui rend la chasse decorée.

SONNET DE L'AVTHEVR.

IE n'attends le Laurier d'Apollon sur ma teste,
Ie ne suis pas poußé de telle ambition:
Si i'ay fait ces escrits, c'est en intention
D'estre dit bon Chaßeur, & non docte Poëte.

Ie n'ay autre dessein; ce que plus ie souhaite,
C'est de voir mes chiens noirs briller d'affection,
Alors que mes Faucons sont en belle action,
L'vn pendu dans le Ciel, sur l'autre qui l'arreste.

Qui pourchaße de Mars l'honneur d'vne victoire,
Qui voudroit de Iunon la richeße & la gloire,
Qui suit de Cupidon les amoureux flambeaux:

I'ay reueré ces Dieux, leur faueur, & leur grace;
Mais i'ay bien plus à gré de me voir à la chaße,
Et de saiure mon Roy au vol de ses oyseaux.

A MONSIEVR D'ESPARRON, SVR
son Liure de la Fauconnerie.

STANCES.

ESPARRON, dont l'honneur n'est que toute nobleße,
L'exercice que chaße, & la chaße qu'honneur,
Ton beau liure, & ta vie exempte de molleße,
Seruiront de modelle à tout homme de cœur.
Tout ce grand Vniuers ce n'est rien qu'vne chaße,
Combien que les humains le nomment d'autres noms:

Le iour chaſſe la nuiɛt, & la nuiɛt prend ſa place,
    Le chaſſant loin de nous vers les froids Antichtons.
L'Eſté chaſſe l'Hyuer, & l'an chaſſe l'année,
    Le Soleil eſt chaſſé de maiſon en maiſon;
    Meſme nous le voyons chaſſé chaſque iournée,
    Courant, & puis couru d'vn en autre horizon.
Si toſt que de ſes flancs nous chaſſe noſtre mere,
    Touſiours ou nous chaſſons, ou nous ſommes chaſſez
    La miſere nous chaſſe, & chaſſans la miſere,
    Nous chaſſons aux grandeurs, & aux biens amaſſez.
L'aigneau chaſſe les fleurs, le loup l'aigneau pourchaſſe,
    Le Lyon genereux chaſſe le loup par tout,
    Nous chaſſons le lyon: la mort qui nous terraſſe,
    Nous chaſſe de ce monde, & en rien nous reſout.
L'honneur & la vertu chaſſant de la Memoire
    La mort paſle & l'oubly, nous font viure ſans fin:
    Et cette vie encor chaſſe apres vne gloire,
    Qui nous ioint bien-heureux à vn eſtre diuin.
La Chaſſe eſt de nos ans la douce charmereſſe,
    La ruine du vice, & l'appuy des vertus:
    Diane au front d'argent, la vierge chaſſereſſe,
    Voit tous les vains Amours à ſes pieds abatus.
Elle chaſſe le ſoin, & la mordante cure,
    L'enuie & le deſpit, qui ſe plombe de coups;
    L'ardante ambition des mondes d'Epicure,
    La pareſſe & l'orgueil, la marotte des fous.
Elle chaſſe les feux qui bruſlent la poitrine,
    Et qui nous font mourir en des yeux rigoureux,
    Adon rendit pluſtoſt chaſſereſse Cyprine,
    Que Cyprine ne fit ſon Adon amoureux.

Chaſſons donc pour chaſſer les ennuis de noſtre ame,
    Mais ſuiuons ESPARRON qui porte le flambeau,
    Sa chaſſe & ſa vertu vaincront ſi bien ſa lame,
    Qu'à iamais ſon beau nom franchira le tombeau.
La chaſſe de l'oyſeau c'eſt la chaſſe plus belle,
    Elle a plus de plaiſir, & bien moins de danger:
    On n'eſt point deſchiré d'vne Fere cruelle,
    On ne voit point ſa main dans le ſang ſe plonger.
On va ſeul, on a ſeul & la chaſſe & la priſe,
    En troupe on ſe partage auecques des couteaux:
    Meleagre eſprouua combien l'ire s'aiguiſe,
    Quand on a des riuaux en ces honneurs ſi beaux.
Le beau coup d'Atalante engendra tant d'enuie,
    Que de deux de ſon ſang il ſanglanta ſes mains:
    Puis ſa mere en bruſlant le tiſon de ſa vie,
    Le fit bruſler tout vif par des feux inhumains.
Parfait & grand chaſſeur, i'admire ta ſcience
    Mais ie doute en tes vers, ſi tu es (ESPARRON)
    Ou plus grand en la chaſſe, ou bien en eloquence:
    De trois tu as les deux, des meſtiers d'Apollon.

CORBIN, Aduocat en la Cour.

INDICE

INDICE
DES CINQ PARTIES DE
CETTE FAVCONNERIE.

Et des Chapitres d'icelles, & des sommaires
du contenu en iceux.

La premiere partie de la Fauconnerie.

V u

La ſeconde partie de la Fauconnerie.

La troisiéme partie de la Fauconnerie.

Contenant en XLVII. Epiſtres, pluſieurs belles & neceſſaires inſtru-
Ctions, aduis & receptes pour les oyſeaux de la Fauconnerie, & mala-
dies d'iceux. Ces inſtructions ont eſté priſes de pluſieurs Epiſtres, où
Miſſiues que l'Autheur eſcriuoit à vn ſien amy, pour l'inſtruire parti-
culierement, leſquelles ſont icy en ſuite ſelon leur ordre.

Epiſtre XLIII. contenant ſeize Aduis.

La quatriéme partie de la Fauconnerie.

TABLE.

La cinquiéme partie de la Fauconnerie, qui eft l'Autourferie.

FIN.

LA FAVCONNERIE DV ROY.

AVEC LA CONFERENCE DES FAVCONNIERS.

Par CHARLES D'ARCVSSIA DE CAPRE, *seigneur d'Esparron, de Paillieres & du Reuest en Prouence, Gentilhomme de la Chambre du Roy.*

Auec la Table des Matieres.

A ROVEN,

FRANCOIS VAVLTIER, fous la porte du Palais, pres la Baftille.

Chez

ET

IACQVES BESONGNE, dans la Cour du Palais.

M. DC. XLIIII.

A MONSEIGNEVR DV VAIR
GARDE DES SEAVX DE FRANCE.

ONSEIGNEVR,

Participant, comme ie fais, à l'obligation generalle que vous a toute cette Prouince, du repos où vous l'auez maintenuë durant vingt ans qu'elle a eu l'honneur de vous auoir pour chef de la Iustice; & vous en ayant encor vne infinité de particulieres: I'ay pensé que si i'estois hors d'espoir d'y satisfaire par quelque reuenche, ie me deuois au moins cette consolation de ne laisser rien passer où ie vous en peusse tesmoigner quelque ressentiment. C'est à ce dessein, MONSEIGNEVR, que ie vous offre ce nouueau traicté de Fauconnerie, que suiuant ma promesse, & par commandement expres de sa Majesté, i'ay adiousté aux precedens que i'auois faits sur le mesme subiet. Ie vous ay tousiours veu plaire aux discours de cét exercice, & faire cas de ces termes, comme de chose d'où autant que nulle autre, nostre langage pouuoit tirer de l'embellissement. Cela me fait croire que la lecture ne vous en sera point désagreable: & qu'ayant à vous relascher du soin que vous prenez à r'habiller les desordres de l'abomina-

á ij

ble monſtre, dont noſtre ieune Hercule vient de nous
deliurer, vous ferez bien aiſe quelquefois de vous y diuertir. Au moins y recognoiſtrez-vous l'intention de
l'Autheur, qui n'eſt autre, M O N S E I G N E V R, que
de ſe continuer touſiours l'honneur de voſtre bien veil-
lance, & d'eſtre touſiours reconneu

Voſtre tres-humble, tres-obeiſſant &
tres-fidele feruiteur.

C H A R L E S D'A R C V S S I A
D'E S P A R R O N.

A Eſparron, ce 25. May 1625.

Table des Matieres.

Table des Matieres.

A La sixiéme iournée, on poursuit encores, & se traicte aussi de la nourriture des oyseaux pour les conseruer.

Des oyseaux pillards qui ne volent en compagnie, auec dispute si tels oyseaux sont plus courageux.

Qu'vn bon oyseau pour Perdrix doit voler seul.

Question, S'il est bon de faire suiure les oyseaux, ou de les ietter du poing à voler les Perdrix.

Autre question sur l'entretien des oyseaux.

Autre question sur le curer, où il se dit comme l'humeur du fiel tombant dans la mulette fait curer l'oyseau, sans laquelle humeur il faut le droguer par choses ameres.

A La septiéme iournée, est discouru de la connoissance de plusieurs Fauconniers vieux & modernes.

De la grande connoissance du Roy au fait de la Fauconnerie & que les plus belles inuentions en cét art, se sont trouuées de son temps.

Table des Matieres.

E

Table des Matieres.

Svr l'appuy de mon Roy i'ay tracé cét ouurage,
Duquel sa Majesté m'a fourny le project:
Si sa douce bonté m'accroissoit le courage,
Ie poursuiurois encor sur le mesme suiect:
Voyant sa Majesté fauoriser mon zele,
Et que ce que i'escry se trouue estre à son gré,
I'enteroy des oyseaux qui auroient si bonne aisle
Qu'ils monteroient encor à vn plus haut degré.

CONFERENCE
DES FAVCONNIERS.

PREMIERE IOVRNEE DE L'ASSEMBLEE
des Chasseurs, où deux des conferents traictent quel est le
regret de la perte d'vn bon amy : & puis se preparent à dis-
courir de la Fauconnerie.

E. VOSTRE arriuée nous a resiouys, en sorte qu'en ayant
sceu la nouuelle, i'ay aussi tost pris resolution de vous
venir voir, ne pouuant plus supporter l'ennuy que vostre
absence nous causoit. A vostre depart, vous nous promettiez que l'adieu n'estoit que pour trois mois : & ces
trois mois ont accomply l'année entiere.

O. Vous n'auez point en cela d'aduantage sur moy, car ie souffrois im-
patiemment l'attente de vous embrasser. Mais on ne part iamais de la Cour
si tost qu'on pense. Estant arriué en Prouence, ie me suis enquis de l'estat
de mes bons amis & parens, & i'ay apris que de deux qui m'estoient les plus
cordiaux, il ne m'est demeuré que vous, ayant perdu mon cher cousin : de
sorte que ie me trouue maintenant n'auoir que la moitié de mes consola-
tions en mes ennuis.

E. Quant à la perte que vous dites, on la peut vrayement nommer ainsi,
pour vous & pour moy; mais pour luy c'est vn bon heur, puis qu'il est mort
de la mort des iustes : & de vouloir se lamenter de l'auoir perdu, ce seroit
plustost l'action d'vn enuieux & mal-veillant, que d'vn fidele amy. Ie vous
accorde que selon l'ordre de nature on eust iugé qu'estans ses aisnez, nous
partirions de ce monde premier que luy : mais ce sont les secrets de Dieu.
Vos larmes tesmoignent estre vray ce que les Sages du passé ont dit, qu'il
n'y a rien en la nature de plus agreable que les choses semblables à soy, &
que les bõs sont comme forcez d'aimer ceux qui leur ressemblent : car ie re-
connoissois que vostre Cousin auoit de longue main vne fort bonne opi-

A a a

nion de vous, qui luy augmentoit l’obligation naturelle qu’il auoit de vous
aymer.

E. Aussi le premier sentiment que i’eus de sa bien-veillance, fut pour le
iuger homme de bien, & l’amitié s’engendra dans mon cœur, pour l’estimer
tel. Puis ayant senty la douceur de ses vertus, elle s’accreut en le frequentant,
& encore par l’entremise de quelques liberales demonstrations reciproques
auec la fiance entiere, sans nulle reserue. Ces choses ioinctes, allumerent le
feu de nostre amour: bien que mon dessein ne fut iamais auec autre esperance
que d’estre aimé d’vn homme si parfait.

O. C’est la vertu qui produit tousiours telle amour, & sans elle, cette
amour est priuee d’aliment, & ne peut durer.

La vraye
amour s’ac-
comp-gne
de crainte.　E. Iamais ie ne reconneu qu’il se faschast de mes discours, côme ie n’oüis
aussi oncques chose de luy qui offensast personne. Et ie dis encores, que i’al-
lois auec quelque crainte de luy desplaire : de maniere que ie croy que Dieu
auoit respandu sa benediction sur nostre amitié, & que toutes autres ne
sont qu’ombre au prix de la nostre.

O. La chose la plus precieuse que Dieu ait octroyee aux mortels, c’est la
vertu, laquelle attire à soy les gens de bien, comme l’aimant attire le fer, &
les vnit d’vn lien inseparable.

E. Tout ce que nous auions estoit commun entre luy & moy, & le premier qui recouuroit quelque chose de nouueau selon nostre inclination, il
l’offroit aussi tost à son amy, voire prenoit peine de luy en faire enuie, pour
auoir moyen de l’obliger en la luy donnant. Que si l’vn n’auoit de bons oyseaux, ou de bons chiens, il auoit recours à l’autre, & sembloit que ce defaut
fournist de cordages pour lier nos affections iusqu’à la mort.

O. Le secours qu’vn amy reçoit de l’autre en telles necessitez, l’oblige
extrémement à l’aimer.

E. Aussi m’attiroit-il en sorte qu’estans separez i’estois en inquietude, &
sembloit qu’entre luy & moy le Ciel eust estably vne pareille affection. La
souuenance que i’ay de sa douce conuersation, ne sera iamais arrachee de
mon cœur, mais en augmentant tous les iours en ma pensée, fera que ie sup-
porteray plus patiemment ma perte, bien que l’aage où ie me voy, me donne
quelque subiect de consolation, voyant que ie ne puis demeurer long temps
sans le reuoir.

O. O que i’estime miserable celuy qui n’aymant personne, n’est aymé d’aucun ! Vn tel homme bien qu’il regorge de richesses, ne peut estre qu’en perpetuel regret; & si on luy rend quelques respects, c’est par dissimulation: côme au contraire, il n’y à douceur pareille, que d’auoir à qui communiquer ce
que l’on a de secret. La prosperité n’a presque point de goust, si l’on n’a auec
qui s’en resiouyr: & les afflictions nous sont alors insupportables, quád nous
n’auons à qui nous en côsoler; parce que la vraye amitié consiste en l’accord
des volontez, ou en la conuenance des humeurs. Mais il me semble que c’est
trop lamenté à vous, qui auez blanchy vostre poil à l’escole du monde; ie suis

venu vous visiter pour me resiouyr auec vous,& vous m'affligez. Ne sçauez
vous pas que les fascheries entre amis sont contagieuses? Resiouyssez vous,
si vous desirez de me voir content : passons le reste de nos iours en patience;
parlons de nos chasses , & de celles que vous auez veu faire aupres du Roy,
car i'en ay entendu des miracles. Voicy tout à propos arriuer de nos amis &
parens qui viennent vous visiter, qui seront ioyeux comme moy de vous entendre là dessus; faites leur meilleur accueil que vous n'auez fait à moy, bien
que ie le reçoiue pour bon, connoissant que la familiarité qui de long temps
est entre nous, a fait que vostre cœur s'est allegé en me disant les regrets de
vostre perte, à laquelle ie suis participant. Mais ie vous supplie changer ce
visage, si la priuation de celuy que vous regrettez, vous est si amere, souue-
nez vous qu'au premier iour il en sera autant de nous, & qu'il faut payer la
mesme debte. Ie voy approcher de nous ceux qui viennent vous visiter; ie
connoy leur attirail, leurs chiens sont blancs & tannez , & ie reconnois encores la liurée des laquais. Leur arriuée est tout à propos pour assister à nostre Conference. Ce qui vous doit donner plus de subiect de nous reciter ce
que nous desirons sçauoir de vous.

Seconde iournée, où il se traicte du vol du Milan.

Vis que vous voulez que ie vous represente les vols que i'ay
veu faire aupres du Roy , & que par cy deuant ie vous ay discouru du vol du Heron, au traicté de sa Fauconnerie, comme
i'ay fait du vol du Corbeau, du Cochevy, & autres voleries
grandes & petites; ne vous ayant fait mention du vol du Milan, i'en feray l'entrée de mon discours. Ie vous diray donc , que l'on commence ce vol par les Ducs qu'on iette en leur faisant trainer vne queuë de
Renard; premier moyen qu'on tient pour attirer, ou raualer le Milan à vne
hauteur raisonnable, si tant est qu'il soit trop haut pour l'attaquer. Estant
rauallé ou abaissé comme il faut, on luy donne vn Sacret ou vn Tiercelet
de Gerfaut; puis on iette deux Sacres, & souuent vn Gerfaut pour quatriesme; ou quatre Gerfauts en tout. Il arriue par fois qu'à voir la mine des
oyseaux, on diroit du commencement qu'ils n'ont point de dessein sur le
Milan, & qu'ils se haussent pour s'esgayer : mais les oyseaux feignent leur
vol pour luy gaigner le dessus , ou l'aduantage du vent. Ie vy vn iour voler quatre Gerfauts qui firent bien. Au partir du poing ils prindrent chacun de son costé : Mais le Milan ne tarda pas beaucoup de connoistre que
l'entreprise estoit sur luy; parquoy touché de la peur il hastoit son vol de
tout son pouuoir pour leur gaigner le dessus. Or il ne sceut tant faire que
les poursuiuans n'esgalassent incontinent sa hauteur, & que peu à peu ils
ne se trouuassent au dessus de luy. A ce poinct les spectateurs qui n'auoient

pas la veuë bonne, estoient bien en peine, & n'auoient point de part au plaisir. Voicy le combat qui commence. Vn Gerfaut nommé l'Ostarde, l'attaque le premier; & tant pour auoir maintenu son auantage, que pour estre oys au fort gaillard, en donnant au Milan fait sa pointe à plus de vingt toises de hauteur par dessus. Les autres tour à tour luy dônerent, & non tous à la fois, mais l'vn apres l'autre, comme les forgerons sur l'enclume, auec vn grand bruit que faisoit le singlement de leurs aisles; & quand vn le poursuit, l'autre l'auillonne. Et le troisiéme ne l'auoit si tost buffeté, que le quatriéme le choquoit : de sorte que luy donnant & redonnant sans relasche, l'vn apres l'autre, le Milan ne sçauoit comme resister. Il faisoit ce qu'il pouuoit pour se sauuer, pliant les aisles tantost d'vn costé, tantost de l'autre, pour esquiuer la rencontre des ennemis, & pour n'estre atteint, il se renuersoit, estimant estre bon de ioüer des griffes, puis que le fuyr ne pouuoit le garantir: mais tout cela ne luy seruoit de rien. Or estant à l'extremité, il se leue vn peu de vent qui le fauorise ; si est-ce qu'il ne sçauroit eschapper, parce que la furie des poursuiuans s'augmente ainsi que le poursuiuy s'affoiblit. Chaque oyseau luy donne & redonne: il commence donc à criailler & geindre, ne sçachant plus de quelle ruse se seruir. A mesme temps vn des Gerfauts le lie, les autres s'y ioignent: & voila les cinq oyseaux ioints qui viennent à bas. Tous les piqueurs courent là; le Roy s'y trouue, qui ne voudroit estre deuancé du plus hardy. Le sieur de Luyne chef de ce vol n'y manque pas. On l'approche pour garder que les oyseaux ne se pillassent, ou que le Milan ne ioüast du bec ou des griffes, qu'il a aiguës & venimeuses; parquoy arriuant à la curée, on luy rompt les iambes, on luy arrache la teste, puis on paist les oyseaux d'vne poule de mesme plumage, pour les tromper, afin qu'ils estiment auoir esté pus de leur prise, estant la chair du Milan puante, & mal saine aux oyseaux.

Le mois de Féurier passé, estant pres du Roy, ie vy faire vn autre jet à vn Milan, qui estant quelque peu trop haut, le Gerfaut plus courageux qui auoit coustume d'attaquer le premier, n'aueüant pas bien au descouurir, partant du poing, print d'autre costé. On iette alors ses compagnons qui l'aueuënt & vont droit au Milan. Or ce premier qui estoit ordonné pour l'attaquer, estant en aisle, entreprend ses compagnons. Tous ces oyseaux sembloient aller à mesme dessein: ce qui ne fut pas, car le premier se voyant le dernier, va lier vn de ses compagnons, & le mene à bas: ce qui destourna ce jet en sorte que le Roy n'en fut pas content, bien que facilement telle disgrace arriue lors qu'on y pense le moins. Ie vous diray encores que le Roy est si benin, que par fois il fait conseruer des Milans pris par ses oyseaux, & les fait lascher des fenestres du Louure, les marquant en leur couppant les deux couuertes de la queuë, en leur donnant liberté: acte digne de luy. Or i'ay escrit en l'Epistre quarante sixiéme de la Fauconnerie, côme au dresser des oyseaux noueaux à ce vol du Milan, il faut attacher vne ieune poule aux griffes du Milan: mais il sera beaucoup meilleur de la luy attacher aux deux mahutes, & par dessus en forme de bardelle. Ce qui sera pour aduis aux Fauconniers.

O. Nous sommes satisfaits de vous au discours de ce vol: mais nous vous prions tous de nous dire demain quelque chose du vol de la Corneille, & nous en donner bien les adresses, & l'entiere intelligence.

Troisiéme iournée, où se traicte du vol de la Corneille.

E vol de la Corneille n'est de grands frais. Vn Gentilhomme qui est logé en pays de campagne le peut tenir : & si les mesmes oyseaux ne le seruiront pas moins à plusieurs autres vols quand à luy prendra opinion. Ce vol se fait en cette façon. On lasche le Duc en le poussant estant en chasse ou en lieu commode : si les Corneilles sont en veuë, elles y viennent aussi tost. S'il y a des bois aupres qui puissent empescher de voler, on lasche le Duc de cinq cens pas en cinq cens pas; esloignant par ce moyen les Corneilles de leur retraicte. Et les ayant attirées en beau lieu, on doit prendre garde de n'attaquer sur tout celles qui ont le bec rouge, mais bien celles qui l'ont blanc ou noir ; les emmantelées de gris, nommées Chucas sont les plus propres à voler. Il n'est aussi trop facile de prendre les plus petites qu'on nomme Choquettes. Or il faut tousiours attaquer la Corneille contre vent. Ce vol se fait bien auec trois Faucons; & s'il s'en trouue vn des trois qui chasse haut de sa nature, il faut le ietter de cinq cens pas derriere les autres, & mettre le plus viste deuant pour attaquer : car au renuerser que fait la Corneille, le dernier sera le plus à propos pour donner.

O. Ie comprens fort bien vostre dire. I'estime que le plaisir en est grand, & suis resolu à l'aduenir de m'y exercer. Mais dites moy, toutes sortes d'oyseaux y sont-ils propres?

E. On se sert communément des Faucons à ce vol, & en met-on trois passagers: mais le vol en est plus parfait d'y en mettre vn niais parmy, ou vn Sacret; pource qu'ils font mieux sortir les Corneilles des arbres lors qu'elles s'y remettent, que les Faucons passagers.

O. Et qui accoustumeroit à ce vol vn Autour, ou vn Tiercelet?

E. Ie ne doute pas que l'ayant accoustumé auec les Faucons, il n'y fist rage: donc ie suis de cette opinion, & en veux faire l'experience à la premiere commodité.

O. A ce vol de Corneille, vn Tiercelet de Gerfaut seroit-il aussi bon qu'vn Faucon?

E. Ils y sont admirables ; car ils percent beaucoup mieux le vent que les Faucons, lors qu'il fait grand froid.

O. Ie le croy : on les apporte aussi d'vn pays où l'air est plus aspre & plus rude que le nostre: & est vray-semblable qu'ils sont fort diligens pour se paistre, attendu qu'ils n'ont tant de loisir en hyuer en leur pays, où il ne fait que bien peu de iour. Mais dites nous, n'ayant des oyseaux dressez à ce vol, comme en peut-on dresser de nouueaux, & les bien eschauffer?

E. Tous les Faucons de passage y vont naturellement, & si tant est qu'il fust besoin d'auoir des Corneilles viues, qu'en ce pays nous appellons d'eschape, on en peut prendre tant qu'on voudra, faisant comme ie vous vay dire. Il faut choisir vn arbre en vn lieu descouuert, & mettre à trois pas du pied, vne pierre d'vne coudée de hauteur, pour seruir de billot à vn Duc que vous y mettrez, lequel faisant voler vers l'arbre par le moyen d'vn cordeau, toutes les Corneilles d'autour viendront se ietter sur cét arbre, qui ne doit estre que de deux toises de hauteur, & accommodé en sorte que vous y puissiez mettre force gluaux par dessus, où les Corneilles se prendront infailliblement, s'y venans mettre pour voir le Duc.

O. I'estime que cette industrie est bonne pour auoir des Corneilles d'eschape, & que par ce moyen on eschauffera facilement les oyseaux. Mais se pourroit-il faire, que les oyseaux pour Corneille volassent tout du long de l'année?

E. Fort bien, car à ce vol les bleds & autres fruicts de respect, ne donnent aucun empeschement; mais la difficulté que i'y treuue, c'est qu'en Esté on ne voit gueres de Corneilles.

O. I'en ay au pays où i'habite, en toute saison.

E. Vous pouuez donc voler quand il vous plaist.

O. Ouy, Mais ne faut-il pas que les oyseaux muent?

E. C'a esté vne grande erreur aux Fauconneries du passé, d'auoir creu qu'vn oyseau ne puisse voler en muant; & les oyseaux sauuages comme font ils? I'accorde qu'il y a des oyseaux de mauuaise nature: mais l'hōme par son industrie assuiettit toutes sortes d'animaux. I'en ay veu qui ont retenu leur pennage trois ans, & ne leur en estoit que fort peu tombé du plumage mué, & si ils voloient tousiours bien pour les champs aux Perdrix.

O. Ie suis de vostre opinion, & ie croy que nous ferons bien de garder tousiours quelque Faucon sor passager, pour n'estre oyseaux de tant de respect que les autres, veu aussi la quantité qui s'en treuue; & afin de ne demeurer oisifs pendant qu'ils muent: outre que nous aurons tousiours des Perdrix pour faire bonne chere à nos amis. Car en telle saison il faut leureter, & si on treuue quelque Coq qui n'ait point de femelle, on le vole.

E. Comment? ne croyez vous pas qu'on despeuple le pays de Perdrix, en prenant les Coqs?

O. Ie le croy: mais il faudroit aller loin de chez soy, en May & Iuin, ainsi que i'ay dit ailleurs.

Si on vouloit auoir tant de considerations à la Chasse, on ne feroit iamais rien qui vaille: quoy qu'il en soit, si on veut garder les oyseaux sans muer, on le peut; & muans encores on peut les faire voler. A quoy nous conclurons, s'il vous plaist nos disputes, attendant à demain pour dire le reste.

*Quatriefme iournée, où il fe traitte de plufieurs fortes d'oyfeaux
de proye, & lefquels on doit defirer pour foy.*

O. Ites-nous, Monfieur, quels oyfeaux auez-vous plus à gré
de toutes les efpeces dont vous auez eu cognoiffance?

E. Pour le lieu où i'habite, il faut que ie me ferue de
ceux qui me conuiennent, & que ie me contente maintenant des voleries commodes à gens de mon aage: mais ce-
la n'empefche pas que ie n'aye tenu des vols en ma ieuneffe, qui ont rauy de
merueille ceux qui en ont veu les effects. Donc refpondant à voftre demande, ie vous dy que celuy qui veut auoir chez foy vn vol pour Hairon, doit Gerfaut
prifer les Gerfauts fur tous autres oyfeaux: à faute defquels i'eftime les pour Hairõ.
Faucons de haute maille que les Turcs nomment Sahins; puis ie prife les Faucons dits
Sacres & Sacrets à ce vol: Et en fin les Faucons communs, qu'on nomme Sahins,
vers la Hongrie, Balarins. Pour les Laniers, ils ne font propres aux hautes Sacres &
voleries. Sacrets.
                                                                         Faucons
                                                                         Balarins.
O. Ie le croy, car i'ay leu qu'en la maifon des Maphées à Rome, il s'eft veu Des Laniers
vn roolle de l'ancienne gendarmerie des Empereurs, dont vne partie des Archers fe nommoient Archers Veneurs, qui portoient à leur Efcu vn Faucon
de couleur iaune, tournant la tefte vers l'Aigle du cofté droit. Il y auoit auffi
à Cerole d'autres Archers qui portoient vn femblable Efcu, & l'oyfeau encore prefque de mefmes; mais la tefte tournoit du cofté gauche: & ceux cy
eftoient nommez *Lani*, qui cedoient en rang aux premiers: chofe qui con- **Lani.**
uient à voftre dire.

E. Voila vne remarque qui me plaift bien, & qui nous fait voir que les
Romains nous reprefentoient en cela, que les vns eftoient plus nobles que Pourquoy
les autres; & encores pour le iourd'huy on nomme en Italie le Faucun, gen- dit Faucon
til, & le Lanier, vilain. Si vous puis-je affeurer que pour la Perdrix, le Lanier gentil.
eft le plus à prifer. Pourquoy
                                                                         dit Faucon
O. Ie le vous accorde: il en eft auffi tout de mefme qu'aux hommes; car vilain.
les Vilains font plus robuftes aux chofes baffes, & au trauail de la terre, ou
aux meftiers mecaniques: mais aux employs vertueux & de courage, les nobles paroiffent par deffus, comme les Faucons fur les Laniers aux vols plus
releuez.

E. Il eft veritable que pour le Courly, & pour la Corneille, ou pour le Les Faucons
Hairon, les Faucons font plus faciles à efchauffer; & pour riuiere, & à tout à tout faire.
faire: mais il faut confeffer que pour les Perdrix en Hyuer, les Laniers tien- Les Laniers
nent le premier rang; les Alphanets de mefme, & les Sacres encores. Les meilleurs
Alettes y font excellens, mais ayant pris la perdrix ils fe cachent: ce qui eft pour les
extrémement fafcheux. Les Autours en font de mefme: mais eftans plus gros Perdrix.
oyfeaux, on les treuue beaucoup mieux, & s'eftans peuz à la derobée, ils en

plus gros oyſeaux , on les treuue beaucoup mieux, & s'eſtans peuz à la dé-
robée, ils ne bougent de là, perchez ſur vn arbre.

O. A la verité c'eſt vn grand deſplaiſir quand les oyſeaux ſe paiſſent ainſi:& ne ſe peut faire que ceux qui ont cette ruſe ne couchent ſouuent dehors:
ce qui les rend en fin ſauuages, ou leur fait courir pluſieurs fortunes , meſmes quand ils ont la force de charrier leur proye.

Les oyſeaux qui ſe paiſ-ſent à la dé-robée ſont faſcheux.

E. Puis que nous ſommes ſur ce diſcours , ie vous diray comme vn Seigneur de France auoit vn fort bon Faucon qui voloit pour les Perdrix.Il arriua qu'vne Beccaſſe partit ſous luy à vne remiſe. L'oyſeau la prend, & l'emporte ſans qu'on le ſceuſt reprendre.Il demeure perdu quelques iours ſe paiſſant de Pigeons de coulombier ordinairement. A quelque temps de là , me
treuuant à la chaſſe auec vn Prince que ie ne nómeray point, on voit ce Faucon portant des ſonnettes: on dit auſſi toſt que c'eſtoit vn oyſeau perdu que
on ne pouuoit reprendre, parce qu'il ne ſe vouloit laiſſer approcher, & cha-
rioit lors qu'on luy iettoit du vif. Ie dis ſoudain que ſi on s'amuſoit à le ſuiure, on le reprendroit. On ne le croyoit pas parce qu'il auoit eſté pris paſſager il n'y auoit pas long temps.En fin ie m'arreſte auec vn Seigneur qui eſtoit
Fauconnier, qui voulut voir ce qui en ſeroit.La fortune fut qu'vn des miens
auoit vne longue filiere, & vn Pigeon, que ie faiſoy porter pour vn oyſeau
non encores dreſſé, que i'auois alors, eſperant de le leurrer ſur le tard à noſtre retour de la chaſſe: ce qui me vint tout à propos. Ce Seigneur qui eſtoit
demeuré auec moy, me diſoit touſiours, Vous perdrez temps : on a eſſayé
toute ſorte d'artifices pour le reprendre; mais on n'a peu,car il charriera ou
quittera le Pigeon.Ces propos augmentoient l'enuie que i'auois de le tenir.
En fin le voyant de loin ſur vn arbre, ie luy iette mon Pigeon, lequel il vint
auſſi toſt eſcumer. Lors ie me recule. Voila ce Faucon qui retourne au Pigeon,le lie & luy couppe la gorge.Ie m'approche peu à peu,& fis tant que ie
fus au bout de la filiere qui eſtoit longue de dix toiſes, & fort deliée & ſubtile: de laquelle tenant le bout , ie commence detourner à l'entour de l'oyſeau du plus loin que ie peu. Ayant fait vn tour & demy, ie tire tout bellement la filiere qui ſerroit les mains au Faucon,ſans qu'il s'en prit garde.Ie fis
encores vn autre tour & demy, ſerrant touſiours auecque la filiere, ſans que
le Faucon s'en apperceuſt. Ce qu'ayant fait, ie commence de croire que ie le
tenois : toutesfois voulant faire encore vn autre tour pour m'en aſſeurer
mieux , l'oyſeau veut charrier: mais il ſe treuua les mains liées de la filiere
qui auoit paſſé par deſſus les ſonnettes.Alors ie ne tarday pas de le ſaiſir,me
mettant au hazard de ſon bec & de ſes ſerres, comme i'en fus quelque peu
touché. On m'apporte ſoudain vn chaperon qui ſe treuua en la gibeſſiere.
Cela fait nous remontons à cheual,& allaſmes retrenuer la trouppe qui demeura bien eſtonnée d'vn ſuccés qu'ils n'auoient pas eſperé.

Exemple ſur cela.

Moyen ſub-til & ayſé à reprendre vn oyſeau.

O. Cette inuention eſt fort aiſée,mais bien ſubtile;laquelle ie ne veux ou-
blier.Mais retournant ſur nos premiers diſcours, nous ſommes tous d'accord que les Faucons aux vols plus releuez, ſont les plus nobles oyſeaux;&
que pour la Perdrix, les Laniers les deuancent. Et c'eſt l'opinion que i'ay

Concluſion à l'aduantage des Laniers, pour la Per-drix.

touſiours

touſiours euë. Si vous nous permettez que demain nous allions, mon couſin & moy à la chaſſe, vous nous obligerez bien fort : ce ne ſera toutesfois ſans voſtre congé.

Cinquiéme iournée, où il ſe traite du vol des Perdrix.

'Eſtime tres à propos de vous faire le recit de la chaſſe que nous venons de faire, & de vous dire comme les oyſeaux de mon Couſin ont volé auiourd'huy, puis que nous y auons eſté auec voſtre congé. Apres vous auoir laiſſé, nous auons pris le chemin droict à Perricous; & pource que i'ay iugé que nos chiens eſtoient trop gays, & trop frais, ie les ay fait decoupler. Ils n'ont pas tardé de rencontrer, & d'auoir le vent des Perdrix. Ce qui m'a fait deſlongei viſtement, croyant bien qu'elles ne tarderoient guéres de bourrir : ce qui eſt arriué. Paiquoy voyant que mon Couſin n'auoit pas appreſté ſon oyſeau pour ietter, & que les Perdrix s'en alloient ſans eſtre pouſſées, i'ay deſcouuert le Real que i'a-uois ſur mon poing, lequel auſſi toſt les a aueüées & entrepriſes de grande ardeur, ſe hauſſant pour les ſauuer auec diligence. Or les Perdrix entendans apres elles le bruit des ſonnettes, ont fait vn grand effort : toutesfois elles n'ont ſceu tant faire que le Real ne les ait ſauuées dans vn fonds, où eſtans arriuez, nous les auons reparties ſi à propos que vne à vne, l'oyſeau tenant touſiours à mont ſur noſtre teſte, nous en auons tué ſix, que l'oyſeau a aſſem-mées à cent pas de nous. La ſeptiéme qui eſt celle qui plus gaillardement a leué le cul, ayant pris quelque peu d'haleine, s'eſt allé ietter dans vn trou de lapin, ſe ſauuant par telle ruſe. Nous auons à ce coup fait plaiſir à l'oyſeau d'vne de la Gibeſſiere encore toute chaude, en intention de le faire renoler ſur la retraicte. Continuant noſtre chaſſe nous auons tiré droit à Perricous. Où à l'inſtant i'ay fait mettre amont mon petit Laneret, lequel s'eſt auſſi toſt pendu à cheuaucher le vent cõme vne Crecerelle. Voila Clote qui com-mence à rencontrer, & tous les chiens de meſme; mais les Perdrix nous ſen-tans approcher, eſtoient deſia parties au bruit, & auoient fait vn faux vol à mille pas de là. Les chiens eſtimans ce qui eſtoit, ſe ſont eſcartez pour pren-dre le vent qui eſtoit fort leger. Leur Caron & Triſtan, ont fait vne grande tirade; Cerbere, Augeas, & Caparos, les ont ſuiuis; Liſe, Mignonne, & Clo-ris, en ont fait de meſme; Fleurete, Mamie, & Cybele, pour n'eſtre ſi legeres, ont eſté les dernieres, mais elles croyoient biê à la remiſe en faire leur part. A ce poinct les Perdrix bourriſſans, i'ay dit à mon Couſin, Deſcouurez har-diment voſtre oyſeau, car elles ſont là, tant que les oyſeaux ſont allez aux chiens, ſe trouuant ſi à propos ſur la premiere qui a leué le cul, qu'elle n'eſt allée à cent pas qu'elle a eſté contrainte de gagner le creux d'vn grand buiſ-ſon, où nous auons piqué, trouuant l'vn à la brince, & l'autre à ſouſtenir

B b b

Le creux c'est le milieu.

Le Brin ou la Brince, c'est le haut du buisson.

Le Laneret plus prompt au repart,

A cette chasse quand la fortune est fauorable, il faut estre diligens.

Coste Pelade, terre d'Esparron, beau lieu à voler, & abondant en perdrix.

Ruse des perdrix de s'en aller au bruit,

Le Real descouurant les perdrix de fort loin les vole.

Vol des perdrix grises.

Quand les perdrix qui se rompent à vn g à 1 vol ne peuuent repartir.

Ruse des Buses.

Double plaisir aux Fauconniers.

tousiours amont par dessus la remise : Les chiens la repartans de là, elle n'est allée à cent pas qu'elle n'ait esté liée en l'air par le Laneret, & les deux oyseaux ioints ensemble la tenant, nous leur en auons fait plaisir. Puis sans nous arrester, sommes remontez à cheual pour aller trouuer les autres, deuant qu'elles eussent loisir de reprendre haleine. A la premiere qui a bourry, nous auons ietté si à propos qu'elle a esté prise sans repartir, qui a esté le 8. Et de cette compagnie nous en auons encores pris deux fort vistement, qui sont les dix premieres prises en moins de deux heures. Poursuiuant la chasse, voyant que l'heure de midy passoit, i'ay dit à mon cousin, Il ne nous faut plus amuser : allons en trouuer vne autre compagnie : car celle-cy est trop escartée. Lors nous auons chassé le nez au vent vers la Cole Pelade, ou nous auons trouué vne grande compagnie de Perdrix qui est partie d'assez loin. Nous auons descouuert nos oyseaux, qui les volants contre vent, elles sont allées tant qu'elles ont peu, gagner vn fort pierreux, où ayant mené nos chiens au gallop aisé, nous en auons releué deux à la fois. La bonne fortune a voulu que chaque oyseau a entrepris la sienne en sorte qu'elles ont esté prises toutes deux. I'ay crié à mon Cousin, Il faut paistre : ce qu'il a trouué bon. Ayant pû nos Laniers, nous auons voulu faire voler nostre Real, & renuoyer les autres oyseaux au logis. Cela fait, i'ay dit à nos Fauconniers, Menez la queste sans dire mot, car ces Perdrix sont rusees & s'en vont au bruit. En suite dequoy i'ay pensé que ie ferois bien de faire suiure le Real, & que si les Perdrix s'en alloient au bruit, l'oyseau estant en sa liberté, les verroit mieux partir. Ie l'ay donc deschaperonné, & aussi tost il s'est mis en aile, branlant sur nous vn espace de temps : puis il s'est allé reposer au haut d'vn grand chesne, & nous a suiuis fort longuement, d'arbre en arbre. En fin il est party de luy-mesme, & à tire d'aile s'en est allé loin. Lors i'ay connu qu'il voloit les Perdrix, & qu'elles estoient parties deuant. Parquoy nous auons piqué vn peu roide, & mené nos chiens où estoit l'oyseau, d'où aussi tost nous auons fait partir vne compagnie de perdrix grises, qui ont fait vn grand effort pour gagner vne vigne proche d'vne ferme, allant toutes ensemble, d'où elles n'ont peu repartir. Les chiens d'abord en ont pris trois, l'oyseau tenoit la sienne, & vne Buze qui est venuë à cette remise, en auoit vne, laquelle elle charrioit. Vn de nos gens a piqué apres, & la luy a fait quitter. Alors mon Cousin m'a dit, Nous auons dixsept perdrix, paissons vostre Real, & nous en allons. Nous serons encores à temps pour discourir de nostre chasse à l'assemblée. Voila le discours au vray de nostre iournée. Allons voir si nous souperons. Ie vous asseure que i'ay bon appetit.

O. Ie croy que vous n'aurez besoin de sauce, en ayant pris de celle qui fit trouuer les figues si bonnes à Antiochus, dans la logette du païsan.

E. Nous aurons auantage sur ce Roy, car il ne mangea pas de sa prise, comme nous esperons faire de la nostre.

O. A la verité c'est vn double plaisir, quand apres auoir pris des Perdrix on en voit deux ou trois conples à table, & qu'on fait le recit en les man-

geant,comme elles se font bien deffenduës;Puis on ne sçauroit manger vian- *Bonté des Perdrix.*
de qui les vaille,ny pour le goust ny pour la santé. Il n'est pas iusques aux
pieds qui n'en soient bons pour les personnes qui ne peuuent dormir.

E. Nous le croyons fort bien , mais c'est apres en auoir mangé le
corps.

O. Il se dit encore que les Perdrix sont bonnes treize mois de l'an , &
qu'il n'y a rien en la Perdrix qui ne soit bon, & qu'elles sont meilleures icy
qu'en autre part de la France.

E. Si cela est, pourquoy nos cuisiniers en ostent-ils les testes & les
aisles?

O. I'estime que c'est plustost par coustume que par raison , & que les
cuisiniers pour auoir plustost fait,les nous seruent ainsi ; & qu'ils font tout
de mesme des Canars.

E. Ie croy plustost qu'estans les testes & les aisles des Perdrix & des
Canars,les droits des oyseaux,qui sont exigez sur le champ par nos Fauconniers;telle façon de les seruir est venuë en vsage. D'ailleurs il faut croire
aussi que les Perdrix rouges en ce pays de Prouence , sont beaucoup meilleures qu'aux autres Prouinces de ce Royaume. Mais accordez moy, s'il
vous plaist, qu'en le Fauconnerie le vol de la Perdrix est le plus vtile & le
plus plaisant de tous.

O. Ie ne sçaurois contredire à cela , ie le vous accorde , & suis d'aduis *Conclusion de la cin-quiéme iour-née.*
que ce soit nostre conclusion pour cette iournée.

E. Mais ie n'ay pas encores dit tout ce qui est suruenu en nostre chasse,
ny parlé d'vne estrange auanture, qui par rencontre nous est arriuée. C'est
qu'ayant resolu de nous en venir , & quitté la chasse, ayant fait coupler nos *Estrange auanture d'vn Aigle & d'vn Ser-pent.*
chiens,& gaigné le chemin , nous auons ouy vn grand bruit en l'air. Haus-
sant la teste,nous auons veu que c'estoit l'Aigle qui fondoit d'enhaut. Alors
mon Cousin m'a dit, l'Aigle fond sur quelque Liéure, il faut voir que c'est.
Nous sommes allez de ce costé là,& auons trouué vn estráge spectacle:c'est
que l'Aigle tenoit en ses griffes vn serpent d'extréme grosseur,& par mesme
moyen le serpent l'auoit entortillé au col & aux aisles, de sorte qu'il le tenoit si serré, qu'il ne pouuoit voler. A ce poinct mon Cousin se ressouuenant de la haine que nous luy auons, a mis pied à terre, & du premier coup
d'espée, luy a couppé le gros os de l'aisle, & alors nos laquais ont acheué
de le tuer.

O. Vous deuez plus priser cette prise , que toutes les Perdrix de la
gibeciere.

E. Aussi fay-ie.

O. Mais qu'on remarque en cecy les effects de la fortune, & ce qu'elle
peut quand elle est inclinée à fauoriser quelqu'vn ; car toutes choses sont *De la fortu-ne de la chasse.*
prenables lors que l'heur nous suit. Mais c'est trop parlé,pour des gens qui
ont enuie de souper. A demain.

Sixiéme iournée, où se traite de la chasse, & de plusieurs choses arriuées encores au vol de la Perdrix, & quelles chairs sont bonnes aux oyseaux, & quelles non.

I L ne faut pas que nostre Conference nous retienne en sorte que nous perdions le plaisir de voler. Nous auons deux heures du iour pour conferer, & pour le reste nous employer à nostre exercice accoustumé. Vostre Alphanet fit hier rage, & à la verité il est bon preneur : mais pour voler de belles aisles, il n'approche pas de vostre Real, qui se releue iusques aux nuës pour sauuer vne Perdrix. Aussi i'attens auec impatience d'estre à demain pour le voir voler.

E. Vous m'obligez trop de loüer cét oyseau que i'affectionne : mais ce n'est pas sans cause, puis que ie le tiens de la propre main du premier Roy du monde, le plus remply de vertu & de bonté qui fut iamais, & qui de sa grace luy mit ce nom de Real, me commandant de le nommer ainsi, lors qu'il me le donna comme ie l'accompagnois dans son cabinet des oyseaux.

O. Aussi i'estime le Real le meilleur oyseau qui vole Perdrix : & si vostre Alphanet se vouloit accorder auec luy en compagnie, ie croy qu'on ne vit iamais vn vol pareil.

Oyseaux pillars qui ne volent en compagnie.

E. Le Real souffriroit vn compagnon, mais l'Alphanet est trop accoustumé à voler seul, y ayant neuf muës qu'il vole ainsi aux Perdrix à cause qu'il est pillard, dont il m'a tué deux Faucons, en voulant l'accoustumer en compagnie; & si ie puis dire qu'il a pris plus de cinq mil Perdrix depuis que ie l'ay.

Dispute qui est d'importance.

O. Il semble que vous vueilliez dire que les oyseaux pillars soient les meilleurs : mais ie croy que non, puis qu'aux vols de plus d'effect, on employe tousiours trois ou quatre oyseaux ensemble.

E. Il est vray, si vous entendez parler des vols du Heron, de la Gruë, de la Buse, du Milan, du Corbeau, & autres de telle sorte; mais au vol de la Perdrix, vn seul oyseau a plus de plaisir, n'estant empesché d'autre, & le plaisir est tout à vn. D'ailleurs aux vols que i'ay dits on ne fait gueres voler les

Vn oyseau qui est exquis doit voler seul à ce vol.

oyseaux; & pour la Perdrix on les presse tout du long du iour iusques à douze ou quinze fois, & plus encore; dont ils ont bien raison quelque fois de se despiter, & le despit tombe le plus souuent sur le compagnon plus foible, dont les oyseaux courent hazard de se tuer.

O. Ie croy ce que vous venez de dire ; mais apprenez-nous si volant aux Perdrix, il est bon de faire suiure les oyseaux, ou de ietter du poing?

Autre question, s'il est bon de faire suiure les oyseaux.

E. Il faut faire selon la commodité du pays: mais i'estime que tout ainsi que les cheuaux qu'on met au manege par haut, ou qu'on remet à la poste,

perdent leur viſteſſe; tout de meſme l'oyſeau qui tient amont & branle, ou
qui ſuit longuement, ſe rend laſche & mol. Au contraire vn oyſeau gardé
ſur le poing couuert ou autrement; le deſcouurant & miettant apres ſa proye,
il la pouſſe auec plus d'ardeur.

O. Ie ſuis ſatisfait en ce poinct; mais il y en a vn autre ſur lequel ie deſire
ſçauoir voſtre opinion. Dites-nous quelles chairs vous approuuez pour
donner aux oyſeaux, & quelles vous n'approuuez pas. *Nouuelle Queſtion.*

E. Vous me faites vne demande ſur laquelle il faut conſiderer beaucoup
de choſes: & premierement quels oyſeaux on veut traicter, leur eſpece & leur
nature: parce que, comme i'ay dit ailleurs, ce qui eſt propre aux vns, eſt
par fois preiudiciable aux autres: Parquoy vn homme prudent doit conſiderer les eſmeuts de l'oyſeau qu'il traicte, d'où il apprédra ce qu'il doit faire, &
à corriger ſes manquemens, ſi tant eſt qu'il en face. Or tous les Fauconniers *Quelles chairs.*
doiuent ſçauoir qu'il y a des oyſeaux qui craignent la chair de poulet, ou de *Aduis, que*
ieune poule, principalement en Hyuer; d'autres la chair trépée dans de l'eau, *les cœurs de*
bien qu'elle ſoit de mouton, & d'autres la chair ou cœurs de veau: mais ſur *veau ny de*
tout, on ſe doit garder de leur donner iamais de beſte qui ſoit morte d'elle *mouton ne*
meſme. Il y a auſſi des oyſeaux qui craignent de manger de la chair de Cor- *doiuent eſtre*
neille: pour celle de Corbeau, ne leur en donnez point. La Perdrix rouge dó- *continuez.*
née toute chaude eſt aſſez bonne, mais la griſe eſt meilleure: les petits oyſeaux donnez tous vifs valent encores mieux, mais les Pigeonneaux de demy
plume ſurpaſſent tout. Vn ſage Fauconnier aura toutes ces conſiderations: ie
parle aux Maiſtres & non aux porteurs d'oyſeau: Concluant en ce point que
les eſmeuts que l'oyſeau fait, nous doiuent guider & faire voir ſi le paſt eſt
bon ou mauuais pour l'oyſeau; car ſi le paſt eſt bon, l'eſmeut ſera blanc, &
plus il ſera blanc, plus c'eſt ſigne que l'oyſeau ſe porte bien.

O. I'ay veu faire des hachis de chair de mouton, & en bailler aux oyſeaux
delicats.

E. Cela ſe fait aux oyſeaux du cabinet du Roy, choiſiſſant les filets de
mouton, & de telle chair on faict des hachis pour les oyſeaux de petite complexion, comme Alettes, Emerillons, Eſperuiers, & autres ſemblables. Ie ne
comprens pas en cecy le traictement des Gerfauts, qui ſont oyſeaux de forte
nature & complexion robuſte, ny les oyſeaux qui ſe heriſſent & plument leur
deuant; la chair par morceaux leur eſt propre, pour garder qu'ils ne ſe ſaliſ-
ſent le plumage. Quoy qu'il en ſoit, il faut touſiours, comme i'ay dit, pren-
dregarde aux eſmeuts.

O. Dites-nous encores, s'il vous plaiſt, d'où procede qu'aucuneſfois les *Autre que-*
oyſeaux tardent tant à curer, & autreſfois non? *ſtion de cu-*
rer.
E. I'en ay dit quelque choſe en la Fauconnerie, Epiſtre 13. & encores en
l'Epiſtre 21. Et vous dy encore que lors que l'oyſeau a fait ſa digeſtion, le
foye n'ayant plus contre quoy agir, il s'eſchauffe en ſoy-meſme, & alors le
fiel, qui tient au foye, s'eſchauffe auſſi & s'eſmeut par cette chaleur, qui le *L'humeur*
fait boüillir, & vuider ſon humeur amere, laquelle tombant dans la mulette, *du fiel tom-*
bant dans la

incite l'oyseau à rendre sa gorge ; & tant plus vn oyseau est plein & en bon
poinct, plus il abonde en sang, & par consequent en telle amertume. Au contraire plus il est bas & maigre, moins il a de sang, & le foye moins de chaleur
pour esmouuoir le fiel à se vuider : ce qui est cause que l'oyseau bas & descharné, tarde à curer. Parquoy quand cela est, on les drogue, & leur met-on
des choses ameres dans la cure pour les induire à curer : ce qu'on ne faict pas
quand l'oyseau cure de bon matin & qu'il est plein.

O. Ie croy fort bien ce que vous dites, & n'y sçaurois contredire ; nous
briserons donc là, car il est tard.

Septiéme iournée, où il se traite de plusieurs Fauconniers, anciens & modernes.

O. Ites nous, Monsieur, quels bons Fauconniers auez vous
conneus à la Cour, puis que vous estiez à Paris lors que
les Estats generaux se tenoient ? Ie croy que vous en auez
veu quantité, estant la coustume des Fauconniers de s'ac-
coster volontiers les vns des autres.

E. A la verité i'ay fait des connoissances dont ie seray bien aise de me
souuenir tant que ie viuray : car comme vous dites, l'assemblée des Estats y
auoit fait venir les Seigneurs les plus apparens de chasque Prouince. I'y ay
donc conneu vne infinité de tres-capables Fauconniers qui aymoient les oyseaux auec passion. Outre cela ie m'enquerois à ceux que ie frequentois, du
nom & de la demeure de tous ceux qui tiennent attirail de volerie ; & en auois
dressé vn rolle, lequel i'eusse mis ici, si ie ne craignois d'en offenser quelqu'vn
sans y penser, pour ne le placer pas en son rang. Quant aux Fauconniers qui
sont pres de sa Majesté, ce seroit vne redite d'en parler, apres ce que i'en ay dit
au traicté de la Fauconnerie du Roy. Pour les autres, i'en ay conneu si grand
nombre que si ie le disois, i'aurois peur de n'estre pas creu.

O. Ie vous prie, respondez nettement à nos demandes. Auez-vous conneu des Fauconniers, dont vous puissiez auoir appris quelque chose ?

E. Ie n'ay iamais discouru longuement auec Fauconnier, que ie n'aye appris de luy, Ie ne suis pas de ceux qui croyent tout sçauoir ; Les plus ignorans
peuuét enseigner quelque chose aux plus capables. On ne trouuera pas dans
Dioscoride, ny dans Matthiole, qu'ils ayent conneu vn nombre infiny de
plantes, mesmes vne qui fut monstrée à Monsieur Rondelet Medecin, à

laquelle on a donné le nom de *Dentilaria Rondeleti* ; parce qu'elle s'applique
aux dents. La connoissance d'icelle luy fut donnée par vn Berger, qui en gue-
rissoit ses cheures de la galle, dont elle guerit fort bien tous animaux ; mesmes les chiens comme ie l'ay experimenté. Telle herbe meurt en Hyuer, &
n'en reste que la racine, de laquelle pilée dans vn mortier & destrempée auec

huile d'olif, oygnant les chiens, on les guerit fort bien, & leur fait-on mourir toutes les puces. Elle iette en Auril, & se trouue aux lieux secs, & au
long des chemins. Sa fueille ressemble à celle de l'ozeille sauuage; elle noircit
les doigts en la maniant, & nul animal n'en mange. Si en Esté vous en frottez
vn chien galeux & pelé, il guerira, & le poil luy reuiendra. La racine en est
rouge, mais non tant que de la Chelidoine : la plante en est touffuë, & s'e-
stend fort en rameaux; les Bergers la nomment Bacon.

   O. Ie suis bien aysé d'apprendre cela de vous. Mais respondez-nous si en
France on fait estat de la Fauconnerie comme icy.

   E. A la verité elle y est en telle reputation que toute sorte de personnes
releuées, soient Ecclesiastiques, gens de Iustice, ou autres qui ont des terres
où ils se puissent exercer, tiennent des oyseaux, au moins des Autours. Et s'ils
trouuoient des valets propres aux oyseaux de leurre, ils en tiendroient tous:
car chacun tasche de se conformer aux inclinations du Roy.

   O. Viue donc nostre Roy, puis qu'il s'affectionne à vn si honorable exercice, & qu'il en donne l'exemple à ses subiets.

   E. Vous ne sçauriez mieux parler ; car c'est vn Roy debonnaire, & les
plus belles inuentions en ce mestier, se sont trouuées depuis sa naissance. Ie
ne veux mettre icy en combien de sortes il fait voir iusques dans le Ciel, le
pouuoir qu'il a sur tous les oyseaux, ny combien d'espéce les siens en ont
mis à bas, que nul du passé n'eust osé attaquer : mais encores il voit prendre
le poisson dans l'eau par des oyseaux ; chose qu'on n'auoit iamais pratiquée
en France.

   O. Ie vous prie dites nous ce miracle.

   E. Pendant que i'estois à la Cour, il y arriua vn Flamand qui auoit deux
Cormorans qui estoiét dressez de la façon que ie vous diray. Il alloit au bord
des marais, ou viuiers qui estoient abondants en poisson, ayant ses oyseaux
sur son poing, ausquels il faisoit lier le col par son homme le plus prés du
corps qu'il pouuoit, en sorte que ces Cormorans pouuoient seulement respirer, mais non aualler le poisson. Ces oyseaux estoient si bien dressez à cela,
que lors qu'ils auoient remply leur gorge ou sçachet, qu'ils ont extrémement grand, à proportion de leur corps, ils estoient contraints pour ne
pouuoir aualler, de reuenir à leur Maistre, lequel aussi tost leur deslioit le
cordon, & venoient à luy lors qu'il leur crioit, comme oyseau de poing.
Mais il ne les deslioit qu'ils n'eussent premierement vuidé leur sachet, puis
il les paissoit de leur prise. Or il ne falloit que leur faire voir du poisson
dans l'eau, & iusques au poids de quatre liures, il n'en eschappoit pas vn,
tant ils auoient la veuë bonne. Et si il y auoit vn grand plaisir à les voir
foüiller dans l'eau, fust-elle claire ou trouble, allans le prendre iusques
au plus profond. Et lors que ce Flamand les rappelloit; s'il n'auoit du poisson, il leur donnoit des tripes couppées par pieces, les iettant dans l'eau. Par
ce discours iugez si nostre Roy n'a pas quelque fatalité d'estre obey iusques
hors de son element.

O. Ce que vous venez de nous dire nous met en extaſe.

E. Cela eſt comme ie le vous dy : ie vous diray encores vn fait qui me rendit fort eſmerueillé. Vn iour le Roy eſtant dans le iardin du Louure volant des Pigeons ſillez, il y en eut vn qui monta haut paſſant par deſſus la plus haute, tout tirant contre la clarté du Soleil, comme c'eſt la couſtume des oyſeaux ſillez, & paſſa par delà la riuiere, iuſques au droict de l'hoſtel de la Reine Marguerite, ayant touſiours trois Tiercelets de Faucõ en queuë. Ce Pigeon ſentant les oyſeaux touſiours apres luy, tourne bec & s'en vient rendre d'où il eſtoit venu, où le Roy eſtoit encores : & ſembloit que ce Pigeon le fiſt à deſſein pour venir porter ſa vie entre les mains de ſa Maieſté, comme ſouuerain de la chaſſe: auſſi ſa Maieſté en puſt vn des trois Tiercelets qu'il nommoit ſon Mignon.

O. Par vos diſcours on iuge que nos Rois ont des Genies plus ſoigneux à les ſatisfaire en leurs plaiſirs, que les hommes communs, & leur font rendre la ſubmiſſion qui leur appartient, non ſeulement par les perſonnes qui leur ſont naturellement ſuiettes, mais par les beſtes meſmes qui n'ont point de raiſon. Ce qui nous doit faire la leçon, & ſeruir d'exemple. Mais continuant noſtre diſcours, les Hollandois, ou Flamans, ſçauent-ils quelque choſe qui nous ſoit inconneuë ? ont-ils quelque beau ſecret qui nous puiſſe ſeruir?

E. Non, car leurs oyſeaux ſont d'autre nature que les noſtres, & n'ont point l'induſtrie de les faire voler que tant que le froid les y contraint, & pource auſſi toſt que le Printemps arriue, ils quittent la volerie.

O. Ils ſeroient donc bien du guet s'ils eſtoient en ce pays chaud: i'eſtime qu'ils n'y voleroient pas neuf mois de l'année comme nous faiſons.

E. I'ay tenu des Tiercelets de Gerfaut en ce pays, & les ay fait voler iuſques au dixiéme d'Auril, & ſi pour cela ils n'eſtoient pas moins preſts à voler au premier iour d'Octobre, & bien muez qu'ils eſtoient. Mais reuenant à nos premiers diſcours, il faut confeſſer que la Fauconnerie ne fut iamais ſi bien conneuë, que depuis le regne de Henry le Grand, & que Louys XIII. la portera à ſa perfection, puis qu'il a deſia gagné le deuant en cette ſcience, à tous ceux du paſſé.

O. Ie le croy comme vous le dites, mais ie vous puis bien dire auſſi veritablement que i'ay conneu des Princes, & des Seigneurs encore, qui l'entendoient, & aimoient bien les oyſeaux. Feu Monſieur le Duc de Guiſe les affectionnoit beaucoup. Monſieur le Conneſtable, & tous ceux de ſa maiſon, ont touſiours tenu vn grand equipage de la Fauconnerie, & ſi la Venerie n'y eſtoit omiſe: ce que i'ay veu du regne de Charles IX. & de Henry III. De ce meſme temps, feu Monſieur le Grand Prieur de France Henry d'Angouleſme, fils naturel du feu Roy Henry II. eſtant noſtre Gouuerneur en ce pays, s'exerçoit à la Fauconnerie auec vn ſi bel ordre, que depuis on n'a veu pour les champs aux Perdrix, vn plus bel attirail que le ſien. Mais il ne permettoit point que les payſans prinſſent les Perdrix auec les chiens couchans,

ny qu'on

---

ny qu'on les tiraſt en volant. Auſſi pluſieurs de ce temps là qui viuent encore,
peuuent dire que la quantité de gibier qui ſe trouuoit alors eſtoit infinie.

E. Eſtant à la Cour le dernier Hyuer, accompagnant le Roy à la chaſſe, Meſſieurs de Vignacourt, freres de Monſieur le Grand maiſtre de Malte, m'alleguerent pour teſmoin d'vne iournée où nous eſtions, à laquelle il fut pris quarante-ſept Perdrix, & ſi il s'en deſroba quelqu'vne: mais les quarante ſept furent miſes ſur la table à la fin du ſouper, & comptées de ma main propre. Cette iournée fut faite en la Craux d'Arles, en la tour d'Entreſein, & ſainct Martin.

O. Ie croy que ſi le Roy d'auiourd'huy ſe trouuoit en vn ſemblable pays, qu'il auroit bien du plaiſir.

E. Ie n'en doute point, car autour de Paris où le Roy ſe tient le plus, la campagne a de grandes incommoditez, de ſorte qu'on n'y peut voler les Perdrix que lors qu'elles ſont encores Perdreaux. Mais auſſi quel plaiſir a ſa Majeſté eſtant là, à vne infinité de differents vols qu'elle s'exerce?

O. Hors du vol du Heron, elle auroit icy tous les autres vols autant & plus à commodité. Mais concluons ſur nos premiers diſcours, & ſur ce que nous auions commécé à parler des bons Fauconniers que vous auez connus.

E. Pour ceux du paſſé, qu'on liſe hardiment les Liures des anciens, tant Grecs, Arabes, Latins que autres, on n'y trouuera rien de ſi bien ordonné que ce que nous en auons eſcrit, & que nous pratiquons auiourd'huy. Et que cela ſoit, qu'on regarde les eſcrits de tout ce qu'ils ſont depuis le premier iuſqu'au dernier, on trouuera ſi ie dy vray, & ſi ie me ſuis approprié quelque choſe du leur.

Pour les modernes, i'ay parlé en autre lieu de ceux qui ont charge des oyſeaux du Roy; ie n'vſeray donc point de redite en cét endroict. Quant aux autres, la verité eſt qu'il y a beaucoup de Seigneurs qui veulent auoir l'honneur d'eſtre eſtimez ſçauans en la Fauconnerie, & tiennent grande quantité d'oyſeaux, & grand equipage : mais ils en remettent le ſoin à leurs domeſtiques ; & lors qu'ils ont des oyſeaux malades, leur recours eſt, s'ils meurent, de mettre la main à la bource pour en auoir d'autres, & n'en muent gueres. D'où vient que leur Fauconnerie renuerſe le plus ſouuent: mais ie ſuis d'auis de conclurre ſur cette queſtion.

O. Ie ſuis de meſme opinion, & tiens que la Fauconnerie ne fut iamais connuë comme elle eſt de preſent; & que ſi noſtre Roy y eſt porté d'inclination, il tient cela pour eſtre deſcendu des Troyens, qui en furent les premiers inuenteurs. Ie prie Dieu qu'il le face longuement & heureuſement proſperer en toutes choſes à ſon ſouhait.

*Huictiéme iournée, où il se traite d'vne esmerueillable diligence
faite par vn Sacret, mentionné au vingtdeuxiéme
chapitre de la Fauconnerie.*

O Ous auez discouru en la cinquiéme partie de la Fauconnerie,
d'vn Sacret qui se perdit à Fontaine-bleau pres de Paris, qui
fust repris le lendemain en l'Isle de Malte, distante de cinq cens
lieuës, qui font 1500. mille d'Italie: nous vous prions de nous
dire comme cela se peut faire, qu'vn oyseau qui ne monte auant les dix heures de matin, se trouue le lendemain à quatre heures apres midy en vn pays si
esloigné, veu qu'il n'y a que douze heures de montée & descente pour cét
oyseau, en tous les deux iours, & quelques sept ou huit heures du tire
d'aile.

E. Il faut que vous m'accordiez que selon le temps les oyseaux sont dis-
posez ou indisposez, & que cela fut au mois de Mars, qui est la saison que
les oyseaux sont en amour; & que la force de l'amour fait plus d'effect que
nulle autre sur toutes sortes d'animaux. M'accordant ce poinct, ie vous
mettray hors de doute, qu'vn Sacret ne puisse faire vne plus grande diligence; car ils ne s'efforent iamais si haut aux grands froids, pource qu'ils ne
font pas conuiez d'aller chercher le fraiz à la moyenne region. Mais cela

Pourquoy les oyseaux montent en Mars plus qu'en autre saison.

arriua en Mars, que le Soleil commençoit d'auoir quelque force, & les oyseaux à entrer en amour: ce qui les inuite de s'aller esgayer si haut, que
nostre veuë ne peut porter bien souuent à la sixiéme partie de telle montée.
Et lors vn oyseau se trouuant si releué, attiré par l'instinct & par l'amour
de son pays naturel, baissant quelque peu la teste auec l'aide du mouuement de ses aisles, il peut faire telle diligence qu'elle ne se peut comparer
qu'à celle d'vn esclair. On le peut iuger par le fondre que font nos oyseaux

Fondre, ter-me de l'art.

d'ordinaire, lors que nous sommes à la chasse. Ie vous accorde qu'en autre saison qu'au mois de Mars, cela ne seroit si croyable; mais les raisons
susdites vous doiuent rendre credule en ce poinct: car n'y ayant que quinze cens milles à faire en douze heures d'essor, & sept ou huit de tire d'aisle,
ce n'est pas chose si difficile à croire, pource que l'oyseau allant en pente ne
va gueres moins viste qu'à plomb. La raison c'est qu'à plomb le seul poids
de son corps le tire en bas; & descendant à demy pente, outre sa pesanteur, il a le mouuement des aisles qui le fit aller, en sorte que l'œil de l'homme a peine de le suiure. Ie vous laisse à penser si l'oyseau ne peut pas faire
cent milles pour heure, quand il va de telle vistesse, porté le desir de reuoir
son air & son pays?

Comme les Anciens, auant que

O. I'ay leu que les Anciens, auant que la boussole fust connuë, se seruoient de nos oyseaux. Et s'ils vouloient partir pour aller en Barbarie & à

Tunis, ville capitale du pays, ils auoient des oyſeaux de ce pays là, leſquels *la Bouſſole*
à cette occaſion ils nommoient Tuniſſiens. De meſme en faiſoient-ils des *fut connuë,*
autres pays; comme s'ils vouloient aller à Maillorque, ils auoient des oy- *ſe ſeruoient*
ſeaux du pays qu'ils nommoient Maillorquins. Et pour l'Egypte ils auoiét *des oyſeaux*
des Sacres, & gardoient tels oyſeaux ſauuages conuerts d'vn chaperon : & *de proye*
s'eſtans mis en haute mer, laiſſoient aller tels oyſeaux tous puz, qui tiroient *pour guides.*
auſſi droit chacun à ſon pays, & ſeruoient ainſi de guides aux mariniers qui
voyageoient. I'ay leu encore que les Egyptiés qui ſe ſeruoient de notes Hic- *Faucon*
roglyphiques, quand ils vouloient dire qu'il falloit faire quelque grande *Hieroglyphe*
diligence en pays eſtrangers, ils le repreſentoiét par la figure de tels oyſeaux *de diligence.*
du pays, & taſchoient pour cét effect d'en auoir de chaque contrée, comme
animaux capables de ſe ſçauoir rendre à leur pays naturel.

E. Ces remarques ſont belles, & ſemble qu'elles vous approchent de
croire ce qui eſt dit du Sacret.   Auſſi ne deuez-vous douter que i'aye eſcrit
choſe qui ne ſoit vraye, & que ceux qui ſçauent que c'eſt des oyſeaux deſquels nous parlons, mettent en difficulté.

O. Puis que tant de Seigneurs qui eſtoient de ce temps du Roy Henry II. *Concluſion.*
l'ont dit, il n'y a point d'apparence d'en douter, veu meſme que c'eſt choſe
que nous tenons de pere à fils.

E. Pour les perſonnes qui ne ſont du meſtier, & qui ne ſçauent les gambades que font les Sacres & Sacrets, s'ils ſont d'humeur de contredire à ce
poinct, il faut les laiſſer en leur incredulité. Car ils trouueroient auſſi bien
quelque autre ſubiet ſelon leur inclination : mais ce ſera touſiours, pource
qu'ils ignorent ce dequoy ie parle, & non pour auoir experimenté le contraire. Le reſte ſera pour demain.

Neuſiéme iournée, où il ſe traite des termes de la Fauconnerie, & comme il s'en faut ſeruir.

O. VOus nous auiez promis en l'Epiſtre trente deuxiéme de la Fauconnerie, de nous donner vn recueil des termes dont on ſe doit
ſeruir quand on en diſcourt. Cependant iuſques à cette heure,
nous n'en auons ouy ny veu aucune choſe. Dites nous donc ce que nous vou- *Des termes*
lons ſçauoir de vous en ce ſubiet. Premierement pourquoy vſez vous parfois *de l'art.*
d'vn mot, & par fois d'vn autre, quand vous parlez de meſmes oyſeaux?

E. Ie vous diray en ce poinct, que comme les vols des oyſeaux ſont differents, auſſi faut-il, quand on en veut diſcourir, que les termes le ſoient:
& ſi bien on vole auec des Faucons, des Laniers, des Sacres, des Gerfauts,
ou autres oyſeaux de Fauconnerie; ce n'eſt pas que tels oyſeaux nous obli-
gent à nous ſeruir des mots: mais les euenemens qui varient en ſont la cauſe. Et qu'ainſi ſoit, on dira volant la Corneille, attaquer la Corneille, com-

La differéce qu'il y a de dire Attaquer & Ietter.

me en autre signification on dira, ietter à la Corneille. De mesmes on peut dire attaquer le Heron, & en autre part on dira, ietter au Heron. Car ce mot d'attaquer, presuppose qu'on met le premier oyseau en queuë de la proye, & qu'on l'attaque de pres. Mais si la Corneille, ou le Heron, sont desia attaquez par vn oyseau, soit à tire d'aile, ou en haut; si on met quelques oyseaux apres, on ne peut dire proprement, attaquer, mais bien, ietter; mot qui signifie que la proye s'en va, & qu'on secourt l'oyseau poursuiuant qui a desia attaqué. De mesme en peut-on dire au vol du Milan, & à tous les vols: comme aussi à toute proye qui s'en va fuyant auec auantage, & qu'il faut que les oyseaux facent effort pour la ioindre, soit à la montée ou autrement?

Question sur la difference qu'il y a de dire Ietter & Attaquer.

O. Pourquoy dites-vous donc, ietter les oyseaux aux Perdrix, & non, attaquer les Perdrix, puis qu'on leur donne les oyseaux au bourrir qu'elles font de terre?

E. En apparence vous auez quelque raison. Mais nous disons à ce vol là, ietter du poin, ou voler à la toise; parce que ce mot d'attaquer ne presuppose pas seulement qu'on est proche de la proye; mais encore qu'on est le premier à l'attaquer, ou bien attaquer celle qui peut rendre quelque sorte de combat. Ce qui ne se voit aux Perdrix, comme il se voit d'ordinaire aux vols du Corbeau, du Milan, de la Buse, de l'Aigle pescheur, & autres. I'ay dit aussi que ce mot de Ietter doit estre mis, lors qu'il faut que l'oyseau qui poursuit, face diligence, & grand effort apres la proye qui fuit pour se sauuer. Et au voler des Perdrix, si les oyseaux ne sont bien diligens & vistes pour les sauuer, &

Termes de l'art.

voir remettre, ils n'en prendront iamais gueres, pour estre ce gibier extrémement viste pour son vol. Si on vole les Perdrix en mettät les oyseaux amont, ou en les faisant suiure, alors on dira, faire partir la Perdrix sous les oyseaux; comme si on vole pour riuiere, ayant mis les Faucons amont, on dira, faire vuider les Canards de la mare, ou du ruisseau; & tenant les Faucons à mont, on dira, couurir la mare, couurir le ruisseau, & autres termes particuliers à ce vol.

Question.

O. Pourquoy dites-vous par fois; bourrir les Perdrix, & autresfois, partir les Perdrix;

Bourrir terme de l'art au vol de la perdrix.

E. Ce terme de bourrir est propre aux Perdrix rouges, plus qu'aux grises: mais bourrir, ne se peut dire proprement que lors que les Perdrix partent de gayeté, & auec fort peu de contrainte, où d'elles mesmes : mais sçachant où les Perdrix sont, & les releuant, on peut dire, faire partir les Perdrix, ou les releuer, ayant desia fait leur premier vol, auquel elles font plus de bruit en bourrissant des ailes plus rudement.

O. I'entens fort bien ce terme de bourrir : mais de ce mot d'attaquer, il semble qu'il se puisse dire au vol du Heron, puis que le Heron se deffend, & bien souuent nos oyseaux en sont blessez.

E. Par fois on peut employer ce mot, comme quand vn Heron est à terre, & qu'on le voit reposé : si on va le faire partir, & qu'on luy mette en croupe vn Haussepied, on pourra alors dire, attaquer le Heron, parce qu'on s'y por-

te arec ce deſſein.Mais ſi le Heron eſt vne fois monté,& qu'on vueille ſecourir le Hauſſe-pied, par vn ou deux autres oyſeaux qu'on nomme en nos termes, l'vn Teneur,& l'autre Tombiſſeur, lors il ne ſe peut proprement dire
que ce ſoit autre choſe qu'vn jet, & non vne attaque. Parquoy nous deuons
conclure qu'on ne ſe doit ſeruir de ce terme d'attaquer, que lors que le Heron eſt repoſé à terre : mais quand il eſt vne fois haut paſſant, ou à la branloire, ou fuyant deuant vn Hauſſe-pied, & qu'il faut que les oyſeaux facent
effort pour y arriuer, on dira pour parler proprement, ietter, & en termes
d'Autourſier on dira, laſcher.

Trois noms des oyſeaux pour ce vol, Hauſſe pied Teneur, Tombiſſeur, & non Tomiſſeur. Branloire, terme de ce vol, c'eſt le Heron qui branle en haut. Autre queſtion.

O. Reſoluez-nous d'vn autre poinĉt:ſe doit-il dire qu'il y ait combat entre vn Heron, & les oyſeaux qui le pourſuiuent?

E. Le Heron ſe deffend par la fuite voulant ſauuer ſa vie, comme fait le
Lieure deuant des leuriers, & non par deſſein de vaincre. C'eſt pourquoy il
ne ſe peut dire combat, puis qu'il n'eſt que ſur la deffence.Et quand on voit
apres le Heron,trois ou quatre oyſeaux qui le pourſuiuent,ce terme de combat, ne s'entend qu'entre les pourſuiuans,qui vont à qui l'aura, auec deſſein
toutesfois d'eſtre pûz de ce qu'ils pourchaſſent. C'eſt pourquoy il faut vſer
des termes propres au diſcours que l'on tient, & enchaſſer les mots en leur
lieu. Mais à propos de ce que nous auons dit que les Herons bleſſent quelquesfois les oyſeaux : ie vous diray que l'Hyuer paſſé vn Gerfaut en fut bleſſé au premier choc qu'il donna; dont au meſme inſtant ſon compagnon Tiercelet nommé le Gentil-homme , en eut bien la reuenche ; Car il donna à
plomb ſi furieuſement au Heron,qu'il luy emporta la teſte tout net:de ſorte
que le Roy perdit ſes droiĉts de ce jet, pource que la teſte ne ſe trouua point
pour la porter à ſa Majeſté comme l'on a de couſtume.

Ce qui arriua enchaſſe au vol d'vn Heron en preſence du Roy. Les teſtes ſont les droiĉts du Roy à tous les vols.

O. Vos diſcours nous apprennent touſiours quelque choſe de nouueau?
parquoy nous vous ſupplions de continuer : mais ce ſera pour demain.

Dixiéme iournée, où il ſe traiĉte des differentes formes des oyſeaux en toutes leurs eſpeces , & des Faucons diĉts Sahins, & des Faucons Balarins.

O. Vous ne nous auez pas encores expliqué quels ſont les Faucons
que les Turcs nomment Sahins , & d'autres qu'ils nomment
Balarins, deſquels on fait tant de cas à la Fauconnerie du grand
Seigneur. Dites nous, ſont-ce d'autres eſpeces d'oyſeaux que
les noſtres?

E. Les Sahins que vous dites , ne ſont autres que les Faucons de haute
maille, qui ont la teſte plate au deſſus,& le pennage bordé de blanc, & encores egalé de roux ; dont il ſemble que la nature leur ait mis ſur la teſte vne
guirlande, ou couronne pour marque de leur excellence.Bref ce ſont les Fau-

La pluſpart des Sahins viennent de l'Archipel, & ſont ap-

cons qu'anciennement l'on nommoit Pellerins, ou Faucons Tartares, bien
que ce fust improprement parlé, comme i'ay dit en son lieu.

O. Croyez-vous que ces Faucons soient de la mesme espece des Faucons
communs que nous auons icy?

E. Ils en sont, & ne different que du pays ; comme il se voit de la difference entre tous les animaux de diuers pays. Ce que i'ay fort bien representé au 17. chapitre du premier liure de la Fauconnerie, & au chapitre 20.
de l'Autourserie, où ie renuoye le Lecteur pour n'vser de redite.

O. Ces petits Faucons nommez Balarins, sont bien courageux & legers,
mais ils n'ont pas la beauté ny le bon naturel des gros Faucons Sahins.

E. Il est veritable ; ie vous dy bien que ie me suis tousiours plus longuement seruy de ces Faucons moricaux que des autres: & en la Fauconnerie du
grand Seigneur , ils les nomment Balarins, qui signifie, oyseaux legers, propres à soustenir & branler dessus: mais par toute la Turquie, ils sont plus d'e-

stat des Sahins, comme estans plus forts pour le Heron, l'Oye, la Gruë, &
autres semblables oyseaux , qu'ils volent par delà: n'ayans pas les Gerfauts
si commodes que nous , soit pour n'en pouuoir recouurer si facilement, ou
pour n'auoir l'adresse de les garder, & s'en seruir.

O. Ces Faucons Balarins ne sont-ce pas les Faucons qui ont la teste noire, & qui communément sont plus petits?

E. Ouy , en certain pays, comme en la Corsegue , en la Sardeigne & en
Prouence. Mais du costé de Maillorque & de l'Espagne , veritablement ils
sont fort blonds & fort rougeastres en leurs esgalures, bien qu'ils soient
petits de taille.

O. Or dites-nous, quels Faucons prisez-vous le plus, des niais ou des
passagers?

E. Les passagers sont plus propres à quelques vols , mais pour les
champs aux Perdrix, ou pour Corneille, i'estime les niais muez , estre les
meilleurs.

O. Ie ne croy pas cela : car vn oyseau passager sor, me semble plus ardent
& meilleur; au moins pour Corneille.

E. Par fois cela arriue: mais quand les niais muez en main d'homme, s'y
veulent adonner, ils y sont excellents.

O. Ie dirois que non, & qu'vn passager a plus de ruse; car il faut que luy
seul pourchasse sa vie, & si il ne prend pas tout ce qu'il entreprend.

E. Vn passager, s'il prend, se paist, & ne vole plus de ce iour là ; ou vn
niais bien qu'il prenne, il faut qu'il vole autant de fois qu'il plaist à son Maistre. Dauantage vn Faucon niais doit estre plus robuste, & moins delicat,
ayant esté nourry en main d'homme, & de plus grosses viandes.

O. Vn passager est bon à tout faire, & la necessité luy donne plus d'industrie à voler toute sorte de gibier.

E. Le Faucon niais a fait habitude auec l'homme, & par coustume estime auoir tousiours esté nourry de luy. Parquoy il est plus fidele, de plus de

durée, & muë toufiours mieux qu'vn paffager. Quant au courage, les Faucons en ont toufiours affez, & trop quelquefois.

O. Ie vous veux dire ce qui eft arriué cette année en ce pays. Monfieur
Gafqui, Capitaine de Briganffon, faifoit garder vne aire de Faucons. Comme la ponte fut faite, vn pefcheur qui fçauoit le trou, paffant pres du roc où
il eftoit, enuoye prendre les œufs. Le terme qu'on prend les Fauconneaux
eftant venu, le fieur Gafqui enuoye au roc. On trouue que le pere & la mere
frequentoient toufiours le trou; mais il n'y auoit point de petits, car le pefcheur auoit fait vne omelette des œufs; comme depuis il le confeffa. En fin
le 25. de Iuillet voyant ledit fieur Gafqui que les Faucons portoient de la
proye, il renuoye vifiter le trou de l'aire. On y trouue vn fort beau Faucon
& vn Tiercelet, qui volent tres-bien maintenant entre les mains du Baillif
de Manofque, auquel il les donna.

E. I'auois autres fois ouy dire qu'il y a des Faucons qui font deux ni- *D'vn Fau-*
chées: ce que ie ne voulois pas croire: mais cette preuue m'a refolu de ce qui *con qui fit*
en eft, & croy que prenant les œufs auant que les oyfeaux couuent, ils en *vne feconde*
refont d'autres. A quoy ie ne fais difficulté, puis que par experience, nous *fois des œufs*
en voyons les effects. Le refte fera pour demain, s'il vous plaift. *à fon aire.*

Onziéme iournée où il n'eft traité des Efmerillons, Falquets, & Hobereaux, & des moyens de les conferuer.

O. Pprenez-nous, Monfieur, comme nous pourrons garder
les Efmerillons en Hyuer, puis que fi difficilement nous
en pouuons recouurer.

E. Puis que vous me parlez des Efmerillons, deuant
que refpondre à voftre demande, ie vous veux dire ce qui
arriua au Roy le Carefme paffé. Quelques tendeurs qu'il
auoit enuoyez pour en prendre, luy en apporterent vne vingtaine; entre lefquels il y auoit vn petit Falquet de beaucoup de muës, tenant encore le cerceau, & la longue penne. Cét oyfeau eftoit inconneu aux plus hupez de *Reprefenta-*
la Cour; il eftoit tel que ie vous diray. Il auoit la main & le bec orangé *tion d'vn*
rouge, le pennage gris violant, & d'vne piece: la taille fort approchante à *Falquet.*
celle du Coqu mué, & les ongles blancs. Chacun regardoit cét oyfeau;
mais nul de ceux qui penfent y eftre les plus experts, n'ofoit en dire fon
opinion, craignant de fe mefprendre, & auffi pour n'eftre contraires à
l'inclination que fa Majefté monftroit d'aymer cét oyfeau par deffus
les autres. Monfieur de la Romagne dit d'abord à fa Majefté, que cét oyfeau ne prenoit que des mouches. Le Roy m'appelle, & m'approchant, vn
de mes amis me dit tout bellement à l'oreille, Tenez bride en main à par-

ler de cét oyſeau, car le Roy y a deſia mis ſon affectiõ. Le Roy m'en demande mon opinion; mais ayant eſté aduerti, ie luy reſpondy, Sire, ſi cét oyſeau a
eſté pris auec du vif, comme les tendeurs diſent, il pourroit eſtre propre à
quelque volerie; il ſera bon d'en faire l'eſſay. Ce que i'en diſois lors, eſtoit
pour ne donner occaſion au Roy de ſe faſcher en preſence de tant de Seigneurs. Apres approchant encores ſa Majeſté, ie me reſolus de luy en dire
clairement mon opinion, afin qu'elle ne me reputaſt ignorant en ce poinct,
& ie luy dy tout bas, Sire, voſtre Majeſté ne tirera iamais plaiſir de ce Falquet: ce ſont oyſeaux ſans courage, qui ne ſe paiſſent que des reſtes des Eſmerillons, & les ſuiuent pour cela; i'en ay tenu qui n'ont iamais ſceu voler que
le leurre. Quelques iours apres, ſa Majeſté allant voler du coſté de Vincen-
nes eſtant en chaſſe, elle commanda au ſieur de Ville-longue de faire voir en
aiſle le Falquet: ce qu'il fit tout auſſi toſt. A cinq cens pas de là on attaque
vne Corneille: & alors ce Falquet voyant les Faucõs en l'air, s'enfuit de peur
d'autre coſté, & depuis ne s'eſt veu à la Fauconnerie du Roy, & ſoulagea
Monſieur de Ville-longue du ſoin qu'il en auoit. Or reuenant à nos Eſmerillons, il y a de la peine à les ſauuer durãt la rigueur de l'Hyuer: mais auſſi
on n'y prend pas le ſoin que l'on doit, car pour les conſeruer, il ne faut leur
faire voler que les oyſeaux aiſez à prendre, comme le Merle, le gros Coche-
uy, la Pie grieſche, & autres ſemblables oyſeaux faciles, & de peu de deffence; & non l'Aloüette legere: cela eſt bon pour le Roy qui en recouure tant
qu'il veut. Pour les Griues, en fin elles s'eſcartent & s'en vont; la Perdrix
les morfond: bref c'eſt aſſez de leur donner à voler les oyſeaux que i'ay dit,
ou les Roſſignols, les Gorges-rouges, & autres oyſeaux de la petite volerie,
où vn Eſperuier peut ſeruir beaucoup mieux. Pour bien conſeruer les Eſmerillons, il faut auoir touſiours de petits oyſeaux dans la poche pour les paiſtre, ſi tant eſt que vous ne les paiſſiez de leur priſe: car la chair de boucherie
les tuë à la fin, combien qu'on la leur donne en hachis. En les reprenant, ayez
des moyneaux, ou autres ſemblables oyſeaux attachez au leurre, auec du fil
retors ou vne fiſcelle, pour leur ietter quand ils ſeront en aile ou en cãpagne.

O. Vous nous ſatisfaites en ce poinct: mais n'eſt-il pas bon de les tenir
en lieu chaud?

E. Non, car vous les rendez d'autant plus frilleux. Auſſi ne veulent-ils
pas eſtre eſchauffez que par le bec, & de ce qu'on les paiſt: car le froid ne les
fait pas mourir, puis qu'au plus fort de l'Hyuer nous les voyons en campagne eſtans ſauuages. Mais c'eſt pour n'eſtre pas bien pleins, ny puz de viande chaude.

O. Et des Hobereaux s'en peut-on ſeruir?

E. On ne ſe peut aſſeurer des Hobereaux, que le mois d'Octobre ne ſoit
paſſé; car auparauant ils ſuiuent les Arondelles, & ſemble que cette proye
leur ſoit donnée pour leur proniſion à leur paſſage, car comme elles retournent en Mars, les Hobereaux reuiennent auſſi, & s'en paiſſent le plus ſouuent. Ces oyſeaux font bien quand ils ſont accouſtumez de voler auec des

Eſmerillons

Des Eſme-
rillons.

Comme on
doit les re-
prendre.

Queſtion.

Des Hobe-
reaux.

Efmerillons, ou auec des Faucons, eftans fort legers & de bonne aile, foient niais ou paffagers fors. Pour les muez des champs, ils font du tout infidel- **Hobereaux bons en cõpagnie.**
les, & vont toufiours aux moucherons.

O. I'en ay des aires en mes terres, d'où ie fuis refolu d'en auoir à cette prochaine faifon, pour experimenter leur valeur, & ce que vous en auez dit.

Douzième iournée, où il eft donné vn abregé de remedes pour les
maladies des oyfeaux : & des mutations qu'on reconnoift
en eux de fix heures, des vingt quatre qui
font au iour naturel.

O. **N**Ous voudrions vne faueur de vous, c'eft que vous nous donnaffiez en abregé quelque moyen de tenir nos oyfeaux en tel eftat que nous n'en euffions iamais de malades; & que lors que par accident il leur arriueroit du mal, nous les peuffions guerir par vn feul remede, fans auoir befoin de recourir fur chaque maladie, au grand nombre que vous nous en donnez.

E. Ie fçay qu'auiourd'huy la plufpart des Fauconiers tiennent des chaf- **Si le maiftre**
feurs à gages; mais comme voulez vous qu'ils ayent de bons oyfeaux, ny **n'a le foin**
que s'ils en ont par rencontre, ils puiffent les garder longuement fains, fi **de fes oy-**
eux-mefme n'en prennent le foin? car il fe trouue peu de valets qui fçachent **feaux, il fe-**
lire, & moins encore, qui foient capables de comprendre ce qu'ils voyent **ra mal at-**
par efcrit. Parquoy ie dy qu'il faut veiller fur eux, fi vous voulez confer- **telé.**
uer vos oyfeaux. Et quand il leur arriuera des bleffeures par quelque heurt
en volant, ou par le pillage d'vn autre oyfeau, ou de bleffure faite par vn **Recepte fort**
Heron; n'eftans les parties vitales offenfées, trois gouttes d'huile de rof- **efprouuée**
marin, & autant d'eau de vie, battuë dans le creux de la main, gueriront **pour les**
tout cela; eftuuant la playe trois ou quatre fois le iour auec vn peu de cot- **playes des**
ton que vous y tremperez: c'eft chofe dont i'ay fouuent fait voir les effects; **oyfeaux.**
& mefmes des oyfeaux à qui vne harquebufade auoit emporté la moitié du
bec. Pour les iambes, ou les ailes rompuës, i'en ay donné les remedes au 30. **Autre pour**
& 31. chapitre de la feconde partie: De vous parler icy des quatre mala- **les iambes**
dies principales des oyfeaux; ie vous diray en paffant ce qui m'en femble de **aurompues**
de chacune. Et premier du haut mal, le feu au fommet en eft le fouuerain re- **d'or.**
mede; mais qu'il foit donné comme il eft dit au chapitre fecond de la fecon- **Du haut**
de partie. Pour les yeux, il vous eft dit auffi au 4 & 5. chapitre. Mais foyez **mal.**
aduertis que les cauteres pour le haut mal fe donnent au plus haut du fom- **Des yeux.**
met, comme auffi aux deffluxions des oreilles. Et les cauteres pour les yeux **Aduis.**
ou pour les defluxions des nazeaux, fe donnent entre les deux yeux, & la **Aduis pour**
couronne du bec; comme vous vous pourrez mieux inftruire, en deffeichant **les yeux.**

D d d

des carcasses d'oyseaux morts, pour en auoir les squelettes. Pour le mal du palais, & de la langue; les mures rouges ou leur ius ; y sont vn remede souuerain, données auec le past par morceaux; ayant tiré auparauant les barbillons ou petites glandes, & fait rendre les oyseaux , comme il est dit en son lieu. Mais quand vn oyseau a des defluxions à la teste aux grandes chaleurs de l'Esté, il court vne grande fortune de mourir. Or comme les cheuaux sur les quatre ans ont communément vne maladie sous les machoires dites la Gourme, de mesme les oyseaux à leur premiere ou seconde muë, ont le mal du palais nommé la Féue; & l'ayant euë vne fois, ils ne l'ont iamais plus. Il arriue aux oyseaux vn mal aux mains, & c'est communément en Mars que ce mal les saisit : auquel mal il n'est bon de toucher que sur la fin de l'Esté : & encore n'en penser les oyseaux que sur le matin, euitant la plaineur de la Lune. Les mains des oyseaux gueriront fort bien de ce mal en leur appliquant des sangsuës, faisant comme s'ensuit : Prenez vn plat où vous mettrez des sangsuës auecques de la propre eau de laquelle elles auront esté enleuées: & faites en sorte que l'oyseau y puisse tenir les mains dedans vn demy quart d'heure ; afin que les autres sangsuës s'y attachent ; & sans doute l'oyseau guerira par leur succement. Pour les maux qui leur arriuent à la mulette, ou aux boyaux: si tost qu'ils sont conneus il faut y remedier sans differer, si ce n'est que la mulette soit vuide de viande. Vous en serez instruits aux 23. & 24. chapitres de la seconde partie.

    O. Ie vous feray encores vne demande. I'ay reconneu qu'en nos oyseaux il y a des mutations quotidiennes qui de six en six heures changent leurs actions; si bien que i'ay remarqué, qu'au grand matin les oyseaux sont plus fiers & plus farouches que le reste du iour. Cela leur dure depuis trois heures apres minuict, iusques à neuf: & de neuf iusques à trois apres midy , ils sont plus tempestatifs ou enclins à monter à l'essor; & de trois apres midy iusqu'à neuf, plus sages & de meilleure creance : pour les six qui restent des vingt quatre heures, plus melancholiques, & assoupis. Ce que i'ay bien reconneu, mais n'en sçachant la cause ie la vous demande.

    E. Il faut que vous remarquiez que comme Dieu eut creé le monde , il fit l'homme comme vne epitome , que nous disons petit monde : de mesme ayant diuisé l'an en quatre saisons , il fit le iour & la nuict qu'il diuisa en vingt quatre heures, que les Astrologues & Philosophes disent iour naturel: qui est vn abregé de cette année : recommençant tousiours son cours par vn mesme ordre : & de six en six heures, nous y voyons par representation les quatre saisons de l'an, commençant le matin à trois heures iusqu'à neuf, qui nous represente le Printemps; & de neuf iusqu'à trois apres midy nous represente l'Esté ; & de trois apres midy , iusqu'à neuf du soir, nous est representé l'Automne ; & de neuf iusques à trois apres minuict, nous est representé l'Hyuer. C'est pourquoy telles heures, par quartiers de six en six , representans les quatre saisons, comme il est dit, peuuent causer des mutations suiuant la correspondance des quatre qualitez d'icelles aux quatre faiſons; & ce par la contribution des quatre humeurs, leſquelles ſans doute changent leurs dominations de ſix en ſix heures, comme vous ve-nez de dire; dont i'eſtime que c'eſt la raiſon plus apparente que ie vous puiſ-ſe donner. Car ne doutez pas que comme aux quatre ſaiſons de l'année, les quatre maladies des oyſeaux ont particulierement leur cours; tout de meſme aux quatre quartiers de ce iour naturel, telles maladies n'en ayent quelque reſſentiment. Parquoy il ſera fort à propos, ayant des oyſeaux malades, d'y faire quelque conſideration, & auſſi aux quatre quartiers de la Lune, qui ont quelque conuenance & rapport aux quatre ſaiſons. Le meilleur aduis que ie vous puiſſe donner, c'eſt de preparer vos oyſeaux pour les euenemens que les ſaiſons leur peuuét apporter, & n'attendre que les maladies ſe ſoient formées. Et pour les mutations que vous dites auoir reconnuës en vos oyſeaux, il ſera bon d'y faire conſideration auſſi; & ne les faire voler aux heures ſuſpectes, mais attendre trois heures apres midy; ſur tout aux oyſeaux que vous doutez qu'ils ne montent à l'eſſor, au moins aux iours d'vn beau Soleil. Et faiſant telles obſeruations, vous iugerez ſi ie vous dy vray.

O. Outre cela i'ay remarqué que tout ainſi que les Coqs font mouue-ment & chantent de ſix en ſix heures, de meſme nos oyſeaux ſe menuent ſur la perche quatre fois en ce iour naturel.

E. Quant à ce mouuement du Coq que vous dites, ie croy qu'il a eſté conneu des Anciens, & que pour cette raiſon ſur le Téple de Santé ils met-toient vn Coq, comme auiourd'huy on fait ſur le haut des clochers de nos Egliſes; & par là ils vouloient repreſenter que les Medecins doiuent eſtre vigilans ſur les malades, pour eſtre le Coq, le Hieroglyphe de Vigilance. Et vouloient encore dire qu'il falloit prendre garde aux mutations, que vous auez dit, qui arriuent de ſix en ſix heures en ce iour naturel, repreſen-tées par le Coq.

O. Ie ne ſuis pas de voſtre opinion en ce point, mais bien, i'eſtime que ce Coq mis ſur le Temple d'Eſculape Dieu de Santé, eſtoit vn chapon, qui eſt la viande la plus propre aux malades; voulant dire par ce Hieroglyphe, que le Chapon entretient la ſanté, & la remet auſſi aux corps indiſpoſez, lors que la nature a vaincu le mal. Et pour le mouuement que les oyſeaux font de ſix en ſix heures, ie m'en ſuis de long temps apperceu, & n'y fais au-cun doute, car à telles heures les oyſeaux font aſſez ouyr leurs ſonnettes; & tels mouuemens ne ſont pas ſeulement aux Coqs, ny à nos oyſeaux : mais c'eſt choſe commune à toute ſorte d'animaux; à quoy ie ne me veux ar-reſter, laiſſant telles diſputes aux plus capables que moy. Or ie ne veux omettre auſſi à vous dire, que pour le ferrement que i'ay mis en l'eſtuy de Fauconnerie, nommé Deſempelotoir, marqué par la lettre O, i'ay depuis aduiſé qu'au lieu que ce fer n'a que deux branches en forme de pincette, il s'y en peut mettre trois. I'ay encores eſſayé vn autre moyen pour deſempelo-ter les oyſeaux, qui eſt tel; Il faut auoir des agraffes fort petites & ſubtiles,

D dd ij

& les attacher à vn cordon de foye de trois fils, & d'vn pied de long. Ces
agraffes doiuent eftre mifes à deux doigts l'vne de l'autre ; couuertes de
chair, afin que l'oyfeau les aualle de luy mefme ; & ayant digeré la chair,
les agraffes demeurent, qui feront en nombre de huit : & comme l'oyfeau
cure, fi vn des bouts du cordon vient; en tirant doucement, elles pourront
s'accrocher à la pelotte, & par ce moyen la tirer dehors. Vn Fauconnier
bien aduifé pourra faire plufieurs autres inuentions, ou adioufter à celles
qui font defia trouuées, puis que l'induftrie d'aller iufques dans la mulette
vous a efté apprife par nos aduis precedens.

O. Nous apprendrons toufiours quelque chofe tant que nous ferons
au monde ; & plus nous irons auant, plus il s'inuentera de moyens nouueaux pour conduire les fciences à leur perfection. Il ne faut donc autre
chofe, qu'eftre capable d'apprendre, & ne fe defdaigner d'eftre toufiours
apprentif.

Treziéme iournée, où il fe traite de quelques querelles
aduenuës pour des oyfeaux pendant la
Conference.

O. N Gentilhomme dit hier au foir, que deux de fes parens
eftoient fur le poinct de fe battre, à caufe qu'vn Faucon
que l'vn auoit perdu, s'eft allé rendre fur la maifon de
l'autre ; qui l'ayant pris & conneu aux veruelles à qui il
appartenoit, l'a remis auffi toft en fa liberté : & depuis
l'oyfeau ne fe trouue pas, dont il y a du danger fi on n'y remedie.

E. A la verité on eut mieux fait de garder l'oyfeau & le faire par vn tiers
rendre à qui il appartenoit. Les oyfeaux d'eux mefmes meritent que les
Gentilshommes leur portent ce refpect. Autresfois des perfonnes qui ne
m'aimoient pas m'en ont fait rendre. L'action fera fufpecte fi l'oyfeau ne fe
trouue : mais s'il n'eft mort, fans doute il fe trouuera en quelque part. Il arriue affez de querelles pour des oyfeaux, ie veux vous faire recit d'vne qui
fut ces années paffées entre deux Gentilshommes de mes amis, dont les
maifons eftoient à demy-lieuë l'vne de l'autre. Eftans en chaffe, il arriua
que le Lanier de l'vn, voyant voler le Faucon de l'autre fort loin, s'en va à
la curée, & de plus il deftrouffe le Faucon, fe rendant maiftre de la Perdrix. Là deffus le Gentilhomme à qui le Faucon appartenoit arriue, & fafché du defplaifir de fon oyfeau, donne du pied au Lanier & le tuë. Cela
fait il reprend fon Faucon, & fe retire, recognoiffant qu'il en auoit trop fait.
Voila le maiftre du Lanier qui vient quelque peu apres au lieu où il auoit

Les oyfeaux meritent du refpect des nobles.
Recit de querelles.

veu fondre fon oyfeau , & le trouue mort: dequoy extrémement fafché , il iugea bien comme l'accident s'eftoit paffé , pour auoir veu de loin fon voi-fin , & reconnu à fes cheuaux; Le voila donc refolu d'en auoir raifon. D'au-tre cofté le Gentilhomme qui auoit tué le Lanier, eftoit tout porté à le fa-tisfaire , puis que la faute eftoit faite. Les chofes eftans en voye de quelque plus grand malheur, les amis d'vne part & d'autre y accourent pour les em-pefcher de fe battre. Me trouuant là comme amy des deux , les parties ac-cordent d'en demeurer à ce que i'en dirois. Ie l'acceptay : mais à condition que i'en prendrois quelqu'vn de ceux de la compagnie, pour en faire le iuge-ment auecque moy ; ce qui fut arrefté. Nous nous affemblons donc pour iuger ce differend , & trouuons que le Faucon deuoit tenir la place du La-nier mort : & que par ce moyen toutes chofes feroient mifes en oubly. Ce qui fut executé de la maniere qui s'enfuit. Ie n'oferois nommer les parties, attendu leur difcretion qui me le deffend , mais i'en appelleray vn pour ce coup M.I. & l'autre M. A. En premier lieu le Faucon fut remis entre mes mains : & nous eftans affemblez, les parties prefentes , auec plufieurs amis que chacun y auoit amenez , ie commençay le recit du fait en cette forte. Meffieurs, il arriua ces iours paffez que M. I. & M. A. eftans en chaffe cha-cun à part , le Lanier de M. I. vint piller le Faucon de M. A. qui tenoit la Perdrix : dont M. A. voyant le defplaifir de fon Faucon , porté d'affection ordinaire aux chaffeurs en femblables accidens , donna du pied au Lanier, ne penfant pas le tuer comme il fit, mais feulement garentir fon Faucon d'e-ftre pillé. Parquoy recognoiffant le tort qu'il a fait à M. I. il luy donne de bon cœur fon Faucon ; & le prie de le receuoir , & d'oublier ce qui s'eft paffé, comme chofe non aduenuë. Lors M. I. reçoit le Faucon que i'auois fur ma main, & refpond ainfi : Ie croy que M. A. eft marry de la mort de mon Lanier. En cette confideration , ie reçoy fon Faucon , & ne me veux plus fouuenir de ce qui s'eft paffé, comme d'actions de chaffe. A ce poinct ie prens la parole, & au nom de tous ie les fupplie de s'embraffer ; ce qu'ils fi-rent tous deux fort librement. Cela fait, M.I. tenoit le Faucon fur fa main, nous promenans enfemble par la falle, deuifant fur d'autres petits difcours. Ayant fait quelques tours M. A. eftoit bien en peine , parce que ie l'auois prefque affeuré que M. I. feroit fi courtois qu'il luy rendroit fon Faucon.& fi pourtant il n'en voyoit encores l'effect : dont il luy tardoit, & commen-çoit d'en perdre l'efperance , ne pouuant en nulle façon diffimuler fes in-quietudes, bien qu'il y fift tout ce qu'il pouuoit. M. I. l'ayant voulu tenir vn peu en peine, s'approche de luy, touché de compaffion, & luy dit Mon-fieur , vous garderez , s'il vous plaift , ce Faucon, pour l'amour de moy. Qui n'a veu M. A. en cette action, il ne fçauroit croire la ioye qu'il en eut; car à peine peut-il auoir affez d'haleine pour refpondre ces mots: Monfieur, ie le garderay , puis qu'il vous plaift, & vous remercie de tout mon cœur de ce Faucon qui fera toufiours voftre : ie vous fupplie que le malheur paffé foit caufe à l'aduenir d'vne bonne amitié entre nous, qui ne pourra eftre

Accident de chaffe.

Recit de querelle.

De querelle grande amitié.

terminée de mon coſté, que par voſtre ſeul deſadueu. Depuis cette heure
là ces deux gentilshommes ont eſté & ſont encores comme bons freres, &
ſe viſitent tous les iours.

O. S'il arriue des diſputes pour des oyſeaux, il en arriue auſſi des bien-
veillances, meſmes entre ceux qui les affectionnent comme nous : car les
conuenances des humeurs, engendrent l'amitié, & telle amitié eſt communément de longue durée, comme vous nous auez dit par cy deuant. Mais i'e-
ſtime que nous deuons enuoyer quelqu'vn des noſtres en diligence pour
ſçauoir ſi nous ſerions vtiles à mettre d'accord ces Meſſieurs que ie vous
ay dit ; & offrir d'y aller, s'il en eſt beſoin. Et en cette attente, nous pourrons aller prendre le diſner qui nous affermira le cœur, ſi tant eſt qu'il faille
monter à cheual.

Quatorziéme iournée, où il ſe traite des Autours, outre ce qui en a eſté dict ailleurs.

O. Ous nous auez autresfois parlé des Autours, bien qu'à mon
opinion, ils ne meritent pas d'auoir rang parmy ceux dont
vous nous auez raconté les eſmerueillables effects. Toutesfois, nous deſirons encore que vous nous ſatisfaciez de nous
dire maintenant quelque choſe de l'eſtime qu'on en fait parmy les Chaſſeurs des autres Prouinces de France.

E. Les oyſeaux de proye ont eſté creez tous indifferemment pour le
plaiſir des hommes: mais eſtans les hommes de differentes opinions, ils pri-
ſent auſſi plus les vns que les autres. Si vous diray-ie, que pour prendre des
Perdrix, les Autours ſont beaucoup eſtimez par tout. Et tous les Chaſſeurs
des autres Prouinces de ce Royaume, les reputent de tres-bons oyſeaux: &
ſi les Anciens leur ont donné le nom de Preneurs, auſſi le ſont-ils, ſi on s'en
ſçait ſeruir. Et ie vous dy dauantage qu'ils prennent fort bien le Heron.

O. Contez-nous ce miracle, ie vous ſupplie.

E. Pluſieurs Seigneurs qui en font l'exercice, & le pratiquent tous les
iours, me ſeront garens de ce que i'en diray maintenant. Pour moy ie fay la
pluſpart de ma demeure en pays où les Herons ne frequentent point, & n'en
voyons que de paſſans; encore n'eſt-ce qu'en certaines ſaiſon : ie ſuis donc
priué du plaiſir qu'ils donnent à d'autres. Toutesfois ie vous repreſenteray
comme ce vol ſe pratique. Il faut auoir vn Autour formé, & l'accouſtumer
du commencement à tuer des poulets, & des chaponneaux, puis de ieunes
poulets d'Inde, ou de ieunes Paons, & l'encourager peu à peu. Apres il faut
luy en faire môſtre de trente toiſes, & l'accouſtumer d'y aller de ſi loin qu'il
pourra : & lors qu'il aura le courage d'y aller, s'il l'empiete, & qu'il le tienne bien, il faut l'en laiſſer paiſtre. Or eſtant bien eſchauffé à ces montres,
il faut luy faire encore montre d'vn Heron vif qu'on aura preparé, que nous
appellons vn Heron d'eſchape, & le luy faire voir en beau lieu, derriere
quelque buiſſon ou haye, attaché toutesfois auec vn piquet fiché dans la

Comme ſe
dreſſe vn
Autour au
Heron.

terre, eu forte qu'il ne fe puiffe cacher, ny mettre à couuert. Et faire en forte qu'il le tuë, & qu'il en foit bien pû. Apres on peut luy monftrer vn Heron *Piquet, ou thenille, terme de Paris.* de iufte guerre, en pays choifi, & qu'il foit du commencement des ieunes, s'il eft poffible, & l'approcher à couuert par derriere quelque haye ou buif-fon le plus pres que vous pourrez, comme fi vous auiez deffein de luy tirer vne harquebufade. Et vous trouuant proche du Heron enuiron trente cinq ou quarante toifes, il faut hauffer tout bellement le poing, pour faire que l'Autour l'aueuë à terre, & l'ayant veu, s'il veut partir, lafchez hardiment, car il ne manquera de l'empieter auant que le Heron fe foit mis en aile. Cet- *Terme de Paris.* te forte de voler fe dit, à la fource, ou à leuecul, ou à la couuerte, en nos ter-mes : qui eft proprement le naturel des Autours de voler ainfi.

O. Voicy chofe que ie n'auois ouye, ny veuë de ma vie : toutesfois, facile à comprendre, & à pratiquer en part où il fe nourriffe de ieunes Herons.

E. Vous ne deuez donc pas mefprifer les Autours : car les premiers Fauconniers d'auiourd'huy en font eftat, & les Princes mefmes, les efti-ment de tres-bons oyfeaux. I'en ay veu voler à l'entour de Paris, & prendre des Perdrix en des endroits où d'autres oyfeaux n'en prenoient gueres: com-bien que le pays y foit tout plat. Ie ne fçaurois me tenir que ie ne vous face recit d'vne chaffe plaifante, que ie vy faire vn iour, qu'vn Seigneur me con- *Recit d'vne chaffe fort plaifante.* uia chez luy, pour me faire participant du plaifir. Ce Seigneur auoit pour voifin vn autre Seigneur qui eftoit fon proche parent, & qui aymoit bien les Autours, & en tenoit d'ordinaire. Ce Seigneur duquel ie fus conuié, en euft bien voulu tenir auffi, mais il auoit vn glorieux Fauconnier, qui croyoit que s'il euft traitté vn' Autour, il euft derogé à fa reputation: erreur commune parmy les valets de chaffe d'auiourd'huy. Or cét arrogant por- *Erreur des valets de chaffe du iourd'huy.* teur d'oyfeaux, mefprifoit toufiours vn Autourfier qui feruoit ce parent de fon Maiftre. Quelques iours auparauant ils auoient difputé, & pris refolu-tion entre eux, que celuy qui feroit mieux faire à fes oyfeaux, feroit le plus eftimé, & que l'autre luy cederoit. Or ie me trouuay conuié ce mefme iour que leur differend fe deuoit iuger. Chacun d'eux auoit preparé fes oyfeaux felon fon deffein. Le Fauconnier auoit dreffé deux Faucons niais, qui de leur inclination frappoient le leurre en paffant, comme les Faucons niais font ordinairement, & les auoit accouftumez auec vn leurre de marroquin, de couleur de chair : & en les leurrant, il mettoit fon leurre fur fa tefte, & à force de coups, ces Faucons abbattoient ce leurre à terre, & fe paiffoient deffus. L'Autourfier auoit apprefté vn gros Autour pillart, qui auffi toft qu'il auoit pris vn Perdreau, fi on n'eftoit habile à le releuer, il fe iettoit au nez de celuy qui l'approchoit. Nous montons à cheual, le Fauconnier & l'Autourfier de mefmes, qui eftoient veftus auffi de Balandrans de femblable couleur. Au partir du logis le Fauconnier quitte le Balandran, difant que *Balandran, habit de chaffe.* c'eftoit pour ne fentir la chaleur. Ce qu'ó creut facilemét pource qu'il eftoit ieune & gaillard. Ce que ne voulut faire l'autre eftant homme de plus de foi-

xante ans , ayant la teſte toute pelée, & qui alloit ordinairement ſans chapeau, le portant derriere pendant à vn cordon, pour s'en ſeruir ſeulement en
temps de pluye. Les voila à la chaſſe, où eſtant on accorde ſur l'heure que
l'Autour voleroit le premier: le Fauconnier s'y accorde , pour n'eſtre l'Autour chaperonnier. Le Fauconnier donne alors ſes Faucons à porter à vn va-

let de pied: ce qui pleut fort à l'Autourſier , lequel n'auoit deſſein que ſur ſa
partie, & non ſur les Faucons. Bien toſt apres on crie Guairo. Lors l'Autourſier ouure la main & laſche. Le Fauconnier plus hardy pique le premier, &
gaigne le deuant, comme les glorieux font touſiours : chacun le ſuit, l'Autourſier y va à l'aiſe, & en paſſant, dit à ſon Maiſtre: Monſieur, ſi vous piquez,
vous aurez du plaiſir, car l'Autour empoignera le nez du Fauconnier. Ce Seigneur qui n'auoit encore ſceu le deſſein de ſon homme, ne deſirant ce deſordre, ſerre les eſperons à ſon cheual : mais il n'y ſceut arriuer ſi toſt, qu'il ne
trouuaſt que l'Autour, qui auoit empieté le Perdreau, ne l'euſt deſia quitté
pour s'accrocher au nez du Fauconnier. Lequel bien qu'il criaſt à l'aide, l'Autourſier ne ſe haſtoit pas trop de le ſecourir. Donc ſi ce Seigneur que ie n'oſe
nommer, à qui appartenoit l'Autour, ne ſe fuſt trouué là, ſon oyſeau demeuroit ſans teſte. Le Fauconnier diſſimulant ſon mal auec deſſein de s'en
reuencher, s'en rioit le premier, criant qu'on puſt ce diable d'Autour, redi-
ſant luy meſme comme le tout s'eſtoit paſſé. Cela fait nous nous en allons,
pour voir ce que feroient les Faucons, renuoyant l'Autour par vn laquais,
puis qu'il auoit fait ſa part. L'Autourſier demeure , croyât eſtre le Maiſtre,
& de controller l'action des Faucons, & du Fauconier auſſi. Mais il en auint
tout autrement qu'il ne penſoit : car le Fauconnier apres auoir pris ſes oyſeaux ſur le poing, demâda permiſſion à ſon Maiſtre de les deſlonger & mettre à mont: ce qui luy fut accordé. L'ayant fait, l'Autourſier prend la charge
de mener les chiens, & les faire queſter. Or eſtans les oyſeaux en aile, ayant
fait quelques tours, ayans deſia appetit : & reconnoiſſans l'habit qui eſtoit
ſemblable à celuy du Fauconnier, lequel il auoit laiſſé au logis, voyás la teſte
nuë de l'Autourſier , qui eſtoit de la couleur de ſon leurre accouſtumé , les

voila qui fondent ſur luy, donnant tantoſt l'vn , tantoſt l'autre , bourrant,
frapant, choquant, buffetant, & redonnant tant de coups ſur cette teſte pelée, que ce pauure Autourſier fut contraint de ſe ietter à terre ſous le ventre
de ſon cheual , ce qui ne l'euſt ſauué, ſi on ne l'euſt ſecouru : car ces Faucons
s'eſtoient ſi bien eſchauffez & acharnez ſur luy, qu'ils faiſoient touſiours pis:
& fallut que le Fauconnier par compaſſion de ce pauure homme, reprit ſes
Faucons auec ſon leurre : ce qu'il ne fit pas ſi toſt que l'Autourſier euſt deſiré. Pour cela leur diſpute ne fut pas finie , car le premier diſoit : Mon oyſeau
ſeul a pris le Fauconnier, & le tenoit. L'autre diſoit : Mes Faucons, ſans le
ſecours, l'euſſent aſſommé. Le premier repartoit & diſoit, Ils eſtoient deux
contre moy: mais mon Autour ſeul ſans le ſecours, le mangeoit tout vif. Bien,
diſoit-il, que ſi on en vouloit iuger, il en demeureroit à ce qu'en diroient les
aſſiſtans. Sur cela, nous nous aſſemblons, & fut trouué bon de les laiſſer
chacun

chacun en son opinion, & d'en differer le iugement pour nous conseruer le suiet d'en rire quelqu'autre fois.

O. Voila vn recit bien plaisant. Concluons donc, que les Autours sont de bons preneurs, & commodes aux vieillards qui ne peuuent prendre tant de peine. Car ils volent bien au gobet, ou à la renuerse, & à plusieurs employs : comme vous auez veu mesmes aux aduis neufiéme, dixiéme & vnziéme, de vostre Autourserie.

E. Ce n'est pas tout. Ie vous dy encore que ceux qui accoustument leurs Autours ou Tiercelets à voler en compagnie, soit auec des Faucons ou autres oyseaux de leurre, ils ne trouueront rien qu'ils ne prennent ; & les leuriers ne sçauroient mieux tenir le Heron estant tôbé à terre que fera vn Autour. Et pour Corneille encore en compagnie de Faucons, ils font merueilles ; car en quelque pays qu'elles soient, elles ne se sçauroient sauuer, & n'y a arbre d'où il ne faille qu'elles sortent. *Autours bons à la Corneille & comment.*

O. Ie fay plus de cas des Autours que ie ne faisois auparauant. Et ce qui m'en ostoit l'affection, estoit qu'ils sont difficiles à penser, pour estre debateurs & inquiets, soit sur le poing, ou sur la perche : & menent plus de bruit à la maison, que les oyseaux de Fauconnerie.

E. Ie vous accorde que les Autours sont tempestatifs & fascheux, & qu'il ne faut auoir bonne opinion d'vn oyseau qui se tourmente, de quelque espece qu'il soit. Mais au contraire i'ay bonne opinion d'vn oyseau gracieux, qui ne se debat point, & si tant est qu'il le face, que ce soit la teste en haut; ou s'il se debat en bas, qu'il se releue tost de luy mesme gaillardement, & sans y estre forcé. Car les oyseaux qui se debattent la teste en bas, en fin on les trouue pendus à la perche. Ie compare telle sorte d'oyseaux aux personnes inquietes, qui se portent d'eux mesmes à leur perte, & volontairement leur teste les tire en bas dans le malheur, duquel ils pourroient aucunefois se releuer s'ils n'estoient opiniastres. Mais aussi tous les Autours ne sont pas debateurs. I'en ay tenu de fort paisibles, & veu dans de grandes villes qui ne craignoient nullement le bruit, ny la rencontre des carrosses. Le tout ne consiste qu'à les bien accoustumer & asseurer du commencement. Et pour cet effect choisissez quelque homme patient qui ait de la discretion, & si vous en pouuez rencontrer vn qui vous serue bien, vous verrez quel plaisir vous aurez des Autours, s'ils sont bons oyseaux. On doit bien garder vn bon Fauconnier. I'ay Pignaus qui m'a seruy 42. ans, & Vignier qui m'en a seruy 45. tous deux mariez à Esparron, qui seruent encore fort bien à la chasse, & leurs enfans aussi. Cela fait que les oyseaux ne me meurent iamais, si ce n'est par accident, & non par maladie. *Comparaison des oyseaux debatteurs aux hommes inquiets.* *Aduis.*

O. Ie connois que vous auez raison : & qui veut auoir le plaisir de la chasse, il faut qu'il le paye de la patience, plus que de la bourse. Ce sera pour demain, c'est assez parlé pour auiourd'huy.

E e e

Quinziéme iournée, où il se traite des Chiens.

O. NOus n'auons encores rien dit des Chiens en noſtre aſſemblée, bien qu'ils ſoient neceſſaires à l'exercice duquel nous traitons. Dites nous-en, s'il vous plaiſt, quelque choſe, & ſi les chiens de France ſont meilleurs que les noſtres?

E. Pour ce pays là, ie vous puis aſſeurer qu'ils ſont fort bons : mais ie ne croy pas qu'ils le fuſſent tant quand on les auroit amenez icy, car tous chiens craignent le changement, ſoient Braques ou Epaigneux. Mais i'eſtime que pour en faire race en amenant de deça, ils y ſeroient bons. Par mon 'aduis n'en ayons pas enuie, car les noſtres ſont tels qu'il faut; tenons les donc pour tels qu'ils ſont. Or reſpondant à voſtre démande, & au conuy que vous me faites, de parler de l'vtilité des chiens : Ie ne puis nier que la Fauconnerie ne peut eſtre exercée ſans leur ſecours, tant au vol du Heron, que de tous les vols de la haute, moyenne & baſſe volerie. Car les chiens ſont touſiours pour ſecourir les oyſeaux, ayans mis bas ce qu'ils volent, qui a de la force pour ſe deffendre, ou ſe releuer : ſoit aux marets, les oyſeaux de riuiere; ſoit au vol de la Perdrix. Parquoy les chiens doiuent eſtre inſeparables des oyſeaux.

O. Il n'y a donc point de mal, de dire quelque choſe en leur faueur.

E. Ie le veux bien; mais auant que d'entrer en cette matiere, ie veux dire en quelle façon ils nous ſont vtiles, & comme nous nous en ſeruős à toute ſorte de vols. Et commençant par la haute volerie, ie vous dy qu'on s'en ſert à tuer les Herons, quand les oyſeaux les ont mis à terre, & qu'ils ont encores de la force pour ſe deffendre du bec. Pour les dreſſer à cela, les Fauconniers ont des chiens meſtifs, qu'ils dreſſent aux poules, allant par les fermes ou meſtairies, & les accouſtumenr à les tuer. D'où eſt venu que nos Rois du paſſé y ont mis vn taux de trois ſols pour chaque poule, que les Fauconniers font tuer. Ces meſtifs eſtans eſchauffez aux poules, en ſont apres de meſme aux Herons; & voila pour ce vol comme on s'en ſert. Pour le vol de riuiere, les Barbets y ſont les plus propres; & y eſtans eſchauffez, ils vont chercher les Canards au plus profond des eaux quand ils plongent, & les vuider hors du ruiſſeau ou du marets, lors qu'on a mis les oyſeaux à mont. Pour le vol des champs à la Perdrix, les Epaigneux ſont les plus propres: car les Braques ſont moins craintifs, & mangent ſouuent les Perdrix, & detrouſſent l'oyſeau. Les Griffons ſont de meſme. Les chiens d'Artois ne font que clabauder apres, & appeller en faux, leur propre chaſſe c'eſt le Renard ou le Blereau. Donc pour le vol de la Perdrix, ie me tiens aux Epaigneux. Ie ne vous dy pas comment on s'en ſert en chaſſe, puis que c'eſt choſe commune à tous de le ſçauoir. Quoy que s'en ſoit, il faut touſiours que

ſes chiens ſoient nourris de ieuneſſe au meſtier que vous les voulez faire ſuiure. I'auois vn Leurier Turc qui eſtoit extrémement bon pour le Lieure, &
pour l'oyſeau le meilleur chien qui fuſt iamais ; car il piquoit ſi ſagement la
ſonnette, qu'il arriuoit à la remiſe auſſi toſt que l'oyſeau ; & ſans luy faire
iamais deſplaiſir, il l'approchoit gentiment: & ſi l'oyſeau ne tenoit la Perdrix, il la trouuoit ſans gueres tarder ; & la gardoit le plus ſouuent en vie.
Et pource les oyſeaux qui le connoiſſoient, ne craignoient point de la luy
arracher de la gorge, ſans que ce leurier leur fiſt réſiſtance : & ſi d'autres
chiens s'en approchoient, s'il n'auoit encore trouué la Perdrix, il prenoit
garde à eux, & la trouuant il la leur oſtoit, & la gardoit iuſques à ce que
l'oyſeau la luy vint prendre; ou que l'on fuſt arriué pour faire plaiſir à l'oyſeau. Mais ce n'eſt pas tout: Si en queſtant il y auoit quelque chien qui ap-
pellaſt à faux, & ſans trouuer, ce leurier y couroit ; & le trouuant menteur, il le battoit tant qu'il falloit le luy oſter d'entre les dents. Vn iour
comme il couroit vn lieure, l'ayant pris hors de noſtre veuë, il s'en reuint
à nous. A ſa mine nous iugeaſmes qu'il l'auoit pris. Nous allons de ce coſté là, & paſſant pres de certains payſſans qui plantoient vne vigne, ce leurier ſe iette ſur vn d'eux. Ce qui nous fit croire que c'eſtoit celuy qui luy
auoit oſté le lieure. Nous luy perſuadaſmes donc de nous le rendre : mais la
crainte l'en retint. Alors ce leurier ſe met à gratter en terre, faiſant ſigne
qu'il l'auoit mis là. Et en fin grata tant qu'il le tira & deterra: dont le pay-
ſan ſe voyant conuaincu, confeſſa la verité: & ce leurier continuoit encor à
ſe vouloir ietter ſur luy.

O. Il y a des chiens auſquels il ne manque que la parole, & qui ont de la
raiſon, quoy que dient les Philoſophes.

E. Tout ce que ces gens là ont dit ou eſcrit, ne ſont pas Euangiles ; ils
nous en ont donné de belles ; & ſont cauſe que pluſieurs d'auiourd'huy les
alleguent bien ſouuent en la chaire de verité, debittant telle monnoye comme bonne, bien qu'elle ſoit fauſſe. Naturaliſtes, ſi vous eſtiez viuans, vous
rougiriez d'auoir eſcrit que le ſang du bouc amollit le diamant. Les Lapi-
daires vous diroient bien qu'il n'eſt pas vray. Quelle repartie feriez vous
quand on vous diroit que le Vipereau eſt eſclos d'vn œuf comme toutes
ſortes de ſerpens, & lezars ? Cependant vous auez eſcrit qu'il tuë ſa
mere en ſortant de ſon ventre. Vous auez dit que les Pigeons conçoi-
uent par la bouche: nous voyons le contraire. Que les Lieures ſont maſles & femelles ; & que tous les Lieures font des petits : nous ſçauons
bien que cela n'eſt pas. Que le Renard ne nourrit ſes petits que de ſon vo-
miſſement : nous prenons les femelles auec les tetins pleins de lait. L'experience vous dement en tout cela : comme elle fut auſſi en ce que vous
auez eſcrit que l'Aigle eſpreuue ſi ſes petits ſont baſtards ou legitimes,
aux rayons du Soleil ; ne pouuant, dites-vous, ſupporter de le regarder,
quand ils ne ſont legitimes. Il y a aſſez d'autres fauſſetez dans vos Liures
qu'il ſeroit long de reciter. Ie ne veux plus dire que celle du Corbeau,

qu'ils ont efcrit, abandonner fes petits, pour les voir blancs lors qu'ils font nouuellement efclos. Les Corbeaux fortent nuds & fans plume hors de la coque, & n'ent point le duuet, comme n'ont auffi les autres oyfeaux. Dauantage fi le Corbeau abandonnoit du tout fes petits, il ne les reuiendroit plus voir en fon nid. Dauid ne l'a pas entendu comme eux au verfet 10. Pfeaume 146. I'accorde que c'eft la verité que les Corbeaux font de leur nature fort gourmands & fameliques : ce qui fait qu'ils ne font que criailler en leur nid. Dieu qui a foin de fes moindres creatures, fait que les groffes mouches d'alenuiron font attirées là par la fenteur de la chair, que les meres apportent pour paiftre ces petits Corbeaux : lefquels eftans toufiours en action de manger, tenans le bec ouuert, telles mouches leur viennent faire des vers dans la gorge, qui font auffi toft auallez par eux, & les mouches auffi. Or s'il m'eftoit permis d'y donner vne explication, i'y en donnerois vne de mon creu ; qui feroit, que le Corbeau pour eftre noir, fale & immonde, eft à comparer au peché : comme auffi le Corbeau eft le hieroglyphe du Diable ; & par *pullis coruorum*, Dauid entend parler des pecheurs, qui font enfans du Diable : aufquels Dieu ne ferme l'oreille, lors que de cœur & d'affection ils le reclament. Mais ce n'eft pas icy le lieu pour traiter de telles matieres : c'eft des Chiens que ie dois parler, aufquels on voit faire des traicts auec tant de raifon, que i'eftime que ceux là fe font abufez, qui ont efcrit qu'ils n'en ont point.

O. Ie le croy comme vous le dites : mais laiffons là nos Naturaliftes, & parlons de chofes que nous auons veuës, & dans ma maifon mefme, où vne mienne Chienne ayant fait des petits en Hyuer, ie commanday à vn garçon de Fauconnerie de les aller ietter dans vn precipice proche de là. Cette Chienne s'en va les chercher, & les trouuant au bas d'vn roc, elle les apporte tous vn à vn, les met fous elle, eftimant, à ce que ie croy, de les remettre par fa chaleur. Mais voyant qu'ils eftoient bien morts, elle s'en va faire vn creux fort profond en terre, où elle les enterra tous fix. Ce qu'ayant fait, elle demeura couchée deffus, battant tous les autres chiens qui en vouloient approcher : & fe tint comme cela douze iours : en forte qu'il fallut luy apporter à boire & à manger, pour la garder de mourir : criant & heurlant en forte qu'il fembloit qu'elle pleuraft.

E. Que diront nos Philofophes & Naturaliftes de cette action ? Les Chiens n'vfent-ils pas de raifon ? & n'ont-ils pas dé mefmes paffions que nous ?

O. Ils vous pourroient refpondre comme Diogenes, que les animaux qui approchent plus de l'homme ont plus d'intelligence & de iugement.

E. Ils diroient mieux en refpondant qu'il y a des beftes aufquelles il ne defaut que la parole, & qui vfent plus de raifon que des hommes qu'il y a.

O. Ie veux vous dire vne autre chofe qui m'eft arriuée, d'vne Leurette qui fit des petits chez moy, defquels ie n'en fis nourrir qu'vn. Il arriua qu'ayant ce Leuron enuiron fix mois, comme nous iouyons au palemail, on luy

donna vn coup de boule, qui le tua. On le porte à la voirie, où cette Leurette le va chercher. Là elle se tenoit sans en bouger : & fallut durant quinze
iours luy porter du pain & de l'eau; & tant qu'en fin on fut contraint de faire enterrer cette carcasse. Mais ce n'est pas tout : tant que le Leuron demeura descouuert, elle chassoit auec vne extréme furie les oyseaux charongniers
qui en vouloient approcher.

E. Ces années passées, Ferrand mon Fauconnier estant allé à la chasse, *Autre ex-*
& y ayant porté mon Alfanet, il arriua que cét oyseau ayant lié vne Perdrix *emple.*
grise en l'air, il la charria auec l'aide du vent, & la porta fort loin. Ie n'estois
pas à la chasse ce iour là. Il s'en reuint donc sans l'oyseau : ce qui me tint en
peine toute la nuict. De grand matin nous montons à cheual, quatre que
nous estions, & nous mismes en queste. A vn quart de lieuë du lieu où l'oyseau auoit pris la Perdrix, ie voy de loin vn chien noir couché au pied d'vn
arbre, & vn oiseau au dessus. Ie reconnus aussi tost le chien estre des miens,
pource qu'il estoit noir. Ie m'approche, & trouue que c'estoit mon oyseau.
Lors ie donne vn cry de huchet : nos gens viennent, & nous le reprenons
auec beaucoup de contentement. Or cette Chienne l'auoit tousiours suiuy
& gardé, bien que cette nuict là fut fort froide. Cela sont tous exemples
de nostre experience, & non pas les fables de nos Naturalistes. Concluons
donc icy, que les Chiens sont inseparables des oyseaux, & les plus grands
amis que l'homme aye.

O. I'aime auec passion les Chiens qui sont bons à quelque chose : mais ie *Les Chiens*
n'aime pas ces petits chiens camuz des Dames & Damoiselles, qui ne chas- *des Damoi-*
sent point : & croy que c'est peché de leur donner du pain. *selles ne don-*
nent que du
E. Les chiens qui sont nourris à sçauoir faire quelque chose, sont tous- *foin.*
iours meilleurs que les autres.

O. Si cela estoit, on n'auroit que faire de prendre garde aux races, pour
auoir de bons Chiens.

E. Ie vous accorde que le premier poinct qu'on doit obseruer en cecy,
c'est d'en nourrir de bonne race : mais que des Chiens engendrez de bons
peres ne puissent estre lasches, n'en faites point de doute.

O. I'auois nourry vne Leurette blanche excellente, & aussi bonne qu'elle estoit belle. A sa premiere portée, ie n'en fay retenir qu'vne pour moy, &
vne que ie donnay à vn Boucher, à condition que si elle se trouuoit bonne, il
me la rendroit pour le prix de dix escus. On rapporta à nostre Gouuerneur,
que i'auois vne Leurette exquise. Il me la demande : ie la luy donne; mais ce
fut celle du Boucher, qui estoit de mesme poil que la mienne. Cette beste qui
ne valoit gueres, changeant de main, se fit bonne : en sorte que nous demeu-
rasmes tous contents. Ie veux dire par là, que les Chiens nourris auec trop *Les chiens*
de soin, ne sont iamais si excellents que les autres : c'est à dire, quand *nourris*
on leur donne plus que du pain & de l'eau, qui est la propre nourriture *ne sont si*
des ieunes Chiens, & non le laict ny le sang, que donnent les Bouchers. Ie *bons que les*
dy de plus, que les Chiens pour l'oyseau nourris trop grassement, ne seront *autres.*

iamais ſi bons que les autres. A quoy nous deuons nous reſoudre, s'il vous plaiſt.

Seiziéme & derniere iournée de la Conference e où il ſe traite du vol des Harpies.

O. N nous dit vn iour que vous n'alliez plus guere à la chaſſe & que vos gens y alloient de deux en deux iours, & que vous demeuriez au logis : eſt-il vray ? qui vous cauſe ce changement?

E. Mon malheur m'auoit porté dans vn Dedale, & ma ſcience m'y auoit plongé ſi auant que i'eſtois en peine de m'en retirer, pour auoir eſté trop bon à ne refuſer ce que ie pouuois bien.

O. Ie voy à ce coup, que le prouerbe des Venitiens eſt veritable, qui dit, *A la dente che duole, la lingua tira.* Vos affaires domeſtiques vous tirent à ce diſcours. Mais ie vous diray que les perſonnes qui vous reſſemblent, ne peuuent auoir le parfait plaiſir de la chaſſe, que leur eſprit ne ſoit tranquile : & pour iouyr de ce bon heur, il faut fuir la Chiquanerie. Non que ie ne ſçache bien que lors que Dieu nous veut chaſtier de ce fleau, on ne ſçauroit l'euiter. Mais par fois on ſe laiſſe trop legerement porter à ces faſcheuſes occupations.

Prouerbe des Venitiens.

E. I'ay ouy dire qu'vn certain politique donna pour precepte à vn de nos Roys paſſez, de tenir les inquietudes des François par le moyen de la Chiquanerie : & ſuiuant ce conſeil elle fut introduite en ce Royaume : Mais au grand malheur pour les bons ſubiets du Roy ; car depuis on a veu plus de troubles qu'auparauant : parce que celuy qui a mangé ſon bien en plaidant, deſire d'en acquerir à la guerre, & par l'eſpée. Et qui pis eſt les offices furent mis en vente au plus offrant. Mais ie n'en veux pas dire d'auantage, eſperant que ce bon Roy d'auiourd'huy renouuellera les ſainctes ordonnances de ce S. Louys, duquel il porte la Couronne & le nom.

O. Il y a des ſciences qui guident mieux les vnes que les autre à la conſeruation de l'Eſtat : & c'eſt de celles là que les Roys doiuent appuyer leurs Couronnes, & faire plus de cas.

Les lettres apprennent bien ſouuent le mal.

E. Combien que toutes les ſciences ſoient bonnes de ſoy, celle des loix peut cauſer beaucoup de mal par la mauuaitié de ceux qui en ſont profeſſion : Car il y a deux fins, la fin de la ſcience, & la fin de celuy qui la poſſede. Si donc on prefere la fin de celuy qui la poſſede, à la fin de la ſcience, elle n'a plus de bonté, & perd ſon luſtre. Or ſi on met d'vn meſme vin dans deux differens tonneaux, & que l'vn se trouue bon, & l'autre gasté; n'est-ce pas la faute du tonneau?

O. Ie veux vous reciter vn discours que me fit il n'y a pas long temps vn Seigneur sage, & prudent aux affaires du monde. Nous auons, me disoit-il, beaucoup de troubles en France par trois sortes de personnes, qui sont les Docteurs en Medecine, les Docteurs en Theologie, & les Docteurs en Loix. Que cela soit vray, parlez à quelque ieune Medecin, & dites luy, Monsieur, ie me trouue bien maintenant; toutesfois par preuoyance, ie desirerois que vous me donnassiez vn bon regime pour conseruer ma santé. Si vous croyez à ses paroles, il vous changera vostre bonne complexion, vous gastera l'estomach, vous excitera des deflexions, bref il vous rendra delicat, cacochyme, & maladif. Parlez à quelque ieune Casuiste, & dites-luy, Monsieur, comme pourray-ie sauuer mon ame & me garder de peché? quelle vie doy ie tenir pour gaigner Paradis? Si vous luy donnez l'oreille, il vous fera si scrupuleux qu'il vous mettra en confusion : & de ce qui n'est pas offense contre Dieu, il vous en fera vn gros peché mortel. Dites à quelque Aduocat qui desire d'acquerir des escus & de la reputation, Monsieur, ie n'ay pas en ma maison vn procés ; mais mes papiers ne sont pas bien rangez. Ie desirerois de les mettre par ordre, & qu'vn iour vous prinssiez la peine de voir mes Archifs. Ayant veu vos tiltres, il vous dira infailliblement : Ie m'esbahy, Monsieur, que vous laissiez perdre les droicts que vous auez sur vn tel fideicommis de vostre grand oncle, ou de la legitime de vostre grand' mere, qui estoit de telle maison, sur laquelle vous auez beaucoup à prendre. Bref si vous le croyez, il vous forgera cent procés, & vous rendra vn estallon de Palais. Or il faut fuir la chicanerie, en sorte que l'infortune du Roy Phinée ne nous arriue. Fuyons ces Harpyes de Palais; ce sont de terribles oyseaux qui volent tout : & si ce n'estoit les bons Magistrats que nostre Roy nous donne qui leur tiennent le bec court, ils deuoreroient toute nostre substance. Ne plaidons que par l'extréme necessité: & nous en serons plus sages, & aurons plus de loisir de voir voler nos oyseaux ; qui sont beaucoup plus nobles que ces Harpies, & qui nous donneront plus de plaisir.

E. Vos discours me font souuenir d'vn tableau que i'ay veu de quatre hommes qui representoient l'estat du monde. Le premier estoit vn homme d'Eglise ; le second, vn soldat ; le troisiesme, vn laboureur ; & le quatriesme, vn Aduocat. Le premier disoit par vn escriteau sortant de sa bouche; Ie prie pour ces trois, monstrant au doigt les autres. Le second en mesme posture disoit, Ie combats pour ces trois. Le troisiesme, bien qu'il fust mal-habillé, disoit, Ie les nourry tous trois. Et le quatriéme concluoit, & disoit, Ie les mange tous trois. C'est pourquoy ie suis resolu de fuyr les procez, & conseiller aux miens d'en faire de mesme. Et pour cét effect, i'ay tracé quelques instructions domestiques, pour nos familles, qui pourront leur seruir à l'aduenir; lesquelles i'ay mises en vers, non pour acquerir de l'honneur

parmy les fauoris des Mufes, mais bien pour ce que ie croy que plus facilement elles feront retenuës en la memoire de ceux qui les verront auec intention d'y faire profit. Elles feront à la fin de ce difconrs. Ie vous fupplie
qu'en ce que vous iugerez qu'elles doiuent eftre augmentées ou retran-
chées, vous m'en difiez voftre opinion. Et ne vous efbahiffez fi elles font
au vieux ftile, puis que c'eft de la befongne d'vn homme de plus de foixan-
te & trois ans.

O. Cette Conference ne fera pas la derniere : nous aurons, s'il plaift à
Dieu, encores le bien de vous venir renoir. Vous nous auez traictez auec
tant de bon accueil & de bonne chere, que nous en apprehendons la fepara-
tion. Et ne pouuant mieux, nous fupplions le bon Dieu qu'il vous affifte
de fa grace.

Fin de la Conference des Fauconniers.

INSTRVCTIONS

INSTRVCTIONS DOMESTIQVES.

I.

Ombien sont les ames seruiles
   Qui suiuent le train des meschans?
   Sage qui sçait bien viure aux villes,
   Sage qui sçait bien viure aux champs?
   Qui iamais personne n'offence,
Et qui ne se peut esmouuoir
Que pour se mettre en la deffence
De la raison & du deuoir.

II.

Heureux celuy qui ne s'adonne
   Qu'à bien faire en toute saison,
   Qui n'est ennemy de personne,
   Mais vit paisible en sa maison:
   Et plus heureux qui n'a enuie
   D'acquerir tous les iours des biens,
   Pourueu qu'il laisse apres sa vie
   Aux siens l'heritage des siens.

III.

A vray dire on n'a par droicture
   Les biens qui sont tost amassez,
   C'est tousiours par quelque aduanture:
   L'aigail ne remplit les fossez,
   Et le plus fin n'est le plus sage,
   Parquoy la raison nous instruit
   De ne iuger l'arbre au fueillage,
   Mais au fruitage qu'il produit.

IIII.

Riche est celuy qui se contente
   De ce qu'il possede d'acquis:
   Et qui pour se plaire ne tente

Ny le superflu ny l'exquis:
La richesse est mal asseurée,
Hostesse qui souuent nous nuyt,
N'estant de plus longue durée
Que le potiron d'vne nuict.

V.

Le vertueux ne porte enuie
Au mondain le plus estimé,
Et ne voudroit changer sa vie
Au plus riche & plus renommé,
Au contraire vn riche hypocrite,
Mourant par les ans abattu,
A regret du mal qu'il merite
Pour n'auoir suiuy la vertu.

VI.

Enfin qu'a seruy tant de gloire
A tant de riches du passé?
Quel honneur fait à leur memoire
Le bien qu'ils auoient amassé?
Bien qui n'est que neige semée
Aux rayons d'vn Soleil ardent,
Ou feu qui se passe en fumée,
Et dedans l'air se va perdant.

VII.

Sois franc sans aucun aduantage,
Te faisant connoistre pour tel,
Lors qu'il faut monstrer son courage,
Ne craignant pour estre mortel:
Et fay voir si on te conuie
Que tu n'as point de lascheté,
Au prix du sang & de la vie
Les tiens l'honneur ont acheté.

VIII.

Des rioteux fuis l'inquietude,
Si tu veux auoir du repos:
Et garde que la promptitude
Ne t'embrouille mal à propos,

Les humbles possedent la terre,
Les arrogans & sourcilleux
Sont tousiours en trouble & en guerre,
Car Dieu resiste aux orgueilleux.

IX.

En tes discours sois tousiours sobre,
  Si de la paix tu veux iouyr,
  Et pour ne cheoir en quelque opprobre,
  Il faut tout voir & tout ouyr,
  C'est vn auis que ie te donne,
  Qu'il faut garder comme vne loy,
  Que ne medisant de personne
  Aucun ne médira de toy.

X.

Aux inconstances de ce monde,
  Nostre esprit passe son retour,
  Ainsi que l'onde qui suit l'onde,
  De mesme chacun fait son tour,
  Mais toute cette renommée
  Du plus rapax ce terrien
  N'est qu'vn peu d'amas de fumée
  Qui se reduit en fin à rien.

XI.

Rarement en cette demeure
  On vit sans-trouble & sans soucy,
  Dont attendant le iour qu'on meure
  Il faut passer ce cours ainsi,
  Les ieunes sont dans l'inquietude
  Tant qu'ils sont dispos & gaillards,
  Mais puis en fin la solitude
  Est la remise des Vieillards.

XII.

Ce monde remply de miseres
  I'ay passé, tu le passeras,
  Autant en ont-ils fait mes peres,
  Et comme ie suis tu seras,
  Les plus vigoureux & robuste,

Le delicat & le floüet,
Doit enuier la mort du iuste,
Sans auoir point d'autre souhait.

XIII.

Viure sans soin c'est viure en beste,
Parquoy en prenant son plaisir
On ne peut faire tousiours feste
Mais, vser bien de son loisir,
Car ayant d'importans affaires,
Ne sçachant qu'on peut deuenir
Pour conseruer le bien des peres
Il faut preuoir à l'auenir.

XIV.

Si l'honneur est semblable à l'ombre,
Qui fuit celuy qui la poursuit,
Des poursuiuans ne sois du nombre,
Puis que pour neant on la suit:
C'est vice que la vaine gloire,
Et pour ceux qui vont la chercher
Vne folie si notoire
Que souuent leur couste bien cher.

XV.

Sage est celuy qui peu se prise,
Et le bien du prochain ne prend,
Car quand sur autruy on fait prise,
En fort peu de temps on le rend:
Vn homme tel se croit habile,
Faisant du vice la vertu,
Mais qui du drap d'autruy s'habille,
En fin se trouue mal vestu.

XVI.

I'estime le sobre auec viandes
Qui ne mange que ce qu'il doit
Sans chercher les sauces friandes,
Et que iamais trop il ne boit,
Fort peu vit celuy qui fort mange,
Et vrayement c'est viure en loup:

Dont ne trouuez ce dire estrange,
Qui mange peu mange beaucoup.

XVII.

Aux Syrenes qui te font offre
De leur amour pour t'enflammer
N'ouure l'oreille ny ton coffre,
Car elles voudroient te charmer,
Parquoy de parole rebource
Mesprise leurs chants & leurs vœux,
Puis que c'est pour l'or de sa bource
Non pour l'argent de ses cheueux.

XVIII.

Chacun doit respecter sa femme
Sans iamais luy fausser la foy:
Il faut l'aimer comme nostre ame,
Dieu le commande par sa loy:
Que ton humeur ne l'importune
Ny ne la fraude de ses droits:
Le Soleil honore la Lune,
Et la visite tous les mois.

XIX.

Ceux qui se plaignent de leurs femmes,
Ne connoissent pas ce qu'ils font,
Souuent ils inuentent des blasmes
Qui leur reialissent au front:
Celuy tiendroit-il de l'honneste
Qui voudroit salir vn bonnet
Qu'il faut qu'il porte sur sa teste?
Peut-il apres se dire net.

XX.

Aussi quand leur femme est prudente,
Ils ont raison d'estre contents:
La qualité de telle plante
Est fort à priser en ce temps:
L'homme iouyt du Ciel en terre
Alors qu'il est bien marié,
Comme il se voit tousiours en guerre

Quand il est mal apparié.

XXI.

Fol est celuy qui par auance
Iouyt sous vn Hymen promis,
Car en espousant il s'offence
Et fait iniure à ses amis:
Et pource auant que de promettre
L'homme prudent y doit penser,
Car il ne se peut reconnoistre,
Et du serment se dispenser.

XXII.

Pouruoy tes enfans d'vn bon Maistre,
Afin qu'ils ne soient ignorans:
C'est le vray moyen pour les mettre
Du nombre des plus apparens.
Tien-les loin de chaudes ceruelles
Du ioüeur, menteur & mocqueur:
Que les trahisons & querelles
Ne prennent pied dedans leur cœur.

XXIII.

Si tu paruiens à te voir pere
D'enfans hommes grands & barbus,
Ne sois enuers eux trop seuere,
Les reprenant en leurs abus,
Du simulacre d'Angeronne
A ce coup se faut souuenir,
En preuoyant à leur personne
Ce qui pourroit leur aduenir.

XXIV.

Honore celuy qui s'applique,
A seruir aux lieux d'oraison,
Mais n'en fay pas ton domestique,
De peur de soüiller ta maison,
L'homme de bien se doit resoudre
De l'occasion n'approcher:
Le feu ne prend plustost la poudre
Que la chair enflamme la chair.

XXV.

Ce n'est assez de ne commettre
　Vn peché qui peut nous troubler;
Il faut non seulement ne l'estre,
　Mais le pecheur ne ressembler:
Maintefois, en mainte occurrence
Nous donnons le soupçon d'vn fait
Que nous suiuons en apparence,
Bien que le soyons sans effect.

XXVI.

Qui cede à la concupiscence
　Auillit sa condition:
Ce vice cause la naissance
　De mainte autre corruption:
Esloigne la de ton courage,
Et te refaisant de nouueau,
Fay comme l'Aigle en son pennage
Qu'il muë pour l'auoir plus beau.

XXVII.

Aux souuerains de la Iustice
　Rends honneur comme par raison,
Ils suru[e]illent sur la police,
　Et t'asseure dans ta maison:
A eux comme aux Dieux de la terre,
Rend tes offrandes hardiment:
Il leur faut en paix & en guerre
Ce necessaire compliment.

XXVIII.

Ceux qui sont vains ie les compare
　A la nature du Gerfaut,
Qui se perd, s'escarte & s'esgare
　Pour monter plus haut qu'il ne faut.
L'homme vain, c'est la balle enflée
Dont aux places on va ioüant,
Qui grossit pour estre soufflée,
Et si n'est que peau & que vent.

XXIX.

Si de tes suiets temeraires,
  Mesprisant ton iuste pouuoir,
  Entreprennent d'estre contraires
  A ce qui est de leur deuoir,
  Prend pitié d'eux, & te propose
  L'inégale comparaison,
  Le temps qui range toute chose
  N'en fera que trop la raison.

XXX.

Ne te chaille point du langage
  Du meschant qui t'est ennemy:
  S'il médit, c'est vn tesmoignage,
  Qu'il ne peut estre ton amy:
  Car les meschans ont pour partie
  Ceux qui ne sont de leur humeur:
  C'est la secrette antipathie
  Des vilains & des gens d'honneur.

XXXI.

On doit croire que l'indulgence
  Nous rend d'eux vainqueurs & vengez:
  Par sois dissimulant l'offence
  On voit les ennemis changez.
  Et qui voudroit punir leur vice
  Ou corriger tous leurs defauts,
  Il n'est assez à la Iustice
  De supplices & d'eschaffauts.

XXXII.

Aucunesfois on voit des hommes
  S'affliger par trop de loisir,
  Et bien souuent soux que nous sommes,
  L'aise nous produit desplaisir.
  Contre nous nous faisons la guerre
  Lors que deurions nous contenter,
  Parquoy Dieu fait sortir de terre
  De petits vers pour nous tenter.

Il est

XXXIII.

Il est bon de viure paisible,
L'ire nous desseiche les os:
Troublant autruy il n'est possible
Que nous puissions estre en repos:
Si vn fort haineux nous fait teste,
Aussi on trouue bien souuent
Qu'vn foible ennemy nous arreste
Lors que pensons d'aller auant.

XXXIV.

Si quelque emprunteur t'importune
De ta bourse, vse de raison,
Sois marry de son infortune,
Mais pour luy ne perds ta maison,
S'il te presse que tu luy prestes,
Ne sois iamais si glorieux
De luy accorder ses requestes,
Car son mal est contagieux.

XXXV.

L'ennemy nous fait de la peine,
L'amy nous en donne à son tour,
L'vn nous agite par la haine,
L'autre par l'excez de l'amour:
Mais, sale coustume des hommes,
Qu'on ne peut blasmer à demy,
Qu'il faille qu'au siecle où nous sommes
Vn bien fait nous oste vn amy.

XXXVI.

Que iamais on ne te remarque
Estre des hommes mieux vestus,
Les habits du plus grand Monarque
Ne parent tant que les vertus,
Selon l'oyseau il faut la cage,
Et selon l'homme la maison:
En ces deux poincts on croit mal sage,
Celuy qui ne suit la raison.

XXXVII.

Reçois en gré, lors qu'on te porte
  D'estre à quelque charge attaché,
  En seruant le public en sorte
  Qu'apres tu n'en restes fasché:
  Qu'aucune faueur ne t'approche,
  Qu'au respect tu ne sois rangé:
  Bien heureux qui vit sans reproche
  En quelque estat qu'il soit logé.

XXXVIII.

Les prompts mouuemens de colere
  Qui suruiennent par accident,
  Sont effects qu'aux fols on tolere,
  Mais non pas à l'homme prudent:
  Telle fureur est vne rage
  Ou pure folie en effect,
  Puis qu'apres changeant de langage
  On se repent de ce qu'on fait.

XXXIX.

Contente toy de ta fortune,
  Et ne mandie les honneurs,
  Sage qui les grands n'importune
  Car rarement sont-ils donneurs:
  Rends leur donc auecques prudence
  Tout le respect qui leur est deu,
  Et tiens toy d'égale distance
  Autant du Prince que du feu.

XL.

La Cour est vn fascheux Dedale,
  Duquel on ne sort aisément;
  Y pensant monter on deuale,
  Bien que l'on marche incessamment:
  Les faueurs y sont incertaines,
  La sagesse vn art de mentir,
  Et ne reste apres maintes peines
  Qu'vn miserable repentir.

XLI.

Où l'on se plaist, là il faut estre,
Les champs sont plaisans en Esté,
Le fruict de la vie champestre
C'est vne douce liberté:
Si les animaux d'heure en heure
Changent d'air auecque raison,
L'homme peut changer sa demeure,
Comme il voit changer la saison.

XLII.

Seigneur qui dans le Ciel habites,
Ton nom soit benit à iamais,
Donne grace à nos demerites,
Ainsi que tu nous le promets:
Inspire par ta bonté saincte
Nos familles, & nos enfans,
Afin que viuans sous ta crainte
Ils quittent ce que tu deffens.

DISCOVRS DE CHASSE.

OV SONT REPRESENTEZ LES
vols faits en vne assemblée de Fauconniers.

Plus il est parlé des oyseaux qui passent & repassent la Mer annuellement, de ceux qui resident en leur pays : de leur naturel & nourriture, & quels ils sont chacun nommé par ordre.

PAR CHARLES D'ARCVSSIA DE CAPRE
Seigneur d'Esparron, de Pallieres, & du Reuest en Prouence,
Gentilhomme ordinaire de la Chambre du R o y.

Auec la Table de Matieres.

A ROVEN,

FRANCOIS VAVLTIER,
sous la porte du Palais, pres la Bastille.

Chez

ET

IACQVES BESONGNE,
dans la Cour du Palais.

———

M. DC. XLIIII.

ADVERTISSEMENT
AV LECTEVR.

My Lecteur, m'eftant refolu de mettre au iour ce Difcours de Chaffe, ie me fuis propofé pour vous donner plus claire intelligence, le rediger en forme de Dialogue de deux Chaffeurs, l'vn defquels eft marqué par vn O. lequel fait la plus part des demandes neceffaires de fçauoir à tous Chaffeurs, ou autres qui veulent fçauoir tout ce qui confifte en la Chaffe des oyfeaux, foit en leur vol, foit en leur changement de pays (pour le regard des oyfeaux paffagers) mefmes leurs noms, & en quelle faifon ils partent & reuiennent, les pays où ils vont, & tout ce qui eft requis pour ladite Chaffe: L'autre qui eft marqué par vn E. eft le nom de celuy lequel le refoult pertinemment de toutes fes demandes, & enfeigne clairement comme il faut difpofer ladite Chaffe, la quantité d'oyfeaux, la difpofition des lieux, du temps qu'il fait bon chaffer, & l'affiette du pays, mefmes auec les chiens. Et pour donner l'explication de cefdites deux lettres, & quels noms elles fignifient, vous le pourrez cognoiftre par les fix vers

ſuiuans : Lequel diſcours ie vous prie receuoir d'auſſi
bon cœur qu'il vous eſt preſenté.

Lecteur , afin que ne combattes
Comme faiſoient les Andabattes,
Qui tiroient leurs coups à yeux clos,
Par O. E. tu pourras comprendre
Deux noms d'amis , & les apprendre,
Qui ſont en ces lettres enclos.

TABLE DES MATIERES QVI SE
traictent en ce lieu.

*V premier difcours, eft le Conuy pour l'affemblée
des Fauconniers.*

*Au fecond eft l'accueil des Fauconniers, & leur
rencontre.*

*Le troifiéme eft de la Chaffe faite en ladite rencontre, &
s'y parle encor de conferuer les oyfeaux de la podagre : puis de
la fortune des Chaffeurs.*

*Au quatriéme difcours fe parle de la Chaffe en termes
generaux, de l'excellence de l'art de Fauconnerie, & que
les Roys de France ont efté les inuenteurs de la Venerie du prefent.*

*Le cinquiéme, eft des Chaffes, aufquelles on fe peut exercer
quand le temps ou le pays n'eft commode pour voler, ou que la
faifon ne le permet : puis du vol du Chathuan & de la Cannepetiere, & d'vne Chaffe faite à Aix.*

*Au fixiéme eft traicté comme le Fauconnier fe doit compor-
ter en fes plaifirs au declin de fon aage, & en quoy les femmes
doiuent eftre maiftreffes, & en quoy non.*

Au feptiéme, eft le recit d'vne Chaffe faite à Tournes, où

en apres se parle du vol du Courly, du Bechebois, &
de l'Aigle.

Au huictiéme discours, se traictent des oyseaux qui passent
& repassent la mer annuellement, de ceux qui resident en leur
pays, quels ils sont, quelle est leur nourriture & naturel, des
oyseaux cognus par transport; de la difference qu'il y a entre
les oyseaux en leurs parties internes, & de plusieurs autres merueilles.

CONVY
POVR L'ASSEMBLEE
DES FAVCONNIERS, OV LE
Conuiant commence ainsi.

DISCOVRS PREMIER.

'Ay charge de Monſieur voſtre couſin, de vous repreſenter le deſir qu'il a de vous voir, & vous embraſſer, il eſt au lict malade d'vn mal de iambe, qui l'empeſche de venir à vous, il vous coniure doncques par l'amitié que vous luy portez, d'aller iuſques à Tournes, où il vous attend auec pluſieurs de vos parents & de vos amis. Il a receu tant de plaiſir à la lecture de la conference des Fauconniers, qu'il ne ſe peut contenter de la relire ſouuent, d'autant plus volontiers que les diſcours d'icelle ſont les meſmes qui furent tenus en ce lieu d'Eſparron, à voſtre derniere aſſemblée. Donnez, Monſieur, ce contentement à voſtre cher Couſin, il vous en ſupplie par moy, & ie vous en ſupplie pour luy, il n'eſt beſoin que de trois heures pour vous rendre où il vous inuite.

E. Ie porte vn extréme deſplaiſir du mal de mon couſin; I'irois au bout du monde pour luy complaire : comment doncques voudrois-ie refuſer de faire quatre lieuës pour luy donner vn contentement, moy-meſme i'y auray auſſi bonne part. Mais ſon mal eſt-il ſi grand? Ce n'eſt à mon aduis que pour auoir diſcontinué l'exercice de monter à cheual, voſtre preſence ne luy ſera pas vn petit moyen de recouurer ſa ſanté, auec le deſir qu'il a de ſe voir à la chaſſe auec vous.

E. Dieu aydant nous ſerons demain enſemble.

Il en receura vne extréme ioye, car il ne s'entretient que de vous, & ie ne croy pas qu'il y ait amitié au monde qui ſoit eſgale à celle qu'il vous porte, auſſi eſt-elle dés voſtre premiere ieuneſſe, outre les alliances qui l'ont touſiours entretenuë, depuis plus de deux cens ans.

E. Elle eſt auiourd'huy tres-grande entre nous, par les cauſes que vous venez de dire, & par aduenture par la concurrence de nos inclinations, à vn exercice qu'il ayme par nature, & moy par ſon exemple.

À la verité ie remarque vne reciproque amitié entre vous deux, le teſ- moignage en eſt tout euident.

E. Vous le pouuez croire ainſi, ie vous diray vne fiction d'vn Prodicus Athenien, qui vient à propos à nos diſcours. Il feint que la vertu s'apparut à Hercule, & luy monſtra vne montaigne à deux pointes, l'vne dediée à l'Amitié, & l'autre à la Diſſimulation : Et d'autant que telle pointes eſtoient voiſines & toutes ſemblables, afin qu'il ne ſe trompaſt à prendre l'vne pour l'autre, la vertu donna à Hercule pour guide, ſa fille aiſnée, qu'on nomme Prudence, pour l'aduertir ſur les diuerſes rencontres. Comme il commençoit à monter, Hercule remarque que la baſe des deux pointes eſtoit de meſme en apparence, & s'arreſte tout eſbahy ; Prudence qui s'en apperceut luy dit : Prens garde à ces deux coupeaux, te ſemblent-ils pas eſtre conformes; Si eſt-ce qu'ils ſont fort differends, car les arbres ſi eſleuez que tu vois en celuy de ta main gauche, ſont iournellement battus & abattus par le foudre; & la verdure y eſt incontinent ſeche, parce que l'eau qui l'arrouſe eſt tellement amere, qu'elle gaſte tout; elle trouble meſme les yeux des habitans qui en boiuent, & les rend aueugles, qui plus eſt, la tempeſte y eſt perpetuelle, à cauſe des vents impetueux qui y ſoufflent d'ordinaire. Au contraire, au coupeau de ta main droicte, on n'y voit que tranquilité, les arbres y ſont verds en toute ſaiſon, & portent leur fruict iuſques à parfaicte maturité; les plantes n'y fleſtriſſent iamais, mais de leur bonne odeur recreent les habitans du lieu, qui ne ſont pas en grand nombre ; ils ſont pourtant en perpetuelle allegreſſe, & d'vne eſgale modeſtie: Bref, c'eſt la vraye amitié qui a ſon ſiege en cette pointe. Hercule continuant ſon chemin voit cette Deeſſe aſſiſe en ſon throſne, belle non par artifice, mais d'vn notoire & naif appareil, capable d'attirer à ſoy quiconque s'en approche, ſes habits ſont ſimples, deſliez & tranſparents ; ſi que les membres delicats & proportionnez de ſon corps ſe voyent diſtinctement; l'œil meſme trouue paſſage iuſques à ſes péſées. Hercule s'enquiert de Prudence quelles dames eſtoient celles que la Deeſſe auoit à ſon coſté, elle luy reſpond que la plus proche eſtoit Verité, & l'autre d'apres ſe nommoit Bienvueillance, laquelle auoit en ſa charge toutes les affaires de cette Cour & le garçon qui eſtoit debout tenant des entraues en ſes mains, & paroiſſant graue pour ſon aage, eſtoit Amour, miniſtre de l'Amitié, non, dit-elle, qu'on le voye iamais auec des aiſles, comme Cupidon; ny porter fleſches, ny arc, ny qu'il ait iamais bleſſé perſonne : Mais ceux qu'il recognoiſt paiſibles & gens de bien, il les lie d'vn amour inſeparable. Pluſieurs autres diſcours furent tenus à Hercule ſur ce ſujet, au dire de Prodicus, qui ſeroient longs à reciter; il me ſuffit de vous dire que cet Amour ſans aiſles, eſt celuy qui m'a mis des fers aux pieds & aux mains, pour m'arreſter à iamais en l'amitié de mon cher couſin.

Ie n'euſſe iamais creu qu'entre eſgaux l'amitié fuſt telle, & i'eſtime qu'elle ſe peut comparer à celle du pere à l'enfant, dites m'en, s'il vous plaiſt, ce qu'il vous en ſemble.

E. Le nœud de deux cordes eſgales eſt le plus ſerré, de meſme en eſt-il de deux amitiez eſgales: dauantage, la vraye amitié doit eſtre libre, franche,

reciproque

reciproque, & de mefme poids; l'amitié de l'enfant au pere ne peut eftre efgale, montant de bas en haut, parquoy il n'y peut auoir de proportion. Celle du pere eft plus forte, & de plus de pefanteur; Ioint que les amitiez, qui
font de l'inferieur au fuperieur, font le plus fouuent foüillées de l'efperance
de l'vtilité: or ceffant telle efperance, l'amitié s'affoiblit du cofté de celuy
qui y a de l'intereft, & lors n'eftant entre les parties l'amitié efgale, le re-
froidiffement s'enfuit. Ce qui n'arriue pas aux fidelles amis, qui n'ont autre
lien que de la vertu, fans efpoir d'autre recompenfe que de l'amitié mefme:
telle peut eftre l'amitié des freres qui n'ont aucune pretention fur le bien
l'vn de l'autre, & entre lefquels l'enuie n'a point de lieu.

Vous m'auez entierement fatisfait, & n'eftoit que ie crains de vous eftre *Le Conftant*
importun: ie ferois encores quelque demande, ie referue cela à vne autre
commodité, pour vous remettre au difcours de voftre cher coufin.

E. Il faut donc que vous fçachiez que comme Dieu m'a donné deux yeux,
deux oreilles, deux iambes, deux bras, & doublé les membres les plus neceffaires du corps, il m'auoit de mefme donné deux amis parfaits, qui m'affi-
ftoient en toutes mes neceffitez, il pleut à fa Majefté diuine de m'en ofter
vn. I'en pouuois mettre vn autre à fa place, par vne diligence recherche &
fage election: Mais ie ne le fis point, refolu de retirer dans le fein de l'amy
qui m'eftoit refté, toute l'amitié diuifée auparauant en deux: Ce qui m'a fi
bien reüffi, que ie reconnoy à cette heure eftre vray ce qu'on dit, que lors
qu'vn des doubles membres deffaut, la force du perdu fe retire en l'autre;
parce que i'aime auiourd'huy ce coufin fi eftroitement, que ma vie depend
de la fienne, & mon contentement du fien, & croy que toutes les autres
amitiez ne font retenuës que par des chaifnes de verre, ou celles qui retiennent la noftre font de fer. Or il eft temps de finir nos difcours pour aller
difner, & boire à la fanté de mon cher coufin.

---

*Accueil des Fauconniers, ou apres ce compliment ils com-
mencent à parler de la Chaffe.*

DISCOVRS II.

E. E recognoy que vous m'auez voulu tenter par le gentilhomme que vous m'auez enuoyé, graces à Dieu vous vous
portez bien: ie n'eftois pas refolu de vous vifiter pluftoft
qu'en Septembre, mais ie ne me repens pas d'auoir hafté
mon deffein, puis que ie fuis efclaircy de la doute que i'a-
uois conceuë de voftre indifpofition.

O. I'auois de fi grandes impatiences de vous voir, que ie me fuis feruy de
cette rufe, de laquelle vous tirerez raifon quand il vous plaira.

E. Ie ne defire point de me fatisfaire autrement, qu'en vous embraffant.

O. Vous me trouuerez toufiours difpofé de vous receuoir, & de vous refpondre, comme celuy, qui vous cedant par tout ailleurs, ne vous cedera iamais en amitié.

E. Laiffons, s'il vous plaift, ce propos d'amitié, pour vous entretenir de la Chaffe ; Ie fçay que cela vous fera tres-agreable.

O. Vous ne iugez pas mal de mon humeur, ce font mes delices que la Chaffe, venons en donc au difcours.

E. I'y fus auant-hier en compagnie de mon neueu, & de nos domeftiques feulement, le plaifir que nous y receufmes fut affez grand.

O. La bonne fortune fut toute de voftre cofté, à mon aduis, puis que vous n'eftiez qne des gens du meftier ; mais le plaifir auroit efté plus confiderable, fi quelques amis de ceux qui ont de couftume de vous vifiter y euffent participé.

E. Par fois cela eft, car vn iour voulant donner du plaifir à vn de longue robbe, comme i'eus ietté vn Lanier excellent apres vne compagnie de perdrix grifes, trouuant l'oyfeau à la remife qui tenoit fa perdrix, ce niais difoit que mon oyfeau n'auoit pas bien fait de n'en auoir pris qu'vne, eftimant qu'il en deuoit auoir vne à chafque main, & vne au bec, puis qu'il en fuiuoit quinze ou vingt.

O. Il faut excufer ceux qui ne font pas du meftier, lors qu'ils n'en parlent en termes propres. Mais dites nous, quelles Chaffes auez vous faites depuis ces perdreaux, & quels oyfeaux vous auez.

E. I'ay toufiours mes oyfeaux accouftumez, i'ay le Real encore en muë, deux Faucons qui font volants, vn Autour, & mon vieux Alphanet que i'ay apporté icy pour le vous laiffer s'il vole à voftre gré, mais il a encore le cerceau, & la longue penne en fang, & quatre pennes de la queuë : tel qu'il eft vous le verrez voler, s'il vous plaift, en nous retirant, bien que ce foit le hazarder auant le temps, mais ie me confie en fa fidelité. Outre cela i'ay laiffé deux Tiercelets de Faucon chez moy, qui font fort bons, & nous feront apportez demain par vn laquay.

O. En chemin faifant, dites nous quelque chofe de voftre Chaffe d'auant hier.

E. Nous partifmes fur le leuer du Soleil, enuiron quatre heures de matin, & pour mieux choifir le pays à la commodité de l'eau pour les chiens, nous prifmes la plaine d'Efparron à Rians : le malheur porta que du commencement, il fe leua vn broüillards, que nous difons chifflet en nos termes, de forte qu'il fallut attendre que le Soleil l'euft diffipé, & que l'efgail auffi fuft quelque peu paffé, fi nous voulions eftre feruis de nos chiens. Menant noftre quefte contre vn peu de vent qui lors fe leua, les chiens rencontrent le frais des perdreaux, lors ie dis à mon neueu, que c'eftoient des perdreaux gris, que s'ils partoient il ne les failloit efpargner, pour eftre fafcheux à voler en hyuer, ie n'eus acheué ce mot, que les voila qui partent :

à ce premier vol, nous les laiſſons aller quelques deux cens pas, puis nous iettons nos oyſeaux de compagnie, qui les pouſſent en toute diligence, comme allant à l'enuie l'vn de l'autre, dont les ayans remis dans vn foſſé, le Tiercelet blond bloqua ſur le bord, & le Balarin eſcume la remiſe, branlant au deſſus, or ces perdreaux courent dans le foſſé, ſuiuant leur ruſe, ce qui fut cauſe que les chiens s'amuſans à boire ne les releuerent pas ſi toſt. En fin Clotte en repart vn, le Blond l'entreprend, ce qui le fit voir à ſon compagnon, & voila les deux Tiercelets apres qui furent le prendre loin pour vn perdreau d'Aouſt, monſtrant qu'il auoit deſia reprins halaine, nous y arriuons preſque auſſi toſt, & en faiſons plaiſir à nos oyſeaux. Or ſans nous arreſter nous remontons à cheual pour releuer les autres qui reſtoient, mais vn de nos laquais nous cria qu'ils eſtoient partis d'eux meſmes, & qu'ils auoient coulé qui deçà qui delà, de ſorte que nous les perdiſmes, parquoy nous nous reſolumes d'en chercher d'autres, reprenant la queſte, trollant tantoſt à main droicte, puis à la gauche en fin les chiens rencontrerent: cependant ie remarque Sibelle, qui s'amuſoit ſur vne butte, ce qui me fit iuger que le liéure auoit là fait ſon reſſuy au leuer du Soleil, & qu'il n'eſtoit pas loin, ce qui me fit amuſer, & ſans changer de place, ie reſiouyſſoy les chiens, en les retirant pres de moy, & donnant de l'œil pour voir ſi ie le deſcouurirois en quelque reply ou raye de terre; faiſant approcher la laiſſe pres de moy, par celuy qui la menoit, prenant plaiſir de voir requeſter & rebattre les Eſpaigneuls. Or le voila qui part tout au derriere de nous, & les chiens apres, & les léuriers qui furent laſchez à propos: ce fut vn léuraut de trois quartiers, que nous appellons hors de page: Les trois léuriers, le Turq, Barronne, & Chaffé, vont s'eſſuyant les coſtez l'vn de l'autre, diſputant l'honneur d'y arriuer le premier. Le Pelaud ne veut ſouffrir la premiere bourrade faiſant des equippées à deſſein de gagner l'aduantage de forlongue. Tantoſt le liéure reçoit vn deſtour, ce qui augmente ſa viteſſe, & luy donne des aiſles aux pieds: il quitte le gueret, à l'occaſion des mottes qui luy donnoient de l'empeſchement, parquoy il gaigne vn ſentier qui le fauoriſe, & s'aduance, en ſorte que les léuriers auoient peine de le voir. En fin le Turq redouble ſon courre en ſorte qu'il s'approche & luy donne vne attainte qui luy fait ployer l'oreille, & faire voile de l'autre, s'efforçant pour ne ſe voir au roüet. A ce poinct le liéure n'oublioit rien des ruſes que ſes pere & mere luy auoient appris, car ſi les léuriers faiſoient leur poſſible pour l'emporter, le liéure ſe demeſloit & s'aduançoit touſiours vers ſa retraicte, faiſant ſes contredeſtours coup à coup. Mais les léuriers le battant & rebattant, Chaffé comme par cholere deuance les autres, & le prit; vous iurant que de ma vie ie n'ay veu mieux deffendre liéure que ce ieune léuraut.

O. Ce ſont les meilleurs & mieux courants, & qui donnent plus de plaiſir à les voir deffendre, ne faiſant que de ſortir de l'eſcholle, comme ieunes eſcrimeurs qui ſont mieux en iambe & en haleine que les vieux maiſtres, &

mesme en est-il des leuraux de cette taille, lesquels sont plus difficiles à prendre, & les leuriers n'y vont aussi auec tant d'ardeur qu'aux vieux lieures,
mais ie vous supplie continuez le discours de vostre chasse.

Leuriers qui gardent le lieure.   E. Le lieure estant mort, nous courumes aux leuriers qui se debattoient
desia pour le garder.

O. Le pere de Chaffé estoit fort bon chien, & gardoit aussi le lieure; vous
l'auiez il y a trois ans, & le teniez pour vn leurier excellent.

E. Il mourut de la rage, ie le fis mettre en terre pres d'vn arbre, auquel vn
de mes amis graua d'vn poinçon, dans l'escorce du pied, les vers suiuans.

> *Le Turq gist au pied de cét arbre,*
> *Excellent chien & le plus beau:*
> *Si aux chiens on donnoit le marbre.*
> *On en auroit fait son tombeau.*

Boristenes cheual de Hadrian Empereur.   O. Il en auroit esté vrayement digne, aussi bien que le cheual d'Hadrian
nommé Boristenes, qui l'auoit seruy à la chasse.

E. A la verité ces leuriers qui sont amenez de Turquie, & sur tout des
quartiers de Constantinople, sont admirables.

O. C'est d'autant que les vostres sont de cette race.

E. Or reuenant à nostre chasse, en suite du lieure pris, ie dis à mon neueu
remontons à cheual, la monstre marque desia sept heures, nos chiens ont repris haleine, il faut faire nostre chasse auant que le chaud nous fasche, lors
Autre lieure mort. nous tirames vers vne vigne, de laquelle les chiens firent sortir vn gros lieure qui ne courut deux cens pas deuant les leuriers sans estre pris : A mesme
temps les perdreaux partirent d'vn autre costé, lesquels tirent droict au che-
Le depart des per-dreaux. min d'Esparron à Rians, lors mon neueu ietta son oyseau & moy de mesmes,
bien que ie fusse loin. Or les oyseaux volerét la trouppe, mais à demyvol ils
se separerent en deux, dont chaque mere mena sa part. Secourant nos oyseaux nous les trouuons à la remise, l'vn au bord du fossé, & l'autre branslant
au dessus. Les chiens font repartir la vieille. Le Balarin la pousse & luy don-
Balarin, nom d'oy-seau. ne du pied au cul en escumant, dont les chiens la prindrent aussi tost dans
l'eau du fossé. A mesure que nous en voulons faire plaisir aux oyseaux, trois
des perdreaux repartent ensemble, & les oyseaux apres les enfoncent dans
le mesme ruisseau à deux cens pas au dessous, où nous accourusmes. En
piquant ie donne de l'œil dans vn ionc, où ie descouure la teste d'vn lieure;
soudain ie tiray mon mouchoir & le laissay tomber pour marque, auec dessein d'y reuenir. Poursuiuant à secourir nos oyseaux nous le fismes si heureusement, que de trois repartis des derniers, nous en releuasmes deux, qui fu-
Clotte, nom de chienne. rent pris, & le tiers Clotte le mangea sans que nous nous en apperceussions,
parquoy ie dy à nos laquais, tenez vous au deçà du ruisseau, vous serez mieux
placez pour remarquer; apres ie reprens le galop vers le reste des perdreaux,
Ruse de chasse. leur gaignant le dessus pour les faire reuenir en bas: A l'abord les chiens rencontrent, mais ayant desia couru sur l'esgail des prez, cela leur en ostoit le
sentiment. En fin nous en fismes repartir deux, ausquels nous ne voulusmes

ietter pour mieux faire, puis qu'ils prenoient l'addreſſe des remarqueurs.
Là deſſus la mere perdrix partit en criant, & quatre perdreaux apres elle.
Lors nous deſcouurons les oyſeaux qui volerent les cinq vers nos gens. En
piquant mon neueu me dit, il faut paiſtre à ces perdreaux, ce qui eſtoit deſia mon deſſein. Arriuant à la remiſe des ſept que nos laquais auoient remarquez, nous en primes cinq, & ſi toſt qu'vn leuoit le cul, il eſtoit aſſommé
par le Balarin, qui branſloit touſiours ſur nous de belles aiſles, ſi bien que
nous priſmes fort à propos, & donnaſmes bonne gorge aux oyſeaux pour
tout le iour, ce qu'ayant fait, ie dis à mon neueu, nous auons fait aſſez belle chaſſe pour eſtre en veuë des feneſtres du chaſteau : mais il y a encore le
deſſert, & dequoy auoir du plaiſir, car i'ay trouué vn liéure au giſte ; on
croyoit d'abord que ie le diſſe pour rire, mais ie leur dy que c'eſtoit à bon
eſcient, parquoy nous allaſmes droiſt au ionc où i'auois laiſſé mon mouchoir pour marque, le liéure nous entendant venir part au bruit, dequoy ie
m'eſtois douté parquoy i'auois enuoyé la laiſſe deuant, ce qui fut cauſe que
le liéure fut monſtré à propos aux léuriers, voicy le combat. Comme le lié- Combat du liéure.
ure eut deſcouuert les léuriers, il quitte ſon courre ſur trois pieds, & baiſſe Façon d'vn bon liéure.
la queuë qu'il portoit trouſſée au partir du giſte, allant de toute ſa force, de
ſorte qu'il tira loin auant que les léuriers luy ſouffflaſſent le poil, faiſant ſes
equippées à la moindre approche. Le Turq entendant au cry qu'on le nom- Ruſe du lié-ure.
moit, comme par ambition commença de luy donner, les autres en font de
meſme voyant qu'il s'approchoit de la retraite, le liéure feint de tourner Leurette ru-ſée.
reſte en bas, les deux léuriers le chargent, à ce poinſt la leurette tient touſiours le haut, & au tourner du liéure ſe trouue tout à propos & le prend au
montant par le pied, voila noſtre chaſſe faite en moins de quatre heures de
dix perdreaux & trois liéures.

O. C'eſt à la verité vne belle chaſſe, meſme à la ſaiſon où nous ſommes,
parce que maintenant les liéures ont grand aduantage ſur les léuriers, ſoit
pour la chaleur, ou pour la terre qui eſt auſſi dure qu'elle eſt en Hyuer Les liéures ſont aduan-tagez en Aouſt ſur les léuriers comme en Ianuier & Féurier.
quand il a gelé, ſoit pour les eſpines qui ſont plus picquantes à cét heure
qu'en autre temps, & qui plus eſt, vn léurier ſe traquaſſe d'eſtre mené en
laiſſe tout le long du iour, & le liéure part frais du giſte. Bref, en Aouſt le
courre à plus d'incommoditez pour les léuriers, qu'il n'a au reſte de l'année,
outre que les liéures courent plus en telle ſaiſon, n'ayant le ventre plein de
leuraux, ny chargé d'herbe, ne mangeant que du grain, & vous puis affer-
mer que i'ay veu plus eſchapper de liéures au mois d'Aouſt qu'en mois de
l'année.

E. Ie le croy ainſi, & ſuis de voſtre opinion ; mais confeſſez moy qu'en On s'appre-ſte pour chaſſer.
pays où il ſe peut courre les léuriers ſont fort commodes à vne Fauconne-
rie des champs.

O. Il eſt vray vous diſant encore vne fois que vous ſoyez le bien venu, &
qu'il eſt temps de chaſſer, voicy le coſtau où nous trouuerons des perdreaux en nous en allant à Tournes, ſus donc qu'on decouple nos chiens.

Recit d'vne Chasse faite par rencontre où il se traite de
sçauoir conseruer les oyseaux de la podagre, &
de la fortune des chasseurs.

DISCOVRS III.

AYant pris le chemin d'Esparron à Tournes pour auoir le contentement de me resiouyr auec vous, ie fus aduerty que ie vous trouuerois au pont de Gaulon qui est entre Sainct Maximin & Tournes, ce qui fut vray, car s'il vous souuient ie vous rencontray à deux heures apres midy par deçà le pont, où vous reposiez sous des arbres. Vous pouuez tesmoigner de quelle ioye, & de quels embrassemens vous fustes recueilly, puis que tant de desirs auoient precedé cette entreueuë. Apres nous estre entrecarressez nous primes le chemin de nostre retraicte en chassant auec les chiés que vous auiez fait amener à ce dessein, comme i'auoy les miens aussi. Marchant doncques ainsi nous n'eusmes gueres chassé que nous trouuasmes les perdreaux, mais estant le lieu fort couuert d'arbres nous n'osames ietter nos oyseaux, & prismes le chemin d'entre Rougiers & Tournes. En chemin nous fusmes aduertis par vn paysan d'aller iusques à vn costau qu'il nous monstra, où nous trouuerions des perdreaux. Nous y allons & apres auoir battu & rebattu, iugeasmes que nous les laissions, Nous reprismes doncques nostre queste plus bas & à couuert du midy ; où à la saison que nous sommes les perdreaux se retirent au chaud du iour. Tout aussi tost voila Sibelle qui donne signe d'en estre pro-

Reclos du Soleil, lieu eû aux cha leurs les perdreaux se tiennent. Asses de Chasse.

che. Vous apprestez-vostre oyseau, les perdreaux partent; Vous iettez l'Alphanet que vous auiez sur le poing, vous picquez apres, ie vous suy au petit galop, mon cheual fait partir vn autre perdreau, ie ne sceu retenir l'Autour que i'auoy sur le poing qu'il ne partist, & ne repartist encore le perdreau de luy mesme, il le remist dans vne haye au chemin qui va de Rougiers à Saint Maximin où vn Muletier passant fut sur le point de mettre la main sur l'oyseau, mais à nostre cry il le laisse, & l'oyseau n'eut aucun desplaisir, arriué que ie fus à la remise, la chienne qui me suit d'ordinaire me vint tout à propos ; Car ayant senty que le perdreau couroit dans vn fossé, elle le suit si bien qu'elle le descouure qui vouloit partir pour la troisiéme fois, mais le pouuoir luy manque, & l'Autour l'empiete. Ie reprens mon Autour, & remonte à cheual, ie pus mon oyseau, & tire vers vous qui paissiez aussi l'Alphanet qui auoit fort bien volé à vostre gré, le plaisir que vous y auez pris, me donna suiect de vous supplier de le garder, ce que vous ne voulustes m'accorder pour la premiere fois, mais en fin vaincu de mes prieres, & incité de mon affection, vous me donnaftes ce contentement de l'accepter. Or ie l'ay gardé dix ans , fans que i'aye iamais recognu en cét oyfeau aucune forte de deffaut.

O. A la verité ie fus longuement combattu de la crainte de vous incom-moder , mais en fin ie fus contraint de ceder à la gentilleffe de voftre ame, refolu de conferuer ce tefmoignage de voftre affection pour exciter la mien-ne à vne duree eternelle. Mais dites moy s'il vous plaift , comme l'auez vous peu garder fi longuement fain , & le preferuer de la podagre, puis qu'ayant la main chatnuë, il y a de l'apparence qu'il y fuft fuiect.

E. l'en ay eu toufiours fort grand foin, & ay preueu à tout ce qui luy pou-uoit preiudicier. Et lors que ie connoiffoy qu'il auoit les mains chaudes, fur tout au reuenir de la chaffe, ie le faifois mettre dans vn plat plein d'eau , en laquelle on auoit mis la dixiéme partie de vinaigre bien fort , & là dedans il trempoit fes mains; iufques au porte fonnette vn quart d'heure chapperon-né, pour le rendre plus patient, puis ie le faifois paiftre auec de la chair , où i'auois fait mefler de la fcie du bois de Myrthe, ou de la graine, ou du ius : à faute du Myrthe ie me feruois de lentifque. Ie luy appliquois des fangfuës aux mains, ainfi que i'ay dit à la premiere conference, iournée douziéme. Ie luy baillois de petites fonnettes , & des gets deliez , ie le laiffois repofer la nuit fans attache, & en fa liberté en vn endroit où il fe pouuoit tenir couché.

Souuent ie mettois fous fes mains vn fachet de Ciguë , battuë dans vn mortier , auec du plantain, où i'adiouftois du vinaigre & du fel.

Ie le purgeois à toutes les pleines Lunes.

Du commencement ie luy auois ferré les vaines auec ces remedes, ie l'a-uois preferué iufques à cette heure.

O. Et quant le mal de podagre fe refoult en pierre, que leur faites vous?

E. Cela n'arriue qu'aux oyfeaux de ceux qui ne veillent pas à leur confer-uation, & fi tant eftoit que cela fuft, il faut ofter telles pierres & les tirer dehors , en leur ouurant l'enfleure auec vn couteau trenchant & poinctu. Mais cét oyfeau eft fi gracieux que quatre perdrix de fa prife valent mieux que dix d'vn autre , bien qu'il face toufiours fa bonne part de la Chaffe.

O. La bonté de l'oyfeau, & la confideration de la main d'où ie le tiens, me le feront curieufement conferuer , cette application de fangfuës dont vous auez parlé, me femble vn fouuerain remede à la galle des chiens : Car me trouuant ces années en extremité grande pour auoir les miens tous ron-gneux & pelez, tant les léuriers que les autres chiens, & prefque tous efcor-chez de fe frotter : on me dit que ie les fiffe mener en des eaux de marais, ce que ie fis par vn homme à cheual qui les mena à vn eftang où il y a abondance de fangfuës , il les fit mettre dedans tous accouplez , & les y fit tenir l'efpace de demie heure , les tenant toufiours par vne laiffe, d'où les retirant , les fangfuës fe trouuoient attachees groffes comme des chaftaignes , l'eau eftant deuenuë toute rouge de l'abondance du fang tiré des chiens : par ce moyen ils furent gueris. Et depuis fi toft que j'en voy gratter quelqu'vn extraordinairement, ie le fais códuire à des eaux où il y a des fangſuës, qui le gueriſſent tout auſſi toſt, le remede merite eſtre remarqué.

E. Puis que vous l'auez experimenté, ie le tiens pour bon, & beaucoup m illeur que de ſaigner les chiens par les veines, car le ſang diſperſé par le corps, eſt plus facilement attiré par les ſangſuës, en faiſant ainſi.

O. Ie voudrois encores ſçauoir de vous d'où procede que la difficulté ſoit ſi grande de dreſſer vn equipage de Fauconnerie.

Ce qu'il faut pour dreſſer equipage de Fauconnerie.

E. La premiere difficulté eſt, d'auoir de bons chiens & accouſtumez à l'oyſeau, qui chaſſent de compagnie, & qui ſoient de bon commandement: La ſeconde, d'auoir vn Fauconnier capable de ſa charge, patient, robuſte, qui ait bonne oreille & bonne veuë, & ſur tout né à cét exercice.

O. Cela eſt vray ſemblable, & par deſſus il faut la fortune.

E. Expliquez vous, s'il vous plaiſt, vn peu, comment peut la fortune s'aſſubiettir tellement à vn homme, qu'elle le ſuiue touſiours, puis qu'elle eſt inconſtante, & n'a rien d'aſſeuré.

De la fortune des Chaſſeurs.

O. Son pouuoir eſt neantmoins fort grand, & fort requis à cét exercice, & tiens pour certain, que les Fauconniers ne ſçauroient faire choſe qui vaille ſans en eſtre aſſiſtez, l'auois à cét effect vn ieune homme ſi fortuné chaſſeur, que chaſſant tout ſeul, il ne reuenoit iamais au logis ſans gibier, ie luy deffendy de ne chaſſer plus ſans me le faire ſçauoir. Vers le mois d'Octobre, quélques vns de mes amis eſtans chez moy, auec leſquels i'auois fait deſſein d'aller le lendemain aux champs, ie commandy dés le matin que mes chiens fuſſent au couple, & mes leuriers à l'attache, pour les auoir plus frais. En cette reſolution nous ſortons l'apreſdinée pour nous promener, eſtans ſortis, i'apperçoy ce ieune homme qui venoit à cachettes, pour entrer par la fauſſe porte, ſuiuy de quelques chiens ; ie me doutay que ce galand venoit de la Chaſſe, & à meſme temps ie luy gagnay le deuant, & l'ayant attrapé ie le trouuay chargé de deux gros liéures & deux perdrix rouges, qu'il confeſſa auoir priſes à force de chiens, l'honneur de ſa priſe me fit aiſément luy pardonner ſa deſobeiſſance. Nous nous enquiſmes des moyens qu'il tenoit pour eſtre touſiours ſi fortuné, mais nous ne ſceuſmes l'apprendre de luy.

E. Mais c'eſt à ſçauoir ſi la fortune doit touſiours continuer à le fauoriſer, car en ce cas là elle ne ſeroit plus inconſtante, & ſans fondement on la peindroit ſur vne rouë toute preſte à ſe mouuoir.

Conclusion de la fortune.

O. Ce n'eſt pas cela, mais l'inclination des hommes eſtant particuliere à chacun, & determinée à quelque choſe, il ſemble que la diligence que nous apportons à cultiuer ces inclinations, & les acheminer vers leur but, doiue remuer la fortune de ce coſté là, & rendre preſentes & faciles recherches, les choſes que nos propenſions nous font rechercher auec paſſion. l'adiouſte à cela, qu'il y a ie ne ſçay quelle fatalité, tant aux choſes qu'aux perſonnes, qui regle la fortune, & luy donne vn mouuement determiné, dont la cauſe eſt ſecrette & incogneuë.

E. Nous

E. Nous ferons mieux de continuer nos difcours de Chaſſe, car c'eſt vn temps perdu de nous amuſer ſur deux ſubiects : Le premier, de vouloir dire noſtre opinion de choſes qui doiuent eſtre traictées par les Philoſophes en leurs Academies. L'autre, de nous plaindre ſi le temps ne nous permet d'eſtre aux champs, & qu'il faille garder le logis : parce que cela deſpend de la diſpoſition du Ciel, & bien ſouuent ne iugeons des choſes autrement qu'elles ne ſont, & cela nous arriue quelque fois pour le mieux. Car il y a des iours que nous aurions quelque malheur à la Chaſſe, & nous en ſommes preſeruez par vn mauuais temps qui nous empeſche d'y aller.

O. Il eſt vray, concluons donc ſur nos diſcours, qu'il eſt neceſſaire d'auoir de l'heur à la Chaſſe, & que nos inclinations viennent du Ciel, & non de la fortune.

---

*De l'excellence de l'art de Fauconnerie, & de la Nobleſſe de la Chaſ-
ſe en termes generaux, & que nos Roys ont eſté les inuenteurs de la Venerie de preſent. Puis il ſe traitte
de ſçauoir dreſſer les oyſeaux à ſouſtenir.*

DISCOVRS IIII.

O. Vis que vous auez fait eſſay de toute ſorte de Chaſſe, dites nous s'il vous plaiſt, Monſieur, laquelle vous croyez la plus releuée, la plus honorable, & laquelle vous eſtimez le plus. Car les Veneurs ſe vantent d'eſtre les premiers Chaſſeurs du monde, diſant que Lamech eſtoit Veneur.

E. Ce mot de Chaſſeur eſt vn nom general, qui comprend toute ſorte de Chaſſe : & pour la Venerie de Lamech elle ne leur peut donner aucune prééminence, parce qu'elle eſtoit toute autre que celle d'auiourd'huy ; Au contraire l'inuention de la Fauconnerie a eſté long temps auant que l'on ſceuſt que c'eſt de courre le Cerf, ny le Cheureil, ny de forcer vn Sanglier, & de le prendre aux toilles auec les chiens : Car ſi bien Lamech fut le premier Veneur, ce n'eſtoit qu'auec ſon arc, & non comme on fait pour le iourd'huy en France. Auſſi la Venerie des Anciens eſtoit à pied & non à cheual : & de vaincre telles beſtes à la courſe de l'homme cela ne ſe peut faire, & ne ſe doit croire, quelque viſteſſe que les Arabes & Geants du paſſé peuſſent auoir. Bien pouuoient-ils ſuiure les beſtes dans les bois & taſcher de les approcher pour leur donner le coup de traict, en les ſurprenant. Or il ne faut mettre en doute, que les Cerfs & les Cheureils ne fuſſent alors auſſi viſtes que de preſent, mais n'eſtant encore l'inuention de l'arquebuſe, telles beſtes ſe laiſſoient approcher de plus pres. Et eſt veritable, que nos Roys ſont les

I ii

inuenteurs de la Venerie qui fe pratique pour le prefent en France. Le fieur du Fouilloux, Phœbus & autres efcriuains, en ont fait quelques liures qui furent compofez, & mis en pratique de leurs Majeftez, mefme l'on a toufiours veu que de leur inclination, ils fe plaifent aux actions les plus hazardeufes pour monftrer leur courage, tefmoin ce Gentilhomme qui tout aupres du feu Roy Henry le Grand fut tué par vn Cerf, dont la tefte fe voit encore à la gallerie des Cerfs à Fontaine-bleau.

O. I'ay toufiours creu qu'il n'y a point de comparaifon des effects de la Venerie, aux merueilles qu'on voit aux vols des oyfeaux, & fi il y a moins de danger, outre qu'à la Venerie on s'exerce à la cruauté; Et n'y a-il pas de la compaffion de voir pleurer vn pauure Cerf fur l'heure de la mort, fe voyant aux abbois & hors de deffence, enuironné de cent chiens qui le defchirent par morceaux? Paffons plus auant, combien eft-il arriué d'accidens

à des Veneurs? Ie n'emprunteray pas la fable d'Atalante, fille de Iafie Roy d'Argos, ny de Lamech qui commit double homicide en fa Venerie: Mais ie vous raconteray des effects arriuez de noftre temps. Le grand Prieur de Champagne me difoit vn peu auant fa mort, que i'eftois à la Cour, vn fait duquel il auoit vn extréme regret. Il faut que premierement ie vous die

quelque chofe de fon humeur, & comme il eftoit curieux de ramaffer des maftins les plus furieux d'autour de la Rommagne où il fe tenoit, qu'il payoit fort à leurs maiftres; puis les faifoit tenir quelque temps dans vn chenil expreffément bafty, & là il leur faifoit donner à manger & boire tout leur faoul: s'ils s'entrebattoient du commencement il n'en faut pas douter, mais en fin l'homme qui en auoit la charge les accouftumoit fi bien les vns auec les autres, qu'ils alloient couplez comme nos chiens d'oyfeau. En fin ces chiens eftoient pour le feruir au Sanglier, au Loup & à toute groffe

Chaffe, il aduint vn iour que comme il chaffoit en vn bois pres de fa maifon, deux pauures religieux paffoient par vn chemin, la mauuaife fortune voulut qu'vn chien fe mit à abbayer contre ces pauures gens, & continua en forte que ceux qui tenoient en leffe fix de ces gros maftins croyans que ce fuft le Sanglier ou le loup, les lafcherent: Et les voila auffi toft fur ces pauures gens, dont le plus ieune gaigna vn arbre, mais l'autre fut furpris & mis en pieces, dont la plus groffe ne paroiffoit pas le tiers d'vn bras, ô miferable, difoit-il, en me racontant le fait; mon malheur me porta bien ce iour là en ce bois. C'eft pourquoy ie dy que la Chaffe de l'oyfeau eft fuiuie

de moins de danger & d'inconueniens, & qu'elle fe peut exercer fans regret, dont i'eftime que fainct Auguftin difoit à ce propos auec raifon, qu'il n'eft Veneur qui ne foit pecheur.

E. Certainement voila vn malheur tel que ie n'auois iamais ouy parler d'vn femblable, & pour cela ie ne laifferay pas de vous dire quelques remar-

ques tirées de la faincte Efcriture à la loüange de la Chaffe en general, & pour monftrer que Iefus Chrift l'a pratiquée fpirituellemét, & qu'il a voulu luy mefme porter le tiltre de Chaffeur. Au Pfeaume 18. le fils de Dieu venant au monde a porté tiltre de chaſſeur , ſe comparant aux Geants qui courent à la chaſſe. Le meſme Prophete Royal donne tiltre de Chaſſeur à *Dauid.* Ieſus Chriſt: Car où la verſion vulgaire dit, *Illuminans tu mirabiliter à montibus æternis.* S. Hieroſme tourne de l'Hebreu, *tu illuſtris & præclarus & in montibus præde ſeu venationis.* *S. Hieroſme* Auſſi aux Cantiques chap. 4. Dieu promet à ſon Egliſe de la courôner des deſpoüilles de la Venerie,& de la chaſſe des ames pechereſſes conuerties : *Veni de libano ſponſa mea , veni coronaberis de capite Amana, de vertice Sanir & Hermon, de cubilibus leonum , de montibus pardorum,* comme font les Chaſſeurs, qui parent les portes de leurs maiſons des trophées de leurs priſes. Et le fils de Dieu a eſté ſi amoureux de telle chaſſe,qu'il *Louange de* y a couru en diligence dés ſon incarnation. Auſſi chargea-il à Eſaye le Pro- *la chaſſe.* phete, qu'à l'enfant qui venoit ſeulement de naiſtre fuſt donné pour nom, court,haſte toy,va t'en viſtement chaſſer,va t'en viſtement prendre la proye. *Voca nomen eius accelera , ſpolia detrahe , feſtina prædari.* Le meſme Prophete voulant monſtrer la grande affection que le fils de Dieu auoit à la chaſſe des beſtes ſauuages, que ſainct Ambroiſe, Tertulien, ſainct Athanaſe & autres entendent de la chaſſe des pecheurs, dit, qu'eſtant encor enfant au laict, il commença de chaſſer, *Et delectabitur infans ab vbere,ſuper foramina aſpidis , & in cauerna reguli qui ablactatus fuerit, manum ſuam mittet.* Et pour reſpondre à ce que les Veneurs de preſent diſent qu'ils ſont plus anciens chaſſeurs que les Fauconniers, alleguant Lamech comme premier , il eſt veritable que quelques Rabbins & Docteurs Hebraïques, rapportent que Lamech fils de Mathuſſalem fut vn grand Veneur, prenant tel plaiſir à la Chaſſe, que meſme eſtant deuenu aueugle,il s'y faiſoit conduire à la main par vn garçon, d'où il aduint qu'vn iour eſtant Caïn vagabond ſur la terre pour auoir tué ſon frere, comme il eſtoit fort paoureux, il ſe cacha parmy des buiſſons, au bruit de Lamech & de celuy qui le menoit, dont tel guide croyant que ce fuſt quelque ſauuagine, fit deſbander l'arc contre luy, & de ce coup Caïn demeura mort ſur la place. Lamech eſmeu de colere contre ſon guide, le battit ſi bien qu'il le mit à mort, & en apres ſe r'auiſant couché de regret, faiſant penitence, il confeſſa ſon peché deuant ſes deux femmes, Ada , & Sella. Il eſt donc veritable que Lamech fut le premier qui ſe ſeruit du traict auant le deluge. Nembroc apres le deluge fut le premier duquel l'Eſcriture dit, que commençant d'eſtre riche ſur la terre, on le diſoit grand & robuſte chaſſeur,dont en ſortit le prouerbe, *Quaſi Nembroc robuſtus venator coram Do- Prouerbe de mino.* Ce paſſage nous eſt interpreté par les Docteurs,que la Chaſſe rend les *Nembroc* hommes robuſtes pour reſiſter aux vices qu'encourent les effeminez & oi- *auec ſon in-* ſifs, & que les Chaſſeurs ſont agreables à Dieu. *interpreta-*

Iſaac qui a figuré le Redempteur du monde,ſollicitoit ſes enfans d'aller à *tion.* la Chaſſe,& pour Iacob ſon autre fils,il faut croire qu'il fut auſſi Chaſſeur, car il ſe ſeruoit de l'arc,comme il ſe voit en Geneſe 48.chap. *Quem tuli in gladio, & arcu meo.* On ne trouuera point que Iacob ait iamais fait la guerre, dont les Docteurs expliquans ce paſſage,entendent l'eſpée pour ſa Nobleſſe, *Iacob*

& par son arc, sa Venerie. Au troisiéme des Rois il est parlé de la Chasse, &
des Cerfs mangez à la table de Salomon. En Hieremie cha. 16. Dieu baille
le tiltre de Chasseur à ses Prophetes. Mais pour respôdre aux Veneurs d'auiourd'huy qui voudroient se dire anciens en leur exercice, ils ne sçauroient
prouuer qu'en toute l'antiquité on couruft le Cerf à cheual, & nous prou-
uerons fort bien par la saincte Escriture que du temps de Moyse on s'exerçoit à la volerie. Au Leuitique Dieu parle de deux Chasses. Et voyci les

De l'anti-
quité de la
Fauconne-
rie.
propres mots. *Si quis venatione atque aucupio ceperit feram, vel auem quibus vesci*
licitum est, fundat sanguinem eius & operiat illum terra. Nous auons encore le tesmoignage de Baruch, lequel fait mention que de son temps les Princes s'e-
Baruch.
xerçoient à deux Chasses, dont on explique celle de l'air, estre la Fauconnerie, & celle de terre la Venerie de ce temps là, on peut le voir si on s'en rend
curieux. Les Grecs au retour de la guerre de Troye, emporterent des oyse-
Telemacus.
aux dressez, que Telemacus voulant en auoir son plaisir, ne garda pas longuement, pour n'estre pas instruit à les conduire.

Conclusion.
O. Il faut donc croire que la Venerie des anciens n'estoit qu'auec l'arc,
& non qu'on couruft les Cerfs à cheual, ny par relais. Et que telle inuention
a esté faite par les Rois de France, attendu les forests commodes & propres
pour courir par tout à cheual, ne s'en trouuant au monde de si belles. Et quât
à la Fauconnerie, du temps de Moyse, & autres que i'ay alleguez, elle estoit
desia en vsage. Mais non pas auec art comme elle est à present. Et qu'on life
hardiment tous les liures du passé, on ne trouuera point que les anciens ayét
iamais sceu ce qu'on en pratique pour le iourd'huy. Ce qu'on pourra voir
par la curieuse recherche d'vn Rigaldus qui a remis au iour tous les liures de
l'antiquité, tant Arabes, Grecs que Latins. Ce qu'il semble auoir fait pour
donner lustre aux Escriuains modernes.

E. Ainsi n'auons nous rien appris de tels autheurs, ny rien emprunté
d'eux.

O. Mais comme faites vous pour dresser vos oyseaux, qui branslent si à
propos sur vous, mesmes les Tiercelets de Faucon, & les Laperets?

Moyen de
faire bien
souftenir les
oyseaux.
E. Pour ces petits oyseaux, en les leurrant côme ils sont bien sur leur foy,
ie les mets amont en les faisant suiure : & cachant le leurre ie leur iette au
dessous (mais assez haut) de petits oyseaux demy volants, lesquels ils lient
en l'air, & les emportent pour les manger, ce qu'ayant fait, ils reuiennent:
lors si ie connoy qu'ils n'en ayent assez, i'en reiette encor vn autre à chacun
d'eux, iusqu'à ce que les oyseaux soient à demy puz. Et en fin pour acheuer de
les paistre, leur iette vn pigeon au dessous, assez gaillard, accômodé en façon
qu'il ne leur peut eschapper. Et les reprenant en cette sorte ie les fais bien
paistre. Dauantage tous les oyseaux qui n'ont la force de charier vne proye,
soit perdrix ou autre. Ie leur fais de mesme en les reprenant, ce que ie ne fais
pas aux oyseaux qui peuuent l'emporter loin, pour ne luy apprendre à charrier plus qu'il ne faut, ce qui seroit leur perte.

Il est icy traicté des chasses, ausquelles on peut s'exercer quand le
pays n'est commode pour voler, ou que la saison ne le permet:
Puis du vol du Chahuan & de la Cannepetiere.

DISCOVRS V.

O. Ous ennuyez vous pas bien quãd vos oyseaux sont en muë
& lors que les bleds nous empeschent de voler?

E. Non vrayement, car il y a tousiours quelque sorte de
chasse, en laquelle on peut s'exercer en toute saison pour
se desennuyer, & i'ay des oyseaux niais auant que ie nouë
la longe à ceux que ie veux muer, de sorte que i'ay de l'occupation à esseuer
les vns, & traicter les autres; dauantage ie me desennuye en la chasse qui
m'est la plus commode pour le temps, soit au cerf, au sanglier, au cheureuil,
au loup, & autres grosses bestes que nous prenons par le moyen des chiens
de sang, & des arquebusiers qu'on nomme Blessiers en termes de telle chasse.
Ie m'exerce encore à courre le liéure, & le prendre à force de chiens, ou par
la vistesse des léuriers, puis ie chasse au renard, au blereau, aux loutres, aux
martres, aux fouynes, & autres semblables animaux. Il y a plusieurs chasses
encore où l'on se peut employer pour se donner plaisir, comme du lapin, soit
au furet, ou à l'appeau que nous disons chifflet. Encore à la pantiere, à l'arquebuse auec le chien couchant, à tirer aux oyseaux de riuiere, puis au ramier, au biset, aux palombes, aux perengues, aux cailles, aux tourterelles,
aux tourdes, soit à l'appeau, ou à la cabanne : On peut encore tirer en l'air,
mais telle chasse est pernicieuse, & si sa Majesté ne la fait prohiber bié estroi-
tement, dans peu de iours elle ne trouuera dequoy voler, mesmes que tels
tireurs sont supportez des officiers qui ont la charge d'y prendre garde.

O. Il est veritable, car le commun y préd tel plaisir, qu'on voit les artisans
mesme quitter de trauailler à leur mestier, pour s'y exercer, & se trouuent
par fois, six, huict, dix ensemble, qui y vont chasser, & ne rencontrent rien
qu'ils ne prennent, parquoy il seroit expedient pour ce regard que le Roy
remist sus, la table de marbre, pour remedier à tel desordre que font ces tireurs en volant, mais continuez s'il vous plaist à traicter de vos exercices
ordinaires par la suite de vos discours.

E. Il y a encores plusieurs autres chasses qui sont pour tromper l'oysiueté,
dont le recit seroit long, qui sont la tirasse, le traineau de nuict, le tintamar-
re, la nappe renuersée, les rets ou Aragne, le piege, la glu, aux aloüettes, la
huee, la darne, & mille autres inuentons de chasser qu'on pratique selon les
lieux, & les saisons : dont ie puis dire d'auoir fait, ou veu faire, l'essay de
toutes, ou n'en ignorer gueres.

Chasses mecaniques.

O. Les chasses qui ne sont faites par les oyseaux ne me sont pas agreables: parquoy ie desireroy que vous eussiez la peine de me dire quelque chose du vol du Chahuan & de la Cannepetiere.

Vol du chahuan.

E. Le vol du Chahuan est de grand plaisir, & se peut faire en toute saison quand on en trouue, il est fort different de tous autres vols, mesme si on l'attaque auec vn oyseau seul, parce qu'il semble en le volant, qu'il suiue l'oyseau qui le poursuit, tant il est adroict à gaigner la croupe de son ennemy, & est vne merueille de voir sa ruse, si bien qu'à grand peine vne oyseau seul en viendra à bout, parquoy qui en veut auoir le plaisir, il y en faut mettre deux, l'vn pour l'attaquer & le faire monter, & l'autre pour ietter lors que le Chahuan est de belle hauteur; en cette façon il ne peut se sauuer si les deux oyseaux sont de bonne intelligence. Car s'il suit par croupe celuy qui l'attaque, comme c'est sa coustume, l'autre qui part le dernier tasche à luy gaigner l'aduantage, & l'ayant fait il l'assomme de coups, ou le lie, & le mene à bas, le

Past du Chahuan.

past du Chahuan, n'est point contraire aux oyseaux comme le past du Milan, & pour ce on leur en peut donner au paistre, & leur en faire plaisir.

Le Teneur est necessaire à ce vol.

O. Il m'eschappa vn Chahuan le mois passé, combien que ie luy eusse mis en queuë vn Sacret gaillard & courageux, qui l'ayant mené deux fois à bas, le Chahuan se deffendant des griffes, le toucha si viuement, que le Sacret le quitta, & fut sauué par ce moyen, ce qu'il n'eust fait si le Sacret eust eu vn compagnon, comme vous auez dit, pour Teneur.

E. Or pour vous satisfaire du vol de la Cannepetiere, ce mois de May dernier, i'en recontray vne, estant à la chasse entre Esparron & Ginasseruis, laquelle partant deuant les espagneuls qui n'en firent semblant, elle se reposa à cent pas de nous: lors ie tourne teste pour consulter si nous la volerions, nous y estans resolus, nous mismes deux Faucons à mont, l'vn venu de Malte, & l'autre prins en ce pays, grand & bel oyseau, vray & naturel Sahin. Ces deux Faucons voloient de compagnie, & bransloient fort bien sur nous

Coustume de la Cannepetiere au partir.

comme allant à l'ennuy. Nous faisons partir la Canne qui siffle aussi tost, & se vuide du derriere. Et voyla les oyseaux qui fondent, mesme le maltois, qui par hazard se trouua plus à propos; le Sahin fond de mesme, & voila la Cannepetiere bien en peine, toutesfois elle gauchit au coup de l'vn & de l'autre à telle descente: or les voila apres à broche cul, & en vn instant nous voyons

Vol de la Cannepetiere.

les trois à perte de veuë: Nous doutons de perdre nos oyseaux, Mais leur vistesse fait estonner la Canne, laquelle de bien haut se laisse choir en bas comme vne pierre, & les oyseaux apres, elle se iette dans des ioncs, où nous la tirons toute en vie de la gorge des chiens: Nous en paissons les oyseaux, & leur en faisons bonne chere.

Nous n'a-uons en Pro-uence des cannespetie-res qu'au mois de May au passage.

O. Ie croy que vous eustes bien du plaisir, & que de moindres oyseaux n'en fussent pas venus à bout, estant les Cannes petieres fort vistes à la montée. Aussi elles ne se voyent pas si ce n'est au passage qui est au mois de May, d'où vient qu'on n'en vole gueres: demain si le temps ne nous permet d'aller voler nous en dirons dauantage.

E. Si tant eſt que nous allions voler demain, prenons quelque beau quartier, car le pays rude me deſplaiſt extrémement.

O. Nous prendrons tel quartier qu'il vous plaira.

E. Il vaut mieux aller loin partir plus matin pour voler en beau pays.
Ces mois paſſez partant d'Aix, nous fuſmes à la Chaſſe auec M. le M. d'Orai-
ſon, il auoit enuoyé querir ſes oyſeaux à Cadenet, nous les rencontraſmes à
midy en la plaine de Pericard, où nous euſmes bien du plaiſir, car auec deux
Faucons qu'il a volans de compagnie, nous fiſmes voler ſix perdrix, ſans en
perdre vne ſeule, partant les oyſeaux touſiours du poing, mais c'eſtoit en
beau lieu : apres ie fis voler le Real qui en print encores autant, & tout cela
fut fait en moins de deux heures. Mais à la verité, preſque toutes furent priſes, ſans que les chiens en touchaſſent : Et pour nous laiſſer en gouſt, ſur les
deux heures apres midy le Real en ayant deſia pris quatre, monta ſi haut, que
de quinze ou vingt que nous eſtions, il n'y en auoit que trois qui le peuſſent
voir. En cette ſorte, l'oyſeau ſe tint vne grande eſpace de temps ; en fin il part
des perdrix, ce qui luy fit faire vne deſcente admirable, & l'ayant pû, on vou-   *Belle deſcen-*
lut quitter la Chaſſe, pour renuoyer les oyſeaux de Monſieur le Marquis à   *te.*
Cadenet. Vn Seigneur de Gaſeogne qui deſiroit eſtre de retour à Aix pour
l'iſſuë de Meſſieurs du Parlement qui trauailloient pour vne ſienne affaire
vous fit quitter de ſi bonne heure. Vous aſſeurant que ce iour là nous fuſſions
allez iuſqu'à la vingtaine ſi nous euſſions volé iuſqu'au ſoir.

O. Il nous faut donc eſtre diligens ſi nous deuons y aller.

Comme le Fauconnier ſe doit comporter en ſes plaiſirs, au declin
de ſon aage, en quoy les femmes doiuent eſtre
maiſtreſſes, & en quoy non.

DISCOVRS VI.

O. 'Ay ouy dire que noſtre grand amy ne tient plus ſon attiral de
Chaſſe comme il ſouloit faire, & qu'il s'eſt fort retranché en
ſa Fauconnerie, d'où peut proceder cette mutation?

E. Si cela eſt, ſa femme l'a voulu ainſi, comme maiſtreſſe
de la maiſon.

O. Il eſt croyable, car ie ſçay fort bien que c'eſt du naturel des femmes, &
comme l'auarice les pouſſe à n'approuuer pas touſiours ce qu'il plaiſt aux
maris.

E. Pour le profit de la maiſon, il eſt quelquefois à propos que les femmes ſoient vn peu eſpargnantes, & les affaires domeſtiques en vont mieux
quand elles ne complaiſent pas tant à leurs maris,

O. Ce seroit donc vn mal necessaire, que la femme fust contraire aux volontez de celuy à qui elle doit toute obeissance & respect.

E. Ouy, car tout ainsi que le Soleil & la Lune sont differends en leurs qualitez, & que de ce discord en prouient du profit, de mesme Dieu a voulu que l'homme fust liberal, & la femme auare, afin que ce que l'vn gaste l'autre le puisse reparer, comme lors que le Soleil eschauffe la terre par vne chaleur excessiue, la Lune la tempere & la rafraischit.

O. Quand l'homme se laisse dominer à la femme, il perd sa reputation, tout de mesme que la Lune obscurcit le Soleil quand par son interposition elle luy gaigne le deuant.

E. Bien que le Soleil soit de nom & de fait, le fils aisné de la nature, le maistre des astres, & le pere de tout, si est-ce que la Lune, pour estre plus proche de nous, a par le vouloir de Dieu, pouuoir sur toutes les choses creées: ce qui se voit fort bien sur tous les animaux, & principalement en nos oyseaux, soit à pondre leurs œufs, soit à les esclore, & encores au muer deleur pennage. Vne semblable puissance doit donner le mary à la femme en la maison, car encore que tout soit à luy, si doit elle auoir le gouuernement des affaires domestiques, & i'estime qu'il ne seroit bon que les choses fussent autrement.

O. La plus austere regle de toutes est le mariage, & si on y donnoit vn an de nouiciat, il ne se trouueroit homme qui ne quittast l'habit.

E. I'estime que sans cause Salomon disoit, que mieux vaut la folie de l'hõme, que la prudence de la femme, aussi luy mesme idolatra pour leur complaire: dauantage si celuy qui estoit le plus sage a erré par leurs persuasions, il ne faut s'esbahir si nous tombons par fois en de mesmes accidents ? Mais, que ie vous die les raisons qu'vne Dame me disoit vn iour, se complaignant sur ce subiet. Ie ne me fasche pas, disoit-elle, de la despence que mon mary fait à la Fauconnerie, mais bien des meubles que les chiens gastent à la maison, soit à se coucher sur les licts ou à pisser contre la tapisserie, & à mille saletez qu'ils font ordirairement, ne pouuât estre d'autre sorte, bien qu'on aye vn chenil, parce que le maistre a tousiours quelques chiens fauoris pres de luy, & ce sont ceux là qui font telles ordures.

O. Estant, il y a quelques années, chez vn mien amy qui ayme fort les chiens, i'appris de luy ce que ie n'eusse pensé auparauant, c'est que faisant nourrir des leurons qui pouuoient auoir quatre ou cinq mois, vn d'iceux vint faire son ordure en la salle ou nous estions: Ce Gentil-homme le fait aussi tost prendre par vn laquay, & du nez du leuron fit frotter l'ordure par plusieurs fois: puis il le fit battre d'vn fouet sur la place, & iamais depuis il ne retourna, comme on me asseura depuis, c'estoit le chastiment qu'on vsoit en cette maison aux ieunes chiens.

E. I'estime que l'inuention est bonne & m'en veux seruir à l'aduenir, mais reuenant à nos premiers discours pour sçauoir s'il est bon de laisser conduire les affaires domestiques aux femmes, & si en ce pouuoir là, se comprend ce qui touche le plaisir particulier du mary: Pour mon opinion, ie dy que la

prudence

prudence de l'homme doit tafcher de vaincre par douceur telles difficultez, car Dieu n'a donné la femme à l'homme pour le contrecarer, mais bien pour ayde & pour compagne.

O. Pour les petites affaires, ie trouue bon qu'elles commandent, mais aux plus importantes non.

E. Nous appellons à nos ieunes ans les Damoifelles, nos maiftreffes, noftre cœur, & leur promettons tout feruice & obeiffance, & ne feroit-ce pas eftre perfides, fi on ne leur permettoit quelque pouuoir fur nos volontez? Dauantage lors que l'homme fe voit vieil, & qu'il decline en fes forces, il n'y a point de mal qu'il modere fes enuies & retranche fes plaifirs, non tout à coup mais peu à peu, pour ne quitter le monde par vne foudaine mutation, donnant par ce moyen du fuiet aux cenfeurs d'en mefdire : Et à mon opinion, c'eft la raifon du retranchement de noftre grand amy.

O. Ce n'eft pas tout qu'il fe foit retranché en fa Fauconnerie, mais il ne va plus à la ville comme il fouloit.

E. Pour fon attirail de Chaffe, il n'eft pas fi mallotru qu'on n'y trouue trois ou quatre bons oyfeaux, fix couples de beaux efpaigneuls, vne laiffe de leuriers, & des meilleurs du pays, & luy & fon Fauconnier bien montez, ie croy que de cette façon il vit content, fans fe donner foucy de la ville, où les plaifirs ne font plus pour les vieilles gens.

O. C'eft bien chofe fafcheufe de quitter les bonnes compagnies.

E. Il eft fafcheux auffi, aux gens de bien, de voir les tradimens qu'on pratique aux villes.

O. Le village eft bon pour couurir les imperfections & les infirmitez des perfonnes.

E. La ville eft vn fpectacle & vn theatre pour faire voir nos defauts au public, & fi vous n'y eftes bien veftu, bien fuiuy, bien monté, & ne tenez l'equipage de vos efgaux, vous eftes mefprifé du cōmun: Au lieu qu'au village vous viuez cōme il vous plaift, & en toute liberté, n'eftant fubiet à mille deuoirs & vifites qu'il vous faut rendre, & le plus fouuent à de vos inferieurs : mais le pis eft, à des perfonnes qui n'ont point d'affection pour vous. Au village vous ne vous adonnez qu'à toute franchife, & n'y voyez que de vos amis, qui vous font l'honneur de vous vifiter, lefquels on reçoit auec tout contentement, dont à la verité la vie de chez foy eft la plus douce de toutes. Seneque l'a dit ainfi : Caton le Cenfeur eftoit de mefme opinion. Diocletian remit le Sceptre pour iouyr de ce contentement: Ciceron le plus fameux Orateur qui fut iamais, fe tenoit la plufpart du temps en fes belles maifons des champs, de Formian, Cuman, & Tufculan, où il compofa les efcrits qu'il nous a laiffez, & mefme les queftions Tufculanes qui encore en portent le nom. Bartole commenta les loix du droict efcrit en fa maifon des champs, à vne lieuë de Boulongne. Petrarque auquel l'Italien donne le tiltre de Diuin, efcriuoit fa poëfie à Vauclufe pres d'Auignon. Bref, les plus beaux efprits fe font delectez aux champs : Auffi il n'eft bon d'eftre aux vil-

Douceur de la vie du village

K k k

les que lors que le feruice du Roy nous y appelle. Ce que nous reconnoif-
fons lors qu'il nous faut aller à la folicitation de quelque procez ou affaire,
auquel noftre prefence eft requife, nous contraignant aucunefois de ceder
à des perfonnes inferieures à noftre qualité: Cela nous fait en apres iuger le
bon heur du village,& comme nous y fommes participans à la Royauté,& fi
nous le fçauons cognoiftre, nous deuons efleuer noftre efprit au Ciel pour
l'en remercier. Cefar paffant par vn petit bourg, dit qu'il aimeroit mieux
eftre là le premier, que le fecond à Rome.

O. Ie ne croy pas qu'on puiffe contredire à vos difcours, & pour moy ie
me range à voftre opinion : Mais il femble que nous nous foyons affemblez
pour difcourir feulement, & n'aller pas voir voler nos oyfeaux nouuellement dreffez ; les perdreaux font defia grands, & i'en ay veu qui commencent à ietter la bonne maille, on en trouue quantité, & des leuraux encore,
mais fi vous en voulez auoir le demain le plaifir, il faut eftre à cheual au leuer
du Soleil pour n'eftre importunez du chaut.

E. Ie le veux bien, & vous ne me furprendrez iamais pour y aller.

O. Ce fera donc au plus matin leué à efueiller les autres.

Recit d'vne chaffe faite à Tournes, où il fe parle du vol du
Courly, du Bechebois, & de l'Aigle.

DISCOVRS VII.

E. **P**Artant d'icy fur les quatre heures du matin nous auons
pris le chemin de Sainct Iulian, & fommes montez fur
vn grand coftau qui eft à main droite, qu'on nomme Chaf-
faux, lieu couuert de broffailles & buiffons qui piquent,
où nous auons trouué quantité de perdreaux, mais fort
rufez à fe fauuer, & pour vous dire la verité, nous n'y auons pas eu du plaifir, tant pource que le pays y eft rure, que pour le voifinage du bois : ce qui
m'a fait refoudre de paiftre mon Autour au fecond perdreau, attendu que
nous auions d'autres oyfeaux encores pour voler le refte du iour. Euitant ce
pays nous auós tiré en bas, nous approchant de la riuiere qu'on dit Caramie,
où nous auons rencontré vne compagnie de neuf perdreaux allans tous enfemble. Au premier vol, le Fauconnier n'a voulu ietter pour les efloigner de
la riuiere & les a fuiuis du cofté qu'ils alloient auec les chiens, ie fuis demeuré derriere pour en remarquer, s'ils reculloient, & ay fait auffi prendre
garde par trois de nos gens. Cependant vn perdreau fe defrobant des chiés,
eft venu paffer deuant moy, l'Autour que i'auois encore fur mon poing, à
voulu partir, & l'ay fait fi rudement qu'il m'eft efchappé fans que i'y prinffe
garde, & voila l'oyfeau apres, qu'il l'a pouffé, en forte qu'il l'a contraint de
fe mettre dans vn arbre par delà la riuiere, nous piquons apres, eftans au

Caramie
eft vne peti-
te riuiere.

bord de l'eau, nous ne pouuons passer à cause qu'elle estoit fort creuë par la
pluye de deuant hier : mon cousin, qui en sçait mieux que moy les passages,
a cherché vn gué, moy ie m'amusois à l'oyseau, & auec des pierres taschois
de donner dans l'arbre où i'auois veu remettre le perdreau, bien que ie ne
fusse de ce costé de la riuiere, dont à peine pouuoy-ie y arriuer, pour en estre
plus de 25. pas loin. Or la fortune m'a fauorisé d'vn coup, en sorte que le
perdreau à reparty, & l'oyseau apres, & moy bien aise, voyant qu'il tiroit au
long de l'eau, où il n'y auoit que des ioncs au bord : Voila que l'Autour
prend le perdreau, sans que nous pussions sçauoir où il estoit. Ayant esté aux
escoutes vn long temps, i'ay tasché de trouuer vn passage pour aller de là,
estimant que l'oyseau pouuoit estre au long du chemin qui va de Brignolle à
Aix. En cette perplexité, i'entends quelque peu le bruit des sonnettes, mais　*Coustume*
l'oyseau se tenoit si caché qu'il ne les remuoit que bien peu, Ie me resous à　*des Au-*
la patience pour l'escouter; Quelque temps apres ie l'ouys encor vne fois　*tours.*
qui se paissoit dans ces ioncs, où ie me suis approché tout bellement, tant
que ie l'ay descouuert, qui se tenoit tout couché sur le perdreau pour ne faire bruit des sonnettes, & commençoit desia de s'en paistre, l'ayant tout plu-
mé, en fin ie l'ay reprins, & ay crié à nos chasseurs qui estoient aux escoutes,
& en mesme peine que i'auois esté en le cherchant vne bonne heure. Mon
cousin arriué, nous auons resolu de nous retirer plus haut, vers le chemin de
Bras, pour estre la campagne pierreuse & non suiette à la boüe, ce que nous
auons fait, mais nous n'y auons trouué que fort peu de gibier, & les restes de
ceux qui tirent en volant, parquoy i'ay dit à mon cousin qu'il estoit à propos de paistre son Alphanet au premier perdreau : ce qu'il a fait. En apres
nous sommes reuenus au long de la coste, dont passant dans vn clos plein de
grands buissons, nos chiens ont fait sortir vne compagnie de perdreaux fort
auancez pour la saison : Or cognoissant que l'Autour auoit encores enuie de
voler, bien qu'il fust gorgé, i'ay ouuert la main, les perdreaux tirant en bas, il
en est allé prendre encores vn tout aupres de mon cousin, qui estoit d'extréme grosseur, & i'estime que s'il eust passé l'hyuer, au bout de l'an il eust esté　*Pays de*
aussi gros que les perdrix qu'on appelle Giuaudanes. Mais à la verité il n'y a　*Perricard.*
pas beaucoup de contentement de voler en pays si couuert de bois, parce
que la peine amoindrit fort le plaisir.

O. Ce n'est pas icy le pays d'autour d'Aix, où la campagne est extréme-　*Pays de*
ment belle, & sur tout vers Perricard, ou du costé de Louynes.　*Louynes*

E. Il n'y a point de quartier autour d'Aix qui ne soit aisé à piquer & fort　*estoit reser-*
beau, mesmes le pays de Louynes dont vous parlez. Aussi c'estoit le lieu re-　*ué par les*
serué pour le plaisir de la Chasse de Louys d'Anjou, Roy de Hierusalem, de　*Comtes de*
Naples, de Cicile, & Comte de Prouence, dont il se voit encores vn autre　*Prouence*
costau qu'on nomme Robert, du nom du Comte Robert son predecesseur,　*pour leur*
comme le nom de Louynes deriué de Louys. Ces quartiers estoient, comme　*Chasse.*
i'ay dit, les lieux reseruez pour leur plaisir de la Chasse, aussi pour leiour-　*Prouence,*
d'huy, il y a tousiours dequoy vole en fort beau pays.　*ce terroir*
s'appelle
Louynes.

K k k ij

O. Voſtre Chaſſe a eſté aſſez heureuſe, puis que vous auez pû vos oyſeaux fort à propos, mais ie m'eſbahy que vous n'ayez trouué des liéures; car au long du chemin de Brignolles il s'en voit touſiours quelqu'vn, ou bien quel-que Courly qui eſt vn vol fort plaiſant.

E. Ie l'euſſe deſiré pour donner ce plaiſir à tout ce que nous eſtions : ce mois de Mars paſſé nous en volaſmes vn qui ſe deffendit bien ayant mon Real en queuë, mais ſes aiſles ne le peurent ſauuer.

O. Faites nous en le recit, ie vous ſupplie.

E. Le Real volant vne perdrix, s'eſtoit mis au haut d'vn arbre, d'où il vit courre des Courlis, qui eſtoient, à mon iugement, paſſagers, attendu la ſai-ſon où nous eſtions : Il les va attaquer, & en part vn que l'oyſeau entreprend, & le pouſſe d'vne extréme ardeur, & coup à coup luy donnoit du pied au cul; mais le Courly qui eſtoit le coq de la trouppe, reſiſtoit fort aux choqua-des ſans s'eſtonner. Il s'eſleua fort haut, le Real luy gaigne le deſſus, & le bat-tant touſiours bec au vent, taſche de le mettre à bas, le Courly n'en perdoit pas le courage pour cela, tirant touſiours meſme carriere vn quart de lieuë, & nous apres à toute bride. En fin le Courly change de deſſein, mettant l'aiſle droicte au vent, faiſant diligence, de ſorte que nous perdons & l'oyſeau & le Courly de veuë. Bien iugeons nous à la mine du pourſuiuant, que le Courly n'en eſchapperoit pas. Or nous voila bien en peine pour ne les voir plus, par-quoy nous nous eſcartons qui d'vn coſté, qui de l'autre, iugeans que le Real l'auoit pris, & qu'il s'en paiſſoit, chacun taſchoit de le trouuer : Qui alloit parler aux bergers pour s'enquerir s'ils auoient ouy les ſonnettes : qui eſtoit aux eſcoutes, & ce qui nous importunoit le plus, c'eſtoit les ſonnettes d'au-tres oyſeaux, que nous oyons, qui auoient le meſme ſon. Nous le cherchons deux heures, en fin vn laquay l'entend & nous appelle, nous y courons auſſi toſt & le trouuons auec vne groſſe gorge, en ſorte qu'il ne luy en fallut don-ner dauantage, ne curant le lendemain qu'il ne fut quatre heures apres midy.

O. Telles alarmes ſont pour nous donner plus de gouſt au vol des oy-ſeaux quand on les trouue, mais dites moy, vous euſtes bien du plaiſir l'ayant recouuré.

E. Ouy vrayment, ie l'aime trop, pour n'auoir crainte de le perdre.

O. Il le merite auſſi, tant pour ſa bonté, que pour le tenir de la main de celuy qui le vous a donné, lequel Dieu par ſa grace faſſe regner long temps en toute proſperité. Mais faites nous encore quelque recit des vols qui vous ſont arriuez autresfois fortuitement, car nous prenons vn plaiſir extréme d'apprendre ce que nous n'auons iamais experimenté, cela nous peut venir à propos, & pourrions rencontrer du gibier que nos oyſeaux prendroient fort bien, ſi nous en ſçauions le moyen.

E. Ie veux vous repreſenter vn vol qui me donna bien du plaiſir, & à tout ce que nous eſtions. Il y a quelques mois qu'eſtaus à la chaſſe, nous volaſ-mes vn Bechebois, de ceux qui ont le pennage verd, & la teſte rouge, & quel-que peu reſſemblante à celle d'vn gros perroquet; par bonne fortune ce fut

Vol du Cour-ly.

Effort du Courly.

Les ſonnet-tes de meſme ſon ſont in-commodes à ce poinct

Vol du Be-chebois,

en lieu de plaine fort commode, où à trois mil pas de là il n'y auoit que trois poiriers fauuages, aſſez grands & branchus, eſgalement diſtants de trente pas l'vn de l'autre, où cet oyſeau s'eſtoit logé, ſe croyant bien aſſeuré en tel fort. Vn de nos laquais le deſcouure, & nous aduertit, auſſi toſt nous prenons reſolution d'en auoir le plaiſir, & à ces fins nous deſlogeons nos deux Tiercelets de Faucon, les mettant amont, puis nous courons pour attaquer ce Bechebois. Et le faiſant partir les oyſeaux l'enfoncent à vn des arbres le plus proche: & l'ayant remis les Tiercelets regagnent le deſſus, & leur pre- mier aduantage, branſlant & tournant à propos. Lors nous voila en action, & pour le faire pluſtoſt vuider, les vns auec des houſſines, battent l'arbre, les autres crient, nos valets de pied ſe ſeruent de pierres, & de mottes de terre, tant qu'en fin il eſt forcé de partir, & va vingt pas loin ſans faire tournebec, s'en va à vn autre arbre, où il fallut faire monter vn laquay pour le faire par- tir, ſe voyant preſſé de la force, il crie tant qu'il peut, & fuit vers vn autre arbre voiſin, où nous couruſmes auſſi toſt pour l'en chaſſer. Mais la crainte qu'il auoit des oyſeaux qui eſtoient touſiours ſur nous ſans s'eſcarter, le ren- doit poltron. Le voila aſſiegé de tous nous autres, qui crians ſous luy, le mettons en eſpouuente. Il iargonne coup à coup ſon clac clac, mais cela ne le pouuoit ſauuer, bien qu'il fuſt ſi ruſé que d'vn arbre, il nous menoit à l'au- tre, en ſorte que c'eſtoit touſiours à recommencer, ce qui nous contraignit en fin de faire monter ſur chaſque arbre vn de nos laquais. Ainſi ayant fait pluſieurs reparts, & recognu que telles ruſes ne pouuoient le garentir, il ſe reſoult à vne nouuelle, car ayant gagné vn poirier où il n'y auoit perſonne monté, il ſe cache dans vn trou qu'il y trouua, comme pour ſon dernier re- fuge, de ſorte que nous fuſmes long temps ſans le deſcouurir. Mais en fin vn laquay trouue ce trou, met la main dedans, & y en trouue deux, qu'il nous apporte tous en vie. Nous les attachons alors d'vne ficelle, & en faiſons plaiſir aux oyſeaux, & les en paiſſons.

Ruſe du Be- chebois.

O. Les vols qu'on fait par rencontre & inopinément ſont bien agreables, & deux Tiercelets de Faucon bien dreſſez s'accordant comme il faut, don- nent de grands plaiſirs, ils ne volent pas ſeulement les perdreaux, mais ils ſont propres encore à la pie, au geay, à la becaſſe, au cocu, au ſabat, à la creſ- ſerelle, au courly, au bechebois, & à tout faire, bref ce ſont de bons oyſeaux, & en compagnie ils volent encore le heron, & pour riuiere le canard & au- tres voleries, comme vous auez dit autresfois par vos eſcrits.

E. Le ſexe maſculin eſt touſiours accompagné de beaucoup de courage, parquoy les Tiercelets de Faucon ſont ſi entreprenans qu'ils battent les Aigles, & les choquent ſans crainte, & beaucoup mieux que les Formez, ce que nous voyons d'ordinaire.

O. Mais comme eſt-il poſſible qu'on puiſſe prendre les Aigles ainſi que vous dites en la Fauconnerie du Roy?

Du vol des Aigles.

E. Puis que les Aigles de marais ſont prenables, ie ne fais difficulté de vous affirmer, que les Aigles Royaux ſeront abattus par lesmeſmes oyſeaux:

& tous les Fauconniers qui ont de l'experience sçauent assez que le naturel des sacres, des faucons, des laniers & des gerfauts, est de buffeter les Aigles, mesmes nous le voyons tous les iours en ce pays de Prouence, car si tost que tels oyseaux les descouurent en l'air, poussez par leur instinct, ils taschent de leur gagner le dessus, ce qu'ayant fait ils les chassent & les poursuiuent loin de leur volerie. Chose qui arriue fort bien quand le vent n'est pas fort, & que le iour est beau, car alors les aigles ne sont aidez par le vent, & n'ont tant de courage, au lieu que s'il fait vent ils sont plus vistes, ou pour se deffendre, ou pour attaquer, à l'exemple d'vn gallion, lequel sans vent est vaincu par les Galleres, ou autres vaisseaux qui n'oseroient l'approcher si le vent le fauorisoit, & qu'il fust fort. D'auantage si vn oyseau seul, soit faucon ou autre de telles especes, entreprend sur vn aigle, que feront trois ou quatre en compagnie qui le poursuiuent à l'enuy, & auec beaucoup plus d'ardeur, se donnant du courage l'vn à l'autre, en sorte qu'il n'a si tost receu le coup de l'vn, que l'autre est tout prest d'en faire autant, & en fin ils l'abattent à terre, où les piqueurs l'assomment aussi tost à coups de baston. Que les oyseaux abattent les aigles, nous en auons vn exemple notoire dans l'histoire des Empereurs de Turquie, parlant de Mahomet qui fit arracher la teste, pour exemple, à des oyseaux qui auoient abattu vn aigle à ses pieds, disant à ses Fauconniers deuant tous ceux qui le suiuoient, qu'il n'estoit permis d'entreprendre sur son Roy, attendu que la Royauté des oyseaux est dónée à l'aigle.

O. Et des aigles qu'on dresse pour s'en seruir à voler qu'en dites vous?

E. Cela se peut fort facilement & sans art, en pays de grands costaux: mais non en plaine : de plus ie n'estime pas qu'on doiue prendre le soin de ces grosses bestes là, pour le hazard qu'il y a à les manier, & dont il s'est veu de mauuais accidens, iusques à estropier celuy qui leur donne à manger, ou tuer des enfans, tellement qu'on n'y doit employer son temps, comme ie vous diray vne autrefois plus à loisir.

Aduantage qu'ont les Aigles au vent.

Vengeance de la mort d'vn Aigle par exemple.

Aduis à ceux qui entreprennent de dresser les aigles.

Des oyseaux qui passent & repassent la mer annuellement, de ceux qui resident en leur pays : de leur naturel & nourriture, & quels ils sont, chacun sera icy nommé par son rang.

DISCOVRS VIII.

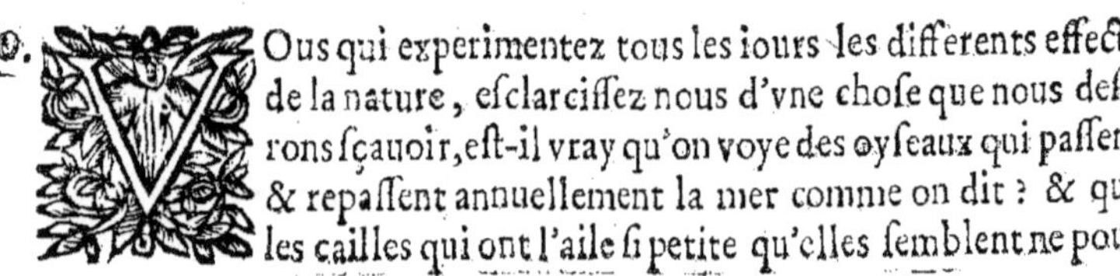

O. Ous qui experimentez tous les iours les differents effects de la nature, esclarcissez nous d'vne chose que nous desirons sçauoir, est-il vray qu'on voye des oyseaux qui passent & repassent annuellement la mer comme on dit ? & que les cailles qui ont l'aile si petite qu'elles semblent ne pou-

uoir presque voler, n'ayant le pied plat pour se tenir sur l'eau, & d'autres oyseaux plus debiles encore, puissent se hazarder à telle entreprinse?

E. C'est chose asseurée que Dieu a creé vne grande quantité d'oyseaux
de plusieurs especes, & de differentes natures, les vns resident au pays où ils
ont pris leur premier estre, & n'en sortent iamais : Les autres sont tels que
sur l'Autône ils passent la mer & quittent leur pays pour s'en aller faire leur
Hyuer en vn autre plus chaud, puis au Printemps ils s'en reuiennent à nous
pour faire leurs petits : Il s'en voit d'autres qui s'en vont lors que les susdits
arriuent, & semble que ces derniers viennent occuper la place de ceux qui
viennent de nous laisser, comme par vn ordre estably : En quatriéme lieu,
nous voyons des oyseaux inquiets, qui changent de lieu en toute saison.
C'est volontiers que preuoyant quelque mauuais temps, ils le veulent éuiter
par tel changement. Pour les premiers, ie ne feray que les specifier. Des seconds & des troisiémes, ie diray cecy, qu'ils obseruent si bien l'ordre qui leur
est appris par leur instinct, qu'ils ne manquent iamais de partir : Et n'estoit
que par la difference des iours, bons ou mauuais : ils sont le plus souuent re-
tardez, ou aduancez, ils ne faudroient d'arriuer tousiours en mesme temps,
en ce poinct les effects de Dieu sont admirables, & si de gens qui ont escrit
de nouueau, eussent employé leur plume sur ce subiet, ils auroient eu plus de
raison qu'ils n'ont eu à nous conter des sornettes, & des faussetez touchant
la vipere, le scorpion & les choses qu'ils ont tirées des anciens conteurs de
fables : i'en supprime le nom par modestie, & les excuse d'auoir escrit sur la
foy d'autruy, où il ne sera pas mal à propos que nous discourions sur les differentes natures de ces oyseaux, commençant par ceux qui resident au pays
où ils sont esclos, tels sont les pigeons de colombier, les perdrix rouges, &
les moineaux qui doiuent estre rangez les premiers en cette classe, puis
que nous les auons presque comme domestiques. Nous mettrons en suite
les merles, les ceres, les pies, les geays, les estourneaux, les chouëttes de clapier, les cresserelles, les alouëttes, les caladres, les cocheuis, la coquillade, la
pigriesche, la grandolle, le corbeau, la buse, le bechebois verd, le bechebois
noir, blanc & rouge, & bechebois plus petit, dont il est de trois sortes, puis
nous mettrons les phaisans de deux sortes, les perdrix grises, le pinçon, la pei-
cheirolle de deux especes, le chardonneret, le cerin, la linotte, le chic de pré,
le chic iaune, le moineau debois, le verdier, l'ostarde, le durdec, le millan
real, le larderet, le soucy, le serrurier, la cinsourle, les corneilles de cinq especes, la palombe, le biset. On y comprend aussi les oiseaux de marais, le cormoran, la foucre, les canards de trois sortes, la chauue souris, & les sept especes de ducs : Il est vray qu'on n'en voit de résidens que les plus gros, & le boy-
l'huyle, qui se tient dans les Eglises, ou dans les vieilles masures.

C'est chose extraordinaire, s'il arriue, côme il fait quelquesfois, que quelqu'vn de ces oyseaux change de pays, & n'en sçauroit-on donner la raison.

Quand aux oyseaux qui viennent à nous au Printemps ils sont tels, l'ar-
rondelle, la caille, le rossignol, la tourterelle, l'arronde de mer ou les barbei-

Des oyseaux qui resident. De ceux qui se changent en Automne, & s'en vont 2. De ceux qui viennent en mesme temps. 3. Des oyseaux inquiets. 4.

Des pre-miers.

Les Cha-huans chan-gent de pays & la chou-ette cornuë. Oyseaux du Printemps.

rols de trois fortes, la tefte, noire, la boufcarle, la paffe folitaire noire, celles qui ont la queuë rouge des deux efpeces, l'vne groffe & l'autre petite, la choüette cornuë, le haubereau, le blauet, la huppe, l'auriol, le fabat ou couuace, les darnagas de trois fortes, le culblanc, l'orfraye ou chappon fauuage, le milan noir, le mufcat dit Vautour, le courly, le bracin, le rale de terre, & le rale d'eau, la cannepetiere, le cocu gris, & le cocu roux, retirant de pennage à la crefferelle, le duc chéurier, le martinet de deux fortes, la firene, le gabian, l'aigle grife dite chaffe ferpent, le muret.

O. Mais comme paffent-ils à vn fi long voyage?

*De leur paf-
fage.
Oyfeaux
de l'hyuer.*

E. C'eft vne merueille de nature, & vn effect de la prouidence de Dieu: Leur paffage fe fait le plus fouuent la nuict. Ils viennent en Mars & Auril, & s'en renont en Septembre chercher le pays plus temperé. Auquel temps viennent les tourdres, la becaffine, la rouge gorge, le burichon ou roitelet, le pluuier, le vaneau, le courly longbec, la longue languedit coltors, l'ortolan, la pie, le choucas, le hairon, le coac, l'aigrette, la mefange, le flaman, l'œil de bœuf, le grimpe-mur, ou pince aragne, la poule d'eau, le butor, le chahuan, la gruë, l'oye fauuage, le figne, la pale, & les deux efpeces de cicogne.

O. Ces oyfeaux paffagers, s'en vont-ils auec le vent? ou s'ils attendent la bonnace?

Contre vent.

E. I'eftime que plus aifément ils font leur chemin tirant contre vent, qu'à la renuerfe, parce que le vent les fouftient & les porte, à l'exemple de nos oyfeaux qui charrient beaucoup mieux contre vent, & au partir du poing ils y vont plus volontiers, pourueu que le vent ne foit tempeftueux, ny trop fort. Vers les mois de Mars ces oyfeaux retournent, d'où ils eftoient partis en Septembre.

*De leur re-
tour annuel*

Ie parle comme nous le voyons par experience en cette prouince, fçachant bien que lors que tels oyfeaux nous quittent, c'eft pour trouuer leur commodité, car ils craignent le froid & le fuyent, les autres ne pouuant compatir auec la trop grande chaleur, l'inftinct les guide en vn pays commode, ou le plus fouuent ils font inuitez, pour le befoin de chercher leur nourriture & de changer de pays. Ie ne vous parle point des oyfeaux qu'on nous apporte de la mer, foit du Leuant, du Midy, du Couchant, ou du Septentrion,

*Des oyfeaux
communs
par tranf-
port.*

côme des perroquets de trois fortes, des canaris, des corbeaux d'inde rouges des poulettes d'inde, des tourterelles blanches, & autres, d'autant que ie n'ay point d'experience de leur naturel, & que ie ne traicte que de ce dont i'ay connoiffance.

*Oyfeau de
Paradis.*

Quand à l'oyfeau de Paradis, ie ne l'ay veu que mort; on l'achepte fort cherement pour feruir de pennache, i'ay remarqué qu'il a le plumage de Paon depuis la tefte iufqu'à la fin de la queuë, il eft de la groffeur d'vne griue; le mafle a le deffus du dos enfoncé, & femble que la nature ait ordonné cette place, pour contenir la femelle, & fes œufs qu'elle y couue, on ne voit point de iambes à fon corps, & dit-on qu'il ne fe repofe que par le

fouftien

souftien du bec, ou de fa longue langue auec laquelle il s'accroche aux arbres, il fe tient prefque toufiours en l'air : Tous ceux qui affeurent de le bien
fçauoir en difent de mefme. Bien croy-ie qu'on leur peut tirer les cuiffes fans
qu'il paroiffe aucunement.

Ie ne vous afferme fi ce n'eft que i'en ay veu de la forte que ie vous defcris
pour la forme, le pennage, & la proportion.

Quand au Pelican & au Phœnix, on en pourra croire ce qu'on voudra, ie
n'en veux dire autre chofe fi ce n'eft qu'eftant arriué ce qu'ils figuroient, on
n'en a veu aucun du depuis au monde. Des griffons ie n'en veux rien affeurer,
d'autant que ie ne croy pas tout ce qu'on en conte. On monftre à S. Denis
vn certain pied que l'on dit eftre d'vn griffon, fi cela eft ie m'en rapporte à
la verité. Il y en a d'autres qui difent que les griffons font beftes à quatre
pieds, outre les aifles; ils les difent eftre auffi forts comme lions: Ils leur font
les ongles gros & crochus, le deffus du dos noir, l'eftomach rougeaftre, les
aifles blanches, les yeux luifans comme du feu, ils difent qu'ils font fort preiudiciables aux poulains & ieunes cheuaux, & qu'ils fe trouuent aux pays des
Bactriens, voifins des Indiens, où l'on dict qu'ils tirent l'or de dedans la terre pour en faire leurs nids, d'où en certaine faifon les habitans du lieu le vont
prendre. I'eftime quand à moy que tels animaux ne font que de grands aigles, & qu'il eft faux qu'ils ayent quatre pieds felon les peintres. On pourra
voir fur cela l'hiftoire de Maragnan, & terres circonuoifines, où il eft difcouru des grandes aigles de ce pays là par vn pere Capucin.

O. Mais dites nous, dequoy fe nourriffent tant de fortes d'oyfeaux dont
vous faites icy mention.

E. De cinq façons toutes differentes. La premiere, c'eft des oyfeaux qui fe
paiffent du vif, & de ce qu'ils prennent. La feconde, de ceux qui viuent de
grains de la terre. La troifiéme, de ceux qui s'entretiennent de la vermine de
toute forte, de mouches & moucherons, ou des beftioles qui fortent de la
corruption de la terre, ou des fruicts des arbres, ou des graines des buiffons.
La quatriéme, de ceux qui viuent de ce qui s'engendre dans l'eau, comme
de poiffons, grenoüilles, & autres animaux de marais ou riuiere. La derniere, eft des oyfeaux qui mangent les charongnes des voiries.

Ceux du premier rang, font les Aigles royales, les faures qu'on dit Elions;
les Autours, les Efparuiers, les Faux-perdrieux, bref toutes les fept efpeces
d'Aigles, comme auffi le Faucon, le Sacre, le Gerfaut, le Lanier, l'Efmerillon, l'Alete, & tous oyfeaux de proye, fans les nommer par rang puis qu'ils
font tous logez en cette claffe, & encore les Bufarts & les Milans.

Ceux qui viuent de grain, font les perdrix, les pigeons de colombier ; les
ramiers, les roques, les perengues, les tourterelles, les cailles, les perdrix grifes, les alloüettes, le cocheui, la coquillade, la callandre, la grandolle, le fai-
fan de deux efpeces, le chardonneret, le cerin, le chic de pré, la linote, le
chic iaune, le verdier, le moineau de ville, le moineau de champs, l'ortolan,
la cinfourle, l'oftarde.

Du pelican
& du phœ-
nix.
Des grif-
fons.

Voyez l'hi-
ftoire de
Maragnan.
Cinq diffe-
rentes fortes
d'oyfeaux
& de leur
nourriture.
1
2
3
4
5
Quels font
les oyfeaux
du premier
rang.
Il y a fept
efpeces d'ai-
gles.
Ceux du fe-
cond rang.
Oyfeaux du
tiers rang.

Les oyseaux du tiers ordre sont le merle, la cere, & toutes sortes de griues, l'estourneau, la corneille du becrouge, la grosse corneille, dit graillau, la corneille legere, la choquette, le gros chouquas, bref de cinq especes, puis la Pigriesche, bien que par fois elle se iette à prendre de petits oyseaux, vous auez aussi la pecheirolle, la longue queuë ou guigne queuë, la chauue-souris, l'arondelle, le rossignol, l'aronde de mer, dit barbeirol, la teste noire, la boscarle, la passe solitaire de deux sortes, le blauet, le sabat dit couace, le darnagas de deux especes, l'auriol, le culblanc, le courly, le bracin, le courly long bec, le reale de terre, le cocu de deux sortes, le martinet de deux sortes, la syrene, la tourdre, la beccasse, la beccassine, la rouge gorge dit rigaud, le burichon, le pluuier, le vaneau, la piue, la mesange, l'œil de bœuf, le grimpe-mur, ou pince aragnée, le soucy, le cheualier.

Ceux du quatriéme rang. Ceux du quatriéme rang, sont tous les oyseaux de marais, ou de riuiere, & tous les martinets, le cormoran ou cormarin, la foucre, les canards gros, moyens, & petits: la cannepetiere, le gabian, le hairon, le coac, la poule d'eau, la gruë, l'oye sauuage, le flaman, l'aigrette, le cigne, la palle, la cigongne de deux especes, le merle bleu ou merle marin.

Au cinquiéme rang les oyseaux charögniers. Au cinquiéme rang, sont tous oyseaux qui viuent de charongnes, & premierement le corbeau, le milan real, & le milan noir, qui sont de deux especes, le muleat, le chappon sauuage, dit orfraye, la pie par fois, chose qui arriue au sacre & au lanier à l'extréme necessité, & de mon temps il y fut pris vn lanier, auec vn lais derriere le Chasteau de Fos, vrayement passager & sauuage; puis le gros graillau est encores charongner, le chouquas, & l'aigle grise s'il ne trouue des serpens ou lezards, qui est proprement sa proye.

D'vn lanier pris à la charongne.

Des oyseaux nocturnes en sept especes. Des oyseaux susdits, ie separeray les oyseaux de nuict, qui sont le gros duc, le duc chéurier, le gros chahuan & le petit, la choüette cornuë, la choüette de clapier, & le boy-l'huile residant aux Eglises. Ces oyseaux se paissent du vif, de tout ce qu'ils peuuent attraper: le gros duc, de liéures & de lapins, & bien souuent de chats sur les toicts des maisons, ou de rats, chacun selon sa force, & à leur necessité de serpens, d'escarbots, & autres bestes & bestioles. Bien vous puis-ie asseurer, que i'ay autresfois osté à vn gros duc, vne perdrix qu'il auoit fraischement prise sur les deux heures apres midy.

De la difference qu'il y a entre les oyseaux en leurs parties internes. O. I'ay pris garde, qu'en ces especes d'oyseaux il y a difference en leurs parties interieures, mesmes à la bourse ou la basse digestion se fait, car les vns ont telle partie d'vne matiere qui ressemble à du cuir, fort cartilagineuse, nerueuse & fort charnuë sur les deux bouts, & non du costé qui approche du foye, les autres ne l'ont pas ainsi, mais seulement comme vne petite bourse, & de mesme substance que leur boyau.

Du gesier. E. Cette partie basse que vous dites estre charnuë se nomme gesier, & les oiseaux qui l'ont ainsi sont ceux qui viuent de grains & semences de la terre, soit en herbe ou en grain, & si tels oyseaux n'auoient le gesier fait de la sorte, ils ne sçauroient digerer ce qu'ils mangent, veu que ce sont les perdrix, les pigeons & autres qui encores bien souuent digerent les pierres, & en sont

De la difference entre le gesier & la mulette.

aliment, les autres oyseaux qui n'ont cette partie ny cartilagineuse, ny charnuë, mais faite comme vne petite bourse de boyau, sont les oyseaux que i'ay mis au tiers rang, & telle partie en eux se nomme mulette, & faut la nommer ainsi, puis qu'elle est pareille à celle des oyseaux de proye : Et tous oyseaux qui ont mulette sont en horreur aux chiens, & n'en mangent point, si ce n'est quelque chien gourmand, moyennant la graisse qu'on y met, ce qui l'incite à en manger, & le plus souuent encore il rendra sa gorge. *De la mulette.*

Les oyseaux de mulette furent deffendus par le commandement de Dieu, comme il se voit au Leuitique chapitre 11. où sont ces mots : *Aquilam, & Griffum, & Halietum & Miluum ac Vulturem iuxta genus suum, & omne coruini generis in similitudinem suam : strutionem & Noctuam, & larum & accipitrem, iuxta genus suum : Bubonem & Mergulum & ibim & Cignum & ouocrotalum, & Porphirionem & herodionem, & Caradrion iuxta genus suum : Vpupamque & vespertilionem.* Bref, aux oyseaux prohibez se comprenoient tous ceux qui ne sont mis à la seconde Classe, & qui n'ont le gesier couuert de chair comme les autres, & encore tous ceux qui ont le pennage noir, comme le corbeau, & le merle. *Remarque que les chiens ne mangent point des oyseaux qui ont mulette. Oyseaux qui sont prohibez par la loy Iudaïque.*

O. Il semble que vous vueilliez dire par là, que les chiens gardent naturellement la loy Iudaïque.

E. Non, mais ce n'est que de leur instinct qu'ils ont en desdain de manger tels oyseaux, & les mouches mesmes n'y font gueres souuent des vers, les ayant comme en horreur. I'ay remarqué encores que si on prend des cailles, des tourterelles, des piues, ou de ces oyseaux passagers, quelque iour auant leur depart, on les trouue si chargez de graisse, qu'il semble qu'ils en ayent fait amas pour pouruoir à leur voyage. *Remarque. Comme les oyseaux passagers sont engraissez auant leur depart.*

O. Mais nous voudrions bien sçauoir où c'est qu'ils s'en vont. *Où est ce qu'ils vont.*

E. Ceux qui nous laissent en Automne, il faut iuger qu'ils tirent en pays plus chaud. Dauantage les Mariniers qui trafiquent aux Indes Orientales, nous disent que tels oyseaux sont rencontrez au mois de Mars qui viennent vers nous, & en Octobre ils les voyent repasser quand ils s'en reuont, estans aucunesfois tels oyseaux contraints en la mer de se ietter dans les vaisseaux, où de lassitude ils se laissent prendre à la main. Cette region des Indes Orientales, sert de limites à l'Asie, & si est de telle estenduë, qu'on la dit la tierce partie de toute la terre, mais aucuns la reduisent à la sixiéme de l'hemisphere, puis qu'elle ne s'estend du Soleil leuant, & mer Orientale que iusques au fleuue Indique, vers le Royaume de Cambie, & le mont Taurus, qui luy sert de bornes du costé de Septentrion ; en ce pays là il y a double moisson, & double vendange l'année : la canelle y croist, le poiure, comme en l'Arabie heureuse, & en l'Ethiopie ; Bref, c'est vn pays abondant en toutes bonnes choses. *De leur passage.*

O. Ie trouue que ces oyseaux sont bien ainsi, puis qu'ils prennent leur retraicte en lieu si temperé & propre pour eux : mais parlons des oyseaux, qui pour fuyr le chaud, s'en vont en Mars & Auril.

E. Tels oyſeaux ſont guidez auſſi par l'inſtinct en pays où la terre n'eſt iamais dure ny ſeche, afin qu'ils y puiſſent fourrer leur bec, ou gratter pour y trouuer de la vermine, car les becaſſes & becaſſines ne ſçauroient viure auec leur long bec, ſans foüiller dans la terre.

O. Il y a bien des oyſeaux de meſme qui paſſent l'Eſté en ce pays ſec, & y font leurs petits comme les Bechebois de trois eſpeces.

E. Ces oyſeaux là n'ont comme les becaſſes & becaſſines, ayant vne autre ruſe particuliere pour ſe nourrir, car becquetant contre les arbres qui ſont à demy morts, ils mettent les fourmis en colere, ce qu'ayant fait, ils fourrent leur langue qu'ils ont longue dans les fentes du bois, où les fourmis ſe vien-nent mettre pour les mordre, lors en la retirant ils auallent tels fourmis en grand nombre, & s'en nourriſſent, autant en font-ils aux fourmis qui ſe trouuent dans la terre, comme fait ſemblablement vn autre oyſeau qu'on dit coltors ou formijer, qui a la langue de meſme; par ainſi vous pouuez voir comme les animaux ont chacun ſon induſtrie pour ſe nourrir.

O. Parlez nous du Pupu hupé.

E. Le Pupu hupé a beaucoup de conuenance au Cameleõ, puis qu'en reſ-pirant & retirant à ſoy le vent, il attire par ſon ſouffle ce dequoy il ſe nour-rit: choſe qui eſt particuliere à ces deux eſpeces; cet oyſeau ne pourroit ſe nourrir autrement, à cauſe de la longueur de ſon bec, & ayant ſa langue fort courte. Il chante encores de meſme, en retirant ſon haleine, comme fait auſſi le Cocu.

O. Et du Cocu qu'en eſt-il?

E. Le Cocu eſt vn oyſeau fort cognu pour eſtre preſque vniuerſel au mõ-de, au moins en noſtre hemiſphere. Sa nature eſt froide & ſans amour, auſſi il ne ſe donne ſoucy de nourrir ſes petits, mais il va pondre ſes œufs au nit des autres, où il n'en fait qu'vn: il eſt ſeul & particulier en cette action. Sa vie eſt de papillons, moucherons, & autre vermine. Il boit & aualle volon-tiers les œufs des autres oyſeaux, ſe monſtrant d'eſtre leur ennemy, puis qu'il trauaille à ruiner & empeſcher leur multiplication. Il chante en hu-mant le vent, & retirant l'air à ſoy, ainſi que fait le Hupé Pupu, Il a le pen-nage d'Eſparuier, l'œil & le bec preſque de meſme. Il s'en voit qui retirent à la Carcerelle, qu'on dit Ratier, il en a eſté parlé ailleurs, ce qui me retient.

O. Si ie ne craignois de vous importuner, ie vous demanderois quelque choſe du Cameleon, puis que vous m'en ouurez le chemin, parce que plu-ſieurs ſe trouuent contraires parlant de cet animal.

E. Le Cameleon n'a pas eſté bien cognu par ceux qui ont dit qu'il vit de l'air, puis qu'il n'eſt veritable, car la nature luy a donné à la place de la lan-gue vne trombe d'vn pied de longueur, qu'il tire & retire ſi promptement, qu'à peine s'en peut-on apperceuoir, s'en ſeruant comme d'vne fleſche qu'il pouſſe ores contre les mouches & moucherons, auec tant de viſteſſe, qu'il n'en faut iamais poinct, les ayant en telle diſtance que ſa trombe puiſſe y ar-riuer. Et pour en voir la preuue, il faut luy preſenter au bout d'vn petit ba-

ſton ou gaule, vne mouche viue attachée,& auſſi toſt qu'il l'apperçoit à la
portée de ſa trombe, il ne manque de tirer ſon trait qu'il retire ſi promptement qu'à peine s'en peut-on apperceuoir, il y a des Mariniers ſi temeraires
qu'ils croyent que le Cameleon leur oſte le vent,ce qui fait qu'ils ne veulent
permettre à aucun d'en apporter de deçà, & qui cauſe que nous n'en voyons
gueres.Cet animal retire fort au Laſertde ſa peau,laquelle il change annuellement par pieces , comme en ſe deſchirant : de ſa teſte il tient du poiſſon,
ayant le ventre harpé comme vn léurier , & de la groſſeur d'vne belette, la
queuë longue, les iambes courtes, ſes pieds fendus & fourchus, deſquels il
ſe grimpe ſur les arbres, ou ſur les buiſſons: On le trouue en Arabie, parmy
les champs: de ſa couleur il eſt communément gris taulé , ſe changeant ſelon les obiets qui ſe preſentent à luy,retirant touſiours quelque peu de ſa
premiere couleur naturelle : mais ce n'eſt pas des animaux terreſtre que ie
traicte icy.

E. Et de la Cigongne, qu'en dites-vous?

O. On voit paſſer la Cigongne au Printemps, c'eſt la raiſon pourquoy on *La Cigon-*
la nomme *Exultem*, qui eſt à dire , *Banniſſant l'Hyuer* : Elle ſe nourrit com- *gne.*
me le Heron, ſa chair eſt meilleure à manger. Il y en a de deux eſpeces que
l'impetuoſité des vents pouſſe vers nous en telle ſaiſon.

O. Du Milan, qu'en eſt-il?

E. Nous auons de deux ſortes de Milan, l'vn dit Royal, & l'autre, Milan *Deux ſortes*
brun : ce ſont oyſeaux fort cogneus, parquoy ie ne vous en diray rien plus. *de Milan.*

O. Et ce gros oyſeau qu'on nomme Vautour, qu'en dites-vous?

E. Le Vautour n'eſt oyſeau guere commun, il s'en voit pourtant en Pro- *Du Vau-*
uence,quelques vns;par fois ils nichent ſur des grands cheſnes verds,& i'en *tour.*
ay veu les œufs qui ſont fort gros, ſa peau eſt bonne aux cacochiſmes la portant ſur l'eſtomach,& la ſenteur en eſt agreable:il ſuit les voiries cherchant
les os de cheuaux , & aualle la iambe entiere d'vn mulet ou d'vn cheual.
Bref, c'eſt le vray Orfraye qu'Ariſtote & Pline ont eſcrit. Il eſt plus grand
que l'Aigle Royal ; brun de pennage ſor, & gris eſtant mué.

O. Et de la Corneille qu'en deuons nous croire?

E. On en voit de cinq ſortes de Corneilles , la premiere eſt celle du bec *De la Cor-*
rouge qui niche dans les plus hautes roches.La ſeconde eſt le gros graillaud *neille, il s'en*
qui eſt quelque peu moindre que le corbeau,& niche ſur les arbres. La tierce *voit de cinq*
eſt preſque de meſme groſſeur, mais elle eſt de pennage moitié griſe, c'eſt la *ſortes.*
plus facile à prendre aux Faucons. La quatriéme eſt de moindre groſſeur, 1
griſe de la teſte,mais elle a tout le corps noir,& niche aux clochers ou gráds 2
edifices. La cinqüiéme eſt aſſez grande , le vol long elle eſt paſſagere en Hy- 3
uer, Plutarque parlant des beſtes qui vſent de raiſon,dit,que ſi la Corneille 4
ſe voit priuée de ſa compagnie, elle ne s'apparie de neuf aages de l'homme, *Corneille*
choſe difficile à prouuer: auſſi cela ne peut eſtre veritable ; car le Pſalmiſte *manteleé.*
met l'aage de l'homme à quatre vingts ans : de ſorte que la fauſſeté ſe voit 5
claire. Et ie doute qu'il ne ſe ſoit equiuoqué, prenánt la Corneille pour le

Equiuoque de Plutarque. Corbeau, qu'on croit estre l'oyseau de plus longue durée car il est veritable que le Corbeau ne s'apparie pas annuellement, parce qu'on en voit de vaquás en la saison des petits, qui ne bougent au long du iour des voiries.

O. Parlez nous du Chapon sauuage.

E. Le Chapon sauuage est improprement nommé Orfraye d'aucuns, car il n'a ny le bec pour rompre les os, ny des griffes pour les enleuer: il est blanc & noir de pennage, & fort puant, cét oyseau est connu de tous.

O. Et du moineau ou Passereau.

E. Le Passereau de ville nous est comme domestique, puis qu'il niche *Du Passe-* dans nos maisons: cét oyseau meurt perdant la veuë par sa luxure, & ne vit *reau de bois.* qu'vn an; s'il est tenu en cage, il peut en viure quatre au plus. Les moineaux de bois en sont de mesme, ils nichent dans les trous des arbres aux forests.

O. Et les Pigeons?

Des Pigeons E. Ie ne m'arresteray à vous discourir des Pigeons que nous auons dans *domestique* nos colõbiers, ny de leurs differences, c'est chose qui est trop cogneuë à tous. *& autres.* Des sauuages il s'en trouue de trois especes, dont les plus gros nous les di- *Pigeons Ra-* sons Ramiers ou pallombes, & nichent dans les arbres, les seconds sont dicts *miers.* bisets, ou roquets, à cause qu'ils nichent aux grands rochers. Il s'en voit de *Pigeons ro-* plus petits, qu'on dit perengues; de ces trois sortes leur nourriture est pres *quets.* que de mesme; ils sont tous fort friands du sel, comme generalement toute *Perengues.* espece d'oyseau qui vit du grain, ne se peut passer d'aller chercher de la terre sallée, & sans le sel ils ne pourroient pas faire leur digestion.

O. Et la Tourterelle?

E. La Tourterelle est fort conneuë par tout, mais il n'est pas tout ce qu'on en conte, ayant les naturalistes suiuy le dire d'aucuns, qui ont parlé fabuleu- sement de cét oiseau.

O. De la Pigriesche, qu'en dites vous?

E. La Pigriesche ou Piegrise est presque espece d'oyseau de proye, & prend les petits oysillons. Cét oyseau est fort connu, retirant à la Pie.

O. Et du Gey?

E. Le Gey est presque de semblable pennage: il est capable de parler & dire quelques mots, mais non pas gueres.

O. Et de la Pie?

E. La Pie ou Agasse est de pareille grosseur, elle est blanche & noire, & connuë par tout. Le mot d'agasser est deriué de Agasse, qui ne fait que crier & faire rumeur.

O. Et du Merle.

E. Le Merle est tout noir, fors le bec, qui est iaune: il siffle en fiffre, ou flute d'Aleman, on les tient en cage, & s'en voit de blancs.

O. Et des Griues?

E. La Tourdre & la Cere, sont de mesme pennage, on les dit Griues, pour auoir leur pennage griuelé: ils sont excellens au manger au temps du resin, ou ayant mangé la graine du myrte.

O. De ces grofſes Oſtardes qu'en eſt-il?

E. L'Oſtarde habite en pays large, plein & fort deſcouuert, & s'en va deuant les chaſſeurs, les voyant venir de loin. Communément telle eſpece
d'oyſeau va en troupe de ſept ou huiĉt; le lieu où elles ſe tiennent eſt touſiours ſec, fuyant l'humidité: Elles courent auſſi viſte qu'vn homme bien gaillard. Tout ainſi qu'on nomme la perdrix d'vn nom feminin, on nomme l'O-
ſtarde: mais quand nous parlons de leur maſle, on dit Garon à la perdrix,
& Raon au maſle de l'Oſtarde: les Oſtardes nichent à terre, & ſans la ruſe
qu'elles ont à la conduite de leurs petits, fuyant par leur courſe, il n'en ſeroit point, attendu leur peſanteur à voler.

O. Et de la Gruë?

E. La Gruë eſt oyſeau fort conneu pour paſſer & repaſſer annuellement
à leur ſaiſon, qui eſt de ſix mois, ie ne m'arreſte pour en parler, attendu que
pluſieurs Eſcriuains y ont employé leur encre: ceux qui ont eſcrit l'hiſtoire
de Maragnan, diſent qu'il y a en ce pays là des differentes eſpeces d'oyſeaux
de proye, & en repreſentent vn nommé Ouyra ouaſſon, qui eſt trois fois
plus grand que nos grands Aigles, portant vne creſte de plumes ſur leur teſte en forme de Soleil. Ils le diſent de pennage griſart, ayant la queuë fort
longue, ſous laquelle on trouue des plumes blanches plus belles que celles
des Aigrettes que nous portons en pennaches. La iambe de tel oyſeau eſt de
la groſſeur du bras d'vn homme, & ſa griffe correſpondante. Ils parlent encore d'vn autre oyſeau nommé Ouyrata, oyſeau de proye, ſemblable en groſſeur & fierté: mais ſon pennache eſt iaune: Pour tiers, ils en mettent vn autre de pareille taille, mais fort brun, dont ie croy que ces oyſeaux ſont les
Griffons qu'on veut dire.

Mais ce ſeroit vn trop long diſcours de vous entretenir de tous ces oyſeaux, il en faut laiſſer le reſte pour ce coup, vous diſant vne remarque que
i'ay faite des mouches. C'eſt qu'au temps que les hirondelles, martinets, roſſignols, & autres de cette claſſe s'en vont, il y a vne ſorte de moucherons
qui font le meſme changement, & tirent à trouppes la meſme voye; ce qui
ſe voit en Septembre & Oĉtobre ſur le ſoir, dont i'eſtime que tels moucherons ſont pour la nourriture des hirondelles & autres que i'ay dit, qui ſont
en apres la proye des Aubereaux, & tels Aubereaux ſont puis apres la proye
des Faucons, Sacres, & Laniers; par ainſi la preuoyance diuine fournit de
nourriture à toutes ſes creatures.

O. I'ay ouy dire à vn Centil-homme vne choſe pleine d'admiration, arriuée en part dont il pouuoit ſeurement parler, pour l'auoir veu, c'eſt que
deux faucons apres auoir nourry leurs petits, & mis hors du nid, vn des pairons & le plus gros, ſe trouua ſi debile de vieilleſſe, qu'il ne pouuoit voler,
ſon tiercelet luy portoit ſoir & matin, ce qui eſtoit vtile à ſes neceſſitez: or
ce gentilhomme Seigneur du lieu où l'aire de ces faucons eſtoit, remarquant
l'extraordinaire frequentation que le tiercelet faiſoit en ce roc, & ne voyant
point la femelle, que nous appellons le formé, pour ſçauoir ce qui en eſtoit

y fit defcédre auec des cordes celuy qui auoit accouftumé d'enleuer les Fauconneaux tous les ans, il troüua cét oyfeaux dans le trou , aueugle, auec de
la proye que le tiercelet luy portoit iournellement, à quoy ce feigneur ne
voulut permettre qu'on touchaft , de forte que cela continua plus de deux
ans, pendant lequel temps l'aire de ce faucon fut perdu , n'y ayant point de
petits.

E, Ce que vous dites eft fort croyable, car tous les animaux font generalement nourris par la prenoyance de Dieu, comme Dauid le dit fort bien au
Pfalme 135. *Qui dat efcam omni carni.*

Des rufes des oyfeaux à fauuer leur vie, qu'on reconnoift de
nouueau en chacune de leurs efpeces.

DISCOVRS   IX.

O. 'Où procede , monfieur , qu'on fe plaint que les perdrix
foient fi rufées à prefent , & que nous les prenons auec
beaucoup plus de peine que ne faifoient nos peres?

E. C'eft de toute forte de gibier que cela fe doit & i'eftime quand à moy, que tout ainfi que les hommes fe font
plus cauteleux, tous les iours , de mefme les animaux deuiennent plus rufez. Ie m'en fuis apperceu depuis quelque temps, principalement aux perdrix, qui fe defrobent de nous en forte qu'il y a plus de peine
d'en prendre maintenant vne , qu'il n'y auoit d'en prendre dix par le paffé.
Elles fe cachent tantoft dans les granges , hameaux, maifons des champs.
Tantoft fe remettent aux cloftures des iardins & des vignes, maintenant
dans les foffez & vergers , aux ruiffeaux, aux riuieres, aux garennes de lap-
pins, ou les perdrix rouges s'enterrent par fois dans les trous auffi viftement
que les lapins mefme. Quelquefois les perdrix grifes fe platiffent au defcouuert fur terre, en forte qu'elles fe rendent inuifibles à nous, & infenfi-
bles à nos chiens. Et combien de rufes ont les autres oyfeaux & mefme les
plus lafches & moins gaillards, qui ont d'autant plus de fubtilité ? le chat-
huan fe fauue bien fouuent par des feintes pour n'eftre chocqué du Faucon,
euitant par ce moyen le coup qu'il receuroit, & luy gagne par cette rufé la
crouppe en montant , de forte qu'vn oyfeau feul ne peut venir à bout que
difficilement, le hupé pupu en fait de mefme ; les pies , & les geys ont leurs
tours & retours, la corneille en fait, & fi a de particulieres fineffes, dont
toute efpece d'oyfeau à fes cauteles pour la côferuation. Les Herons nous
font voir ce qu'ils fçauent faire, & s'ils fe font trop gorgez lors qu'on les
attaque, s'apperceuant que les oyfeaux vont à eux, ils fe vuident auffi toft,
& degorgent tout ce qui les appefantit: Ou bien ne fe fentât affez gaillards
pour

Rufe des
perdrix rou-
ges.

Rufe des
perdrix gri-
fes.
Rufe du
Chatchuan.
De la hupe
pupu.
Des pies &
des Corneil-
les.

pour se sauuer, ils se laissent choir pour s'aller ietter parmy les poules, & font retraicte dans les poullaillers ou dans quelque marais. Bref, nous pouuons iuger qu'ils sont guidez par des intelligences surnaturelles, & que chasque espece d'oyseau à son Ange custode pour estre instruit à se garentir. Ne voyez vous pas comme les oyseaux qui se tiennent par troupes, ont souuent des alarmes, & semble qu'ils ayent l'espouuente, bien que nous voyons aussi tost apres que c'est sans occasion ? cela se remarque aux estourneaux, aux alloüettes, aux pigeons, tant à ceux de colombier, qu'aux sauuages, & les perdrix qu'on voit bourrir d'elles mesmes. Les anciens ne sçachât d'où procedoit la prôpte fuite du bestail disoit en telle alarme, panique frayeur, estimant que Pan, Dieu des bergeries, se ioüast lors auec leur bestail : mais nous deuons croire que tels mouuemens soudains ne sont causez que par le custode de telles especes, qui les guide à sçauoir se garentir de leurs ennemis, & leur en donne, par imagination, la cognoissance : Car c'est chose tres-asseurée que Dieu à tant de soin des animaux qu'il a créez pour le plaisir des hommes, qu'il commet des Anges gardiens & conseruateurs d'iceux.

O. Il me semble que c'est faire tort aux Anges, & les trop abbaisser, de croire que Dieu les aye ordonnez custodes des animaux, ainsi que vous dites.

E. Si vous considerez comme Dieu a mandé du Ciel en terre son propre fils pour le salut des hommes, vous ne direz telle charge indigne de leur estre commise; mesme que les Docteurs Theologiens nous asseurent que du temps du deluge toutes les especes des animaux furent menées & conduites dans l'Arche de Noé par leur Ange gardien, pour estre garantis du naufrage vniuersel. Origene parlant de l'asne de Balaam dit ces mots : le monde a besoin d'Anges qui president aux bestes, & pour l'accroissement ou vegetation des arbres & plantes, ensemble de toutes creatures, car l'ordre de la Sapience Diuine a establi diuers recteurs sur diuerses choses. Sainct Augustin nous dit, que chacune des choses visibles, est sous la charge d'vne puissance Angelique, non en leur indiuidu gardée par vn Ange, mais seulement en leur espece, c'est à dire, que toutes les especes ou races d'oyseaux ont leur Ange gardien. Par là nous pouuons iuger comme Dieu a soin de ses moindres creatures, & comme il veut qu'elles soient maintenus pour le plaisir des hommes, & bien qu'il soit par tout, voyant tout, & qu'il puisse pouruoir à tout, si n'a-il pas creé tant d'Anges pour ne les occuper en quelque charge : car comme il en a vn nombre infiny, aussi a-il des moyens innombrables pour les employer; & sans tels gardiens, les esprits malins, qui ont quelque science & pouuoir de troubler les animaux feroient perdre & prendre fin à toutes les especes ausquelles les hommes se plaisent le plus, attendu la haine qu'ils ont encontre de nous. Parquoy ie dy que si les oyseaux n'estoient guidez à se conseruer, le plaisir que nous prenons à chasser seroit tost finy, pour ne se trouuer dequoy voler, attendu aussi qu'on inuente iournellement de nou-

M m m

ueaux moyens pour les prendre. Mais vne inuention n'eſt pas pluſtoſt trouuée que le moyen contraire pour ſe garantir leur eſt appris.

O. Il faut bien qu'ils ſoient guidez comme vous dites, car comprenant eux meſmes les choſes feintes, comme l'experience le nous fait voir, c'eſt choſe qui ne ſe peut, par les ſens qui ſont bruts & deſtituez de raiſon, ou il faudroit que l'entendement operaſt en telle connoiſſance, qui eſt vne partie de la raiſon.

E. Eſtant vray ce que vous dites, comme ie croy, on peut ſouſtenir que les oyſeaux ont l'vſage de la raiſon, puis qu'ils connoiſſent ce qui leur eſt vtile ou preiudiciable: Auſſi nous voyons la pie comme elle ſe fortifie en ſon nid, & s'entoure auec des eſpines: & pluſieurs autres oyſeaux encor, en quoy on ne peut dire que cela ſoit par rencontre, ny par hazard, puis que par tel moyen ils conſeruent leurs petits. Le cocu boit & auale les œufs des autres oyſeaux. Le Ramier pour s'en deffendre, va chercher l'aire du Aubereau, ſçachant que le Cocu n'en oſe approcher, & pres de là il fait ſon nid, ſe mettant ſous ſa protection. Or n'eſt-ce pas eſtre guidé de quelque intelligence? ou bien vſer de raiſon? car le ſens ne ſuffiroit pour comprendre telles induſtries. Il faut donc confeſſer que tels oyſeaux ſont guidez en cela, ou qu'ils vſent de raiſon.

D'vne maladie fort commune aux oyſeaux, qui
les tuë en muant.

DISCOVRS X.

O. 'Où procede, Monſieur, que mon Sacret ſe tempeſte plus qu'il n'auoit encores fait? dés qu'il a ſenty le Printemps, il s'eſt rendu impatient à merueilles, ne faiſant que ſe debattre au long du iour.

E. Vous doutez de perdre voſtre Sacret, parce qu'il s'eſuantille plus qu'il ne faiſoit, il monſtre en cela qu'il a faute d'air, qui eſt ſon propre element, ce qui luy procede de l'émotion du ſang, ou de la graiſſe qui l'eſtouffe & le ſuffoque. Bref, c'eſt par le trop de repletion, que cét oyſeau ſe tourmente.

O. Mais d'où peut venir qu'il a les yeux beaucoup plus hors de la teſte depuis l'entrée de ce mois.

E. Comme le corps de l'oyſeau eſt mal pour eſtre trop replet, la teſte en eſt de meſme; & de telle repletiõ le rheume ſe fait, qui fluë en apres ſur la langue, & dans le bec de l'oyſeau, ce qui doit vous le faire croire, c'eſt qu'on voit que ceux qui ſont curieux de muer leurs oyſeaux ſur la perche, ou en des chambres bien cloſes, où n'y entre Soleil ny vent coulis, ſont communément

les oyseaux plus reumatiques; si vous me reprochez que ie l'ay ja dit en autre
part, ie l'accorde, mais ce n'est sans raison si ie le redis, puis que ie voy mourir, à mõ regret, plusieurs oyseaux par telle faute, vous disant encor, que lors
qu'vn oyseau se trouue plus plein qu'il ne doit, c'est chose fort difficile de le
garantir de mort, à cause que les oyseaux n'ont la peau porreuse pour se vuider par la sueur; ny de vessie, ny vases vretaires; dont telle graisse ne pouuant
estre consumée que par vn grand trauail, l'oyseau qui ne se bouge que du
long de ses gets à la perrelle, ou de la longueur de sa longe, ou se tempestant
en liberté dans vne chambre, ne faisant son exercice naturel, il faut de necessité que les oyseaux deuiennent malades, & en meurent le plus souuent.
Car si vous voulez le desgraisser en luy retrenchant ses viures, le sang se diminuë le premier, puis la chair s'escoule & se diminuë, dont il ne demeure
en luy que la graisse, laquelle ne pouuant seruir de nourriture à l'oyseau, il
faut qu'il en meure; les cailles & les tourterelles en meurent, de mesme
quand nous les tenons à l'engrez dans les volieres.

    O. Mais les tendeurs ne prennent-ils pas sur le mois d'Aoust des oyseaux
passagers fort gros, principalement des Laniers & Sacres?

    E. Il est vray, mais tels oyseaux en leur liberté sont au long du chaud, &
quand il leur plaist en essor; demeurant sur aisle en la moyenne region; &
leur trauail ordinaire consume telle graisse, & les garantit par mesme moyen
de corruption.

    O. Il m'est souuent arriué d'achepter des oyseaux nouuellement pris, &
dans deux iours me mourir, mesme des Sacres & des Laniers.

    E. Plustost ceux là vous mourront que non pas les Faucons, en perdant
l'vsage de voler.

    O. Que pourrons nous donc faire pour empescher les oyseaux d'estre
trop pleins?

    E. Il ne les faut aimer comme les Guenuches font leurs petits, qu'elles
estouffent par trop de caresses. Et ie me ry de personnes que ie connoy, qui
n'ont iamais assez donné à leurs oyseaux; dont ie vous aduerty qu'il faut
donner temps à leur mulette de consumer les humiditez qui restent en elle,
car de telle matiere visqueuse & gluante, se fait ce double de la mulette, qui
grossissant par trop tuë nos oyseaux; parquoy il faut que la chaleur naturelle face entierement son effect, i'en ay parlé au chapitre premier de l'anatomie, là où ie vous renuoye.

    O. Il n'y a point de mal que ie vous importune encore sur ce suiet, puis
que i'ayme tant cét oyseau, lequel à la verité est mal, ayant tout à coup perdu l'appetit, & si monstre qu'il voudroit manger, empoignant la chair
qu'on luy presente, sans en aualler, bien qu'il la decouppe par morceaux
auec son bec.

    E. Aux actions que vous le representez, s'il n'aualle le morceau, c'est qu'il
ne le peut à cause que la partie sensuelle a perdu le goust, & la partie raisonnable appete d'estre alimentée, ce qui se voit puis que l'oyseau mord la chair

M m m ij

qu'on luy presente: car la iettant par petits morceaux sans rien aualler, cela monstre son desir, & encores plus la tenant de sa main empoignée, la serrant auec ardeur. Par telles façons on peut iuger qu'aux oyseaux se trouue deux parties qui se contrarient, l'vne qui abhorre la viande par dégoust, & l'autre qui l'appete pour se restaurer. Ie sçay qui s'en trouuera qui contrediront mon dire, n'attribuant la partie raisonnable qu'aux hommes : mais leur opinion ne sçauroit changer ma creance, puis que ie l'ay fondée sur la preue en ce que ie dy que les oyseaux ont l'vsage de la raison.

Qu'on fait tort aux oyseaux, & en quoy.

O. I'estime qu'on fait tort aux oyseaux de les dire irraisonnables, puis que nous voyons que le Createur leur a donné l'vsage.

E. Si par le passé aucuns n'ont attribué telle partie qu'à l'homme, cela se pouuoit & deuoit entendre, que l'homme seul en sa fin doit rendre raison des œuures qu'il aura faites en son viuant.

O. Mais parlons de nos chasses, puis que c'est le fondement de tous nos discours. Or est-il possible que vous ne vous ennuyez quelquefois, d'aller si souuent à la chasse que vous faites.

E. I'ayme bien mieux que vous me trouuiez à dire d'y aller trop souuent, que si vous me disiez, pourquoy ie ne vay pas comme ie soulois, & i'estime que la iouyssance d'vn plaisir qui contente tousiours, n'ennuye iamais, ains le desir s'en renouuelle. Ainsi tel plaisir est tousiours aimé & desiré de moy, & semble que ce desir face renaistre vn espoir de perpetuel contentement en mon ame.

O. Si vous aymiez tant la campagne que vous dites, vous ne seiourneriez pas à la ville, puis qu'aux villages on a plus de commodité de chasser.

E. I'ayme les champs par inclination, puis que i'ayme la chasse, mais ie m'y rends rustique parmy les païsans & gens grossiers.

On apprend de toute sortes de gens si on desire d'apprendre.

O. Vous n'auez pas raison en ce poinct, car les hommes capables d'apprendre doiuent frequenter non seulement les sçauans, mais toute sorte de personnes pour s'instruire tousiours de quelque chose qu'on ne sçait pas : & bien souuét ceux qu'on estime ignorans, ont quelque beau secret qu'ils nous apprennent.

E. Il est vray, aussi i'estime auoir mal employé le iour auquel ie n'ay appris quelque chose, à l'exemple des Auettes qui succent toute sorte de fleurs pour en faire leur profit. Ie suis sept ou huict mois de l'an à la ville, & aux chaleurs de l'Esté ie me retire aux champs: & en cette sorte de viure i'ay continué presque tousiours, estimant ma liberté plus que toutes les choses du monde.

O. Il n'y a point de mal de faire vne partie pour demain matin, il y a à vne lieuë d'icy vn beau voler, où ie ne vous ay encores mené.

E. Allons y donc demain matin à l'aube du iour, & encores soyons plus diligens s'il se peut, car c'est tout mon plaisir que d'aller à la chasse.

Des chiens morfondus & pelez en Esté.

DISCOVRS XI.

O. Ourquoy les chiens sont-ils si dangereux de perdre le poil en Esté; & d'estre rogneux, d'où procede tel accident? Car ie voy que les hommes sont moins suiets à la galle en telle saison, maladie qui se rapporte aucunement.

E. Il est veritable que ce qu'on dit galle aux hommes, c'est la rogne aux chiens, & que les hômes sont moins galleux en Esté qu'en Hyuer, parce qu'au moindre effort leur corps se vuide par la sueur, mais les chiens sont priuez de telle purgation, puis qu'ils n'ont des pores, estant leur peau si serrée, qu'ils ne suent iamais que de la langue, dont aux chaleurs que les chiens sont plus ardents à chasser pour sentir la chasse plus foible, il s'engendre en eux des humeurs qui leur causent telle maladie contagieuse : ce qui leur fait plus de mal, & leur fait tomber le poil ; ce sont les eaux qu'ils boiuent en campagne croupissantes & pourries, se iettans volontiers les chiens dedans pour se rafreschir & en boire leur saoul, ce qui les morfond & fait peler.

Que la rogne aux chiens est la galle aux hommes.

Que les chiens n'ont la peau poreuse & ne peuuêt suer.

O. Mais quel remede faites vous à tels chiens morfondus que vous dites?

E. Il faut les reposer, les bien traicter, & encores les purger par quelque vomicatoire, les tenant à la campagne, où ils puissent trouuer des herbes à leur gré. On les purge aussi auec de l'huile, y mettant du soulfre dedans ou de poudre de stafis agrea pour les vuider de haut & du bas, aussi on peut les faire mener aux eaux où sont les sangsües, pour leur faire tirer du sang, ou les oindre de l'huile de Geniéure, comme i'ay dit ailleurs, il y a plusieurs autres remedes à cét effect; ie vous dis seulement qu'on ne sçauroit empescher que les bons chiens ne se morfondent en Esté, si on les continuë à la chasse.

Pourquoy les chiens plus trauaillez en Esté & plus ardens : Ce qui les morfond.

Remede & purges pour les Chiens.

O. Mais comme faut-il faire pour conseruer les chiens d'oyseau en leur bonté, & si tant est qu'ils s'appesantissent, comme doit-on proceder pour les embonnir.

E. Il ne faut iamais permettre que les races de chiens s'entremeslent, & ceux qui ont de differents equipages de chasse t'en doiuent aduiser, car vn limier ou vn léurier, couurant vne espaniculle ou bracque, on ne doit esperer de telle ventrée que des chiens mestis.

O. Il est vray, & ie voy qu'il en est de mesme aux hommes. Car si vn Gentilhomme s'allie d'autres que de gens de sa qualité, les enfans qui sortiront de tel mariage tiendront tousiours de l'innoble, produisant la nature les choses semblables à soy, & les inclinations de tels enfans feront recognoistre le

Comparaison des races de chiens

D'où vient le declin de la vertu aux nobles.

meſlange, d'où vient qu'auiourd'huy on voit des nobles de nom & d'armes meſlangez, pencher du coſté de la vilenie.

E. Ie voudrois que pour l'aduenir ce fuſt vne loy parmy la nobleſſe d'y faire conſideration, ie ne dis pas qu'on ne puiſſe donner de ſes filles à d'inferieurs à ſa condition, car les Roys n'ont touſiours d'autres Roys pour leurs gendres.

O. I'ay ouy dire qu'on peut donner vne lettre à vn peſtiferé, mais non pas la receuoir.

Erreur.

E. Auſſi ceux qui eſtiment releuer leurs maiſons pour eſpouſer vne d'inferieure condition, cuidant ſortir de la boüe par ce moyen, ils s'y trouuent plus profonds qu'auparauant, outre que la rudeſſe de l'innoble ſe fait cognoiſtre par tout.

Trois rangs de nobles.

O. Mais dites moy puis que nous nous eſcartons de nos premiers diſcours, quel moyen y a-il pour s'annoblir du commencement?

E. La nobleſſe s'acquiert & commence par les armes, comme font les Royaumes, & les lettres s'entretiennent, il ſeroit auſſi honte aux gentils hommes de n'aymer les bons liures, non pas les liures de cautelles, qu'on dit de chicanerie, eſt indeuëment iuriſprudence.

O. Mais le Marchand ou le riche comme peut-il s'annoblir?

E. Hors des Princes il eſt de trois ſortes de Nobles. Les premiers ſont ceux qui par vn téps immemorial ſont tenus pour tels, & recogneus nobles, ayant rendu des ſeruices à ſon Roy, à l'exemple de leurs deuanciers. Les ſeconds ſont les magiſtrats qu'on dit nobleſſe literalle ou palatine, iſſus toutesfois de noble extraĉtiõ; les tiers ſont les nobles de ville; Pour les premiers on leur donne le nom de vaillans, magnanimes guerriers, & Gentils hommes releuez, tiltre que les autres n'ont pas, pour ne s'eſtre employez ny expoſez aux perils, ainſi que leurs predeceſſeurs, eſtant la cõſideration des anceſtres vn puiſſant eſguillon qui pouſſe les hommes à la vertu, la nobleſſe nouuellement acquiſe eſt vn merite perſonnel : Mais il y a touſiours quelque choſe de rude, quant aux magiſtrats, qui ne ſont de ſang noble, leur nobleſſe eſt aſſez recognuë & recompenſée, puis que tout ce qu'ils manient ſe conuertit en or; Pour les tiers qui ſont les nobles de ville, bié qu'ils n'ayent ny fief ny iuriſdiĉtion, ſi ſont-ils nobles, pourueu que par vne longue habitude de probité, ils ſe ſoient maintenus de pere à fils en de bõnes alliances, ſeruant touſiours fidellement le Roy, comme ils en ſont naturellement obligez. De ces trois ordres de Nobles quand ſa Majeſté fait quelque Ediĉt pour regler les habits ou autres choſes, on voit comme elle renge chacun à ſon rang, diſtinguant les vns des autres. Ce qu'on doit bien remarquer. Pour l'autre demande vous m'auez faite pour annoblir le Richard. Le prince le peut gratifier & le receuoir pour tel, mais s'il n'a d'autre nobleſſe acquiſe par les armes, il eſt plus digne de reproche que d'honneur, & peut-on le dire noble en parchemin:

Reſponſes de l'Empereur Maximiliã,

Car la vraye Nobleſſe doit eſtre acquiſe par des ſeruices ſignalez, rendus à la perte du ſang, & non acheptée à prix d'argent, ſur ce ſuiet l'Empereur

Maximilian respondit à vn riche bourgeois qui l'importunoit pour estre annobly ; que telle qualité de noble deuoit proceder de luy mesme : car comme dit le Poëte: *Horace.*

> *Fortes creantur fortibus & bonis,*
> *Est in iuuencis, est in equis patrum,*
> *Virtus : nec imbellem feroces:*
> *Progenerant Aquila columbam.*

Aussi on dit par prouerbe que toute sorte de bois n'est propre à faire des images, & que les nobles possedent sans peine ce que les autres peuuent difficilement acquerir auec beaucoup de trauail: ne voyez vous pas comme les Euangelistes se sont rendus curieux à dresser la genealogie du Sauueur du monde, pour nous faire voir qu'il voulut naistre de nobles parens? On voit à Rome dans l'Eglise sainct Pierre, comme sainct Paul est mis à la main droite pour estre nay Gentilhomme. On peut remarquer à la vie des saints Peres, que des cent, les nonante ont esté Princes ou seigneurs releuez, à tout le moins nobles de races ; qu'on s'informe dans les Religions, si les nobles n'y sont recogneuës tousiours les plus humbles & obediens ? car la Noblesse se fait voir par tout où elle est, & qui a l'honneur acquis, peut estre liberal à honorer autruy. *De la genealogie du Sauueur. Pourquoy S. Paul est mis à Rome à la droicte de S. Pierre. La pluspart des Saincts estoient nobles. Estans tousiours plus humbles que les autres.*

O. Les lettres sans autre tiltre feodal peuuent-elles annoblir vn homme?

E. Non, car l'exercice & la fonction du noble sont les armes : les lettres peuuent bien conseruer la noblesse quand elle est acquise, mais ie ne trouue que trois ordres au monde, qui furent commencées par les trois fils de Noé, dont le dernier peut atteindre au grade de deux, par la vaillance tant seulement : bien vous di-ie que le noble de sang s'il ne suit la trace de ses deuanciers, sa Noblesse est enseuelie par luy au tombeau de ses peres.

O. I'ay veu des personnes qui au sortir de la pedanterie s'orgueillissoient tellement de leur latin, qu'ils marchandoient pour exiger vn salut, se bouffissant de ce mot de Ciceron, quand il dit *cedant arma togæ.* *Ciceron.*

E. Ce dire de Ciceron ne fait pas pour telles gens, car il n'entendoit pas comme ils veulent l'expliquer, mais puis qu'ils veulent se seruir de ce grand orateur, qu'ils lisent ce qu'il dit sur le suiet *pro Murena*, contre Seruius Sulpicius, où ils trouueront ces mots *quis potest dubitare quin ad consulatum adipiscendum multo plus afferat dignitatis res militaris, quam iuris ciuilis gloria ?* Et en suite dit *rei militaris virtus præstat cæteris omnibus ?* Et passant plus outre on verra que tous les biens de la republique : *latent in tutela ac presidio bellicæ virtutis:* le les combats de leurs armes, car c'est Ciceron qui le dit, & en suite il continuë ainsi *summa dignitas est in ijs qui militari laude antecellunt, omnis enim quæ sunt in imperio & in statu ciuitatis, ab ijs deffendi & firmari putantur ; summa etiam vtilitas siquidem eorum consilia & periculo tum repub. tum etiam nostris rebus perfrui possumus* & au Deuteron. *Ciceron deffend la cause des nobles contre les chicaneurs. Louange pour les Caualliers par Ciceron. Deuteron. chap. I.*

Tuli de tribus vestris viros sapientes & nobiles, & constitui eos principes. Et Bartole mesme qui est leur patron dit, *in l. 1. C. de dignit. li. 12. n. 46. plebeium non posse ad dignitatem eligi* , & Albert ; *nobiliores eligi debere in præsides & magi-stratus , ratio est quia plebeij ad magistratus electi , timent facile nobiles & potentes. Nobiles autem non respiciunt personas , sed rectum & iustum iudicium* , Et en l'Ec-clesiaste. *Beata terra cuius res nobilis est.*

Aussi il semble que ces messieurs de longue robbe l'accordent, puisque sur leurs portes ils se parent de piques, de lances, de tambours & autres instru-mens militaires, dont s'ils croyoient par autre marque faire voir qu'ils sont nobles vous en verriez quelque figure de nouueau.

O. Ils feroient bien d'y mettre l'escritoire & la plume de harpie, auec la-quelle ils volent mieux & prennent plus que vous ne faites auec tous vos faucons, & ne vous esbahissez s'ils marchandent les saluts comme vous auez dit, & s'ils sont auares à rendre l'honneur, car ils en veulent acquerir, & puis ils en seront plus liberaux, & s'ils mettent des armes sur leurs portes, quãd

Pallas se veut parer, elle emprunte les armes de Mars: mais nous nous som-mes trop escartez, reuenons au discours de nos chiens, & dites moy si la cou-leur du poil nous peut donner quelque cognoissance ou quelque signe de bonté.

E. Non , le poil ne fait le chien bon ny mauuais, & ne peut que satisfaire à l'humeur du maistre , c'est assez qu'on obserue de n'entremesler les races comme i'ay dit.

O. Ceux qui veulent conseruer sa meutte toute d'vn poil, comme doiuent ils proceder.

E. Il faut recouurer quelque chienne de bonne race , & la faire couurir d'vn chien du poil que vous desirez , puis retenir de la ventrée le plus à vostre gré. Mais ce sera assez discouru sur ce suiet ; Parquoy nous finirons icy pour aller apres disner aux champs.

D'vne Chasse faite pres de la Sainte Baume.

DISCOVRS XII.

O. Ous souuient-il de la Chasse que nous fismes pres de la sainte Baume.

E. Ouy vrayement il me ressouuient fort bien que nous fus-mes à vn lieu dit la plaine de Nans, où nous trouuasmes assez beau voler, & en voicy le recit. Nous battismes la campagne dés le grand matin iusqu'à neuf heures, & fismes prise de dix perdreaux, & deux liéures. Nostre retraite fut vers la montagne qui n'est gueres distante de là, en veuë de la sainte cauerne ou la bien heureuse Magdelaine sœur du Lazare ressus-cité, fit autresfois sa penitence, & mena vne vie plustost Angelique que hu-maine, le lieu en retient les marques & la memoire. Nous estans retirez en

ce quar-

ce quartier pour nous garentir de l'ardeur du Soleil, nous prifmes place au
long d'vn ruiffeau, où par voftre foin, noftre difner nous attendoit, Dieu
fçait comme nous fufmes rigollez, & quel plaifir nous fut de nous voir heu-
reufement feftinez en vn lieu defert, ou noftre appetit, tel que de Chaffeurs,
fe feroit bien contenté d'vn moindre appareil. Apres le difner chacun
s'efcarte, qui d'vn cofté, qui de l'autre, cherchant l'ombrage fauorable à la
faifon, & la folitude encore pour repofer l'efprit & le corps enfemble, &
lors vn mien confident me fuit au lieu que i'auois choifi pour eftre feul, il
fait naiftre plufieurs difcours, en fin il m'ouurit fon cœur, & me communi-
qua quelques fecrettes afflictions auec des larmes & des regrets, qui euffent
efmeu tout autre qui l'auroit moins aimé que moy. I'efcoute auec patience
fon difcours fondé fur le defplaifir qu'il receuoit d'vn fien fils, lequel pour
l'auoir aimé par deffus les autres, il n'en auoit à prefent aucun refpect, &
toute forte d'ingratitude. Ie paffe fous filence, & pour bon refpect, fes particuliers difcours & mefcontentemens, & eftimant de faire mieux de les tai-
re que de les dire. La parole luy ayant failly en la bouche par le trop de tri-
fteffe, ie le confole en cette façon. Plufieurs auiourd'huy font touchez de
femblable malheur que le voftre, de plus ie ne fçay quelle difcretion deffend
aux peres de fe plaindre, & de pardonner à l'honneur de leurs propres enfans, car à dire vray, ie ne croy pas qu'il y ait au monde vn vice fi defnaturé &
generalement condamné, que l'ingratitude des enfans enuers les peres: puis
que la fimple ingratitude eft vn vice fi defcrié. Seneque parlant contre les
ingrats il vfe de femblables mots; *Ingratum dicis, omnia mala dicis*: Les Ba-
byloniens ont fupporté d'eftre taxez d'orgueil: les Hebrieux ont pardonné
à qui les accufoit d'enuie, les Thebains eftoient fuiets à l'ire, & en ont pa-
tienté le reproche: le mefme eft arriué aux Syriens, d'eftre foupçonnez d'a-
uarice, & de ne s'en eftre pas formalifez; les Sydoniens de gourmandife, &
les Egyptiens de Magie; mais il ne me fouuient d'auoir iamais ouy qu'aucune nation ait voulu fupporter le blafme d'ingratitude, comme d'vn vice directement contraire au droit des Gens, & à l'honneur de Dieu. Dauid n'en
voulut eftre feulement foupçonné, car parlant en foy mefme difoit: Mon
ame beny ton Seigneur, & te garde d'oublier fes bienfaits en iour de ta vie.
Il connoiffoit bien eftre vray ce que Pierre de Rauenne a dit du depuis, c'eft
qu'il n'y a chofe plus capable de prouoquer le Ciel à courroux que l'ingratitude, parquoy elle eft haye vniuerfellement. Et fi elle eft damnable de foy,
elle le doit eftre plus encores aux enfans qui en vfent à l'endroit de leurs
peres. Dieu parlant en pere par la bouche de fon Prophete, commence ainfi. Efcoute Ciel, efcoute terre, & reçoy mes paroles, car ie fuis le Seigneur
qui parle. I'ay nourry des enfans, ils m'ont mefprifé, le bœuf a connu fon
maiftre, & l'afne fon eftable, mais Ifrael ne m'a voulu connoiftre, ny mon
peuple m'ouyr. Ceux qui ont des enfans ingrats, fi n'eftoit que ce feroit à
prouoquer l'ire de Dieu contre fon fang, il faudroit faire vn cicatoire gene-

N n n

Du deuoir des enfans. ral, & appeller le Ciel & tout le monde pour venir condamner telle ingratitude plus que brutale. Le deuoir des enfans est si grand, que le commandement d'honorer pere & mere estoit escrit aux deux tables de Moyse pour estre commandement diuin & humain. Et ie dy encore que si le pere se trouue malade, & en danger de mort, & l'enfant du fils en soit de mesme, le fils doit plus tost secourir son pere, que son propre enfant, bien que l'amour y soit plus grand, parce que la debte du fils au pere est plus priuilegiee.

Miltiades Miltiades Capitaine Athenien estant accusé de Peculat, auoit vn fils nommé Simon, qui vendit sa propre liberté, pour payer pour son pere, bien qu'il fust ià mort dans la prison. Or pensez, que pouuoit-il faire plus, s'il eust esté encores viuant, puis que ce n'estoit que pour luy donner sepulture ?

Manlius. Manlius Torquat, pour tirer son pere des mains du Tribun Pomponius qui le vouloit perdre par plusieurs crimes, & pour traicter son fils en beste, le faisant labourer comme vn bœuf : Ce mesme fils Manlius tascha de surprendre le Tribun dans son lict, & luy tenant le poignard à la gorge, le fit iurer qu'il relascheroit son pere sans punition, estimant plustost souffrir la rigueur d'vn tel pere, que de le voir punir. Mais laissons les exemples de l'antiquité, soit de l'obeyssance d'Isaac, & d'vn nombre infiny d'autres, qui ont tesmoigné leur bonne inclination au peril de leur vie, mesme pour nourrir leurs peres de moüelles dans des cachots, & venons à ceux qui ont fait autrement,

Cham. Cham fut des premiers qui se mocqua de la nudité de son pere, aussi en receut-il la malediction paternelle en sa lignée, & de son ingratitude en sortit le premier seruage qui fut au monde.

Sem. Sem fut reconnoissant, & couurit sa honte, dequoy il eut de grandes recompenses de Dieu. Or la punition ne peut faillir à ceux qui mesprisent leur pere, & nous en voyons des exemples tous les iours. Mais, luy di-ie, vous ne deuez desirer d'estre vengé du tort que vostre fils vous fait, au contraire, priez Dieu qu'il change sa mauuaise volonté, afin que vous ne le voyez puny comme d'autres qui meurent cent fois le iour sans pouuoir mourir, & semble que tels soiét encore viuans pour vn double bien, l'vn afin qu'ils facent penitence, & l'autre pour seruir d'exemple au public. Ayant fait tout mon possible pour côsoler ce mien amy, ie le prie de me laisser reposer seul, ce qu'il fit, ie demeure sous les arbres où nous estions, & ie tasche de m'endormir, mais il ne fut possible, car i'auois le cœur blessé de la fascherie de ce mien confident, qui n'osoit presque ouurir sa bouche pour me diuulguer ce qu'il souffroit de ses propres enfans. En cette espace de téps ie tire de ma poche des tablettes que i'auois, & commence de tracer les vers qui s'ensuiuent, raciocinant sur les miseres & sur l'inconstance de ce monde. Ayant deuant les yeux le lieu qui m'estoit proche & en perspectiue où la saincte pecheresse auoit si longuement demeuré penitente.

MEDITATION SVR LES MISERES
du monde, faite eſtant au bois de la ſainĉte
Baume, le mois d'Aouſt paſſé.

I.

Beau rocher, antre retentiſſant,
Et vous foreſt qui de voſtre fueillage
En ce chaud mois la freſcheur nous rendez:
Doux ruiſſelets qui baignez en paſſant
Les belles fleurs qui ſont en cét ombrage,
Faites ſilence & mon mal entendez.

II.

Si quelque Paul eſtoit icy caché,
Quelque Anthonin, ou quelque Magdelaine,
Ou qu'en ce lieu autre ce fut rendu
Pour eſtre au cœur d'vn ſainĉt Amour touché;
Doux ventolins, retenez voſtre haleine
Afin que mieux mon dueil ſoit entendu.

III.

Vous tuis mouſſeux, eſtres & pins gommeux,
Houx, cheſnes vers, de ce bois ſolitaire,
O quel bon heur de faire ſon ſeiour
Sous vos rameaux, ie ſerois trop heureux.
Si ie pouuois prendre icy mon repaire
Pour mediter iuſqu'à mon dernier iour.

I V.

Tout eſt muable en ce monde inconſtant,
Qui ſert les grands, il marche ſur le verre,
Les marys ſont de leurs femmes blaſmez,
Et les enfans changent en vn inſtant,
Bref, il n'eſt rien d'eſtably ſur la terre
Que le bon Dieu qui ne change iamais.

V.

Iob qui ſe voit pourry ſur le fumier
Voulant donner aux fils d'Adam du blaſme,

Le trait plus fort qu'il lascha sur ce point,
Fut par ce mot proferé tout premier,
Luy reprochant estre né d'vne femme,
Trouuant meilleur que cela ne fust point.

VI.

Noé fut iuste & seruiteur de Dieu,
Cam neantmoins, son fils, le vitupere
Lors qu'il deuoit le seruir pour appuy:
Mais l'ayant veu enyuré sur le lieu
Il descouurit la honte de son pere,
Et fut maudit pour se rire de luy.

VII.

Quel creue-cœur sent l'homme de se voir
En ses vieux ans payé d'ingratitude,
Soit de sa femme, ou bien d'vn sien enfant:
Si ne doit-on lors qu'on s'en veut douloir
Dire son mal hors de la solitude,
Car en public l'honneur nous le deffend.

VIII.

Mais si ce faire augmente la douleur,
Et d'autant plus se rend insupportable,
En ce combat que doit-on deuenir?
Se complaignant de viure en tel malheur,
On peut seruir d'exemple memorable
A ceux qui sont pour viure à l'aduenir.

IX.

Non, il ne faut qu'au seul Dieu esperer,
Il cherit l'homme & iamais ne l'oublie,
En son sainct nom il se faut confier,
Que iour & nuict, & iusques au mourir
D'oresnauant ie n'employe ma vie
Qu'à le seruir & le glorifier.

X.

Seigneur qui es si soigneux de nos biens,
Parfait amant qui tousiours continuë,
O doux Iesus! remply de tant d'ardeur
Qui te porta à la croix pour les tiens,

Bruſlé d'amour d'vne flamme incogneuë,
Eſchauffe en moy la glace de mon cœur.

XI.

I'ay mon erreur auiourd'huy en deſdain,
Ayant ſuiuy ſi long temps les delices,
Dont ie fremis en regardant les Cieux
Car i'ay eſté pecheur, & ſi mondain
Que ie ne ſçay, accuſé de mes vices,
D'auoir recours qu'aux larmes de mes yeux.

XII.

Tu vois, Seigneur, que ie ſuis combattu
De mille obiects qui cauſent ma miſere,
Que le remords que ie ſens du paſſé
M'a ià remis ſans force & ſans vertu,
Dont ie mourrois, ſi n'eſtoit que i'eſpere
Que mon peché par toy ſoit effacé.

XIII.

Ie ne veux plus ſuiure ce faux honneur,
Où les mondains fondent leur eſperance,
Dreſſe a ton Dieu, mon ame, des Autels,
Comme eſtant luy le liberal donneur:
Et tu verras quelle eſt la difference
De le ſeruir, & ſeruir les mortels.

XIV.

Si les grands ſont des hommes comme nous,
Faits comme nous d'vne meſme matiere,
Si comme nous ils endurent des maux:
Dequoy nous ſert de fléchir les genoux
A ce qui n'eſt que terre & que pouſſiere,
Veu qu'à mourir nous ſommes tous égaux.

XV.

Oublie donc, mon ame, la douceur
De ces faux heurs qu'on reçoit dans le monde,
N'ayes recours qu'à la diuinité:
Que ſon ſainct nom ſoit eſcrit en ton cœur,
Et qu'en luy ſeul ton attente ſe fonde,
Car hors de là, ce n'eſt que vanité.

E. Ayant tracé ces vers ie les baille à vn pour les porter à cét affligé, qui les receut auec beaucoup de confolation.

O. Le plus grand foulagement qu'on aye aux fafcheries, c'eft de trouuer auec qui parler de fon mal. Mais ie vous diray que c'eft la couftume des fouffrans, de fe croire toufiours les plus mal traictez.

E. Il eft vray, toutesfois il s'en voit auffi de plus affligez, car fi

> *Iob fut mefprifé de fa femme,*
>
> *Noé fut mocqué par fon fils:*
>
> *Mais quand ces deux troublent noftre ame*
>
> *Le mal en eft encore pis.*

O. Quittons, ie vous fupplie, ces fafcheux difcours, vous me rendez melancolique & plein de regret.

E. I'acheueray donc le recit de noftre Chaffe de Nans. Deux heures apres midy eftans venuës, nous montons à cheual pour nous retirer à Tournes en chaffant, ayant arrefté en cét ombrage cinq bonnes heures pour repofer nos chiens, & nos cheuaux, noftre quefte fut commencée en terre de Rogies, où nous prenons quelques perdreaux, & vn renard que nos léuriers firent mourir. Ainfi nous gaignons le chafteau de Tournes, touché d'humeur trifte en moy, pour auoir en la tefte la fafcherie de mon amy, & la reprefentation de la penitence que la faincte Magdelaine auoit faite durant trente ans au roc que i'auois tant contemplé. Et en cette confideration en chemin faifant, ces vers furent tracez auec intention que ce feroit au lendemain que ie me retireray chez moy.

> *Trois poincts font troublant mon efprit,*
>
> *Que ie voudrois bien qu'on m'apprit,*
>
> *Le premier, de ffauoir mon heure,*
>
> *L'autre qu'elle fera ma mort,*
>
> *Mais le tiers me trouble plus fort,*
>
> *Doutant où fera ma demeure.*

LES DERNIERES RESOLVTIONS

*des Fauconniers, où se voit comme Robert de Sicile, de
Ierusalem, & de Naples, fut le premier qui vola les Hairons
en Prouence, & apres luy Louys, mary de Ieanne premiere,
auec vn brief, mais veritable, recit de l'histoire de cette Reyne,
faussement accusée par les inuaseurs de son Estat.*

O. **D**Epuis quand la Fauconnerie se pratique-elle en Prouence, & quels ont esté ceux qui ont volé les premiers en
ce pays?

E. I'estime que nostre Noblesse a de long temps l'vsage du vol des perdrix, ayant nous la commodité des ai-
res, & encore des oyseaux de passage qu'on y prend, mais pour le vol du Heron & de l'Ostarde, aucun ne les auoit pratiquez en Prouence auant le
Comte Robert, Roy de Naples, qui commença le premier, ainsi que i'ay leu
en de vieilles pancartes de poësies de nos Poëtes Prouençaux; où se trouue
que ce Roy chassoit en la craux d'Arles, où il voloit les Ostardes, & faisoit
secourir les oyseaux par des léuriers dressez à tuer les poules d'inde, ou les
paons, & de la sorte on les eschauffoit à ces gros gibier, estans, comme on
sçait les Ostardes fort vistes à leur course, estans à terre; telles poësies
estoient à la loüange des bons oyseaux de ce Roy. Si les paroles estoient
intelligibles aux François, ie les mettrois icy. Quoy qu'il en soit, i'ay appris
en ces escrits que ce Prince se delectoit de chasser encore à Aix, au quartier
dit à present, le Robert, en sa memoire, pour estre reserué pour son plaisir:
en sorte que nul n'en osoit approcher. On dit encore de Louys mary de Ieanne premiere qu'estant luy en Prouence, ayant sceu que ce beau lieu de Chasse portoit le nom de son deuancier, voulut que le ruisseau proche de là dit
auparauant Valabres, fust nommé du nom de Louines, ou bien Luines, deriuant de ce nom de Louys. La quantité des Hairons estoit pour lors telle
en ce ruisseau & prairies d'autour, qu'on en trouuoit abondamment. Ils
faisoient leurs petits sur des grands ormes que le lieu produit naturellement, & les Hairons s'y plaisent si bien encores auiourd'huy, qu'il s'en voit
tousiours quelqu'vn, en sorte que sans les arquebusiers qui les espouäntent,
on y en verroit quantité.

O. Mais, puis que vous nous parlez de la Reyne Ieanne premiere, dites nous s'il vous plaift la verité de fon hiftoire, car on l'a efcrite diuerfement.

E. C'eft vne honte que iufques à prefent on n'ait veu quelqu'vn parmy tant d'hommes capables, qui ait voulu prendre la deffence d'vne Reyne fauffement accufée: Si les fubiets & iufticiables de l'eftat de Naples, qui pouuoient craindre & redouter la tyrannie de Charles de Duras vfurpateur, ou de fes fucceffeurs, n'ont peu fe contenir de murmurer, & d'efcrire vn acte fi fcandaleux qui fut fait à la mort de cette Reyne Ieanne; que deuoient faire les François à qui l'iniure auoit touché de plus pres. N'eft-ce pas vne lafcheté, que nous ayans fouffert les fauffetez aduancees par des hiftoriens mercenaires, blafmant la reputation d'vne des plus deuotes & fages Princeffes qui ait iamais efté. L'honneur des Dames eftoit fi cher & recommandé aux Caualliers François du temps iadis, & nous voyons auiourd'huy qu'on blafme encores par efcrit vne Reyne innocente. Et qui fe font coulez 164. années fans qu'il y ait aucun qui fe foit prefenté pour fouftenir fa caufe. Or puis que vous m'en auez requis ie vous en diray la verité. Ceux qui ont efcrit la calomnie du pretendu affaffinat, inuenterent les premiers beaucoup de mefchancetez: mais la verité de l'hiftoire eft de cette forte.

Ieanne fut fille du Sereniffime Charles d'Anjou, Duc de Calabre, fils aifné de Robert Roy de Ierufalem, de Sicile, Comte de Prouence, de Forqualquier, de Piemont, & autres pays. Et de Marie fœur de Philippes Roy de France. Elle commença de regner à Naples en l'aage de quinze ans ou enuiron, fuiuant la difpofition de fon ayeul. Elle eftoit doüee de toutes les graces & perfections qui fe pouuoient defirer en vne Princeffe, tant de fon corps qu'en fon efprit. Et recognoiffant elle d'auoir affez de capacité pour conduire les affaires de fon eftat, fe refolut de les faire fans qu'autre s'en meflaft, principalement André fon mary, fils d'Elizabeth Reyne de Hongrie, qui en auoit quelque deffein. Bref, elle vouloit regner fans contredit, & ne voulut iamais permettre à fon efpoux de porter le nom de Roy de Naples, mefme qu'il auoit efté ainfi conuenu au contract de leur mariage. Au contraire, André ne ceffa iamais en fon ame fes pretentions, & d'auoir quelque haine fecrette contre ceux qui eftoient du confeil de Ieanne, eftimant ne luy eftre affectionnez; ces grabuges n'agreoient pas beaucoup à cette Reyne, mais non à la porter à ce poinct, de conceuoir aucune mauuaife volonté contre fon efpoux, bien vouloit elle fe roidir pour eftre abfoluë en fon Royaume, & difpofer des offices à fa difcretion.

Parmy la refiftance de Ieanne, & l'ambition d'André, ceux que ledit Prince n'aimoit pas, entrerent en apprehenfion pour la groffeffe de Ieanne, & creurent que fi elle accouchoit d'vn fils, leurs affaires pourroient changer, ce qui fut caufe qu'ils entreprindrent le parricide commis en la perfonne d'André. Acte tres-horrible & pernicieux, dont Ieanne en fit faire par fa pourfuite vne punition exemplaire. Or mon intention n'eft pas de m'eftendre fur toutes les chofes particulieres de cette hiftoire, i'en lairray le foin à

des meildes meilleures plumes ; ie veux seulement blasmer auec iuste raison ceux qui ont accusé cette Reine d'auoir cõsenty à la mort d'André, chose à laquelle on ne doit pas mesme penser. Estant si deuote & craignát Dieu, suiuant l'exéple de ses ayeuls S. Louys Roy de Frãce, & du glorieux & tres-humble religieux de S. François autre S. Louys neueu de ce Roy, qui fut Euesque de Tholose.

Aussi les ennemis de cette Reine n'ont peu se retenir d'en bien dire parlant de sa grande deuotion. Et par là on voit clairement la fausseté de leur histoire : & ceux qui du depuis ont escrit, & suiuy leur trace, monstrent qu'ils n'ont pas eu bon iugement de ne l'auoir connu.

Quand à la prophetie qu'ils auancent contenant ces mots *Ioanna marita-bitur cum alio*, qu'ils ont expliquée aux quatre lettres de A, L, I, O, les quatre maris de Ieanne, qui furent André Duc de Calabre, Louys de Tarante, Iacques d'Arragon, & Otton de Bronsuic, Prince Alleman. C'est vne curieuse recherche & vrayement diabolique , & ie ne croy pas qu'on ne descouure par là l'imposture, & qu'on ne iuge que telles detra&tions prouenoient des meurtriers de cette innocente. La detestable conspiration fut executée au Chasteau de Mure, ou Ieanne fut cruellement bruslée par le moyen de quelque quantité de poudre, n'ayant les executeurs assez de courage pour mettre la main au sang Royal : puis son corps fut porté & mis dans l'Eglise de sain&te Claire, toute proche de son pere, ou se void auiourd'huy sa statuë honorablement releuée en marbre.

La veritable occasion de l'entreprise de la faire mourir, fut que le Pape Vrbain VI. pensoit par la faueur de Charles de Duras faire grands ses neueux & parents, & croyoit qu'ils seroient mieux trai&ctez de luy que de Ieanne.

On verra au fueillet 43 2. de Sumonte Historien Neapolitain , comme en ces broüilleries le Pape Clement, qui debattoit la Chaire de Sain&ct Pierre pour lors, la print en sa prote&ction, & la declara innocente de telle calomnie, enuoyant vn Legat vers le Roy d'Hongrie pour luy enioindre de ne la troubler, mais quelle responce que ce Roy fit pour lors, il ne se garda pas de continuer sa pernicieuse entreprise, qui estoit de changer l'Estat Napolitain.

Au mesme lieu de l'Autheur allegué on peut voir comme lors que la Reyne Ieanne se retira en Prouence auec Louys son second mary, que tous ceux du Royaume de Naples estoiét le long du iour en prieres pour le desir qu'ils auoient de reuoir leur Reine de retour : & la plus, part estoient en larmes, parlant incessamment du regret de son absence. Au cõtraire, lors que le Roy d'Hongrie vint s'emparer de Naples , les citoyens , & tout le peuple monstroient en leur visage la tristesse qu'ils auoient, & que la venuë d'vn tel Roy vsurpateur, leur estoit insupportable : & quand il en partit, chacun tesmoigna qu'ils estimoient estre eschappez de la main d'vn barbare. Et dauantage que tel depart leur estoit comme vne deliurance d'vne pure tyrannie ; en quoy on recognoist l'amour que les suiets de cette Reine portoiét à sa bonté, ce qui n'eust esté si elle eust esté autre que Royalement vertueuse. Et de fait les supplices & grieues punitions qui furent faites publiquement , peuuent dementir ses calomniateurs. La mort de Bertrand, des deux courraux & des autres grands de sa Cour doiuent fermer la bouche à tous ceux qui voudront la blasmer. Auroit elle fait telles poursuites, & faire mettre des placars à toutes les Eglises & places publiques, & encore par tout le pays ou les arrests prononcez de sa bouche mesme, estoient notifiez à tous, & publiez encore aux pays estrangers ? Mais si elle eust esté impudique & suiette au changement, comme aucuns ont aduancé, eust elle donné l'oreille au conseil du Pape par qui elle fut persuadée de se remarier pour le bien de son Royaume ? Eust-elle encore escouté les Ambassadeurs du Roy de France qui la solicitoient d'espouser le Prince de Tarante ? chacun sçait assez que le mariage ne conuient pas aux femmes qui aiment l'illicite amour.

Ce qui tesmoigne encore qu'elle estoit pudique, c'est qu'elle fut tousiours recherchée par des plus grands Princes de son temps : & faut iuger qu'en se remariant, elle le faisoit pour le soustien de son Estat, ne pouuant les femmes pour genereuses qu'elles soient, conuerser honorablement parmy les gens de guerre, mesmes en leur viduité ; raison indubitable, que par tel suiet elle se remaria iusques à quatre fois.

Que si elle eust esté lubrique, elle eust tenu quelque mignon qui l'eust seruie, & n'eust eu soin que de la complaire, voire mesme quelque homme de moindre qualité pour le commander plus absoluement. Au contraire, elle n'espousa iamais aucun qui ne fut son esgal, & si la fortune ne fut fauorable à cette diuersité de mariage, elle en a esté la plus dolente, & receu plus de mescontentement : Mais on ne voit guere que l'Empire des Princesses ieunes & belles, se passe sans murmure & calomnie : tous les malcontens de leur Cour buttent au blanc de leur honneur.

Perdez l'opinion que Ieanne ait iamais esté autre que toute remplie d'honneur, de pieté, & de vertu. Elle fut persecutée : voyez par qui, & quels furent ses ennemis : Considerant tout, mesme leur fin, prenant garde à l'antiphatie qui se trouue entre les bons & les mauuais, vous tirerez cette consequence, qu'elle estoit comblée de bonté. Les plus parfaits, sont tousiours troublez par les meschás, mais leur fin se voit differente, aussi la mort de ceux qui comploterent contre cette Reine, vous fera connoistre comme Dieu venge le tort qu'on fait à ceux qui n'ont moyen de se renenger.

Et vous Escriuains mercenaires de ce temps là, vous trouuez, ie m'asseure à present la remuneration de vos calomnies, auec ceux qui ont employé vos plumes pour couurir leurs impietez ; mais leur mal ne guarit le vostre. Pour les Escriuains qui à sang froid ont suiuy vostre mesdisance, seront-ils moins coulpables ? Non vrayement, car ils deuoient considerer la corruption du temps d'alors, qui estoit depraué de telle sorte, que les Monarques plus asseurez en leurs Estats estoient en peine de se conseruer : Aussi le siege de Rome estoit occupé par les armes. Ils deuoient employer leur encre pour la deffence de cette Reine, puis qu'elle meritoit des couronnes de gloire, & non de mespris.

Ie conseille à ceux qui ont mal escrit d'elle, de battre leur poictrine, & puis que publiquemement ils l'ont faussemét accusée, ayant suiuy les inuentions des inuaseurs de l'Estat Napolitain, que de leur mesme plume ils reparent leur faute; car puisque la Reine de laquelle ie parle fit vne si exacte diligéce à faire punir les parricides & assassins d'André son mary, & qu'elle n'espargna rien pour les faire chastier de punition exémplaire, mesme que pour en faire le chastiment par deuë information, elle employa le Legat du Pape pour lors se trouuant à sa Cour, cela deuoit suffire pour la faire cognoistre innocente.

Elle mesme prononçoit les Arrests de mort de sa bouche contre les coulpables, qui furent executez en personne, & contre les fuitifs encore, monstrant en euidence son indignation. Elle demeura enceinte de ce mary, dont en nasquit vn fils nommé Charles Martel, qui fut Duc de Calabre.

Il est encores à remarquer que la pluspart de ceux qui ont osé blasmer cette Reine, ont esté comme contraints de se desmentir, & forcez de se desdire: car en leurs escrits ils content qu'elle estoit veritablement Reine, qui reluisoit entre les plus parfaites qui porta iamais Couronne, tenant plus de l'estre diuin, que de l'humain, mais apres auoir donné le coup ils voudroient cacher le bras. Quand on escrit des choses si importantes, on doit bien les considerer, pour se garder d'escrire faux.

Ie reuiens à Ieanne, de qui l'ame est au Ciel, iouyssant du salaire de sa pieté. Les biens qu'elle donna aux Eglises, les religieux des Conuents qu'elle fit bastir, les prieres de ses vassaux qui l'aimoient & tenoient si chere, ses vœux à pieds nuds qu'elle faisoit, & tant d'œuures pies qu'elle exerçoit, l'ont conduite au Royaume celeste, exempte de crainte des conspirateurs: si elle fut Reine de Ierusalem, de Sicile, d'Anjou, Comtesse de Prouence, de Forqualquier, de Piedmont, & si elle domina les Campaniens, les Luquois, les Bruciens, les Salantins, ceux de Calabre, les Darniens, les Vestiens, les Samnites, les Pelagiens, les Marses, & sur tant de peuples elle regne à cette heure au ciel en repos & en paix.

O. Vostre recit de l'histoire de Ieanne premiere, m'a touché au cœur, ayant ouy de vostre bouche comme elle fut traitée cruellement, sans aucune assistance, ny vengeance, par ceux à qui l'honneur les deuoit connier d'en tirer raison. Mais Dieu qui fut iuge & tesmoin d'vn tel assassinat, commis sous le voile d'vne fausse accusation, ne permit que les inuaseurs de l'Estat Napolitain en eussent longue iouyssance. Or ie suis d'aduis de nous remettre sur les voyes de nos chasses, pour chasser de nos esprits la tristesse qui s'y est glissée, par le recit que vous nous auez fait, bien que ie ne voudrois ignorer ce que nous auons appris de cette histoire, attendu la contrarieté des Escriuains. Aucuns disent que la calomnie laisse tousiours quelque tache & difformité, mon opinion n'est pas telle, & ie croy que les impostures descouuertes sont comme le sauon qui blanchit le linge; rendant les personnes plus glorieuses & pleines d'honneur.

LETTRES DE PHILOIERAX

A PHILOFALCO.

OV SONT CONTENVS LES MALADIES
des oyſeaux, & les remedes pour les guerir.

A ROVEN,

Chez

FRANCOIS VAVLTIER,
fous la porte du Palais, pres la Baſtille.

ET

IACQVES BESONGNE,
dans la Cour du Palais.

M. DC. XLIII.

SVR LE RECVEIL DE
ſes Lettres.

E trouuant le premier iour du mois paſſé à Eſparron, pour viſiter le Seigneur du lieu, en l'affliction qu'il auoit de la perte d'vn ſien cher amy, contemporain, qui raffraiſchiſſoit ſa playe, de quatre de ſes fils cheualiers, ià morts, de l'ordre de S. Iean de Hieruſalem. Apres auoir diſcouru ſur les miſeres de la vie humaine, il me fit entrer dans ſon cabinet, où il me monſtra vn bon nombre de lettres du dernier decedé adreſſées à luy, auec les reſponces, à quoy ie prins tant de gouſt, pour y reconnoiſtre vne franche & cordiale amitié, longuement entretenuë entre deux amis, qui fut cauſe que ie me deliberay de luy en demander la lecture, pendant que ſeiournerois chez luy : Or ie fis plus, car ie les allay tranſcrire ſi promptement que ie pûs tout au long, auec deſſein que telles lettres ſeroient miſes ſous la preſſe, puis que ie m'en retournois à Paris dans peu de iours, eſtimant que ce ſeroit dommage au public qu'elles fuſſent perduës, attendu les belles remarques & curieuſes recherches qu'on pouuoit y trouuer. Mais n'y cherchez pas, Lecteur, des diſcours fleuris, fardez, ou empoulez;

vous n'y trouuerez sinon ce qui se doit dire pour se rendre intelligible, aussi ce sont lettres entre Cheualiers, & Chasseurs, qui n'ont autre ornement que leur suiect, auec vn langage tout nud, & nayf. Receuez donc ma bonne volonté, & le soin que i'ay eu de tirer ces lettres d'vn lieu où elles n'eussent iamais veu le iour. N'y ayant mis du mien que les indices, & les tiltres, pour monstrer les matieres qu'elles contiennent. Or ie m'esbahis qu'aucuns n'ayent trouué bon que le sieur d'Esparron aye rendu la Fauconnerie si facile, & par ce moyen trop commune: dont ie ne leur fais autre responce, fors que c'est vn mesme reproche, que fut fait à l'Aristote par Alexandre le Grand: & en voicy les mots, *Doleo quod tam benè, & clarè Philosophiam scripseris.* Où Aristote respond: *Ne doleas vt enim mea præcipiatur Philosophia, Aristotelis intellectus requiritur.* Aussi leur dire n'offence pas son honneur, il a tout prins & apprins de ses predecesseurs. Car Elisée Arcussia Comte de Capre, qui fut general des galeres de l'Empereur Federic Barberouce, en l'année 119 . deuancier du sieur d'Esparron au 12. degré, faisoit chasser des tendeurs, pour prendre (dans ses terres de l'Isle de Capre, où il y a grand passage) des Faucons, Sacres, & Laniers, desquels il faisoit des presens à l'Empereur susdit. Et apres luy, Pancellus son fils continua tels presens, mesme des oyseaux tous dressez, à l'Empereur H. VI. qui aimoit la Fauconnerie auec passion. Les Escriuains de ce temps le nous tesmoignent.

Plusieurs, qui ont escrit l'Histoire de Naples, soit Collennucio Constanze, Grio Villani, Sumonte, Iullio Cæsare, Capacio, & autres, nous apprennent quel rang a tenu la

EPISTRE.

nu la famille des Arcuſſias. Voicy ce qu'en dit le dernier, apres tous les autres. *Elizeus Arcuſſius Caprearum dominus, claſſis Imperatoriæ (Friderici ſcilicet) Præfectus, Magdalenam filiam Chiſtophoro nobiliſſimo viro, ex Germania aduenienti collocauit anno 1190. Elizeus filius obijt anno 220. Panzellus Arcuſſius, plurimorum dominus, nauigiorum deffunctus anno 1304. Iacobus Arcuſſius magnus Camberlanus creatus poſt Raymundum Balzium Soleti Comitem anno 1376. cum Maramalda quoque familia coniunctus, cui nummum cudere licuit, cum ſuis & Ioannæ inſignibus*, de laquelle monnoye les autheurs ſuſdits nous font monſtre. Autant en diſent les autres Hiſtoriens, & s'accordent tous parlant de ſa mort, repreſentans en leurs liures, le tombeau dudit Comte Iacques de Capre, qui ſe voit au iourd'huy en marbre dans l'Egliſe des Chartreux, qu'il fit baſtir luy viuant, & en laquelle il mourut : dont en voicy l'Epitaphe. *Clauditur hoc Tumulo Magnificus dominus Iacobus Arcuſſius de Capro, Regni Siciliæ magnus Camerarius, Comeſque Minorbini, & Altemuræ dominus, ſacri huius Monaſterij fundator, deffunctus anno domini* MCCCLXXXVI. *die* XXIIII. *Nouembris.*

Ianuncio Arcuſſia, fils aiſné de Iacques, fut mary de Laudune de Sabrano, comme ſe voit aux Archifs du Roy en la ville d'Aix, & au regiſtre Maria, y conſerué, & tiré, des regiſtres de Naples, en date de 1386. & le 20. Septembre, ladite Laudune, fut fille vnique de Guillermi de Sabrano, frere & heritier de S. Elzias.

Il ſe trouue encore les hommages faits, par ce Comte Iacques aux meſmes Archifs, pour les places de l'Iſle de S. Geniez, & ſes dependances, qu'on nomme à preſent l'Iſle

de Martigues : au regiſtre dit *pergamenorum*, fueillet trente
quatre : autre hommage pour Tourues, & ſa valée, au
meſme lieu. On peut eſtimer le rang que tenoit ce Comte
Iacques Arcuſſia, puis que ſes hommages eſtoient faits
par procureur en la prouince : dequoy vn des plus illuſtres
du pays auoit la commiſſion, & en voicy les tiltres ; *Nobi-*
lis & egregius vir Guigonetus Gerenti, Dominus de Geminis,
Magiſter rationalis, & Vicarius generalis in prouincia terrarum
magnifici viri Domini Iacobi Arcuſſia de Capro, Comitis Minor-
bini & Altemuæ domini.

Ianuncio demeura à Naples, & François ſon frere pour
ſuiure le party de la maiſon d'Anjou, fut contrainct de ſe
retirer en Prouence auec quelques recompences de la Reine Ieanne premiere, & mourut en l'armée nauale, ſautant
armé d'vne galere en vne autre. On verra ſa mort en l'autre tiltre des Archifs du Roy à Aix, *Armorum fol.* 140. auquel lieu ſe trouuera, cóme Morette de Balbe ſe preſenta
à la Reine Marie, luy demandant la confirmation des
donnations faites à ſon mary, luy repreſentant ſon ventre, dont elle en obtint tout ce qu'elle luy demanda, en-
ioignant ſa Maieſté à ladite Comteſſe, que ſi elle faiſoit
vn fils, qu'elle vouloit qu'il portaſt le nom de Louys, ce
qui fut fait.

Louys fut mary de Catherine de Caſtelane, fille aiſnée
du Baron d'Allemagne : & mourut 1460. faiſant ſon te-
ſtament, auec ſubſtitution, qui s'eſt eſtenduë iuſques à
Charles d'auiourd'huy, il laiſſa deux fils Honoré & François. Honoré fit branche en la maiſon de Tourues. François fut mary de Magdelaine Vicomteſſe d'Eſparron, &
mourut l'an 1497. ſon tombeau ſe voit dans l'Egliſe no-

EPISTRE.

ſtre Dame, audit lieu, ne laiſſant qu'vn fils nommé Iean.

Iean d'Arcuſſia, laiſſa Gaſpard, mary de Marguerite de Glandeues ; & mourut l'an 1554. & le 25. de Iuillet, ne laiſſant qu'vn fils vnique qui eſt le ſieur d'Eſparron d'auiourd'huy, & deux filles.

Charles eſt mary de Marguerite Forbine de Ianſon, de laquelle ſont nais 22. enfans, 15. maſles & 7. filles, dont l'aiſné a eſté marié du depuis ayant pluſieurs enfans. Les obligations que i'ay à ce Seigneur m'ont porté à telle recherche ſur ſa genealogie. Or preuoyant moy, que ledit ſieur n'auroit agreable, que ces lettres fuſſent veuës ſous ſon nom, elles porteront le tiltre de Philoierax à Philofalco.

I. D. P. Docteur en Theologie.

COMPLOT DES OYSEAVX
de Fauconnerie.

Hiloierax si ton sçauoir
Nous a mis en main le pouuoir
De seruir les plus grands Monarques:
Sçaches que d'vn commun accord
Nous empescherons que les Parques
Ne conspirent iamais ta mort.

Et quand ton esprit vers les Cieux,
Pour aller rechercher son mieux,
Fera sa derniere retraicte;
Nous auons l'œil à ce dessain,
Afin qu'en cette longue traicte
Nous puissions te faire le train.

I. D. P. Docteur en Theologie.

SOMMAIRE ABBREGE' DES MATIERES
qui se traictent en ces lettres de Philoierax à Philofalco.

SIXIESME PARTIE
DE LA FAVCONNERIE DV
SIEVR D'ESPARRON.

CONTENANT SES DERNIERES
LETTRES.

LETTRE PREMIERE.

ONSIEVR, vous trouuez estrange de mon declin au plaisir que i'auois accoustumé de prendre à voler ; c'est la verité
que ie n'y suis plus porté de tant d'ardeur, si ie n'y suis accompagné de quelqu'vn qui vienne me visiter : car c'est mon
delice de me voir à la chasse auec quelque nouuelle compagnie, & d'amis confidens, mais auec ses domestiques seulement, l'ennuy me saisit aussi tost ; quand ie monte à cheual auiourd'huy,
c'est pour l'entretient de ma santé, & à cette occasion ie me dis encore Chasseur, dont ce m'est presque vne chose forcée. Or la perte, & l'esloignement
de mes contemporains & chers amis m'en a osté le goust, & mesme de vous,
auec qui ie desireroy bien estre associé, mais cela ne peut estre, car il y a trop
d'oppositions qui me priuent de ce contentement. Pour la ieunesse de chez
nous elle me fuit, ayant en horreur la vieillesse, & me trouuant seul auec mon
Fauconnier & valets domestiques, il ne me reste que le triste souuenir de
ceux que autresfois i'ay veu & conneu en ce deduit ; ne rencontrant buisson
ny remise qui ne me reproche par imagination quelque perte, & que ie ne
voye les ombres de tant de chers amis & compagnons qu'en mon temps
i'ay eu la connoissance en cet exercice, mesme des Rois & des Princes que
i'ay eu l'honneur d'accompagner, soit en France ou dans le pays, & que ie ne
me remette en l'esprit les discours qu'ils me tenoient, par ainsi la chasse ne
m'est qu'vn regret perpetuel. Dont à ce poinct ie me trouue tout en tristesse, puis que les champs ne me produisent que des sujets d'ennuy, faisant des
soliloques tels : Quel plaisir as-tu au monde, priué de si cheres connoissances ? quel contentement sçaurois-tu plus y auoir, n'y ayant plus d'amitié ny
de franchise ? puis ie reuiens en mon sens, & voy que c'est le cours de ce

fiecle, & que tout confideré on n'y peut remedier. Cela ne me gardera pas pourtant de fuiure voftre confeil,& me continuer Chaffeur. Ie prie Dieu que les heures que i'y employeray ne me foient comptées pour temps perdu , & que ie ne fois ingrat de la grace que Dieu me faict d'en pouuoir fupporter encores le trauail, où les ieunes fe trouuent fouuent recreuz. Adieu.

De l'erreur de ceux qui croyent de fe rendre Fauconniers par la lecture des liures.

Lettre II.

Onfieur, vous auez ouy par la bouche de ce difcoureur qui fut vous voir les iours paffez, comme il pretend de dreffer equippage,& d'eftre bien en attirail de Fauconnerie en peu de iours; mais ie doute que ce ne foit que du vent,& qu'il fe r'auifera. Il fe croit ià capable d'y pouuoir arriuer , & de le fçauoir bien faire ,en quoy ie vous en fay iuge, puis qu'il n'en fçait pas encores feulement les termes , ny la façon des actions qu'il faut. Telle fcience ne fe peut apprendre tout à coup; ce n'eft pas la poëfie d'Hefiode,on n'y eft pas fi toft maiftre, pour en difcourir parmy les fçauants. I'ay veu noftre Roy à l'aage de quatorze ans faire les deuoirs à fes oyfeaux d'vn galbe admirable, & demembrer vne Corneille de la forte que ie vous diray,pour donner curee à trois Faucons qui l'auoient longuement combattuë, dont l'ayant mife à bas, & fa Majefté l'ayant en main, mit fes deux talons fur les aifles de la Corneille , tenant les cuiffes à deux mains , & tirant comme cela il la defmembra , en faifant trois efgales parts pour les trois Faucons,dequoy fa Maiefté pût fon mignon de fa propre main d'vn galbe admirable. Or le naturel ioint à l'vfage peut grandement operer, mais qui n'a ny l'vn, ny l'autre, ne peut faire chofe qui vaille. Quand i'entens parler quelque vieux Fauconnier, ce m'eft vn extréme plaifir. Aurant en eft-il fi ie me trouue pres de quelque vieux guerrier, difcourant fur fon art, & comme il faut attaquer vne place, ou la deffendre ; de la conduite d'vne armée, & furueiller aux accidents. I'en fay de mefme quand i'entens parler quelque fage politique : mais ie m'impatiente d'ouyr des babillards temeraires, qui arrogamment parlent de ce qu'ils n'ont iamais pratiqué, & des chofes dont la maiftrife ne fe peut apprendre à la fumée de la lampe, mais à celle des moufquets ou du canon. Auffi on les voit aller à taftons en tels difcours, reffemblant ces anciens gladiateurs, dits Andabates, qui tiroient leurs coups à yeux clos. Or nul ne fe connoift auiourd'huy, chacun eftime tout fçauoir, mefmes par les liures,qui font veritablement tres-vtiles à la ieuneffe, pour leur faire voir,comme dans vn miroir,les chofes du paffé, & à leur enfantillage, apprendre à fe preparer aux euenemens futurs. Les

liures.

liures ne font pas moins bons pour les vieillards, puis qu'en iceux on fe ra-
frefchit la memoire de ce qu'on a veu. Quand ie me reffouuiens que i'ay feruy quatre Roys, que i'ay eu connoiffance de quinze Gouuerneurs, ou Lieu-
tenans de Roy en ce pays de Prouence ; ô quelles Hiftoires ie repaffe en ma
memoire, que ie ne voudrois en voir de pareilles pour toutes les chofes du
monde. Dont il faut conclure que tels grands babillards font comme les
arbres qui fe chargent trop de fueilles, ne portant iamais gueres du fruiĉt
& que la plus belle efcole qui foit, c'eft de frequenter dans le monde, les
hommes prudents & bien dreffez, pour fe mouler à leur forme, & fuyr les
Charlateurs, qui attrappent les auditeurs par les oreilles, fi on n'y prend
bien garde : que ce vous foit par aduis.

Comme les ans peuuent changer les affections des hommes.

LETTRE III.

Onfieur, vos lettres me font tonfiours trop courtes, & par ce
moyen elles augmentent le defir que i'ay d'en receuoir, ne me
feruant que d'alteration, comme le boire ie fay dans vn petit
verre, lors que ie fuis preffé de la foif, fi vous les faites en m'ef-
criuant plus longues, elles me fatisferont beaucoup mieux. Les lettres
eftenduës ne donnent iamais de l'ennuy aux amis de cœur, mais au contraire, elles tefmoignent vne parfaite amitié. Par voftre dernieré vous me dites que ie me contrarie par mes effects, à ce que i'ay efcrit autresfois, puis
que ie tiens des Autours à prefent. Ne vous efmerueillez pas de ce, car
ayant efcrit en diuerfes faifons, & differens aages, les pays mefmes fe trou-
uans differens en commoditez ou incommoditez, m'ont porté à des opinions differentes. Si ne fuis-ie de ceux qui difent de ne prendre plaifir qu'à
vne chaffe, car ie me plaifts à toutes. Et quand ie fuis à la Venerie, ie m'y
efchauffe comme les plus affectionnez, & ne fe fait point de chaffe que ie
n'y prenne bien plaifir, n'eftant de ceux qui ont vn gouft particulier : Auffi
ie n'ay en defdain aucune viande que foit à manger aux hommes : & ie me
croirois fantafque d'eftre autre. I'en ay conneu qui parmy la Fauconerie des
champs ne vouloient voir les léuriers ; mon humeur eft toute autre, & s'il
vous femble que ie varie pour le prefent de tenir des Autours, le declin de
ma perfonne qui perd & s'abaiffe d'vn iour à autre, me fait choifir le plus
aifé, les prudens Chaffeurs, comme vous eftes, feront confideration que la
ieuneffe veut courre, pourfuiure & chaffer, & les vieillards veulent prendre
en chaffant : Mais ie ne quitte pas les oyfeaux de Fauconnerie pour cela, i'en
ay toufiours pour les traiĉter & conduire au logis. Et aux champs i'en laif-

ſe la peine à mon Fauconnier, le ſuiuant auec vn Autour ou Tiercelet pour
voler à la trauerſe quelque perdrix s'il en recueille. Or ie commence de
connoiſtre que d'ores en auant nous ne chaſſerons plus gueres enſemble,
puis que les incommoditez octogenaires nous approchent, pour nous bloquer dans nos maiſons : mais ſi cela arriue, il faudra que nos viſites ſe facent par meſſagers & par la plume pour continuer noſtre amitié iuſques au
tombeau, & iuſques à ce terme, ie ſeray voſtre tres-humble ſeruiteur.

Qu'il n'eſt bon de ſe peiner des euenemens futurs.

LETTRE IV.

Onſieur, Ie ſuis en peine de ſçauoir de vos nouuelles ; pluſieurs iours ſe ſont coulez ſans que i'en aye receu : c'eſt trop
tarder à l'endroit des chers amis & contemporains : ſi pourtant ne veux-ie croire que voſtre bel eſprit loge en ſoy vn accident d'oubly, & i'ay tant fait de preuues de voſtre bon naturel, que ie me promets la grace de voſtre ſouuenir. Ainſi
d'oreſnauant nous deuons trauailler au culte de noſtre affection auec plus
de ſoin que par le paſſé, pour l'entretenir iuſques au tombeau, ayant ſi mal
employé dix ſeptenaires & plus d'années au profit de nos ames. Mais ne
ſuiuons pas l'erreur de ceux qui parlans de leur aage, content ce qu'ils n'ont
plus, comme feroit celuy qui ayant ioüé ſes piſtolles, en feroit eſtat ainſi
que s'il les auoit encores en ſa bourſe. Or ie me ſuis extrémement reſiouy
en ce qu'vn des voſtres m'a aſſeuré que vous eſtes gaillard : ce qui me fait
vous dire que nous deuons meſnager les ans qui nous reſtent, & faire pour
nos ames. Ne voyez vous pas comme les affaires du monde ſont muables,
& que tout ſe change dans vn tourne main ? que nos biens tombent ſouuent
à des prodigues & enfans ingrats ? On me contoit ces iours paſſez comme
vn que vous auez conneu, qui n'a laiſſé qu'vn fils, logé pres des murailles
& proche du Baſtion Royal, pendant ſa vie eſtoit curieux d'acquerir les
biens qui ſe trouuoient à vendre en ſa bien-ſeance, & parmy les aduis paternels diſoit contre ſon fils, qu'apres luy ne laiſſaſt perdre l'occaſion d'acquerir les pieces en veuë de ſa feneſtre, fuſt par achapt ou par eſchange : ce
Richart eſtant mort, le fils (qui eſtoit de contraire naturel que le pere)
commence à faire le grand meſnager, & puiſer ſa gloire dans la cenſure des
actions de ſon geniteur, comme c'eſt la couſtume des enfans mal nais, qui
ne veulent ſe ſouuenir des preceptes paternels que pour s'en eſloigner ; &
diſoit contre de ſes complaiſans ; mon pere auoit bon temps de deſirer de
voir ſes biens de la feneſtre : ie veux les voir de mon lict ou de ma table, ou
les voir dans mon coffre ſans me peiner plus que cela. Pour effectuer ſon

dire, il fit si bien qu'il dissipa en peu de iours ce que son feu pere auoit acquis en plusieurs années, & conserué si soigneusement, dont auiourd'huy il n'est plus en peine de se presenter à la fenestre, ou ce seroit pour les regretter. Ah! si les morts voyent ce qui se fait au monde, quelle peine souffrent ceux qui voyent leur bien, & tant de belles terres, & leurs charges & offices encore és mains de leurs ennemis mortels. Viuez content, Monsieur, sans vous peiner des euenemens futurs, car ceux qui veulent se rendre immortels par leur industrie ou par l'vsure, Dieu ne permet que leurs acquisitions durent longuement és mains de leurs heritiers, & le plus souuent ils trauaillent pour des estrangers. Resiouyssez vous aux exercices honnestes & cõuenables à vostre qualité, & à la chasse sur tout pour l'entretien de la santé que vous possedez par la grace de Dieu à present, en laquelle Dieu vous conserue.

Sur des remerciemens pour la guarison d'vn oyseau malade.

LETTRE V.

MOnsieur, Les remerciemens entre vous & moy sont comme superflus, puis que les deux bras sont obligez à se secourir l'vn l'autre, estans vous & moy liez & vnis d'vne semblable façon. Ne me remerciez donc pas de la guarison de vostre oyseau, mais ne le traittez plus de la sorte, ny vous seruez iamais de la Chelidoine ou du Sel ammoniac aux Sacres; vous ressouuenant du prouerbe Italien, qui dit, *Cum goastar simpara.* Les preuues sont vtiles, parce qu'ayant fait, ou veu faire vne chose, nous sommes plus prompts & propres à la refaire, & croyons fermement que telle chose est faisable, ce qui esueille nostre esprit à l'esperance de ce que nous desirons de paruenir; & nous fait fuyr les choses desquelles nous nous sommes mal trouuez: pour ne retourner à des semblables rencontres, prenez-y donc garde à l'aduenir. Or vous me deuez permettre que ie vous parle confidemment, & que ie me pleigne que vous vous estes rendu trop reduit, viuant si solitaire. Ce n'est plus tenir le rang que vous auez possedé au monde insques à present. Si la chose est morte quand elle a perdu le mouuoir, ne vous voyant plus remuer aux affaires, on vous croira estre dans le tombeau; non que ie vueille dire de vous tenir aux inquietudes du monde, & que i'approuue que les remuans soient loüables, mais bien ie les repute dignes de blasme, comme vicieux. Aussi estant vous si conneu, on vous deseftimera si mettez en oubly tant de gens qui parlent de vous, & se disent vos amis & seruiteurs; les bonnes ames peuuent plus meriter exerçant des œuures pies dans les villes, qu'aux champs, où on ne voit pas tant de necessiteux pour aumosner, donner conseil, appointer des querelles, consoler des affligez, ou receuoir la consolation, lors que Dieu nous touche de ses verges; & vous separant du monde, vous pensez de viure plus en repos: L'homme n'est pas plus quiete en la solitude,

Contre la vie trop solitaire.

puis que mille regrets vous y tiennent en trauail, & picquent au cœur plus
viuement. La vie folitaire n'eft que pour les efprits melancoliques & inutiles au monde; non que i'approuue qu'on doiue fe communiquer à tous,
car il aduient par fois que tel eft en eftime, que pour fe communiquer, on
connoift qu'on s'eft mefpris; & rarement les perfonnes reluifent où elles
font prefentes. Si les importunitez des villes vous font fafcheufes, ceux
qui vont vous voir font de vos amis, puis qu'ils veulent vous obliger à les
aymer; & doiuent eftre tenus pour tels, & receus auec douceur & toute
courtoifie. Vous me direz, peut eftre, qu'il vaut mieux eftre le premier à
village, que le fecond à Paris. C'eft fuiure le dire du plus grand ambitieux
qui fut iamais; vous ne deuez quitter la ville en Hyuer, quand ce ne feroit
que pour adoucir la rudeffe attirée des villageois, & entretenir vos ancien-
nes connoiffances. Venez donc à la ville, & quittez les champs, où on ne
voit gueres que de ruftiques, & facilement on fe gliffe dans la rufticité, &
de rux à crux, n'y a qu'vne lettre de difference, nous fommes en l'attente de
vous y reuoir.

De trois montées des oyfeaux, & trois defcentes qui arriuent
par differents fuiets.

LETTRE VI.

MOnfieur, vous me demandez pourquoy les oyfeaux font par
fois de fi exceffiues montées, & fi eftranges defcentes, le
fuiet qui les y conuie, & les termes qu'on fe doit feruir
quand on en parla. Or les oyfeaux qui montent en effor, ils
y font conuiez par vn beau iour, que le Soleil leur touche
leur croupió, & les efchauffe en forte, qu'ils font côme for-

Premiere montée d'ef-for.
cez d'aller chercher le frais en la moyenne region de l'air. Telle montée fe
dit en nos termes, Monter en effor, par laquelle les oyfeaux fe perdent bien
fouuent, puis que l'œil du Fauconnier ne peut les fuiure: montans les oyfeaux par tel fuiet, ils nous en donnent des fignes au partir qu'ils font du
poing, branflant circulairement par tours; fe paüonnant, planant, & ro-

Termes de l'art.
dant; dont en telle action fe laiffent aller du cofté où le vent, pour petit
qu'il foit, les pouffe, par fois le pays d'où ils ont efté apportez les attire,
ou leur aire, mefmes au mois de Mars qu'ils font en amour. Quoy qu'il en
foit, l'effor fignifie & veut dire, s'efleuer trop haut, montée extraordinai-

Seconde montée.
re. Vne autre montée fait l'oyfeau par fuite, craignant vn autre oyfeau
plus fort que luy, comme l'Aigle ou autre femblable qu'il redoute, &
fuit le danger, le rencontre, & le peril. Telle montée eft fafcheufe au

Fauconnier, pour faire les oyseaux de grandes gambades, fuyant leur plus
fort. Mais la montée est agreable, & auec plaisir, lors que les oyseaux montent poursuiuant le Heron, ou le Chahuan ou autre semblable oyseau. En *Troisième*
tels gets la montée se fait par carrieres, & par degrez; dont si c'est vn Ger- *mōtée d'an-*
faut, il montera par la ligne d'angle droict à tire d'aisle, fournissant sa car- *gle droict.*
riere de soixante toises de distance, tant en hauteur qu'en esloignement; & *Ligne d'an-*
si plus on peut dire double carriere, redoublant tel terme, ainsi qu'on iu- *gle droit.*
gera estre le trauail de l'oyseau, comme aussi se peut dire demy carriere, *Montée par*
ou tiers de carriere, en diminuant. C'est chose commune que tous les oy- *carrieres.*
seaux ont vne aisle plus à commandement que l'autre, comme les hommes
qui sont les vns gauchers, & les autres non; c'est pourquoy en telles mon- *Remarque.*
tées l'oyseau met sa meilleure aisle en dehors, & du costé d'où le vent le
charge le plus: quoy que ce soit, l'oyseau monte mieux contre vent, qu'à
vau-le-vent. La carriere que l'oyseau fait, est tout autant qu'il trauaille à *Premier de-*
droicte ligne, & si tost qu'il tourne par autre carriere, c'est vn second de- *gré.*
gré de montée, qui s'acourcit, ou se peut allonger, selon l'espece des oyseaux, *Second de-*
car vn Gerfaut fera sa carriere plus longue, qu'vn plus petit oyseau. Aussi *gré.*
vn Esmerillon, qui est petit, monte plus legerement, & n'a besoin en sa
montée de si longue distance. Bien vous, di-ie, qu'en quatriéme degré l'oyseau, quel qu'il soit, se met hors de la veuë des plus clairs-voyans. En lisant
ma lettre vous direz que ie veux mesurer les cieux, mais ie vous responds
que telles hauteurs & distances s'apprennent au mestier, plus par vsage que
par art, & par ce moyen nous iugeons ce qu'vn oyseau peut auancer aux
tire-d'aisle qu'il fournit lors qu'il trauaille en sa carriere, faisant son degré
ainsi par eschelons. Or puis que ie vous ay respondu sur la montée des oyseaux, il faut que ie vous satisface aux descentes qu'ils font. Ie vous diray
en ce poinct, qu'il y a de trois façons que l'oyseau descend. La premiere,
se dit fondre, qui est lors que l'oyseau fond, se laissant aller à bas sans faire *Du foudre*
aucun mouuement, telle descente se dit filer, & se fait lors que l'oyseau se *de l'oyseau.*
retire à son maistre, ou qu'il est lassé d'estre à mont. Il y a vne autre sorte *Filer.*
de descente, qui est lors que l'oyseau fond sur quelque gibier pour l'assom-
mer; en telle action l'oyseau fond non seulement à plomb, mais de plus, il
fournit ses tire-d'aisle, & dague pour y arriuer plustost; & donner plus
grand coup: on dit telle descente fondre en randon. L'autre, qui est la tier- *Descente.*
ce, est quand l'oyseau se plaist en haut, & va faire sa descente esloignée &
trop estenduë, qui est la pire de toutes: car l'oyseau s'escarte en celle-cy,
& faut aller le chercher loin de là, & bien rarement se trouuera que par le
moyen des veruelles, i'ay traicté fort au long de telles descentes, & sur l'es-
cartement des oyseaux, où ie vous renuoye.

*Du vol du Heron, & comme nous voyons que le Diable
vole nos ames.*

Lettre VII.

Onfieur, Pour fatisfaire à voftre defir, bien que i'aye traiété par
cy deuant du vol du Heron, puis que vous m'en demandez l'ordre & la procedure, la voicy. On cherche ceft oyfeau aux lieux
marefcageux, parce qu'il frequente volontiers tels endroits pour
trouuer là des ferpens, des grenoüilles & autres femblables beftes dequoy
il fe gorge. Comme on l'a defcouuert à terre, on prepare les oyfeaux propres pour l'attaquer, ce qu'on fait à leue-cul, & par vn oyfeau qu'on donne
le nom d'Attombiffeur, qui va le chatoüiller, ce qui le fait hauffer. Si toft
qu'il eft monté ainfi qu'on defire : celuy qui a le commandement fait ietter
en fecours vn autre oyfeau qu'on dit Hauffe-pied, puis vn troifiéme qu'on
nomme Teneur. Or pour l'efpece, & quels oyfeaux ce font, cela gift en la
volonté des perfonnes : Pour le iourd'huy on y employe les Gerfauts, ou
leurs Tiercelets. Du temps de Charles IX. & de Henry III. fon frere, on
fe feruoit des Sacres, & ie les tiens les plus propres à ce vol quand on les y
fçait conduire : En Turquie le grand Seigneur fe fert de Faucons Sallins;
on eft en liberté d'entremefler les efpeces. Pour les oyfeaux qu'on iette en
fecours, on le fait auec la ceremonie telle que ie vous diray. Les Fauconniers pour mieux faire paroiftre la hardieffe de leurs oyfeaux, par brauade defcendent de cheual, & mettant le genoüil à terre defchaperonnent
leurs oyfeaux, qui partent à l'inftant qu'ils ont à veuë le Heron & l'Attombiffeur qui le pourfuit. Or combien que les deux derniers aillent à
mefme deffein, fi vn monte d'vn cofté, l'autre prend fa carriere de l'autre,
& de la forte chacun fait fon premier degré, & toutesfois different, bien
qu'ils trauaillent à mefme entreprife. Le Heron prend l'effray à ce poinét,
& redouble fa vifteffe, parce que la peur le rend plus leger à monter. Mais
ce qui eft plus d'admirer, c'eft la rufe du fuyart qui à ce poinét fe defcharge,
tantoft d'vne grenoüille entiere puis d'vn ferpent entier, bref il vuide tout
ce qu'il a goulument aualé, & mis dans fon fachet, qui l'empefche de monter
vers fa retaitte, qui eft en la fplendeur du Soleil, efblouyffant & offufquant
par fes rayons la veuë des oyfeaux qui le pourfuiuent; ce qui ne peut les
troubler aux iours que le temps eft couuert & fombre : à quoy ie ne m'arre-
fte puis que i'en ay parlé ailleurs. Continuant donc les effeéts de ce vol, ie
dis que les oyfeaux eftans arriuez à vne grande hauteur, s'ils n'eftiment eftre
encores affez haut pour ioindre le Heron, ils font vne feconde montée &

*Ceremonies
des Fau-
conniers.*

*Merueille
des rufes de
ces oyfeaux.*

demy carriere ; & lors on voit qu'ils tournent la teste pour voir le poursuiuy ; & s'ils sont à son niueau, chacun des oyseaux va droict à luy. A ce
poinct l'Attombisseur qui se sent accompagné augmente de courage, & semble qu'il ambitionne d'estre le premier à donner, comme il a esté de l'attaquer. Ces trois estás ensemble autour du Heron, le marchandent, & s'attendent l'vn l'autre, tournant en bransle auec celuy qui est proche de sa fin, &
danse son dernier balet. A ce poinct le combat cómence, dont les trois donnent auec si bon accord, que le premier faisant son coup, le second en fait de
mesme, puis le tiers. Aucunes fois il y a des Heros courageux qui se deffendét
du bec, & comme vn escrimeur, tournent la pointe du bec droit de l'oyseau
qui plus l'approche. Et peut arriuer qu'vn oyseau en sera blessé ; de tel hazard
le mot de garde le bec, a pris son origine. En fin le Heron se sentant à l'extremité perd courage, & se laisse choir les pieds premiers, & si les oyseaux
ne l'assomment en l'air, il tombe à bas en la gueulle des léuriers qui l'attendent pour l'estrangler. Estant vn iour pres du Roy, voyant vn Heron si
cruellement traicté, ie me figurois en l'esprit ce que peut souffrir l'ame
damnée quand les demons la tiennent en leur pouuoir, tourment qui est bien
pire, puis que c'est pour l'eternité, où le Heron finit sa peine tout à coup par
la fin de sa vie. En apres ie me representois comme le Diable vole nos ames
auec de semblables moyens, estant d'ordinaire en queste pour nous attra-
per aux plaisirs & voluptez de ce monde, qui sont comme les prairies &
marescages que les Herons se plaisent, où ce voleur nous attaque par l'orgueil ou par l'ambition, qui sont ses Attombisseurs, & pour hausse-pied
les richesses mal acquises, où le peché de la chair, s'il connoist que nous y
soyons enclins : mais si à bonne heure nous sommes apprestez pour monter
à nostre Soleil de Iustice, où le Diable ne peut nous suiure estant esblouy
par sa splendeur, & vuidons ce qui nous appesantit, qui sont nos pechez.
Ce cruel voleur de nos ames restera confus, comme les Fauconniers, quand
le Heron se sauue deuant leurs oyseaux : de mesme si au dernier poinct
nous y donnons l'oreille lors qu'il nous crie, garde le bec, nos ames viendront à choir à la gorge des Diables, comme le Heron en celle des chiens.
Ie vous ay fait cette lettre pour satisfaire à la vostre. Or dites moy, le Diable ne poursuit-il pas encores de mesme ardeur nos ames que l'Autour fait
la perdrix ? car comme tel oyseau fait bon guet pour l'empieter ; de mesme
ce voleur de nos ames nous suit par tout, parquoy il faut veiller pour nous
garantir de ses griffes. Et comme la perdrix estant poussée par tel oyseau
prend sa retraitte dans vn fort buisson ; nostre ame doit se mettre à crû
dans le buisson veu ardent par Moyse, duquel ce malin n'osera approcher.
Et par ce moyen, elle se sauuera & guarantira de l'eternelle mort. I'ay appris dans vn cahier domestique, addressé à l'Empereur Henry VI. contenant cent trente & deux Aduis, au vingt-septiéme desquels est
monstré l'ordre qu'il faut tenir pour faire les curées aux oyseaux de Fauconnerie, suiuant ce à quoy ils sont iettez, & tout premier. Si on leur

fait voler des oyfeaux puants, comme Bufars, Chapons fauuages, Milans
& autres femblables oyfeaux de mauuaife odeur, on doit les tromper & les
couurir auffi toft qu'on arriue à leur prinfe, du chaperon, & leur mettre és
mains vne poule de mefme couleur du pennage, de laquelle on paiftra les oyfeaux fi fubtilement, qu'ils s'imaginent d'auoir efté gorgez de l'oyfeau qu'ils
ont abattu; & pour leur faire perdre le fouuenir de la mauuaife odeur qu'ils
pourroient auoir fenty de tels oyfeaux puants, on doit poudrer leur viande
de fucre, canelle, & quelques grains de mufc.

Autre curée fe monftre à ce lieu, qui fe dit canolade, laquelle eft pour le
vol du Heron. On la fait ainfi, les Fauconniers doiuent conferuer les moël-
les du Heron, & paiftre leurs oyfeaux de la chair feulement, & le foir à la
chandelle mettre dans vne efcuelle telles moüelles, ayant rompu les os & la
ceruelle encore; les poudrant auec le fucre & la canelle, en faifant tirer leurs
oyfeaux fur les reftes du Heron, foit des aifles ou du col; afin de les bien efchauffer à tel vol, fur quoy bien fouuent i'ay fait reflection en moy-mefme,
que le malin efprit tafche d'imiter les Fauconniers, lors que les hommes
meurent auiourd'huy, car à peine l'heure de l'enterrement eft paffé, que tous
les parents & autres courent à la curée du pauure deffunct, pouffez par ce
voleur de nos ames; feftinans & deuorans fa fubftance iufques aux os, bec-
quetans encores & tirans les plus belles plumes de fa bonne renommée, pour
le ruiner entierement d'honneur & de reputation. Et voicy la canelade de
ce Demon, Voleur des hommes.

Comme les oyfeaux ont l'vfage de raifon.

LETTRE VIII.

MOnfieur, I'ay appris par vne des voftres, que vous trouuez eftrange que ie croye que les oyfeaux monftrent d'auoir quelque vfage
de la raifon. Ie le croy veritablement en voyant iournellement des
preuues en chaffant, où telle philofophie m'eft apprife, & ie reconnoy fort bien que les oyfeaux appliquent leurs rufes fort conuenablement
pour s'en feruir à leurs neceffitez: & ie ne doute pas que fi l'Ariftote eftoit au
monde, voyant ce que nous luy ferions voir en effect, qu'il ne l'accordaft:
s'il a tenu le contraire, c'eft pour n'auoir veu, ny gueres approché les animaux qu'il a voulu parler, & fes difcours eftoient fous la foy d'autruy. I'ay
contredit en la iournée quinziéme & difcours neufiéme de la conference
des Fauconniers fur les erreurs tant de luy que de Pline. I'en diray encores
quelques exemples veritables & prouuez. Ie commenceray par vne action
d'vn mien Lanier, lequel charriant vne perdrix, le fuiuant moy à toute bride pour le deftourner de s'en paiftre, il tire droict & paffe par deffus les
ioncs,

ioncs, où en volant se descharge si cautement, que ie ne m'en apperceus pas.
En apres ie le trouue à mille pas de là sur vn arbre ; me voyant approcher il
repart, & pour me tromper il prend vn tour feint, & recule pour se rendre
où il auoit caché sa proye, & s'en pût. Or que plus de cautelle & de finesse
sçauroit auoir vn homme matois ? Mais que ie vous represente vn autre
tour de fin de ce mesme oyseau. Ayant pris vne perdrix rouge dans des vignes, au mois d'Octobre, il la couurit de fueilles, puis s'en esloigna me sentant approcher, & se branche sur vn arbre, où ie tasche de le reprendre,
croyant la perdrix qu'il auoit volé perduë : mais l'oyseau qui vouloit s'en
paistre feignoit de fuyr deuant nous pour nous tromper, quoy voyant ie dy
à mon Fauconnier de prendre le chemin du chasteau, & ramener mes chiens,
puis que le Lanier en auoit peur, ce qu'il fit. Lors me trouuant seul, ie me
cache dans la hutte d'vn paysan, où n'y auoit personne, & ie tire mon cheual
par les resnes, en attendant que mon oyseau se perchast pour faire sa nuict.
Tantost l'oyseau pressé de la faim, se leue, & vient reconnoistre la hutte, &
& tasche de me descouurir, & n'ayant sceu me voir, s'en va où il auoit couuert sa perdrix pour s'en paistre : voyant moy par vn trou où il estoit, ie remonte promptement à cheual, & m'en approche ; il se releue aussi tost, moy
ayant trouué à tel lieu des plumes de la perdrix, ie la descouure en fin, & la
luy iette, le reprenant, & le paists aussi tost, puis ie me retire au logis. Par
ces exemples on peut comprendre que les oyseaux ont l'vsage de ratiociner,
& ruminer en eux des choses qui nous seroient cachées & inconnuës, si les
oyseaux n'en donnoient la connoissance. Mais puis que nous sommes attachez à ce suiet, ie vous diray encores comme vn mien Alphanet ayant charrié
vne perdrix auec l'ayde du vent, & s'en estant pû, l'ayant cherché au long du
iour, me voulant retirer, ie dy à mon Fauconnier de donner vn tour de leurre,
& vn cry, pour essayer si l'oyseau reuiendroit ; ce qu'il n'eust si tost acheué,
que i'entens passer sur ma teste des sonnettes, & l'oyseau qui se vint rendre
sur mon poing auec les restes de la perdrix qu'il s'estoit gorgé, dont ie croy
que la preuoyance de la nuict extrémement froide qui fit cette soirée, le fit
plustost retirer à moy. Or ne sont-ce pas des preuues toutes euidentes pour
nous faire connoistre que tels oyseaux ont quelque portion de la raison ?
Dauid attribuë le mediter à la colombe, Ezechiel encore ; & qu'est-ce mediter que ratiociner ? De plus leur sens brutal ne sçauroit discerner les choses,
choses pareilles en figure, en couleur, esgales en forme, & toutesfois differentes en qualité, s'ils estoient despourueus entieremét de raison. Aussi Iob
dit, *quis dedit gallo intelligentiam ?* Et ne les voyez vous pas creez la teste en
haut, sur deux pieds, & l'œil propre à regarder fixement le Soleil, ce que ne
font les animaux quadrupedes, ny l'homme encore. Et comme les Anges
de Dieu regardent leur Createur face à face, de mesme les oyseaux pointent
l'œil au soleil, & l'auoüent le reconnoissant comme leur bien facteur. Faisant iardiner au matin vos oyseaux, vous iugerez si ie vous dis vray. Qu'on
leur donne donc ce qui leur appartient & qu'on leur trouue vn autre terme

R r r

plus doux que raisonnable. I'ay parlé en la iournée quinziéme de la conférence de plusieurs faussetez dites par les naturalistes du passé, & la verité de mon dire sera conneuë, si on la veut chercher par la preuue. I'ay dit à tel lieu comme vn léurier faisoit la correction aux manquemens que les autres chiens commettoient à la chasse, fust qu'ils appellassent en faux, ou fussent mensongers, ou si au logis se grondoient l'vn l'autre, soustenant & prenant le party des plus foibles. I'ay veu encores en des trouppeaux de moutons que les mastins de la bergerie voyans deux belliers se battre & se choquer l'vn l'autre, qu'il y couroient aussi tost pour les separer, & à coups de dents chastier le plus opiniastre. Et n'est-ce pas vser de Iustice, qui est vne des premieres parties de la raison? ce qui me fait dire que ie croy que l'homme en tant qu'animal, bien que Dieu l'aye fait maistre de tous les autres, & à sa figure & semblance; n'a rien de plus que la partie superieure de l'ame, & l'intelligence & vsage de la parole pour loüanger son Createur, d'autant que tels aduantages le peuuent guider à l'immortalité. Et pourtant tels animaux ne ratiocinent si parfaitement que les oyseaux, qui sont comme Anges terriens : Mais on ne peut dire aueugle du tout celuy qui n'a la veuë parfaite, pourueu qu'il y voye quelque peu. Le voler est le propre de toute volatille, si pourtant ne sont-ils pas tous esgaux en legereté & vistesse ; les Aigles s'exorent par dessus les quatre degrez, où les perdrix ne font que bas voler à tire d'aisle, & tous autres de semblable forte, si disons nous que tous volent parlant des oyseaux en general. Ils sont tous capables de discipline, ayant l'vsage des cinq sens naturels, mais en iceux ils ne sont pas esgaux, car vn burichon ne voit si loin qu'vn Faucon, & n'a l'odorat d'vn corbeau, ou d'vn Orfraye, & chasque espece est plus ou moins priuilegiée aux sens naturels. De mesme en est-il en l'vsage de la raison où l'homme est grandement aduantagé, ayant la raison droite, & l'intellect que nous disons, *mens*, partie superieure de l'ame qui le guide à connoistre les choses surnaturelles, & les autres n'ont que la raison simple, partie inferieure, qu'on ne doit leur oster, puis qu'ils la possedent en effect ? Or quand mon Lanier charriant sa perdrix, voyant que ie le suiuois à bride auallée, se descharge si cautement parmy les iones, & va se brancher sur des arbres, ne voulant se laisser approcher, & par vn tour feint va recourre son larcin ; ne le fait-il pas pour me tromper & passer maistre ? n'est-ce pas faire du discoureur & de l'entendu ? Ie n'allegue pas icy la Pie, dont Plutarque fait recit, qui demeura muette quatre iours ayant ouy le son des trompettes, au bout desquels elle les refit parfaitement, bien qu'il se peut dire que pendant ce temps elle estudioit sa leçon. Ny le Corbeau qui iettoit la pierre dans l'eau pour la surhausser, afin d'y boire plus à l'aise, ny des Gruës tenant la pierre au bec pour garder le silence, ou pour se donner plus de pesanteur. Car i'aurois vn million d'autres exemples modernes ; mesmes d'vn qui m'arriua ces iours passez d'vn rustique paysan, qui destroussa vn mien oyseau & mit la perdrix dans

ſes brayes, l'oyſeau s'en reuenant à moy qui picquois en diligence, ſe mit à
crier d'vn cry de fiereté, & ſe ſentant fortifié de mon arriuée, ſe met à buffeter ce ruſtre en ſorte que ie reconnus le fait. Ie me deſcends de chenal,
voyant mon oyſeau ſien colere; ie luy fay aualler ſes chauſſes, où nous
trouuons le larcin. Telles preuues nous arriuent ſouuent. Dont ce que
l'œil voit, nos Philoſophes ne peuuent dementir par leurs liures. Comment les oyſeaux pourroient-ils ſe guider en leurs voyages ſi lointains &
annuels, paſſant & rapaſſant le mer ? Comment trouueroient-ils de nouuelles inuentions aux inuentions nouuelles que les hommes trouuent iournellement pour les ſurprendre ? Vous en ſerez mieux inſtruit par l'approche ſi vous les frequentez, comme nous faiſons pour en iuger en apres:
Bref, ils ont leur volonté libre de faire ou ne faire pas, & d'inuenter
des remedes propres à leur neceſſitez, choſe que nous voyons iournellement.

D'vn oyſeau bliſſé dans l'aiſleron , de la difference de cleros,
medios cleros, *&* clericos, *de* pennas, pinnas, *&*
plumas, *& de la maladie cleragre.*

LETTRE IX.

Onſieur, voſtre Sacre ſera eſtropié pour auoir ſa bleſſeure dans
l'aiſleron ; A telle partie eſt dit par vn de nos deuanciers la difficulté de la gueriſon , c'eſt *ad deſcriptionum pennarum, & pinna-*
rum , & commence ainſi : *Aſtores habens cleros tres , Falcones*
vnum tantum, in medios cleros æquales ſunt ſicut in clericos & aliis pennis : Nous
faiſant connoiſtre comme telle partie eſt extrémement dangereuſe, ne pouuant l'oyſeau eſtre ſecouru par onguens , puis que toute ſorte de greſſe
gaſte le pennage , & les bains ou eſtuues n'y peuuent aſſez operer. Or
il a fallu que ce terme de *cleros* fut connu & deſcouuert par vn chaſſeur, puis qu'il n'a eſté entendu des traducteurs modernes, ny depuis
cent ans & plus , comme ſe voit par l'explication de pluſieurs ſur le
verſet de Dauid , Pſeaume 67. *Si dormiatis inter medios cleros.* La meta-
phore ſe voit euidemment deſcouuerte par la difference qui ſe trouue entre *cleros, medios cleros , & clericos* , eſcriuant nos deuanciers ſur la maladie cleragre. Sçachez donc que *cleros* ſont les cerceaux qui ſont ſituez
au boût de l'aiſle ; les Aiſlerons dits *medios cleros* ſe voyent au mitan,
où tous les nerfs s'attachent & abboutiſſent comme les cordes d'vn
luth au clauier du manche où ſont les cheuilles : Bref, tels aiſlerons ſont

pour bander les nerfs, les tendre ou lascher, à la volonté des oyseaux ; soit
pour le vol, ou pour couurir les œufs, & leurs petits encore. Parquoy
le Prophete disoit de dormir & se reposer sous les aisles de la Colombe,
qui est nostre Eglise, de laquelle le Sainct Esprit en est le Chef. Si on
s'arreste à remarquer l'arrangement des pennes d'vne Colombe, & l'ordre
de son aisle, on se portera de croire que c'est le portraict d'vn Clergé ; où
se trouue, lors que tous sont dans le chœur à Psalmodier, que les premieres dignitez sont comme les aisleros dits *medios cleros*, puis les cerceaux
que nous disons *cleros*, situez au bout de l'aisle, & en suite les pennes si
bien rangées chacune en sa place ; puis les clerons qui couurent le tout par
rangées, auec le menu plumage argenté par dessus, qui donne lustre à ce
corps, n'est-ce pas vne ressemblance parfaite d'vn Clergé bien ordonné?
De moy i'estime aussi que le nom en soit deriué, Ie dy de plus que les doctes
escriuains de la saincte Theologie sont veritablemét penne colombe. Et ie
m'esbahy que pour le present on face doute encette explication : car de dire
inter & medios, Dauid ou les premiers traducteurs n'eussent vsé de deux mots
semblables, mais eussent dit *inter cleros* seulement. Or ie vous en fay le Iuge.
Et reuenant à vostre Sacre, la guerison en est desesperée ; car les oyseaux
pedagres & chiragres peuuent guarir, mais les cleragres non, ainsi que i'ay
escrit au traicté de telle maladie. Notez que les Fauconniers Latins disoient *pinnas* aux pennes pointuës, & *pennas* aux autres ; fut des aisles ou de
leur queuë ; tant qu'on trouue aux oyseaux outre le duuet, *pinnas*, *pennas*,
& *plumas*, *cleros*, *medios cleros*, *& clericos* : I'ay esté contraint en ces redites
pour m'expliquer mieux, & me faire entendre.

Moyen de guarantir les oyseaux des bestes nuisibles, auec
adiuration pour les Aigles.

LETTRE X.

MOnsieur, Estant vous troublé par les Aigles, qui vous ont ià
tué quelques oyseaux, i'ay creu que ie ferois bien de vous en
donner vn moyen pour vous en deliurer ; & le voicy tout au
long, & de la sorte que ie l'ay apris par des miens, & des personnes capables, ausquelles i'ay donné beaucoup de creance : Or la foy a
beaucoup de pouuoir en cét effect ; seruez vous-en donc : Premierement
faites benir de l'eau suiuant cét ordre, & tenez-en de faite, pour benir vos
oyseaux auant que de les sortir du logis.

Benediction de l'eau.

Benedic † *Domine, hanc creaturam aquæ, vt per huius benedictionem fugiant omnia animalia nocentia, per nomen Domini Iesu Christi quod inuocatum est in ipsa creatura, vt fiat omnibus qui ea vtuntur in augmentum & defensionis benedictionem. Per te Iesu Christe saluator mundi,* † (icy on mettra du sel, faisant le signe de la croix,) *Qui cum Patre & Spiritu sancto viuis & regnas Deus, per omnia sæcula sæculorum. Amen.*

Domine Iesu Christe supplices te exoramus, vt mittere digneris Spiritum sanctum tuum, & benedictionem tuam, cum Angelo sancto tuo, super hanc creaturam salis & aquæ, vt per aspersionem huius, defendat aues nostras de Aquilis, & de omnibus malis animalibus, vt nomen tuum manifestetur. Per omnia sæcula sæculorum. Amen.

Apres on dira vne Messe de *Natiuitate,* & vne du sainct Esprit, puis les quatre Euangiles & oraisons suiuantes, & encores les Psalmes cy apres: Premierement le 69. *Deus in adiutorium.* Apres le Pseaume 55. *Domini est terra:* puis le 56. *Miserere mei Deus, quoniam in te confidit anima mea:* plus le Pseaume 50. *Miserere mei Deus secundum:* plus le Pseaume 66. *Deus misereatur nostri.* Et encores le Pseaume 67. *Exurgat Deus.* Et en suitte cette Oraison.

Oremus.

Vere quæsumus Domine sancte Pater, aues istas, per tui sancti nominis inuocationem, & huius aquæ aspersionem ab omni nequitia animalium, atque Dæmonum, tuaque ineffabili potentia, qui in Trinitate perfecta, viuis & regnas Deus in sæcula sæculorum. Amen.

Puis dire le *Te Deum laudamus.*

Et voyant des Aigles en l'air, il les faut adiurer de la sorte.

Adiuro vos Aquilarum genus † *per Deum verum,* † *per Deum viuum,* † *per Deum sanctum, per B. Virginem Mariam, per nouem ordines Angelorum,* † *per sanctos Prophetas,* † *per duodecim Apostolos* † *per sanctas Virgines & viduas, in quorum honorem & virtutem vobis præcipio, vt fugiatis, exeatis, & recedatis, & auibus nostris ne noceatis. In nomine Patris* † *& Filij, & Spiritus sancti. Amen.*

Comme tout sert d'instruction à qui desire d'apprendre, &
de la vie des champs.

LETTRE XI.

Onsieur, Vous me reprenez de ma retraicte en cest Anaco-
risme de Boisset où ie suis pour y passer l'Esté seulement,
si vous venez nous y voir, vous iugerez que ie ne faits
pas mal de chercher icy la tranquilité de l'esprit, mesme que d'Esparron à ce lieu n'y a qu'vn pourmenoir.
Icy ie ne languis iamais, ayant l'agriculture & la chasse
pour mon entretien ; & lassé en cela, i'ay recours aux morts, & à leurs
escrits. A ce lieu ne se mesdit de personne, ie dors la nuict sans ouyr passer
les carrosses, ie disne & soupe à mes heures, n'estant obligé à courtiser les
mortels comme moy ny sujet aux deuoirs des villes, n'estant visité que de
mes confidens. Ne me reputez donc de ceux qui se trouuent empeschez à
ne rien faire, ce me seroit commettre vn sacrilege si ie me trouuois vne heure
oisif. D'ailleurs, quel liure peut-on lire où se puisse plus apprendre qu'en
admirant les œuures de la nature ? Il y a plus dequoy s'instruire en la campagne que dans les villes, & me voyant approcher les soixante & quinze ans,
il n'y a que quelques iours que ie me connoy estre vn ignorant, commençant
seulement d'apprendre, estant veritable le dire de l'Ecclesiaste. *Cum consum-*
mauerit homo tunc incipiet. Ie prens tous les iours leçon des bestes qui me monstrent mes deffauts. Et ce qui est inconnu à plusieurs qui croyent de tout
sçauoir. Les bergers se meslent icy de resoudre des questions, si les enquerez,
que les Philosophes n'ont iamais compris, ils ont la connoissance des estoil-
les pour estre couchez d'ordinaire aux champs, le Ciel estant leur plancher,
& leur horloge : Le cours des Astres leur est conneu, plus par vsage que par
art. I'eus en rencontre le mois passé vn gardien de brebis, ie luy demanday
s'il auoit point ouy les sonnettes d'vn oyseau que i'auois perdu, il me respondit si resolument que ie m'arrestay pour l'enquerir de son norriage &
des choses de son mestier, surquoy il me rendit de bonnes & importantes
raisons. Ce iour là faisoit vn vent fort grand, ce qui me faisoit fascher de la
perte de mon oyseau, & me plaignant, ie luy demande d'où procedoit ce
mauuais temps, surquoy il me respondit que la pluye des iours precedens
l'auoit causé : que c'estoit le combat du sec & de l'humide, que la connoissance qu'il en auoit, c'estoit par les preuues, & d'vne longue experience : &
qu'il croyoit que ce n'estoit que le combat du sec & de l'eau qui estoit tom-
bée; qu'il auoit ouy des Predicateurs qui disoient que l'Enfer estoit au cêtre
de la terre, & croyoit que tel feu la rendoit si chaude, que tombant de l'eau

par deſſus , elle ſe deffendoit & pouſſoit des vapeurs , & ce ſouffiement
me donnant par comparaiſon vne pierre de chaux , ou vne brique eſchauf-
fée , & encores vne piece de fer tirée du fourneau toute chaude. Lors i'ad-
miray la conception de ce paſtre , & penſay en moy meſme la merueille
que c'eſtoit de voir vn illiteré auoir l'eſprit de me tenir tels diſcours,
& parler d'vn fait duquel les plus capables Philoſophes n'ont iamais
ſceu faire vne aſſeurée reſolution. Or ie fis ſemblant de croire ce qu'il
m'en diſoit , ce qui luy donna courage de demeurer en ſon opinion. Pluſieurs autres diſputes i'eus auec ce gardien de brebis , qui me fait dire
que bien ſouuent on tire de belles conceptions des ignorans , & gens illiterez , & comme deux couſteaux de differente trempe s'affilent l'vn l'autre , bien que l'vn ſoit de fer mol , & l'autre de fin acier , de meſme les hommes capables d'apprendre , peuuent retirer quelque profit aux diſcours des
illiterez & ruſtiques gens.

Comme on ne doit iamais abuſer de la fidelité des
Laniers paſſagers.

Lettre XII.

Onſieur , depuis ma derniere , il eſt arriué chez nous vn fait
nouueau à vn de mes fils , auquel i'auois donné vn Lanier venu de Malte. Or ayant ce Lanier volé quelques perdrix vn
Aigle le deſtrouſſa d'vne qu'il auoit liée ; & luy donna des griffes
ſans le bleſſer que de coup , en ſorte qu'il demeura deux mois ſans voler.
S'eſtant quelque peu remis , ie le fay porter à la chaſſe , & au repartir d'vne
perdrix rompuë par vn autre oyſeau , on iette ce Lanier où il eut bien plaiſir;
& s'accorde ſi bien en compagnie qu'il ſe remit en vigueur. C'eſtoit le
mois de Mars paſſé , & pour le rendre plus robuſte , on le laiſſoit la nuict
en ſa liberté ſur la maiſon , apres eſtre pû , ce qui dura iuſques au vingtiéme du mois , qu'on pouuoit l'auoir tenu dormant comme ie vous d'is. Il
arriue par malheur que l'oyſeau deſroba vne perdrix , & s'en eſtant gorgé , il demeure en la campagne cinq iours perdu ; On le voit apres qu'il
gaidoit vne cheure morte , de façon que nul oyſeau ſauuage n'en oſoit
approcher , ſe tenant à deux cens pas de diſtance ſur des arbres voiſins.
La charongne luy ayant failli , deuorée par les beſtes de nuict , il reuint au
chaſteau retrouuer ſon maiſtre , l'ayant repris on croyoit que tel oyſeau
ne quitteroit iamais la maiſon , & fut trente iours comme cela en ſa liberté ; où il ſe rendit ſi ruſé qu'il ſçauoit venir , quand le temps eſtoit mauuais , à la feneſtre becqueter , & ſe faire ouurir pour ſe rendre ſur ſa perche

accouſtumée lors qu'il reſſentoit quelque nuiĉt froide ou pluuieuſe. Hors
de là, il ne vouloit connoiſtre que ſon maiſtre, qui le tenoit ſi fidelle, & aſſeuré, que le iour de chaſſe en le paiſſant à ſa derniere perdrix, apres luy auoir
fait plaiſir du col & dedans, on luy en iettoit vne cuiſſe en l'air, qu'il lioit
& enleuoit, la portant droiĉt ſur le toiĉt de chez nous pour s'en paiſtre, arriuant tonſiours auant les chaſſeurs. Il continua iuſques à la fin d'Auril en
telles aĉtions. Vn iour ayant pris vne perdrix, s'en eſtant pû de luy meſme,
fut treize iours perdu ſans le voir. Vn matin qu'on n'y penſoit plus, l'oyſeau
reuint ; ſon maiſtre luy preſente le poing, où il ſe rendit auſſi toſt. Le ſoir
on diſpute ſi on deuoit luy noüer la longe, comme eſtoit mon opinion. Son
maiſtre priſt reſolution de le faire ; mais il le vouloit encore voir vne fois
en aiſle à ſouſtenir en l'air au contour proche & au fil du vent ; mais ce fut
ſans le voir iamais plus. Et ie croy qu'il print ſon party droiĉt en Sicille,
ce ſont des eſſais qu'on peut y apprendre, de ne meſpriſer les preceptes des
vieux, & qu'il faut tonſiours bien tenir ſes oyſeaux.

Comme il faut fuyr la rencontre des porcs priuez, auec vn
moyen de chaſſer les poux & nitres aux oyſeaux.

LETTRE XIII.

MOnſieur, Ie faiſois conte de vous mander demain les deux couples
d'eſpaigneux que ie vous ay promis, mais ce matin vn accident
eſtrange m'eſt ſuruenu qui m'en donnera de l'empeſchement. C'eſt
que m'en allant à la chaſſe, i'ay rencontré vne troupe de porcs de la meſna-
gerie de ma femme, dont eſtans mes chiens couplez, ces beſtes ſe ſont miſes
en furie entendant abayer mes chiens. Pour euiter ce deſordre il a fallu nous
y meſler, en fin voyant tuer ainſi toute ma meutte, i'ay mis la main à l'eſpée,
& n'ay ſceu me retenir d'en tuer vne quinzaine qui ont payé ſix de mes
chiens. Et ce fuſt eſté vn combat Cadmeen ſi ie ne fuſſe fuy, & retiré par ce
moyen du deſordre, quelques chiens bleſſez qui me ſont demeurez, ainſi la
perte en eſt double, & plus encore, car ma femme plaint bien mes chiens:
mais elle ſe faſche de ſes pourceaux encore dauantage. Pour la promeſſe que
ie vous ay faite pour remedier aux Nitres des oyſeaux, outre les autres
moyens que ie vous ay donnez ; la voicy. Il faut faire cuire vne pomme, &
apres faut incorporer du Mercure qu'on dit argent vif, tant qu'il ſe pourra,
battant le tout dans vn mortier. De ce meſlange faut frotter vn lacet, lequel
la nuiĉt vous mettrez ſous l'aiſle des oyſeaux, & à chaſque coſte, & au col
encore, & ſi c'eſt vn oyſeau chaperonnier en frotter le chaperon. Vn chaperon à bec couuert eſt fort propre à ceſt effeĉt, pour euiter le danger que
l'oyſeau

l'oyſeau n'en auallaſt quelque choſe ; prenez garde auſſi aux nazeaux , &
aux oreilles. Ie vous mande encore de l'eau que ie me ſers en Hyuer pour
les Sacres & Laniers ; & la recepte pour la faire ; ſeruez vous-en , & de la
pouldre encore : la voicy.

Prenez vne liure de ſuccre briſé , vne liure eau ardent , vne liure eau roſe ,
deux onces canelle , vne once genieures ſecs : le tout mettre dans vne fiole , le
tenant au Soleil iuſques à tant que le ſuccre ſoit bien fondu , & du matin au
ſoir durant trois iours.

Cette eau ſe donne auec deux morceaux trempez au matin , mais non pas
le iour qu'on va à la chaſſe.

Notez qu'ayant leué l'eau pour la mettre en autre fiole , le marc qui reſte ,
l'ayant deſſeiché , eſt propre pour en faire de la poudre de laquelle en pou-
drerez le paſt de l'oyſeau en Hyuer , ou en mettrez dans ſa cure ſeiche.

D'vn oyſeau troublé la nuict des eſprits.

LETTRE XIV.

MOnſieur, Le debattre que vous me repreſentez par la voſtre ,
de l'oyſeau que me parlez , me fait reſſouuenir d'vn meſme
fait arriué à vn des miens , lequel ſe tempeſtoit la nuict en
ſorte qu'il falloit le veiller , ou ſe leuer du lict oyant les cris
d'effray qu'il faiſoit. Et tous tels que ſi vn Aigle l'euſt tenu
entre ſes griffes. Il faiſoit encores pis en ceſt eſtat à la lumiere , car il nous
faiſoit connoiſtre à ſes mouuemens qu'il vouloit fuyr , monſtrant euidemment par ſes yeux furibons , qu'il voyoit choſe qui le mettoit en effray , &
c'eſt ainſi que fait le voſtre : Ma croyance fut touſiours que cet oyſeau
eſtoit troublé par quelque eſprit malin , pourtant , puis qu'il nous donnoit
de la faſcherie. La bonté de cet oyſeau me fit opiniaſtre de ne m'en deffaire ,
& encore le deſir que i'auois d'en voir le ſuccés. En fin i'eus recours aux
prieres & benedictions de l'Egliſe : & par ce moyen mon oyſeau s'en trouua
deliuré. Or il pourroit bien eſtre l'eſprit de quelqu'vn de vos Fauconniers
ià morts , qui fait penitence au monde , comme l'eſprit du Veneur qui fut
ouy par le feu Roy Henry le Grand , & de ceux qui l'accompagnoient de
ſoir , reuenant de courre le Cerf : Les Athées ne ſeront pas de cette opinion.
Si pourtant les Hiſtoriens de l'antiquité tant Gentils qu'autres , ont creu
l'apparition des eſprits ſans contre dit , vous pouuez donc auoir le meſme
recours que moy. Ie ne faits pas doute auſſi que ce ne peut eſtre de ces
eſprits fantaſques qui ſe plaiſent à trauailler les animaux. I'ay veu des cheuaux qu'on diſoit eſtre panſez & eſtrillez par des eſprits , & ſouuent on leur
trouuoit le crein tortillé en ſorte qu'on ne ſçauoit le detordre & deffaire les

trenons, cela arriue par fois & rend les cheuaux poureux, Vous estes trop capable pour ne croire ce que i'en dis.

Des Aygles dressez, & portez au Roy.

LETTRE XV.

Onsieur, Vous desiriez de sçauoir le succez de l'entreprise du Gentilhomme qui porta n'a pas long temps des Aigles au Roy, les ayant dressez pour sa Majesté, ie vous en feray donc le recit. Premierement ie vous diray comme il y fut poussé par aucuns de ses parens, qui croyoient que l'entreprise fust bonne, & se figuroient de s'en-preualoir. Ie leur parlay à Aix où ils passerent, & leur representay tout ce qui leur arriua à son voyage, & les asseuray que ses oyseaux ne feroient rien de bon hors de leur pays de montagnes, & leur dy encores, que ie rostirois auec le doigt tout le gibier que tels Aigles prendroient en pays de plaine : mais ce Gentilhomme habitant en des pays estroits, & entre des montagnes, vraye demeure pour les Aigles, se figuroit que dans la plaine ils feroient encore mieux. Et à la verité si on pouuoit voir en plaine ce que tels oyseaux font en leur pays, ce seroit vn plaisir digne d'estre mis au rang des vols d'importance : car partie du iour s'ils sont soustenus d'vn vent leger, ils suiuent leur Maistre, & ne part sous eux liéure, lapin, ou perdrix, qu'ils ne fondent dessus, mais l'vn apres l'autre, en sorte que tousiours vn des Aigles se trouue à propos pour redonner ; le mal est que sans l'ayde du vent où il n'y a contour, ny fil de vent, comme aux montagnes & grandes costes ; mal aisément se peuuent-ils tenir sur aisle, leur ayant predit l'issuë de leur entreprise, ie recognu qu'ils vouloient passer outre, puis qu'ils y estoient obligez de parole, & ne sçauoient comme s'en desdire, aussi n'en reporterent-ils pas du contentement, & fut encores beaucoup pour eux, que le Roy ne leur commanda de retourner les Aigles à leur pays ; ainsi que fut fait par le feu Roy Henry à ceux qui par charrette luy porterent pour present vne raue de grosseur esmerueillable, mais ie n'en diray pas d'auantage, puis qu'ils n'y retourneront plus. Or il faut croire que châque espece d'animal est bon en quelque chose. Dieu a tout fait bon en sa proprieté, les Aigles sont pour deuorer les animaux nuisibles, comme les serpents, les lezards, & martres, foines, renards, chats sauuages, & belettes, & autres ; aussi vous voyez comme ils sont armez de plume forte isques aux doigts, ou griffes, pour n'estre pas mordus ; ce sera vne leçon pour ceux qui voudroient entreprendre vn mesme affaire, & le prouerbe reste veritable, disant qu'on ne peut faire d'vne buse vn Esperuier, ny d'vn Aigle vn Faucon, ou Gerfaut.

D'vn Fauconnier impatient.

LETTRE XVI.

Onsieur, ie n'ay iamais esté en chasse auec homme si impatient que celuy qui fut me voir la semaine passée venant de chez vous; il me donna des nouuelles de vostre santé, dequoy ie fus bien ioyeux, nous le menasmes à la chasse pour faire plaisir à son oyseau, mais ce iour fut infortuné pour luy : car nous battismes la campagne vne heure sans rien trouuer. En fin nos chiens enrent le vent des perdrix, qui partant en desordre, l'Autour n'en sceut choisir vne, dequoy son maistre fut esbahy, mais non pas moy, sçachant que lors que les perdrix partent de la sorte en quantité, elles les estonnent, pour estre tels oyseaux coustumiers de faire de tels traicts. I'aduarçois des excuses pour l'Autour, mais son maistre ne s'en vouloit contenter, voyant son oyseau honteux se cacher dans vn arbre. Or ce Gentilhomme n'a pas assez de patience pour tenir des Autours; mais qui aime la chasse par nature & d'inclination, se sert de toutes sortes d'oyseaux. Ie les aime à present pour n'estre suiet à les picquer loin, & les chercher, ainsi que les oyseaux de Fauconnerie, lors qu'ils s'escartent, ce qui ne conuient à mon aage. Le Roy s'y plaist, & en a vn blanc comme vne colombe, ie vous dis parfaitement blanc, duquel le sieur de Marsilly en à la garde, il est Passager & Chaperonnier, comme vn Faucon; or l'impatience est vn grand vice, ceux qui le sont, doiuent estre fuis à la chasse, car y estant ils sont tousiours en mauuaise humeur, & en courroux, bien qu'on ne doit se ressouuenir en apres des paroles d'vn Chasseur, puis qu'elles procedent d'excez d'affection; Ie hay sur tous autres ceux qui blasphement, aussi doiuent-ils estre hays, & n'aller en Chasse auec eux; car si on les en reprend, la correction n'est auiourd'huy bien receuë, & vaut mieux fuyr la compagnie de telles gens, que d'entrer en courroux. En ce qui est des Valets domestiques, ou autres de la famille, on ne doit supporter telles fautes. Or c'est vne maxime generale, que tout iureur meurt miserablement; ie ne vous en dy pas d'auantage, sçachant que vous les hayssez, comme ie fay. Or si ie me plais maintenant à tenir des Autours, ce n'est pas que ie n'aye tousiours des oyseaux de leurre pour suiure auec mes Autours, vn Fauconnier; volent à la renuerse les perdrix qui reculent vers moy.

Qu'on ne doit pinceter un oyseau sur le vif, & d'où deriue le
mot de Poltron, & d'autres termes pour les mains
& ongles des oyseaux.

LETTRE XVII.

Onsieur, ie ne m'esbahy pas si voftre Lanier s'eft rebuté, &
ne veut plus voler les perdrix, puis que vous luy auez ofté fi
cruellemēt fes armes, l'ayant pinceté outre tout deuoir ; à
la verité ie ne fçay comme vous pourrez vous en excufer enuers vne infinité de perfonnes qui fçauoient la bonté qui
eftoit en luy, & ie le tiens pour vn oyfeau perdu, car de le remettre en courage, vous y auriez bien de la befongne, & du temps : à ce qu'on m'en a dit,
telle opinion vous a pris parce que l'oyfeau prenoit toutes les perdrix, &
lioit trop bien pour les charrier. Vous eftes au contraire des Perfes, qui
faifoient coupper le poulce aux foldats qui tournoient le dos à la Bataille,
dont ce mot de Poltron eft deriué de *police truncato*, comme voulant dire,
inutile au combat ; mais vous l'auez tronqué pour eftre trop braue ; Hà !
qu'auez-vous fait, le repentir n'eft pas à cette heure à vous toucher au cœur,
& en aurez du regret à tout le temps qu'il vous fouuiendra de l'auoir pinceté, à quoy ie ne fay point de doute. Or puis que ie vous parle de la main de
voftre Lanier ie vous diray vn mot des termes, qu'il faut vfer pour la difference qu'il y a entre les oyfeaux de Fauconnerie, des Autours, & des Aigles
encore ; commençant par les premiers, on dira la main, les Epithetes de la
main font, main habile, main gluante, fine, bonne, forte, deliée, & bien on-
glée, qui font les bonnes qualitez ; au contraire on dira la main graffe, ou
charnuë ; & aux doigts de telles mains, on dira premier, au doigt du deuant, puis le fecond, & le tiers, & aux gros doigts derriere, on peut dire
les auillons à tels ongles, quant aux autres doigts, on dira les ongles feulement ; Pour les Autours & leurs Tiercelets, les Efperuiers, en leurs
mouches, pigriefches encores, on doit dire le pied, & non la main, &
pour les doigts, fe diront comme aux Faucons.

Quant aux Aigles & leur efpece, on dira les griffes, & à leurs ongles,
les crochets, c'eft pour differenter les efpeces, qu'il fe faut feruir de tels
termes differents.

Des merueilles qui arriuent aux pertes des oyseaux.

LETTRE XVIII.

Onsieur, Vous auez perdu voftre Sacre, dont ie suis en peine de vous sentir languiffant, ne vous en faschez pas, car il se recouurera. Les oyseaux qui se perdent pour s'eftre pùs à la desrobée, se retrouuent facilement. Il faut recourir aux intercesfions de S. Antoine de Padoüë, & fans doute vous l'aurez fur voftre perche au troisiefme iour, fi vous aumofnez les pauures, à telle intention. Les hommes qui ont foy de la groffeur d'vn grain de moutarde, ont le pouuoir de changer les montagnes de leur fituation ; doutez-vous qu'ayant perdu voftre oyfeau, ayant la foy de le retrouuer, efleuant voftre efprit à Dieu, vous ne le recouuriez? i'en ay fait fouuent experience, mefme n'a pas long temps que me trouuant en chaffe auec vn Seigneur de ce pays, où vn Lanier de Paffage, ou baftard de Sacre, non gueres bien affeuré encores, s'efcarta de façon que nul ne croyoit que tel oyfeau fe recouuraft, tant eftoit fier & fauuage ; ce Seigneur eftant fafché de fon oyfeau, ie luy dy, promettez vne piftole aux pauures, en intention de la conferuation de voftre Sacre, ce qu'il fit, au mefme inftant fe leua deuant nous vne Choüette ou Cheuef-che que le Sacre defcendit & la vole, la liant en l'air, auffi toft ie ne m'oubliay pas de ietter l'oyfeau que i'auois au poing, voyant charrier le Sacre qui emportoit la Cheuefche, pour l'en deftrouffer, mon oyfeau s'attache & lie encores la proye ; la tenant ainfi les deux oyfeaux, par hazard mon oyfeau mit vne ferre dans la veruelle du Sacre, & le retint. Or n'eft-ce pas vn rencontre miraculeux ? ie fuis rauy par fois des merueilles que ie voy arriuer en chaffant, aufquelles ie cognois que Dieu opere, puis que le iugement humain n'y peut arriuer, tant font contraires à toutes maximes de Fauconnerie, fi pourtant telles chofes font veuës, à quoy m'arreftant aucunesfois pour les confiderer, ie demeure confus. Or il faut que noftre bon Ange, voyant que nous auons recours au Ciel, nous guide, & nous conduit par des voyes qui nous menent à la fin de nos defirs, & fait que les chofes comme impoffibles, reüffiffent à noftre contentement, ayant nous la foy en Dieu, où noftre efperance doit eftre ; ie ne veux m'enfoncer plus auant comme les chofes fe font, puis que de croire ce qu'on n'ignore, eft chofe commune, mais croire ce qu'on ne peut comprendre, ce font des graces fpeciales données de Dieu, à ceux qui peuuent y paruenir. Ceux qui ont en veneration S. Anthoine de Padoüe, fe trouuent bien en l'inuoquant & difant ce qui fuit.

Responsorium B. Anthonij.

Si quæris miracula, mors, error, calamitas, dæmon, lepra, fugiunt ægri, surgunt sani : cedunt mare, vincula membra, resque perditas petunt, & accipiunt, iuuenes & cani.

℣. Pereunt pericula, cessat & necessitas, narrent hi qui sentiunt, dicant Paduani. Cedunt mare vincula membra, resque perditas petunt & accipiunt iuuenes & cans. Gloria Patri, &c. Cedunt mare, &c.

Oremus.

Ecclesiam tuam Deus B. Anthonij Confessoris tui solennitas votiua lætificet, vt spiritualibus semper muniatur auxilijs & gaudijs perfrui mereatur æternis. Per Dominum, &c.

Des Sacres, & de leur valeur, & comme le desir d'apprendre nous pousse à la cognoissance des sciences, & qui cause ce desir.

LETTRE XIX.

Army la diuersité des obiects qui se presentent aux hommes, chacun fait election de ce qui luy conuient le plus, où l'amour s'attache, de là le desir prend naissance, & les mene à la curiosité des preues par des essais, mais sans le temps qui leur en donne le loisir, on ne peut paruenir en chose qui vaille. C'est donc le temps qui rend les hommes habilles & accorts, si tant est qu'ils soient capables d'apprendre, & que la volonté soit en eux. Or ie croy que celuy que vous me nommez par la vostre, a rencontré des oyseaux qui l'ont bien seruy & rendu glorieux au vol du Heron ; mais ce sont Faucons de haute maille, qu'on dit Peregrins, qui sont propres à vol, comme sont encore les Sacres, si ce Gentilhomme les entendoit ; mais le Grec luy est deffundu, parquoy il luy faut donner des Faucons ou des Gerfauts: car aux nouueaux Fauconniers il leur faut des Faucons Niais. I'ay appris dans vn traicté fait par vn de mes ancestres, ce qui s'ensuit. *Ad bellum ardeole quam veteres Græci, Herodium vocant, Sacrarum & Falcones admirabiles sunt, Caprearum captos.* C'estoit Elisée Arcuffia, Seigneur de cette isle de Capre, & General des Galeres de l'Empereur Frideric, pere & deuancier de Henry VI. Or il faut croire que par fois il y a des oyseaux esclos pour bien seruir, qui suppleent aux deffauts du Fauconnier, tant leur inclination est bonne, Mais ce n'est pas pourtant qu'on puisse dire habile au mestier, celuy qui aura tel rencontre, car on tient vn ordre aux oyſeaux de Noruegue & d'Holande, & autre methode aux noſtres, & encores ſont traiĉtez tout autrement les oyſeaux venans du Leuant : de ſorte qu'il faut du temps pour apprendre à ſe conduire à leurs traiĉtemens, pour y eſtre bon maiſtre, ſoit à le bien faire, puis à le ſçauoir bien ordonner à ceux ſur qui on a le commandement, comme vn Capitaine ſur ſes ſoldats, ce qui ne ſe peut apprendre ſans rotine. Sur ſemblable ſuiet le Prophete diſoit, *Benedictus dominus Deus meus qui docet manus meas ad prælium, & digitos meos ad bellum.* En quoy il fait difference de l'effeĉt au commandement, car des mains il parloit comme ſoldat, pour remercier Dieu du combat de Goliath, & des doigts comme Capitaine commandant à ſon armée : c'eſt la difference de *Prelium & Bellum.* Or la difference eſt grande de le ſçauoir faire, & le ſçauoir commander à pluſieurs, plus facile eſt l'vn que l'autre : Mais la ſcience fondée ſur vn cas inopnié, n'a point de certitude. Ie ſçay bien que pluſieurs ſecrets ont eſté inuentez par rencontre, comme la proprieté de l'aymant, dont on ne doit tirer conſequence, parce que l'aſſiduë continuation y peut operer, eſtudiant au liure original de la Nature, dans lequel vous pourrez vous rendre ſçauant en toutes choſes. Vn homme curieux s'addreſſa à moy pour auoir des os de Sacre, ie me doutay auſſi toſt pourquoy c'eſtoit, ie luy en manday vne carcaſſe entiere à ſon logis, de laquelle il en fit eſſay, ie l'eus en rencontre quelques iours apres, & me demanda ſi les os des Sacres attiroient l'or, ie luy reſpons qu'ouy, mais hors de la bource de leur maiſtre, pour les frais exceſſifs de la haute volerie, ce qu'ayant entendu, ſe reſolut de ne dire iamais rien ſous la foy d'autruy, puis que Pierius l'anoit deceu & trompé en ſon langage ; dont ie conclus qu'il n'eſt pas bon d'eſtre de legere creance, & que en tout, la ſeule preuue fait voir la verité. Adieu.

Qu'on n'a point de plaiſir à la Chaſſe, eſtant mal auec ſes ſubiects.

LETTRE. XX.

Onſieur, vous auez en fin accordé auec vos ſubiets les differents que les eſprits de diuiſion auoient eſmeu entre vous, ie m'en reſiouys grandement, vous iouyrez à l'aduenir du plaiſir que vous eſtiez priué pendant ce trouble, & verrez voler vos oyſeaux auec tranquilité. Ceux qui vous auoient ſouflé aux oreilles pour allumer ce feu, ne ſont gueres affeĉtionnez au bien de vos affaires, & leur deſſein eſt tres mauuais, puis qu'ils voudroient vous occuper, & ſe rendre neceſſaires. Chaſſez donc loing de vous telles

perfonnes, car les Grands doiuent par fois diſſimuler les offences , comme
n'en ayant aucun ſentiment. Les moucherons & guibets nous troublent en
Eſté , mais puis en Hyuer nous en auons bien noſtre raiſon. Vos ſubiets
vous ont donné quelque deſplaiſir en leur rebellion, reconnoiſſant leur manquement, il vaut mieux leur pardonner, que d'en tirer vengeance par la voye
de rigueur. Le berger ne tuë la beſte qui s'eſcarte tout à coup , & la reduit
au troupeau pour ne la perdre : car autrement ce ſeroit à ſon intereſt. En
ruinant vos ſubiets vous n'y receuriez que du dommage & perte ; les Auettes quoy qu'elles ſoient profitables au maiſtre, ſe mettent en defence contre
luy s'il les preſſe trop : Mais il n'eſt plus temps que ie vous entretienne ſur
vn ſuiet de trouble, ne parlons plus que de Chaſſe. Fuyons donc les procés
vous & moy, & toute ſorte de chicane, & ſouuenez vous de ces vers ;

> *C'eſt ſuiure le train des impies,*
> *Et ne faire eſtat de l'honneur,*
> *De vouloir eſtre chicaneur,*
> *Pour donner de proye aux harpies.*

Que les hommes meurent le plus ſouuent en leurs premieres incli-
nations, & qu'il n'eſt bon de ſe tenir trop en bon poinct
& du baing des oyſeaux , auec les termes propres.

LETTRE XXI.

MOnſieur, vous me reprochez qu'à l'aage où ie ſuis ie me trauaille trop à la Chaſſe, & me faites le meſme reproche qu'on
fit autresfois à vn ſeigneur qu'on reprenoit pour eſtre trop
vaillant homme ; de meſme vous ne trouuez pas bon que ie
me continuë Chaſſeur, & dites que par tel excés ie me tiens
maigre & deſcharné ; à quoy ie vous reſpons , que i'ayme mieux eſtre tel,
que chargé de graiſſe , laquelle ne cauſe que corruption à l'homme, & non
ſeulement elle eſt nuiſible à la ſanté du corps, mais elle l'ennuit & l'incommode à tous exercices honneſtes, & c'eſt pourquoy ie n'en veux faire amas.
I'en dirois bien plus ſi n'eſtoit que ie ne veux donner ſuiet de marriſſon à
ceux qui de leur naturel ſont en bon poinct : les hommes de la ſorte il faut
qu'ils ſe tiennent reduits chez eux, ſoit pour craindre l'ardeur du ſoleil, ou
le ſerain ; dont i'eſtime eſtre mieux pour moy , & me trouuiez à dire en ce
ſuiet, que ſi me ſolicitez à trauailler, pour eſtre trop pareſſeux, il faut que
ie ſuiue mes premieres inclinations. Or pour voſtre oyſeau que dites d'e-
ſtre tardif à muer, prenez garde qu'en luy preſentant le bain, l'eau ne ſoit
trop froide, ce qui le reſſerre, & le garde de tomber ſon pennage, l'eau veut
eſtre

eftre tiede , & fi donnez le bain en la muë au logis , mettez dans l'eau quelque peu du fel, & de la cendre ; plufieurs termes fe rencontrent fur ce fujet
de baigner l'oyfeau, car le mot de bain , c'eft fe baigner volontairement, &
quand de luy mefme fe met dans l'eau. Moüiller c'eft à la pluye que l'oyfeau fe peut moüiller, ou fe trouue moüillé. Autre terme fe dit tremper,ou
plonger , bien que l'oyfeau peut encores fe plonger de luy mefme, quand il
fe met dans l'eau. On dit ramollir auffi , ou efponger, ramolliffant le pennage pour le redreffer. On fe fert encores des cinq fuiuans, qui font, *Afperger, Efponger, Eftuuer, Ciringuer*, & ce dernier , *Efclypfer*, Efclypfer l'eau,
c'eft la pouffer en l'œil, debandant le doigt pour la ietter contre , ou la
ietter contre auec la main. Ces termes peuuent fignifier ce en quoy ils
doiuent eftre employez , que pourrez choifir pour les enchaffer bien en
leur lieu.

De la chaffe du guet.

LETTRE XXII.

MOnfieur, en attendant que mes oyfeaux foient prefts pour
voler les perdreaux : Ie vous diray comme ie trompe le
temps & la façon de la chaffe en laquelle ie m'employe foir
& matin , propre pour la faifon où nous fommes. Ayant
moy en defdain le long fejour du lit: Ie prens vne harbuebuze
qu'vn laquais me porte apres , de laquelle ie me fers encores comme ie faifois il y a trente ou quarante ans , & m'en vay dans le bois tirer à tout ce
qui fe prefente ; ou bien ie prens d'autre cofté en pays de buiffions où ie
me place au guet des liéures, ou de lapins & du Cheureil encore ; Bref, ie
tire à tout ce qui fe laiffe voir à port d'arquebuze , & vous diray que
telle chaffe n'eft pas fans plaifir, mais qu'on foit en pays propre , mefme
s'il y a des Loups & Renards, ou autres beftes nuifibles , foient fangliers,
ou blereaux. Or i'ay fait preuue que fi on tuë vne femelle en chaleur, & à
mefme inftant la faire traifner au trauers de la campagne, ou du bois, que
tous les mafles de telle efpece paffant par là , ne manqueront de fuiure telle trace, & d'aller droit au bout, où le tireur fe doit placer, c'eft chofe
que i'ay efprouuée, à quoy vous ne deuez faire doute. Vous trouuerez
eftrange que ie m'amufe en tel employ , mais c'eft pour ne languir, outre
que les hommes feptuagenaires n'y perdent pas leur temps , s'entretenant
en telle attente auec leur chappellet, en contemplant les merueilles de
Dieu : car i'ay autresfois apprins d'vn bon vieillard & capable Chaffeur:
Que les hommes de noftre aage doiuent auoir fur eux trois chofes, la premiere vn petit horloge fonnant , la feconde vn miroir, & la tierce vn

chappellet. La premiere pour conter les heures & les bien employer : l'autre pour voir le changement & le declin qui se trouue en nous : La tierce pour esleuer nostre esprit, & nous souuenir de nostre fin, puis qu'en cette vie nous ne faisons que passer. Ces considerations ne m'affligent aucunement, sçachant tres-bien que nous n'auons pas icy nostre demeure permanente. Cela ne doit empescher que d'vne ioye spirituelle, nous ne viuons contens ; Pour moy si ie me plaists tant à la chasse, n'est-ce pas me delecter aux œuures de Dieu ; qu'il me donne donc en tel exercice des sainctes inspirations : Qu'il me dispose en sorte que ie me souuienne, ou que ie me trouue qu'il a creé ce à quoy ie me delecte, & face qu'en telle delectation ie ne perde le temps pour en abuser : que ie reconnoisse qu'il est le Createur des creatures que ie poursuis, & que ie me ressouuienne que l'esprit malin me poursuit tousiours ; que ie me represente comme ce tentateur vole nos ames, qu'il les cherche parmy les voluptez du monde, pour les attrapper & les perdre. Que Dieu ferme donc les paupieres des mes yeux, & les portes de ma pensée, en sorte que ie ne voye les choses vaines, ny obiect qui puisse m'esloigner de ses saincts commandemens, puis qu'il tient les cœurs des hommes entre ses mains, ne les manie-il pas comme il luy plaist ? qu'il face que ie ne l'offense iamais, & que mes inclinations correspondent au desir que i'ay de luy complaire afin que i'embrasse de cœur & de zele sa saincte loy, & que ie n'employe ma vie, ny les puissances de mon ame, qu'à la gloire de sa Majesté : Que ie sois continuellement en crainte par vn amour filial, me soubmettant de cœur & d'affection à son S. seruice : que mes yeux espandent des larmes par vne contrition si viue, que ie tesmoigne le regret que i'ay de l'auoir offensé. O quel succre sauouray-ie en ma bouche parlant du Seigneur ? que pour n'en estre ingrat ie benisse eternellement son nom ; que ie ne cesse à iamais de chanter ses loüanges, où que ie sois, & que mon ame n'aye rien de plus recommandé ; car il m'affranchit du murmure du monde, & retranche quand il luy plaist de mon cœur toute saleté de peché ; il fera que ie marcheray asseuré parmy les tenebres, & d'vne ioye spirituelle mon ame se resiouyra en luy ; puis qu'il ne veut la mort du pecheur, i'espere en ses misericordes : il ne permettra que ie m'esgare de sa loy ; car il est mon Dieu ; lequel ie supplie de vous auoir en sa garde : Or ie vous diray encores comme reuenant de la chasse depuis n'y auoir esté, passant moy deuant vn crucifix cette meditation me vint en teste.

MEDITATION.

P Leure pecheur, contemple le myslere :
  Medite en toy voyant ce crucifix,
Comme ton Dieu sur le mont de Caluaire
Pour ton salut n'espargna pas son fils.

Ses mains, ses bras & sa teste baissée,
Son corps sanglant de playes tout couuert,
Ses pieds percez, ont ta coulpe effacee
Lors que pour toy son costé fut ouuert.

Ces bois, ces soüets, ces cloux & cette lance,
Cette couronne & tout ce que tu vois
Te vont disant que l'agneau d'innocence
Pour tes pechez se sousmit à la Croix.

Donc que ton cœur tout en larmes se fonde,
Reconnoissant que le Ciel te conquit,
Et que son sang fut le rachapt du monde,
Lors que la mort, par sa mort il vainquit.

Ce sont les entretiens ausquels ie me plaist auiourd'huy, en attendant celle que ie ne puis euiter, ayant moy ordinairement en ma bouche ce mot, *Moriatur anima mea morte iustorum.*

Du traictement des cheuaux de chasse, auec le remede pour le gras fondu.

LETTRE XXIII.

Onsieur, Vostre Boristenes à craint la coruée que nous fismes Ieudy de dix heures de chasse, puis qu'il en est malade. Ie doute qu'on ne l'aye bien conduit à son arriuée, car il a ie m'asseure, accoustumé le trauail depuis qu'il vous sert, s'il en mouroit ce me seroit vn regret, & vous n'en trouueriez vn pareil; mais si cela aduenoit, ne permettez que les chiens le mangent, non comme fit l'Empereur Adrian de son Boristenes duquel le vostre en porte le nom, mais faites *Adrian fit* le couurir de terre pour n'auoir plus de regret de sa bonté au rencontre de *faire vn* ses os. Or il ne sera pas hors de propos que ie vous donne l'ordre qu'on *tombeau en* tient chez nous au traitement de mes cheuaux de Chasse, non pour vous *marbre à* l'apprendre, mais pour sçauoir de vous si ie fay bien de commander que le *son cheual* traitement en soit tel. On ne dône chez nous aux cheuaux de Chasse, en tout *Boristenes* temps, que la paille brisée de formét, mais de l'auoine vn bon ordinaire. Au *pour l'auoir* retour de la Chasse, on débride les cheuaux aussi tost sur la soupe au vin, faite *bien seruy à* auec le pain, le sel & vn ognon haché; puis leur auoine, mais la moitié de telle *la chasse.* auoine leur est gardée pour la leur donner ayant beu, ce qui ne doit estre que deux heures apres estre arriuez. En tel espace de têps, le valet d'estable aura

Ttt ij

loifir de les bien frotter, lauer les iambes, vifiter leurs pieds, foit pour attaintes, defferreures, ou autres accidents. Tous Chaffeurs doiuent eftre foigneux de leurs cheuaux, de leurs chiens, & de leurs oyfeaux; ces trois foins ne doiuent eftre feparez; s'il s'en trouuoit des malades du gras fondu, fçachez que les cheuaux n'ayans rognons, veffie, ny vretaires, l'vrine, & le fient s'entremeflant dans le dernier boyau & la graiffe fonduë s'y trouuant, va boucher le conduit qui va dans la verge du cheual, ce qui luy caufe la mort. Or le remede; c'eft qu'il faut faire mettre le bras du valet ou autre, dans le fondement du cheual, & en tirer le fient dehors, & du doigt du mitan, il ouurira le trou de la verge, le nettoyant bien, en y appliquant de l'huyle d'olif, & le cheual en reftera guery.

Reprefentation de la chaffe d'vne matinée dix iours apres la Pentecofte, & vne meditation en fuite.

LETTRE XXIV.

MOnfieur, I'ay efté ce matin au leuer du Soleil noüer la longe à mon Autour; à la verité c'eft vn grand plaifir d'eftre aux champs à telle heure, pour admirer les merueilles des œuures de Dieu, lefquelles nous font manifeftées par fes creatures. I'ay efté tellement rauy d'entendre le gazoüil des oyfeaux, que mon efprit s'eft efleué en haut, & i'ay dit en moy-mefme! O quel doit eftre le concert des Anges du Ciel, puis que ces Anges terreftres nous extafient par leurs chants? Quel aduantage ont ces oyfeaux fur les hommes, eftans en ioye continuelle, que leur difner & leur foupper eft toufiours apprefté, que leur habitation eft où bon leur femble, fe changeant quand ils s'ennuyent en vn lieu; que preuoyant le futur, fe preparent aux euenemens: que leur leuer & leur coucher leur eft indifferent! Que leur robbe ne s'vfe que fort peu, puis qu'ils ne la changent qu'vne fois l'an, & en faifon qui ne les incommode! Qu'ils peuuent trouuer par leur induftrie ce qui leur eft neceffaire, & qu'vn fimple feul, leur peut feruir au befoin d'aliment, & medicament! qu'ils ont l'vfage des cinq fens naturels, auec plus de perfection que les hommes, & plus forte connoiffance de ce qui peut leur nuire; puis que le pouffin n'eft à demy efclos qu'il connoift le Milan, & le fuit. Le poulain mefme (bien que fon efpece foit moins cenfée que des animaux volans) vne heure apres fa naiffance, fuit la iument fa mere, fe conduit parmy les precipices, connoift le loup, & le fuit: & l'homme cerche ce qui plus luy eft contraire, qui eft le peché. Ces confiderations faites, ie dy à par moy! O enfant d'Adam n'es-tu le moindre

de tous les animaux ? les beftes dominées par toy , ont dés leur commencement quelque moyen de fe conduire, toy feul te trouues le plus lourd &
engourdy : mais Seigneur auez vous creé l'homme à voftre image pour le
laiffer fi miferable ? Puis reuenant en moy mefme, ie me confole de la forte,
& ie dis : Non, non, mon ame, Dieu ne fait que bien ; fa Majefté ne te veut
donner tout à coup les graces qu'il te referue en fin , fi tu t'en rends meri-
tant de ton pouuoir : c'eft pour te tenir en bride, afin que l'orgueil ne te
perde , & ne veut que tu puiffes te conduire à part toy, & fans fon aide & fecours que faut luy demander. Ne vois-tu pas que les chofes que
tu eftimes & pourfuis le plus , te font preiudiciables ? que tu fuis le
bien pour fuiure le mal , & fi tu ne le connois pas ; fi tu as quelques fleaux
en ce monde de qui ne font communs aux autres animaux, c'eft pour ton
mieux , & tu en es ingrat à Dieu ; qui ne te voulant perdre , fe fert du
moyen que les Fauconniers vfent enuers leurs oyfeaux plus cheris, aufquels
ils mettent des fonnettes pefantes, & les chargent d'autant plus qu'ils les
aiment, pour ne les voir efcartez ; ainfi fait fa Majefté : Mais tu es vn
ingrat, & reffemble aux lamies qui n'ont des yeux en leur maifon pour fe
voir, les tenans au coffre, & les chargent feulement lors qu'elles vont chez
autruy : De mefme tu enuies les aduantages que les oyfeaux ont fur toy , ils
te font fujets & inferieurs , n'ayant qu'vn efchantillon des graces naturelles & petite portion de la raifon, où à ta part tu as la raifon droite, & l'intellect fuperieur qui te peut guider à la gloire de l'immortalité : Contente
toy donc mon ame, benis le Seigneur fi tu veux qu'il t'affifte. Ce font les
foliloques faits à part moy ce matin en chaffe , efloigné des bruits de la ville , iouyffant du plaifir de voir prendre trois perdrix à mon oyfeau, qui font
les dernieres qu'il volera pour cette année, & c'eft trop volé meshuy, puis
que nous fommes ià auant en la faifon pour voler les perdrix ; & les roffi-
gnols qui chantent, nous oftent & donnent de l'empefchement, à l'efcoute
des fonnettes , tenant l'oyfeau fa perdrix au pied à la defrobée. Or i'eftime eftre bon que ie vous mande par cette commodité la preparation que
les Fauconniers doiuent faire au commencement de leur chaffe.

Preparation au deflonger des oyfeaux.

Sit nomen Domini benedictum. † puis dire *Benedictus Dominus Deus Ifraël* au
long, & encores le *Itinerarium* auec les oraifons y comprifes. Puis faifant
le figne de la Croix † dire *Lætabor in creatura tua Domine, & in nomine tuo la-*
xabo. En deflongeant les oyfeaux † puis au retour de chaffe on dira Laudes
au long par action de graces, fi on les fçait par cœur. Or ce qui nous eft
agreable, bon, & plaifant de foy, excite en nous vn defir d'en rechercher
l'Autheur, qui eft le Souuerain bien de qui toutes chofes bonnes prennent
leur principe : mais il n'en faut pas abufer, car la vertu mefme fe conuertit
en vice, employée en mauuais vfage. C'eft pourquoy à l'entrée de nos chaf-

ſes nous deuons inuoquer Dieu, & dire ainſi : Seigneur ſi vos delices ſont
d'eſtre aucunesfois parmy les hommes, aſſiſtez auiourd'huy en nos entrepriſes, afin qu'elles ſe commencent & finiſſent à voſtre gloire, eſtant garen-
tis des embuſches du demon ; chaſſeur de nos ames, dont le tout ſoit en voſtre honneur & loüange.

A l'honneur de la Poëſie.

LETTRE XXV.

Monſieur, Bien que ie n'aye continué la poëſie pour la voir à
preſent preſque en deſcry, ſi ne veux-ie me retenir de reſpondre au beau ſonnet qu'il vous a pleu de me faire voir. Receuez donc le mien, bien qu'il n'eſgale le voſtre. Ie ne ſuis pas
de ces gens là qui blaſment telle vertu, & diſent que qui ne
ſçait faire vn vers eſt vn ſot, & qui en fait deux eſt vn fol. Si diray-ie que
tels eſprits dégouſtez, ſe ſont eſſayez apres leur dire, de trauailler à de
grands poëmes, & ſi n'ont-ils rien fait qui vaille, reſſemblant en leurs eſcrits aux cheuaux qui marchent ſur des cailloux ou des rochers raboteux,
ce qui monſtre que les Muſes ſont deſpitées contre ceux qui ne pouuant at-
taindre aux raiſins, diſent qu'ils ſont aigres. Mais puis qu'ils ont voulu
eſſayer cét art, ie leur diray que

> *C'eſt vne eſpece de folie*
> *D'emprunter les chants d'Eraton,*
> *De Calliope, ou de Talie,*
> *A ceux qui n'en ſçauent le ton.*

Or i'ay de touſiours beaucoup eſtimé telle ſcience, auſſi le Prophete
Royal s'en eſt voulu aider aux loüanges du Sauueur du monde, & les meilleures plumes de France de preſent ſont ceux qui à leur principe ont commencé par la poëſie, & s'en meſlent par fois. Car tout aiuſi que les meilleurs eſcuyers ſont ceux qui menent bien vn cheual par haut, lors qu'ils
veulent les faire aller terre à terre. De meſme quand vn Poëte ſe rend à
la proſe, il y fait des mieux : l'aduoüe que les flatteurs des Roys & des
Princes, s'employent volontiers à la poëſie. Auſſi ceux là, ie les mets
au rang des violeurs qui vont par les maiſons chercher des eſtreines. Mais
ceux qui ne penſent que d'acquerir de l'honneur par telle vertu, ils ſont
vrayement dignes d'eſtre couronnez de mille lauriers.

Parallelle de deux grands Fauconniers iadis Gouuerneurs
du pays de Prouence.

LETTRE. XXV.

Onsieur, Vous me demandez par la voftre qui de deux que i'ay connus en mon temps, eftoit le plus entendu aux oyfeaux, ou feu Henry d'Angoulefme, fils & frere de nos Roys deffuncts, Gouuerneur de Prouence, fait trente cinq ou quarante ans, ou le Comte de Tende, fils du grand Baftard de Sauoye, qui poffedoit le mefme gouuernement, vingt & tant d'années auparauant luy. A la verité vous ramenez en ma memoire vn fiecle doré viuant nous pour lors en delice, tant fous l'vn que fous l'autre. Pour fatisfaire à voftre defir ie commenceray par le plus efloigné du temps prefent, qui eftoit le Comte de Tande, lequel fut vn des premiers Fauconniers de l'Europe, tant pour tenir vn bel equipage, que pour eftre entendu à toute forte d'oyfeaux : Auffi n'efpargnoit-il rien pour en recouurer de toutes parts. Il fe plaifoit pour les champs à tenir des Sacres, des Laniers, & pour la Corneille, Courlis & autres voleries, les Faucons luy plaifoient fort, & par riuiere encore : Il auoit auffi des vols pour le Milan, & pour le Heron, mais refidant luy en Prouence, les Herons n'y font pas frequents ; fi pourtant auoit-il des vols à tout, & pour tout faire. Il ne mettoit guere des oyfeaux en mvë, renouuellant fa Fauconnerie tous les ans, fuft par les cagiers Grecs qui luy en apportoient, qve des Hollandois, qui ne manquoient annuellement de venir à luy. Il tenoit encores des tendeurs de Duc Suiffes, qui prenoient en la craux pres d'Arles des Laniers, Sacres & autres oyfeaux fort excellens. Or il n'auoit cette vertu feule ; car il aimoit la nobleffe de ce pays comme fes enfans, & la liberalité le faifoit adorer de tous, car nul n'alloit le voir qu'il n'en rapportaft quelque don, fuiuant l'inclination des perfonnes.

Annuellement il tiroit de fon Arat trente ou quarante cheuaux de quatre ans, que fes efcuyers dreffoient : C'eftoit pour les donner à la ieuneffe qu'il nourriffoit pages : au fortir qu'ils faifoient de luy, où les principaux du pays tafchoient de loger à telle Academie leurs enfans aifnez. Et i'ay veu deux Seigneurs du pays qui ont du depuis efté nos Gouuerneurs, qui auoient efté auec nous en cette efcole de vertu ; fa compagnie de cent gendarmes eftoit en telle eftime, & fi bien entretenuë, que (à la monftre qui ne mãquoit de fe faire de trois en trois mois,) on voyoit fouuent trois ieunes Gentilshommes logez en vne place d'Archer, portant pour marque, l'vn la falade en tefte, & les deux vn Braffal chacun : C'eftoit à la verité la

vraye Efcole, & l'Academie de la ieune Nobleffe du pays. Or ie vous ay
recité les faits du premier de ces deux : ie diray donc en fuite quel eftoit
le bon Grand Prieur de France, vingt ou vingt cinq ans apres, mais à la verité quand i'ouure la bouche pour parler de ce Henry, iffu du fang Royal,
portant ce nom fatal & difgracié, ie me trouble grandement : fi faut-il que
i'acheue mon entreprinfe : Ie diray donc que tout ainfi que l'extraction de
ce dernier eftoit de lieu plus releué. De mefme les vertus correfpondoient
à fa qualité, les liberalitez de l'vn euffent efté vaincuës par l'autre, s'il euft
duré auffi longuement. Car ils regnoient par amour ; confumant leurs rentes dans le pays, où le commun profitoit. Quand à ce qui eftoit de leur Fauconnerie, ie ne fçaurois à qui des deux en donner le prix, tous deux en eftoient
capables, & l'excellence de leur temps : Ie ne vous diray les autres vertus
qu'on reconnoiffoit en eux, ne fe pouuant mettre fur vne fueille de papier ;
l'vn auoit acquis la prudence par le temps, & les preuues, eftant octuage-
naire ; & l'autre n'ignoroit rien de ce qu'vn Prince doit fçauoir ; mais il fut
vendangé auant font terme, pour eftre vn fruict trop exquis pour la Prouence. Si vous me reprenez que ma lettre eft longue, c'eft la couftume des
vieillards, que d'eftre prolixes en leurs efcritures, excufez moy donc en ce
poinct.

---

*Antithefes entre la Faueur & la Fortune, auec reprefenta-
tion du temple de Faueur.*

Lettre XXVII.

MOnfieur, i'ay appris par la voftre que le Seigneur duquel vous
me parlez eft à prefent fauorifé du Roy, & croit-on que
c'eft par le moyen de quelque intelligence qu'on eftime qu'il
aye en la Fauconnerie, vous pouuez iuger en cela les effects
de la Fortune qui fuit les hommes, lors qu'on les en eftime
moins meritans ; & les aduance quand on n'y penfe point. Non que ie vueille ranger la Faueur & la Fortune en mefme qualité, fçachant moy les Antithefes & differences qui font entre elles, car la faueur ne peut operer feule, & bien que l'vne foit fille de l'autre, fi pourtant à l'vne faut toufiours vn
qui fauorife, & l'autre qui reçoiue la Faueur, où Fortune feule a tout pouuoir en elle mefme ; Faueur eft faite par vn acte de volonté, prouenant d'A-
mour, de Bienveillance, & du Merite : Mais Fortune non : Dauantage la
Faueur fe fait connoiftre, & on peut facilement iuger d'où elle vient, &
qui l'a fait, où la Fortune ne peut eftre confiderée qu'en celuy à qui elle
arriue, qui eft le Fortuné, la Faueur a toufiours l'œil ouuert prenant garde
à qui elle fe communique, Fortune non puis qu'elle aduance autant les indignes

dignes que les meritans. La Faueur agit du grand à l'inferieur, ou entre les
esgaux, & improprement on diroit, qu'vn grand est fauorisé d'vn moindre,
ou le Roy estre le fauory d'vn sien suiet, où en la Fortune ne se fait pas cette
consideration ; la Faueur prouient le plus souuent du Ciel, Fortune non,
encores que les payens l'ayent logée au throsne des Deitez, ainsi que Iuuenal
l'escrit: *Te facimus Fortuna Deam cœloq; locamus.* Dont on peut attendre vne
Faueur du Ciel & non vne Fortune, qui n'est selon la deffinition qu'vn cas
inopiné: Faueur se fait encores à ceux qui sçauent, ou peuuent la reconnoistre, & Fortune s'estend par fois à tous indifferemment, dont leurs effects sont en tout contraires, bien qu'elles soient semblables en incertitude,
& subiets à mutation. Estant moy à la Cour, du temps de Henry III. de
ce nom, les vers suiuans furent faits par vn mien confident, ie les ay gardez
du depuis, d'autant que l'Autheur ne vouloit qu'ils fussent veus, vous diriez
qu'ils ressentent les fictions de l'antiquité, mais par le moyen des fables, on
peut souuent representer les choses vrayes, vous les verrez donc en suite de
cette cy, sous le tiltre du temple de Faueur, ils sont correspondans au suiet
que ie traicte en ma response, sur vos demandes, ce qui m'a occasionné de
les transcrire de mes broüillarts pour les vous mander.

LE TEMPLE DE FAVEVR.

I.

Dans le plus large champ du fluctueux Neptune,
Et dans le plus profond des gouffres Oceans,
Vn Temple fut basty de la main de Fortune
Contre l'ordre commun de nature, & des ans:
Pour monstrer qu'elle peut toute chose impossible,
Que plus elle s'aggrée aux effects monstrueux,
Son pouuoir luy fait voir, toute chose loisible,
Et peut par son vouloir forcer celuy des Dieux.

2.

Elle le dessigna sur la forme du monde,
Afin que les mortels l'aymeur plus cherement,
Son fondement muable, & sa figure ronde,
Sa matiere debile & fresle extrémement
Monstre que son ouurage est de peu de durée,
Qui change en moins que rien, & passe en vn moment,
N'y pouuant reposer vne foy asseurée
Sans craindre le danger qui suit communément.

3.

Douze fois dix pilliers de hauteur infinie,

Auec leurs chapiteaux, & bases à l'esgal,
Soustiennent droictement vne voûte arondie,
Non de marbre ou porphire, ains d'vn fresle cristal
Dont le tout est basty, au surplus nulle porte,
Nulle muraille aussi ne le tient renfermé,
Afin que librement chacun y entre & sorte
Pour contenter ses yeux du lieu tant renommé.

4.

La voye est libre à tous, mais l'abord difficile,
Là tous n'arriuent pas à leur intention
Parce qu'il faut passer par vne Mer seruile,
Embarquez au vaisseau de la Presomption,
Auoir pour gouuernail l'importune Impudence,
Pour Pilote & Patron vn discours bien accort,
Pour voile le mensonge, & pour vent l'Esperance
Qui manque vn de ceux-cy, iamais n'arriue à port.

5.

Dessus vn grand Autel d'vne pierre d'opale
Tout au milieu du Temple entouré de degrez
Faits d'vne mesme estoffe, en forme de Dedale,
Dont il est mal aisé d'en trouuer les secrez,
Est droitement plantée vne trompeuse image
Que tout le monde adore aussi diuersement
Comme diuerse elle est de forme & de visage,
Et comme ses effects ont diuers changement.

6.

Aucune Deuë ne recoit tant d'offrandes,
De prieres, de vœux, de sacrifices tels,
De chants à son honneur, de loüanges si grandes,
Comme fait celle-cy par les hommes mortels,
Les Princes, les Seigneurs, le commun populaire
Toute sorte de gens, les icunes & les vieux
Desirent seulement de pouuoir luy complaire,
Estimans sans sa grace estre maudits des Cieux.

7.

On l'appelle Faueur, faux heur fille à Fortune,
Inconstante & sans yeux, & sans discretion,
Qui ne connoist sinon celuy qui l'importune,
Le Recteur du Conuent ie nomme Ambition,
Les Religieux sont de l'Ordre de Faintise,
Pour Euangile ils ont, Dissimulation,
Ayant de la vertu renoncé la Prestrise,
Abandonné son Cloistre, & sa Profession.

8.

Leur habit est semblable, & leur façon de mesme
Par dehors seulement pour leur interieur
Est du tout different, leur trauail est extresme,
Parce que chacun veut estre le Superieur,
Admirable est leur ieusne, & plusieurs sacrifices
Ils font à cet Idole, espris de son amour,
Par vne infinité d'hypocrites seruices;
Mais rarement sont-ils reconnus à leur tour.

9.

L'honneur & la grandeur, qu'en salaire elle donne
Ne l'est pas en effect, c'est l'ombre seulement,
Et la fueille du fruict dont la vertu guerdonne
Ceux là qui au merite arriuent droictement:
L'vn se perd & s'enuole, au moindre vent qui pousse.
Mais l'autre est immortel, constant, durable & fort,
Qu'il ne craint du malheur, ny des ans la secousse,
L'embusche du malin, ny l'horreur de la mort.

10.

Leur lampier est remply de pure ialouse
Qui veille nuict & iour d'vn esclat merueilleux,
La cire des flambeaux est aux ruches choisie
Pour brusler dans le cœur de ces Religieux.
La mesche est d'vn venin, qui point ne se consume
D'où sort vne fumée, obscure, & mal sentant,
Penetrant au plus haut, & suiuant la coustume
Tache souuent ceux là, qui s'en vont moins doutant.

11.

A l'imitation de celle qu'ils adorent,
Ils se voilent les yeux d'vn bandeau arrogant,
Pour mieux se mesconnoistre à ceux qui les honorent,
Et comme les flatteurs d'Alexandre le Grand,
Qui portoient comme luy le col tors par faintise,
Reuestus d'vn manteau d'orgueil & de mespris,
Se i en peut faire foy par la fin qu'il a prise
Sous Tibere, que c'est de l'heur des fauoris.

12.

Son histoire est despeinte au milieu de ce Temple,
Celle de Philotas, de Phaëton aussi,
Et d'vn nombre infiny qui ont seruy d'exemple.
Par leur temerité, de vouloir viure ainsi,
Se fourrant si auant au fonds de ce Dedalle
Qu'ils n'en peuuent sortir sans se precipiter,

Chetif qui va ſi haut qu'il faille qu'il deuale
Comme le foudre fait des mains de Iupiter.

13.

Se perdans , il arriue vne perte notable
Pour ceux qu'en leur Fortune, ont fondé leur eſpoir
Les voyant eſleuez d'vne aiſle fauorable,
Et perdant leurs amis, lors qu'ils viennent à choir,
Ainſi qu'vn Capitaine enuieux de ſurprendre
Vn fort par eſcalade, eſtant ja tout au haut
De l'eſchelle qui rompt, eſt contraint de deſcendre
Renuerſant en tombant ſes ſuiuans tout d'vn ſaut.

14.

Comme plus haut monté, & le plus chargé d'armes
Souuent ſe rompt le col, & les autres bleſſez
Reſtent aupres de luy teſmoins en ces alarmes,
Ainſi que les rochers que la foudre à froiſſez.
Les arbres, les palais ſeruent de teſmoignage
Qu'ils ont eſté touchez, ſi iamais de ces trés
Le laurier n'eſt attaint, & vrayement l'homme ſage
Doit craindre d'approcher la Faueur de trop prés.

15.

On a veu Philotas fauory d'Alexandre
Entrer dedans ce Temple au long de ſes degrez,
Mais le voila geiné, & par tourmens deſcendre
A la mort, confeſſant ſes deſſeins plus ſecrez.
Voicy Parmenion, ſon pere plein de gloire,
De grandeur, de puiſſance entre tant de ſeigneurs,
Qui des eaux d'Acheron eſt contraint d'aller boire
Pour aſſiſter ſon fils en ſes derniers malheurs.

16.

Phaëton par Faueur cuidoit, comme ſon pere,
Sçauoir guider le char, par la voûte des Cieux,
Mais ne ſcachant tenir la route neceſſaire
Ne ſouffrir la lueur du Soleil radieux,
Laſche de ſes courſiers la conduite & la bride,
Qui montant ores haut, ores allant en bas,
En deſſeichant les Cieux, & la campagne humide,
Tarit les grands ruiſſeaux, les fleuues & les lacs.

17.

La terre iuſqu'au centre eſt deſtruite, & deſerte,
Qui demande vengeance aux Dieux d'vn tel forfait,
Phaëton foudroyé , ne peut payer la perte
Qu'il cauſe à l'vniuers par celle qu'il a fait,

Auſſi peu que ceux là qu'vne Faueur trop grande
Pouſſe dans les honneurs, & biens non meritez,
Peuuent par mille morts, faire vne digne amende
Des maux qu'ils ont cauſez aux peuples & Citez,

18.

Icare cheut du Ciel par ſa vaine folie,
Et tout ſeul ſe perdit aux abyſmes de l'eau,
Sa veine ambition luy fit perdre la vie,
Et receut par l'orgueil vn humide tombeau,
De meſme arriue à ceux qui empruntent des aiſles
Pour voler dans les Cieux, les biens & les eſtats,
Et qui montent ſi haut que leurs plumes nouuelles
Se bruſlant au Soleil, on les voit choir en bas.

19

Ce Temple ainſi deſpeint m'eſt apparu en ſonge,
Et voicy le recit de ce qui m'en ſouuient,
Que i'eſtime pluſtoſt verité que menſonge,
Puis que pour le iourd'huy, tout de meſme il aduient,
Que ſi i'y fuſſe entré par l'ayde de Fortune,
I'euſſe veu le ſurplus que i'aurois icy mis,
Mais n'eſtant mon humeur de nature importune,
D'approcher la Faueur, il ne me fut permis.

Philoierax estant malade dans son lict, prend congé de Philo-falco par ce dernier adieu.

LETTRE XXVIII.

Estant le terme de ma fin si proche que la banniere de patience se voit arborée au conspect de mon lict, † je ne veux plus dilayer de vous dire Adieu par cette escrite de ma main, tracée auec du regret que ce ne soit par ma bouche, veu la distance des lieux où nous sommes à present. Et ne soyez estonné, Monsieur, du congé si pressé que ie prens de vous, vostre bonté aura agreable s'il vous plaist mon dessein, puis que mon depart est pour vn voyage sans retour. Et en reuanche de ma fidelle amitié, transferez le soin que vous auez eu iusques à present de m'aymer, aux deuoirs funebres qu'vn cher amy doit rendre à son aymé qui s'en va le premier.

Or puis que l'affection que i'ay euë en vous m'a poussé à ce souuenir, de vos merites, bien que par cy-deuant vous soyez esté coheritier de ma Fauconnerie, voyant moy qu'auiourd'huy vous prattiquez si heureusement vostre portion de mon heritage, l'ay voulu encores vous faire ce legat de mes restes que i'ay en main ; Receuez les en cette qualité, & comme d'vn vostre fidelle amy. Et ie n'espere de vous vne semblable ingratitude commise par ce bel esprit, qui contrecarra Platon son maistre, puisant sa gloire dans le blasme de son bien-facteur.

Vous trouuant pres de sa Majesté, asseurez là que ie meurs ayant son nom en ma bouche, & le zele au cœur, de le voir bien obey. Et fidellement seruy. Dites encores Adieu de ma part à tant de braues qui daigneront de vous parler de moy, nous ayant veu ensemble accompagnant le Roy, cela leur pourra rememorer la connoissance qu'ils ont euë de moy.

Lors que vous chasserez en vostre particulier, souuenez-vous que la patience est requise en tel exercice. Ne vous embarassez d'vn trop grand equipage, soit d'oyseau, ou de chiens, & pour ce qui vous y sera necessaire, mes aduis vous guideront, seruez vous en à propos & conuenablement, soit en leurs especes, ou aux saisons que vous serez.

Gardez-vous de faire du mal aux fruicts de la terre, & de l'interest du prochain. Et souuenez-vous de ce mot, *Dominus videt*, en toutes vos actions, puis que c'est luy qui est Iuge & tesmoin en nos operations quelles qu'elles soient.

Ne vous mettez iamais en colere en chassant, & mesme contre vos va-

lets, ſoyez patient & doux ; autrement vous rebuterez vos ſuiuans ; Ceux
qui n'ont du ſens pour vous y ſeruir, ne ſe rendront pas plus capables par
voſtre courroux : la colere nuit à l'ame & au corps, euitez la donc, & fuyez
en les occaſions tant qu'il vous ſera poſſible.

Quand vous ſerez à de vos villages aux champs, vous deuez continuer
l'exercice de la chaſſe auec modeſtie, & pour l'entretien de voſtre ſanté,
mais ne vous y retirez que pour l'Eſté ſeulement ; & le reſte de l'an, demeurez dans la ville ; le fer poly & luiſant ſe roüillit & deſembellit approchant la terre : de meſme l'eſprit, quoy que bien fait, ſe gaſte par la
frequentation des ruſtiques ; qui veut acquerir la grace de l'entregent, il
faut approcher les hommes bien eſleuez, pour les imiter, & ceux qui ſçauent l'accortiſe par rotine ; choiſiſſez-en de tels, & les frequentez. Mais
gardez-vous de faire ſocieté auec des hommes qui ayent beaucoup d'ennemis, car tous leurs haineux ſeroient les voſtres.

Et parce que c'eſt choſe comme impoſſible d'eſtre au monde ſans auoir
quelque amy particulier pour ſe deſcharger le cœur, ſoit aux triſteſſes, ou
pour conſulter en ce qui nous arriue à tous accidens : Ie vous conſeille d'en
choiſir vn qui correſponde à vos inclinations, eſgal à vous en toutes choſes, s'il ſe peut, pour en eſtre le lien plus ſerré, & l'amitié plus forte, car
la vraye ſocieté ſe trouue communément entre les perſonnes qui ſont ſim-
boliſantes, & qu'ils ayent l'ame belle ſur tout, car l'ame de l'homme eſt le
vray homme, & non le corps.

Fuyez les inquiets, car ils ont touſiours quelque paſſion qui les tourmente : Et bien que leur maladie ſoit en l'eſprit, ſi pourtant leur mal
eſt contagieux, frequentez donc les pacifiques & perſonnes d'eſgale humeur, les vns interpretent tout à leur mode, les autres conuertiſſent meſme le mal en bien.

Fuyez auſſi les hommes diſſimulez, car c'eſt vne vraye traiſtriſe que
la diſſimulation, il s'en voit qui par vne fainte douceur taſchent de vous
obliger, & le plus ſouuent c'eſt pour s'aduantager ſur vous. Et leur hu-
milité en apparence couure leur deſſein, qui eſt de ſe glorifier, en apres
d'auoir fait pour vous en quelque employ. Mais celuy qui fait courtoiſie
& s'en vante, cancelle l'obligation, dont il faut faire ſans dire, car les bonnes actions parlent d'elles meſmes ſans les publier.

Les plus inſupportables des hommes ſont les orgueilleux ; communément ce ſont ceux qui ſont ſortis de baſſe condition, qui ſe voyant en credit, pour faire qu'on oublie leur extraction premiere, ſe pouſſent aux
grauitez, ce qui les fait d'autant plus meſpriſer d'vn chacun : Tels
hommes ſe paiſſent du vent ; & pour ſe faire valoir ne cherchent que
les ſubmiſſions d'autruy, feignant de s'abaiſſer iuſques dans la terre;
mais c'eſt pour ſe releuer iuſques au Ciel : fuyez donc ces gens là comme
peſtiferez.

Sur toutes choſe fuyez la frequentation des femmes, car l'approche

en est dangereufe, & bien que voftre aage femble vous garentir de telle
tentation, & que vous puiffiez croire de vous en pouuoir garentir, fi n'y
a-il rempart, ny preuoyance humaine, qui puiffe tenir deuant ce cham-
pion Afmodée ou Behemoth, que les Poëtes nomment Cupidon, duquel
la force agit aux reins, comme dit Iob : *Fortitudo eius in lumbis eius, & vir-*
tus in vmbilico ventris eius. De ore eius lampades procedunt quafi tedæ ignis accenfæ.
Halitus eius prunas ardere facit. Renforçant le feu de concupifcence ; Et fi
on ne fe garde bien, il a des artifices à feu fi violents, que la feule fuite
en peut garentir l'homme, & fes flammes prennent à tout bois, principalement au fec, quand il s'y attache pour eftre pluftoft reduit en cendre : On a veu des plus grands perfonnages qui en leur vieilleffe ont
furpris de ce feu, bien qu'ils tinffent vne vie reduite, & comme fainte,
& à leur decrepitude fe font laiffez aller aux voluptez charnelles. Ne
vous confiez donc à vous mefmes, mais fuyez l'approche de ces Sirenes qui
charment les plus faintes ames. Sainct Charlemagne ne fut-il pas vaincu
pour quelque temps de ce Demon ? & tellement charmé, que fuiuant l'Hiftoire, il oublia les affaires de fon Empire pour eftre affuietty à vne impudique : Voyez-en le difcours à fon lieu, & vous verrez que telle femme
eftant morte le charme dura encores quelque temps : Or cét ennemy ne
peut eftre vaincu que par la fuite.

> *Dauid, Salomon, & Samfon*
> *Nous en donnent bien la leçon.*

Il faut auffi fe garder d'eftre en reputation de fin, & cauteleux, ou dif-
fimulé, car auffi toft qu'on eft tenu pour tel, chacun vous fuit, & entre en
deffiance : Pour parler peu on n'eft pas plus fage : I'approuue le filence fait
à propos, mais i'eftime beaucoup plus les reparties promptes, faites mo-
deftement, & auec artifice, qui peuuent donner temps à vn fecond repart:
En tels difcours, il faut auoir les geftes affables & gracieux, pour fe conduire prudemment.

On ne doit mefdire de perfonne, mefmes des chofes vrayes, ny fe
mocquer d'aucun, bien que ce foit auec veritable fuiet, car à ce poinct
l'aiguillon en eft plus picquant, & difficile à oublier lors qu'on touche aux
deffauts des perfonnes fenfibles, & qui n'ont de la fatisfaction en eux mefme, s'eftimant trop peu habiles parmy les gens qui fe delectent à caufer.

Souuenez-vous que tout ce que vous poffedez de bon au monde, foit
en l'efprit, ou au corps, font des graces du Ciel, dont qui plus en reçoit,
d'autant plus en doit-il rendre des remerciemens à Dieu, veu que les plus
grands dons arriuent à qui s'en repute le plus indigne.

Si vous defirez qu'on fe contente de vous, il faut ne fe plaindre d'aucun, & fe contenter de tous ; le repos de l'ame ne confifte en or, ny en
argent, pour en auoir des coffres templis ; parlez au plus fage qui ait efté,
il vous dira que tout n'eft que vanité & affliction d'efprit. Et telles richef-
fes le plus fouuent font femblables aux fleurs qui ont des efpines fi veni-
meufes,

meuſes, qu'ils tuent ceux qui les manient imprudemment. Pour auoir des
contentemens parfaits, il faut viure en ſorte qu'on meure de la mort des
iuſtes, & ſe tenir reduit ſur le ferme rocher, où les flots de la Mer du monde
ne peuuent rauager, & ne ſe meſler des affaires d'autruy que tant que l'honneur nous y conuie, & le deuoir le nous commande par charité.

On trouue pluſieurs qui parlent de ce contentement, mais c'eſt plus auec
deſſein de faire parade de leur eſprit, que par reſolution qu'ils ayent de ſe
contenter; Lors que le Sauueur du monde fit le miracle des cinq pains, rendit tant de mille perſonnes contentes, mais tous eſtoient aſſis chacun en ſa
place, auiourd'huy nul ne veut s'arreſter en la ſienne, & tous veulent s'auancer, & ſurhauſſer ſa condition, c'eſt pourquoy nul n'eſt content entre les
hommes mondains.

Aucuns ont reparty ſur ma deuiſe grauée ſur vn marbre qui eſt au deuant
la porte d'Eſparron, où ſont ces mots, *Sua ſorte contentus*, qui conuient au
mot Grec ΑΡΚΟΥΣΑ, qui eſt noſtre ſurnom d'Arcuſſia, mais ce contentement eſt expliqué en ſuite par vn anagramme de mon nom, où ſur *Carolus
d'Arcuſſia*, ſe trouue, *Cuius ſors ad clara*: Or mon deſſein n'eſt qu'au Ciel,
auſſi ie n'euſſe peu reſiſter aux coups de mes infortunes ſans cette reſolution. Ne recherchez donc des conditions plus releuées, les arbres qui ſe
hauſſent ſi promptement, ne ſont de longue durée, les exemples en ſont
iournalieres.

Ne vous faſchez iamais quand les perſonnes de mauuaiſe odeur ne feront
cas de vous, ce vous en ſera plus de gloire; Les Faucons ſont en horreur
aux oyſeaux nocturnes par leur gentilleſſe, car il y a antipathie entre eux,
mais toutes ces eſpeces de Ducs & Chats-huans ne ſçauroient ſe preſenter
à eux qu'en l'obſcurité de la nuict: De meſme en eſt des bons eſclairez du
Soleil de Iuſtice, leſquels iouyſſent d'vn aiſe perpetuel que les autres ne
ſçauroient auoir: le ſeul ſouuenir de la mort les rend affligez & malades,
où les bonnes ames l'attendent de pied ferme, armez de Foy, d'Eſperance,
& Charité, contrecarrez du monde, de la chair, & de l'Enfer, deſquels ces
trois premiers, ſont touſiours vainqueurs, ce qui eſt repreſenté par les Hieroglyphiques des trois Arcs qui ſont à nos armoiries, auec ces quatre vers
mis ſur vne porte de chez nous.

Les trois arcs dans ces eſcus,
Sont marques de trois victoires,
Ou Hieroglyphiques notoires
De trois ennemis vaincus.

Ne ſoyez prompt à croire ce qu'on vous rapportera d'autruy, & n'y donnez l'oreille ſi le fait n'eſt bien iuſtifié, où vous ſouuent trompé. En
croyant du prochain, on ne peut commettre aucun manquement, & de
croire de leger & à la volée, on tombe à beaucoup de mauuais accidents.

Gardez vous de meſler vos rentes auec celles de l'Egliſe, tout ainſi que
de faire des entes du pennage de l'Aigle à vos oyſeaux, car le plus fort l'em-

porte, & telle ionction rongeroit le plus foible, & le briseroit ; prenez-y donc bien garde par cet exemple.

Tel vous est amy auiourd'huy qui ne le fera plus demain, vn peu d'interest en son propre, le vous changera : allez retenu en discours auec vos amis, & ennemis mesme, en sorte qu'en apres vous puissiez vous garder au changement des vns, & que puissiez vous remettre bons amis auec les autres ; mais ne croyez iamais que les hommes de Cour vous aiment longuement, ce n'est que pour se preualloir de vous, & vous rendant de l'honneur, c'est à double dessein, ayant fait de vous, il en mesdiront les premiers. Quand vous serez en quelque credit tous vont à vous frotter leur robbe à la vostre ; au contraire chacun vous fuit comme vn corbeau pestiferé ; Bref, point d'amitié entre courtisans, & ne di-ie pas vray ?

Ne vous gardez pas moins d'vn excez d'amour enuers vos enfans, car pour le iourd'huy c'est vn cry public & vniuersel, que le mespris des peres, qui par trop d'affection de voir leurs enfans dans les honneurs, donnent la guide du Char à leurs fils pendant leur vie, Phaëton fabuleusement nous en est donné pour exemple, & pour nous en aduertir. Pour ma fin ie vous diray que si i'ay escrit de la nature des oyseaux, & de tout ce qui pourroit despendre de la Fauconnerie, ce n'a esté qu'en intention d'exalter leur Createur & pour la gloire de son nom, & ie ne crains d'estre tombé en erreur, puis que c'est luy qui a guidé ma plume. Or ie n'ay autre chose à vous dire fors que ie meurs content, prenant ce congé de vous, en vous disant mon dernier adieu. Et si ie n'ay le bien de vous embrasser, c'est auec esperance de vous reuoir au Ciel. Dieu nous en face la grace. C'est à Esparron, le

SOMMAIRE
DE LA FAVCONNERIE
DV ROY, ET DES VOLS QVE
SA MAIESTE' A INVENTEZ.

E Roy s'exerce à toute sorte de Vols ; se peut dire auec verité qu'il n'y a Fauconnier au monde qui luy puisse rien apprendre en cette science. I'en parle pour en auoir veu les effects. Et si ie diray encore qu'il n'y a sorte d'oyseau que les siens ne prennent ; les Aigles mesmes ne s'en peuuent sauuer. Ie sçay bien qu'on me dira que pour s'attaquer au grand Aigle noir, il n'y a point d'oyseau qui entreprenne de le lier : Mais de le mettre à bas à force de corps, les oyseaux du Roy le feront fort bien si on leur en fait voir, & moyennant le secours qu'on leur donnera, ils le feront mourir aussi facilement qu'ils prennent l'Aigle pescheur, la Buse, & le Corbeau. Or i'ay estimé estre à propos de faire voir à combien de vols sa Majesté s'exerce, & la pluspart de son inuention ; & quels oyseaux ont esté prins par les siens. Ie les mets icy par rang, & premierement.

Le vol du Millan, de l'Aigle pescheur, du Milan noir, de la Buse, & autres semblables oyseaux, se fait auec des Gerfauts, Tiercelets de Gerfaut, & Sacres.

Le vol du Heron ; auec des Gerfauts, Tiercelets de Gerfaut, Sacres, Sacrets, & Faucons.

Le Fauperdrieu, le Ian-le-blanc, l'oyseau saint Martin, & le Chathuan, se prend auec les Faucons qui volent par Corneille.

La Cannepetiere, le Courly, le Chouquas, le Hobereau, le Corbeau, la Corneille, & l'Esperuier, par Faucons.

Le Canart, par Faucons ; c'est le vol pour riuiere.

Le Gabereau, la Poule d'eau, la Choüette, l'Arondelle de mer, la Cresserelle, & le Vanean, par Tiercelets de Faucon.

Le Butor, par Sacrets.

Le Cocu, & le Sabat ; par Tiercelets de Faucon de passage.

Xxx ij

La Perdrix, par Laniers, Sacres, Sacrets, Faucons, & Tiercelets, Autours, & Tiercelets, & Alettes.

La Caille, par Esperuiers, & Emerillons.

L'Estourneau, par Emerillons.

Le Liéure, par Gerfauts, Alphanets, Sacres, Laniers, Faucons, & Autours.

Le Lapin, par Autours & Tiercelets.

Autre petite Volerie que sa Maiesté a inuentée pour son plaisir.

LE Vol de la Pie se fait par Tiercelets de Faucon & Esperuiers en compagnie.

La Huppe, se prend auec deux Emerillons.

Le Geay, le Pinsson, la Gorge rouge, le Verdier, le Pescheveron, ou Martinet, l'Oeil de bœuf, la Mesange, le Rossignol, le Piuert, ou Bechebois, par Esperuiers.

La Pigriesche, par trois Emerillons, ou l'Esperuier.

Le Merle, par Emerillons, ou l'Esperuier.

L'Aloüette legere, & le Coche-vy, par deux Emerillons.

La Griue, par trois Emerillons.

Le Ralle d'eau, & Ralle des champs, par Esperuiers.

Le Moineau, par Esperuiers, & Pigriesches.

Le Burichon ou Roytelet, par Esperuiers, Emerillons, & Pigriesches.

La Chauue-Soury, par Tiercelets de Faucons niais, & par Cresserelles.

Le Pigeon cillé, par Emerillons, & Tiercelets de Faucon.

Ordre de la Fauconnerie du Roy.

LE Roy se leue au poinct du iour, prie Dieu en son Oratoire, puis desieune; cela fait il monte au cabinet des oyseaux, où il y a des Gerfauts blancs & d'autres, des Tiercelets de Gerfaut blancs & autres, des Laniers communs & Lanerets, des Alphanets, qu'on dit Laniers de Tunis, & Lanerets Tunissiens, des Sacres, & Sacrets, des Laniers de Russie, & leurs Lanerets, des Faucons peregrins, des Faucons Gentils, des Faucons niais, des Faucons Antenaires, des Faucons Muez des champs, & des muez en main d'homme, des Faucons Tagarots, & leurs Tiercelets de toutes sortes; des Alettes, des Emerillons, des Autours & Tiercelets, des Esperuiers & Mouchets, des Hobereaux, des Cresserelles, des Pigriesches, des Flaquets ; Et generalement de toutes efpeces d'oyfeaux de proye ; defquels le fieur de Luyne en auoit la charge, pour eftre lefdits oyfeaux du cabinet du Roy. Et fous ledit fieur de Luyne, le petit Buiffon, & fon frere, que fa Majefté nomme Buiffonnet.

Monfieur le Baron de la Chaftaigneraye eft Grand Fauconnier de France, & en cette qualité tous ceux qui tiennent des oyfeaux, portans les veruelles du Roy, le reconnoiffent, comme a efté iugé par arreft du Confeil : Ledit fieur Baron m'a affeuré auoir cette année fept vingts pieces d'oyfeaux fous fa charge, pour laquelle il a payé cinquante mille efcus à monfieur de la Vieuille.

Le fieur de Luyne à la charge du Vol pour Milan, duquel le fieur de Cadenet fon frere eft aide : pour ce vol il y a dix hommes entretenus. Outre cela il a vn Vol pour Corneille, & autre Vol pour les champs, & le vol des Emerillons.

Le Vol du Heron, eft fous la charge du fieur de Lignié : Il a douze oyfeaux entretenus, bien qu'à prefent il y en ait plus : outre cela il a quatre léuriers & quinze hommes.

Pour le vol de Corneille, les fieurs de Villé & de la Roche, le tiennent à moitié, ils ont vingt quatre pieces d'oyfeaux entretenus, & feize hommes.

Le Vol des champs eft en la charge du fieur Laffon, qui pour cet effect à certain nombre d'oyfeaux entretenus fix hommes, & dixhuict efpaigneux: il a auffi le Vol pour Pie de la grande Fauconnerie.

Le Vol pour riuiere a pour chef le fieur du Buiffon. Il a fix hommes entretenus, & huit oyfeaux. Il faut noter que de chafque volerie il y a double Vol.

Il y a vn Vol pour Heron, & vn autre pour Corneille, fous le maiftre de la Garderobe, tenu par le fieur de Bay, où font entretenus feize hommes, & dixhuit oyfeaux; les chefs font, le Comte de la Roche-foucault, & le Marquis de Ramboüiller, maiftres alternatiuement de ladite Garderobe.

Plus à la chambre, fous le premier Gentilhomme, il y a vn Vol pour les champs tenu par le fieur de Rambure, de quatre oyfeaux, & dixhuit efpaigneux, & trois hommes entretenus.

Le fieur de Roüilly, tient vn Vol pour Pie, de quatre oyfeaux, & d'autant d'hommes.

Monfieur de Pallaifeau, a encore vn Vol pour riuiere, dont il a d'entretenement quatre cens efcus par an.

Comme le Roy va à la Chasse, & à quels iours.

Es iours pour le plaisir de la Chasse du Roy sont le Lundy, le Mercredy, & le Samedy : Il y va aussi les autres iours, s'il n'y a affaires importans. Le Dimanche il l'employe à seruir Dieu, pour estre sa Maiesté le fils aisné de l'Eglise en effect, comme de nom : & mesme les iours de chasse il n'y va iamais en Hyuer qu'il n'ait ouy sa Messe de grand matin : Puis il disne ; Et à dix heures, entre dans son carrosse & s'en va, ou vers le Bois de Vincenne, ou vers S. Cloud, ou du costé de S. Denis ; estans les issuës de Paris extrémement belles, & propres aux Vols ausquels le Roy se plaist le plus. Il a d'ordinaire, outre monsieur le Baron de la Chastaigneraye grand Fauconnier de France, vn bon nombre de Seigneurs qui l'accompagnent, & sa compagnie de Cheuaux legers, conduite par Monsieur de la Curée. Monsieur de Luyne qui auoit les oyseaux du cabinet, le Vol pour Milan & les Emerillons, où sa Maiesté se plaist grandement, estoit tousiours pres de luy : comme sont aussi les sieurs de Cadenet, & de la Brandes, ses freres ; estant tous trois des plus accomplis Gentils-hommes de la Cour, & dont sa Maiesté fait beaucoup de cas, tant pour leur merite en toutes choses, que pour estre particulierement tres-capables en cette science. Et ie puis dire que iamais on ne vola si bien en France qu'on fait auiourd'huy. Iamais Roy n'eut tant ne de si bons oyseaux que sa Maiesté a de present. De toutes parts on les luy apporte sçachant comme il les ayme. Les Grecs luy apportent les Sacres, les Hollandois les Gerfauts : le present annuel vient de Malte, duquel sa Maiesté me donna de sa grace vn Sacret le mois passé, que ie cheris à l'esgal de ma vie, le nommant le Real, parce qu'en le me donnant elle l'honora de ce nom, & me commanda de le nommer ainsi. Ie dis aussi que iamais Roy n'eut de personnes plus propres pour faire bien voler que maintenant ; & qu'on regarde depuis le premier vol iusques au dernier, tout y va par ordre. En cette suite de chasse il fait beau voir tous ces chefs des vols suiuis de cent ou six vingts Fauconniers portans les oyseaux, & tous vestus des liurées de sa Maiesté : Puis quatre autres portans les Ducs pour attirer le Milan, les Corneilles, la Buse, la Cresserelle, le Corbeau, le Fauxperdrieu, & autres oyseaux qui viennent au Duc pour le buffeter. Ces quatre, aussi tost que le Roy est à demye lieuë des faux bourgs de Paris, & en part où l'on puisse commencer à voler, vont deux deçà & deux delà des aisles du chemin que sa Majesté fait : & faisant voler leurs Ducs, ils attirent de toutes sortes de ces oyseaux & aussi tost qu'on les voit venir on crie pour aduertir, Milan milan, Corneille corneille, Corbeau corbeau, Cresserelle cresserelle ; ainsi des autres. Et s'il se trouue quelque soupçon d'empeschement, soit de quelque bois, ou maison des champs, ou village trop proche, on iette vn Duc à cinq cens pas de l'autre : & de l'vn à l'autre on attire ces oyseaux en lieu où se puisse voler commodément, esloignant par cette ruse les Corneilles ou autres oyseaux de leurs retraictes. Alors sortant le Roy de son carrosse il monte à cheual, & incontinent on luy apporte tel oyseau qu'il demande, ou bien le grand Fauconnier presente à sa Majesté, l'oyseau le plus propre à ce qu'on pretend de voler, Et à ce poinct chacun s'arreste pour n'approcher trop le Roy, & ne luy donner de l'empeschement à son vol.

Vol du Cochevy.

VN iour i'accōpagnay le Roy à la chasse, où ie veis voler admirablement ses Emerillons. Ce fut entre S. Denis & la Chapelle où va sa Majesté le plus souuent, pour estre l'endroit commode à trouuer dequoy employer les Emerillons que le Roy prend plaisir de voir voler. On ne fut longuement en chasse qu'on crie Cochevy Cochevy. Lors le sieur de Luyne, qui a ce vol, presente à sa Majesté vn Emerillon nommé la Damoiselle. Il en prend vn autre dit le Moyneau Tiercelet. On fait partir le Cochevy qu'on auoit remarqué. Mais il ne vola guere pour estre trop rudement poussé, & fut pris sans se deffendre, dont les oyseaux en furent pus. Sa Majesté qui veut tout voir voler, demande d'autres Emerillons. On luy apporte le Foufque, qu'il prend sur son poing, & le sieur du Buisson en auoit vn autre dit la Baronne. On crie : sa Majesté s'en va où estoit le Cochevy ; on le fait partir par son commandement. Sa Majesté iette aussi tost : Mais par malheur au mesme instant vne trouppe d'aloüettes legeres partent que les Emerillons entreprennent ; & les suiuent si haut que nostre veuë nous deffaillit à tous. Lors les picqueurs, qui d'vn costé, qui de l'autre, font telle diligence qu'en peu de temps ils furent de retour, & presque aussi tost qu'on peust trouuer dequoy voler. Le Roy fut bien content d'auoir veu faire vn si grand effort à ses Emerillons sans les perdre. Vn peu apres on voit vn Cochevy. Le Roy aduerty, s'approche pour ietter à propos : ce qu'il fit parfaitement bien : car les Emerillons l'aueüent en sorte qu'ils ne le quitterent iamais, encore que le Cochevy passast au milieu d'vne trouppe d'aloüettes legeres pour se sauuer & donner le change. Apres il monta d'extréme hauteur : mais les Emerillons le ramenerent à bas apres plusieurs atteintes. En fin le Cochevy gagne vne vigne, où il fut aussi tost pris en vie par des laquais. Au mesme instant les Emerillons estans encores en aisle, part seus eux vne Aloüette legere que les Emerillons choisissent, & les voila apres, tantost haut, tantost bas, en fin ils la trauaillent tant, que cette pauure beſte ſe rendit d'où elle eſtoit partie, & l'ayant priſe les oyſeaux en eurent plaiſir & en furent pûs, auec bonne chere qu'on leur en fit. Et m'approchant de là, ſa Majeſté me fit voir que c'eſtoit vne Aloüette legere, à quoy i'auois doute auparauant.

Getz pour Heron, où le Roy & la Reyne eſtoient preſens.

E Roy eſtant à la chaſſe vers le Bourget, les piqueurs qui eſtoient en queſte, vindrent rapporter à monſieur le Baron de la Chaſtaigneraye grand Fauconnier de France, qu'ils auoient deſcouuert des Herons. Il le vint auſſi toſt dire à ſa Maieſté. En meſme temps on deſcouure vne troupe de gens de cheual; & fut iugé que c'eſtoit la Reyne, par les cheuaux blancs qui tirent ſon carroſſe: dont le Roy voulut l'attendre pour luy donner ce plaiſir. La Reine eſtant arriuée, on apporta au Roy vn Gerfaut nommé la Perle, qui horſmis les aiſles, eſt blanc comme vn cygne; & fut preſenté à ſa Maieſté par monſieur le grand Fauconnier, lequel apres en emporta vn autre à la Reyne. Mais à cauſe que le temps eſtoit quelque peu humide, elle ne voulut quitter ſon carroſſe; qui fut cauſe qu'il s'arreſta pres d'elle pour tenir ſon Gerfaut, & le ietter à point nommé. En apres le Roy commanda d'attaquer le Heron. Le ſieur de Ligné s'en va le faire partir, & iette en queuë vn Tiercelet de Gerfaut nommé le Gentilhomme, oyſeau bien dreſſé pour Hauſſe-pie. Alors on tira quelques coups d'eſcopette pour faire mieux monter le Heron. Le Hauſſe-pie le meine auſſi haut que noſtre veuë pouuoit porter. Ce que voyant ſa Majeſté, qui auoit ſon Gerfaut blanc ſur ſon poing, les aiſles ouuertes, s'appreſtant pour l'effeçt auquel on le vouloit employer, commence à le deſcouurir, l'ayant longuement tenu en patience, pour mieux faire voir la gaillardiſe de ſon oyſeau par vn admirable get. Ce Gerfaut blanc ayant bien aueué le Heron, part du poing du Roy; la Reyne fait ietter le ſien partant preſque auſſi toſt l'vn que l'autre. Or à meſme deſſein ces oyſeaux vont par differente carriere, & montant ſur queuë, font ſi bien qu'en peu de temps ils ſe trouuent de hauteur preſque eſgale. Et lors le Hauſſe-pie qui voit approcher ſon ſecours redouble ſa diligence, en ſorte que les trois aſſaillans ſe trouuent à qui donneroit le premier. Or voicy le combat qui commence : le Hauſſe-pie donne la premiere attainte; chacun des autres en fait ſa part à ſon tour. Le Heron tient tonſiours le bec droiçt de l'oyſeau qui plus l'approche en en tirant des eſtoquades. Les trois luy font chacun leur aſſaut, ſi bien qu'en fin le Heron print l'eſpouuente, & ne ſçachant comme reſiſter, ſe laiſſe choir en bas les aiſles ouuertes, les pieds deuant, & le col en haut. En cét eſtat, vn des Gerfauts, nommé la Perle, le lia & mena à bas; Eſtant à terre

auſſi

auſſi toſt qu'il ſent' approcher les Leuriers, il eſchappe, & repart, mais en vain; car la Perle le lia encore, & le retint ſans autre ſecours. Qui n'a veu à ce vol les leuriers qui ſont pour ſecourir les oyſeaux il ne pourroit le croire, meſmes lors qu'ils attendent la cheute du Heron; ils vont courant qui deçà, qui delà à toute leur force, ayant touſiours les yeux en haut pour auenër les oyſeaux, & ſe trouuer à la cheute pour auoir leur part à la victoire, & s'ils ont rencontre de quelque foſſé, les voila dedans ſans y prendre garde. Or le Heron eſtant pris on fit plaiſir aux oyſeaux; & comme on les vouloit paiſtre, on deſcouure encore vn autre Heron en cette meſme prairie d'où le premier eſtoit party, qui n'oſoit ſe bouger, tant il auoit l'alarme d'auoir veu mal mener ſon compagnon. On le dit à ſa Majeſté. En cette attente les Fauconniers tardent de paiſtre, & amuſent les oyſeaux. Sa Majeſté mande qu'elle vouloit encores voir ce plaiſir. La Reyne qui eſtoit deſia partie pour s'en retourner à Paris, reuint encore au meſme lieu d'où elle auoit veu voler l'autre Heron. Ie vous diray que comme ces deux eſtoient compagnons aux prairies, auſſi leur Vol fut tout ſemblable, & firent meſmes deffenſes: & ce en quoy ils furent ſeulement differents, ce fut que le dernier ſe ietta dás vne baſſe court parmy des poulles pour donner le change aux oyſeaux, & ſauuer ſa vie par cette ruſe. Ce iour meſme le Roy en reuenant de ſa chaſſe, vola en chemin quatre Corneilles, vn Fauperdrieu, vne Creſſerelle, & vne Buſe; & deux Cocheuis que ſa Majeſté auoit pris en venant: de ſorte qu'elle rapporta vnze teſtes de ſa Volerie.

Vol pour Corbeau.

IL ſemble que le Roy ait quelque ſecrette intelligence ſur les oyſeaux, & vne puiſſance inconneuë aux hommes. Et à la verité outre vne inclination grande dont il les aime, il a vne inimitable addreſſe à les traicter, ſoit à les leurrer, ou à les faire voler: ce qui ne ſe peut repreſenter par diſcours. Les inuentions que ſa Majeſté trouue tous les iours de nouueau, le teſmoignent. Et qui ouyt iamais dire que des Faucons prinſſent le Corbeau? ſi tant de Seigneurs qui le voyent auiourd'huy ne m'eſtoient garents, ie n'oſerois non plus l'eſcrire que le reciter. C'eſt en la preſence de la Reyne que ce fait arriua. Le mois de Ianuier paſſé, comme elle alloit du coſté d'Auberuillers, eſtant à la promenade dans ſon carroſſe, vn Corbeau vint comme par brauade donner plaiſir à ſa Majeſté. Monſieur le Baron de la Chaſtaigneraye fit ietter deux Faucons apres luy, qui l'ayant longuement trauaillé, & luy ayant donné pluſieurs coups tant à la montée qu'à la deſcente, en fin le lierent, & le menerent à bas, le tuant à force de coups. Du depuis il s'en eſt pris pluſieurs autres. Mais qu'on ſe donne garde de ne paiſtre les Faucons de ce paſt : car à les continuer les oyſeaux en mourroient. On doit croire que les oyſeaux, qui volent le Corbeau, c'eſt par colere ou par exercice de courage, & non par appetit. Donc on ſe conduira bien de ne les faire voler gueres ſouuent à ce gibier, & ne les paiſtre de telle priſe.

Des Vols qui ſe font dans l'enclos du Louure par l'inuention du Roy.

Ors que le temps détourne le Roy d'aller à la chaſſe, Dieu luy fournit de nouueaux plaiſirs dans l'enclos du Louure : Car auſſi toſt que ſa Majeſté ſort pour aller au iardin ou aux Tuilleries, les Burichons ou Roytelets, Gorge-rouges, Moyneaux, & autres petits oyſeaux, ſe viennent rendre dans les cypres ou dans les buits des allées, à l'ennuy l'vn de l'autre comme s'il y auoit entr'eux de l'emulation à qui tomberoit le premier entre ſes mains. Sa Majeſté les vole auec ſes Pigrieſches, ou auec des Eſperuiers ; & cela ſe fait ordinairement en allant aux Fueillans ou aux Capucins. Vne inuention a eſté trouuée par ſa Majeſté qui eſt à remarquer : car auec des filets ou araignes qu'il a fait faire expreſſément, il fait couurir les allées : puis faiſant battre au long des bordures, ſe tenant au bout auec ſes Pigrieſches, on les luy ameine ; & comme ils veulent gaigner d'vne allée à l'autre, ou d'vn Cyprés à l'autre, ſa Majeſté qui les attend, laſche ſi à propos ſes oyſeaux qu'ils ne faillent iamais de prédre à trois pas de luy. Vn iour l'accompagnant à ce plaiſir, apres qu'il en euſt pris demie douzaine, ie luy dy que ſon plaiſir ne ſeroit pas de durée s'il continuoit d'en prendre telle quantité. Et lors monſieur de la Vié-ville repartit, & luy dit, Sire, il vous en parle en Chaſſeur, & vous dit vray. Lors ſa Majeſté ouurant ſa main monſtra ſix teſtes de ſa priſe de cette matin, & cela fait il s'en alla ouyr ſa Meſſe aux Fueillans.

Vol des oyſaux d'eſchape.

E Roy prend encores ſon plaiſir à faire voler dans le iardin du Louure, des Alouëttes legeres d'eſchappe : & s'il aduient qu'il s'en ſaune quelqu'vne, ſa Majeſté ne s'en faſche point : ce qui n'arriue ſi les Emerillons les aceuënt bien. Il fait auſſi voler à ſes Pigrieſches, des moineaux d'eſchape, & de toutes ſortes de petits oyſeaux d'eſchappe ; comme il fait encores auec des Eſperuiers.

Vol du Pigeon Cillé.

SA Majesté vole aussi dans le iardin, des Pigeons cillez, auec des Tiercelets de Faucon, qui ont esté pincetez des serres, afin qu'ils donnent au Pigeon sans pouuoir le lier. Ce qui se fait en cette sorte.

Le sieur de Luyne a des Pigeons cillez en quantité, qu'il tient preparez pour le plaisir du Roy. Il en prend vn; & ayant sa Majesté fait des-longer les trois Tiercelets ordonnez pour ietter, le sieur de Luyne pousse en haut ce Pigeon; lequel estant cillé, vole droict vers le Ciel, & quand il est de hauteur telle que sa Majesté trouue raisonnable, elle commande de ietter. On descouure aussi tost. Lors on voit monter ses Tiercelets à qui plus fera de diligence; & ayant atteint le Pigeon, luy donnent tant de coups qu'ils le descendent à bas, ne pouuans le lier. Cette volerie donne beaucoup de plaisir à sa Maiesté, & fort souuent elle s'y exerce, quand le temps ou les affaires le retiennent d'aller aux champs. Sa Majesté à deux Vols expres pour le Pigeon cillé, de trois Tiercelets chacun : elle y employe aussi par fois des Emerillons.

Autres gets pour Heron.

LE sieur de Ligné ayant eu congé du Roy d'aller voler pour Heron, estant sa Majesté occupé aux affaires ; comme chef de ce vol, il vint luy mesme de sa grace me conuier, m'asseurant qu'il sçauoit dequoy voler. Bien que ie fusse indisposé, ie me senty aussi tost gaillard, oyant qu'il me parloit de la chasse ; & ne tarday pas beaucoup d'estre prest pour monter à cheual; & me trouuer au lieu assigné pour nous ioindre, qui fut à la Chapelle ; où estant nous prismes le chemin de S. Denis. Or marchant d'affection nous fusmes tost au long des prairies proches de la garenne, où ses picqueurs descouurent trois Herõs, & le luy viennent aussi tost dire. Prenãt resolution de les aller attaquer, le sieur de Ligné me fit la faueur de me donner vn Gerfaut blanc, nommé la Perle, pour ietter : il en prit vn autre qu'on nomme le Gentilhomme, & vn des siens, aydé de ce vol, en print vn autre appellé le Pinçon. Comme les Herons nous sentirent approcher, ils partent de fort loin : ce que voyant, nous iettons les oyseaux, lesquels tardent long temps à les aueuër. En fin vn les voit, & s'y en va. Les deux le suiuent auec telle ardeur & diligence qu'en peu de temps ils furent à eux, & en attaquent vn qui se deffendit assez; mais il fut si rudement mené qu'il ne peut rendre grande deffense, & fut pris. Pendant

qu'on faiſoit plaiſir aux oyſeaux, les autres Herons eſpouuantez d'auoir veu
ſi mal traiſter leur compagnon, montoient touſiours, & droiſt du Soleil,
pour ſe couurir de la clarté : mais on les deſcouure, dont monſieur de Ligné
me dit, Ie voy là haut deux Herons qui montent, ie vous en veux donner vn.
Surquoy ie reſpondy, les voyant de telle hauteur, que les oyſeaux auroient
bien de la peine d'y arriuer. Alors il jette ſon Gerfaut. Nous iettons apres
luy, & les voila monter à l'enuy auec telles diligence que bien toſt nous les
viſmes preſque auſſi haut que le Heron. Puis ayant fait encores vn effort
pour luy gaigner le deſſus, les voila qui commencent à le choquer, & luy
donner des coups ſi ſerrez qu'à vn inſtant il s'eſtonne, & le voyons fondre
pour gaigner le bois. Nous picquons apres pour mener les leuriers au ſecours
des oyſeaux : ce qui ne fut pas mal à propos, car le Heron ſe iette dans vn
taillis, où nous le priſmes en vie, bien qu'il fuſt oſté de la gorge d'vn leurier
qui n'eut loiſir de l'eſtrangler : & faiſant plaiſir du premier, nous remontons
apres à cheual pour en voler encores vn autre. En marchant monſieur de
Ligné donnoit l'œil vers le Soleil, taſchant de voir le troiſiéme. En fin vn
des ſiens le deſcouure à la branloire, & le nous fait voir : dont monſieur
de Ligné me dit, Nous auons deux Herons : l'vn eſt pour vous, & l'autre
eſt pour moy : il faut bien que nos oyſeaux ayent le leur. Et en diſant cela,
il deſcouure ſon oyſeau, qui ouure auſſi toſt ſes aiſles, regardant vers le Ciel.
Il tarde toutefois aſſez de temps de l'aueüer : en fin il part. Lors nous iettons auſſi les autres deux : ces trois oyſeaux prennent differente carriere, ſe
mettant à monter. Ie cuidois remarquer leur aſtion, mais ie les perdis bien
toſt de veuë, & me reſolus en fin de prendre garde au Heron, ſçachant bien
que c'eſtoit là où il falloit regarder. Le col me faiſoit mal de tenir ſi long
temps les yeux en haut : mais le plaiſir que i'auois, me donnoit cette patience pour en voir la fin. Au bout de quelque temps ie deſcouure vn des
oyſeaux qui ne paroiſſoit pas plus gros qu'vn moucheron. Bien toſt apres
nous en deſcouuriſmes vn autre, & en fin nous les viſmes tous trois. Le
premier qui donna, le fit de telle rudeſſe qu'il raualla le Heron de dix toiſes
& les autres deux firent leur deuoir chacun à ſon tour, en ſorte que le Heron
en demeura eſtonné, & fut contraint d'aller en bas. En cét eſtat vn le lie,
& le deſcend ; les leuriers y accourent, & le tuent. Nous y arriuons auſſi
toſt ; chaque oyſeau ſe trouue à la curée de leur priſe : & ainſi nous ache-
uons noſtre iournée.

F I N.

SVR LA FAVCONNERIE
DV ROY.

Hasseurs qui habitez sous l'vn & l'autre pole,
Qui aimez les oyseaux auecques passion,
Venez à nostre Roy, admirer comme il vole
Par vn ordre nouueau de son inuention.

Vous y remarquerez des façons inconnuës,
Soit au voler des champs, soit au vol des ruisseaux,
Du Milan, du Heron branlant dessus les nuës,
De l'Aigle, & du Corbeau, que volent ses oyseaux.

Ne pensez l'imiter en ses vols si estranges,
A tout autre qu'au Roy ce n'est qu'vn vain desir:
Car ce ne sont oyseaux, non, non, ce sont des Anges
Qui descendent du Ciel pour luy donner plaisir.

ESPARRON.